U0197947

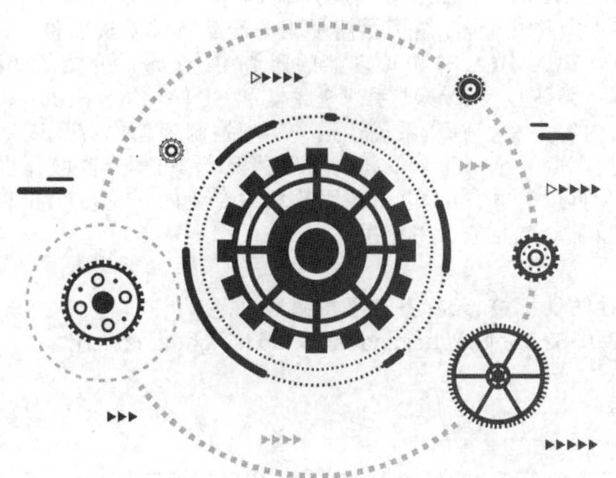

Variable Frequency Control Technology and Applications

Based on Siemens MM4 and SINAMICS S120 Drives

变频控制技术及应用

基于西门子MM4系列与S120系列驱动产品

付丽君 孙金根 ◎ 主编

Fu Lijun Sun Jingen

清華大學出版社

北京

内容简介

本书深入浅出地介绍了变频控制基础理论，以西门子MM4系列变频器和SINAMICS S120系列驱动器为例介绍了变频驱动产品的应用知识。全书首先介绍了变频控制的基本原理、变频器的基本结构以及变频器的发展和分类，介绍了变频控制中三种典型脉宽调制技术，以及包括高动态性能矢量控制在内的变频调速系统；然后以西门子MM4系列变频器为例介绍了变频器常用功能和变频器常用的频率术语，分别介绍了MM4系列变频器和SINAMICS S120系列驱动器的构成、参数以及操作面板调试方法，介绍了SINAMICS S120驱动器的基本定位功能，介绍了西门子驱动产品调试工具软件STARTER的使用方法和图形化编程工具DCC，介绍了SINAMICS S120驱动器的通信功能；最后介绍了变频调速系统的设备选择与安装、三种典型负载变频调速系统设计、MM4系列变频器和SINAMICS S120系列驱动器的应用实例。

本书从理论到实际应用，内容完整、全面、系统性强。变频控制理论内容深度适中，变频驱动产品应用内容与一些院校的实验设备相配套。全书每章安排有习题并配套1000分钟微课视频，非常适合作为本专科院校自动化、电气工程与自动化、机电、电力电子应用等相关专业的理论教学和实践教学用书，也可作为工程技术人员开发和应用变频驱动产品的参考用书。

图书在版编目(CIP)数据

变频控制技术及应用：基于西门子MM4系列与S120系列驱动产品/付丽君，孙金根主编.—北京：清华大学出版社，2020.8（2021.7重印）
（清华开发者书库）
ISBN 978-7-302-55125-6

Ⅰ.①变…　Ⅱ.①付…②孙…　Ⅲ.①变频控制　Ⅳ.①TM921.51

中国版本图书馆CIP数据核字(2020)第049469号

责任编辑：刘　星　李　晔
封面设计：刘　键
责任校对：梁　毅
责任印制：丛怀宇

出版发行：清华大学出版社
网　　址：http://www.tup.com.cn，http://www.wqbook.com
地　　址：北京清华大学学研大厦A座　　**邮　　编**：100084
社 总 机：010-62770175　　**邮　　购**：010-62786544
投稿与读者服务：010-62776969，c-service@tup.tsinghua.edu.cn
质量反馈：010-62772015，zhiliang@tup.tsinghua.edu.cn
课件下载：http://www.tup.com.cn，010-83470236
印 装 者：三河市铭诚印务有限公司
经　　销：全国新华书店
开　　本：186mm×240mm　　**印　张**：22.5　　**字　　数**：519千字
版　　次：2020年8月第1版　　**印　　次**：2021年7月第2次印刷
印　　数：1501～2300
定　　价：69.00元

产品编号：085622-01

前言

PREFACE

作为交流电动机的驱动器，西门子公司生产的 MM4 系列变频器产品得到了广泛应用。随着变频器技术的发展，尤其是机器人技术在各个领域的广泛使用，推动了伺服驱动器产品的不断更新。现在西门子公司又主推 SINAMICS S120 系列新一代主流驱动器，既能实现交流电动机的矢量控制，也能作为伺服电动机的驱动电源。其采用模块化、可扩展的结构设计，可根据具体的行业应用量身定制，为所有的驱动任务提供了解决方案，已广泛用于各个行业。例如，简易的泵类和风机驱动；离心机、压力机、挤压机、升降机、输送和运输设备中要求苛刻的独立驱动装置；纺织机、薄膜机、造纸机以及轧钢设备的多轴驱动；风力发电设备中的高精度伺服驱动；机床、包装和印刷设备使用的高动态伺服驱动装置，等等。鉴于交流驱动产品的发展，编者在书中讲解了 MM4 系列变频器和 SINAMICS S120 系列驱动产品内容，并讲解了调试工具 STARTER 的使用和编程环境 DCC，以及 SINAMICS S120 驱动器的通信功能，使教材能够适应交流驱动技术的发展。

"变频器技术"或"交流调速系统"是很多本专科院校自动化及其相关专业开设的一门主干专业课程，用于讲授变频器控制方面的知识，是一门理论性和实践性都较强的综合性课程。通过该课程的理论和实践教学，能够使学生掌握变频调速原理，变频调速系统的组成，交流变频驱动器的内部结构、常用的功能、参数设定及调试步骤，交流调速系统电气设备的选择与安装，变频控制系统设计等知识。该课程的教学，将电气控制技术、PLC 控制技术、调速理论等多门课程的内容综合起来，对培养学生掌握自动化系统的设计、安装、调试及设备改造的综合应用能力有很大的帮助，可培养变频调速系统和伺服系统分析、设计和调试的工程技术人员，以满足社会不断增长的需求。

在本书编写过程中，遵守"理论够用，内容系统，注重能力培养，加强应用"的原则，并结合编者多年教学和科研工作经验，编排内容安排如下。

(1) 第 1 章和第 2 章讲解变频控制理论，做到够用即可。主要讲解了变频调速原理、变频器的基本电路结构、变频供电后异步电动机的机械特性、异步电动机动态数学模型、矢量控制理论中的坐标变换理论、矢量控制系统和直接转矩控制系统。

(2) 第 3 章和第 4 章以 MM4 为例介绍了变频器常用功能、变频器中常用的频率术语、MM4 系列变频器参数以及参数调试步骤和方法。

(3) 第 5～10 章从 SINAMICS S120 驱动系统的构成、参数及 BOP20 的基本操作、STARTER 软件介绍及项目组态和基本调试、SINAMICS S120 的基本定位功能、

SINAMICS 编程工具 DCC 和 SINAMICS S120 驱动器的通信功能等方面讲解了 SINAMICS S120 驱动器知识。

(4) 第 11 章介绍了变频调速系统电气设备的选择与安装。

(5) 第 12 章介绍了三种典型的负载类型，以及三种负载类型变频调速系统设计时首要考虑的问题和设计方法。

(6) 第 13 章通过六个实例介绍了西门子 MM4 系列变频器和 SINAMICS S120 系列驱动器的应用。

本书提供以下相关配套资源：

- 教学课件(PPT)、习题答案、教学大纲等资料，请扫描此处二维码或到清华大学出版社官方网站本书页面下载。

配套资源

- 微课视频(1000 分钟)，请扫描书中相应位置二维码观看。

注意：请先刮开封四的刮刮卡，扫描刮开的二维码进行注册，之后再扫描书中的二维码，获取相关资料。

本书可作为本专科院校自动化、电气工程与自动化、机电、电力电子技术应用等相关专业的理论教学、实践教学用书和参考书，对提高学生的变频理论水平、实践能力和科研能力都将有很大帮助，也可作为从事开发、应用交流驱动产品的工程技术人员和研究人员的参考用书。

本书由付丽君、孙金根担任主编，沈阳理工大学吴东升、杨青、野莹莹老师，辽宁省电力有限公司马晓奇教授级高级工程师和崔宇博士参与了编写工作。东北大学闫士杰副教授对编写内容提出了宝贵建议和意见，在此表示衷心感谢。在本书编写过程中，编者参阅了大量文献资料，在此对原作者表示诚挚的敬意和衷心的感谢！

由于编者学识有限，书中难免存在错漏，殷切期待各位读者批评指正。

编　者

2020 年 3 月

目录

CONTENTS

本书配套微课视频目录

序号	位置（节）	视 频 内 容	时长（分:秒:毫秒）
1	1.1	异步电动机的调速方式	9:57:00
2	1.2	异步电动机变频调速原理	20:50:00
3	1.3	变频器主电路基本构成	18:30:00
4	1.3	变频器控制电路的构成	8:37:00
5	1.4.1	交—交变频器主电路结构及工作原理	12:09:00
6	1.4.2	交—直—交变频器主电路结构	12:59:00
7	1.5	异步电动机变频供电时的机械特性	18:08:00
8	2.1.1	正弦脉宽调制控制技术	33:48:00
9	2.1.2	电流滞环跟踪 PWM 控制技术	9:19:00
10	2.1.3	电压空间矢量定义	12:25:00
11	2.1.3	逆变器开关状态及电压空间矢量	13:46:00
12	2.1.3	电压与磁链空间矢量的关系	16:48:00
13	2.1.3	线性组合法	18:26:00
14	2.2	转速开环恒压频率比控制的变频调速系统	7:01:00
15	2.3.1	异步电动机动态数学模型的性质	11:35:00
16	2.3.1	磁链方程	18:01:00
17	2.3.1	电压转矩运动方程	14:21:00
18	2.3.2	坐标变换基本思路	15:17:00
19	2.3.2	坐标变换的原则	14:22:00
20	2.3.2	坐标变换阵的推导	12:42:00
21	2.3.3	异步电动机在两相同步旋转坐标系下的动态数学模型	11:15:00
22	2.3.4	异步电动机在两相静止坐标系下的动态数学模型	3:52:00
23	2.3.5	异步电动机按转子磁链定向旋转坐标系下的动态数学模型	15:33:00
24	2.3.6	按转子磁场定向的异步电动机矢量控制系统	19:39:00
25	2.4	直接转矩控制系统	11:33:00
26	3.1	MM4 系列变频器类型	3:33:00
27	3.2	MM4 系列变频器的基本构成	16:37:00
28	3.3.1	MM4 系列变频器的参数类型	5:28:00
29	3.3.2	MM4 系列变频器参数说明	8:54:00
30	3.3.4	信号互联 BICO 参数	9:18:00
31	3.4	MM4 系列变频器的控制方法	11:45:00

续表

序号	位置(节)	视频内容	时长(分:秒:毫秒)
32	3.5	用BOP修改MM4系列变频器参数的操作方法	4:36:00
33	3.6	MM5系列变频器常用的频率术语及参数	10:33:00
34	3.7.1	频率给定功能	6:22:00
35	3.7.3	多段速功能	7:31:00
36	3.7.5	转矩提升功能	5:36:00
37	3.7.6	加减速曲线设定功能	5:26:00
38	3.7.7	停车和制动功能	8:45:00
39	3.7.8	自动再启动和捕捉再启动功能	3:38:00
40	3.7.9	参数静态识别和动态优化功能	12:24:00
41	4.1	MM4系列变频器的外部端子参数设定	18:46:00
42	4.2	MM4系列变频器参数调试步骤	9:33:00
43	4.3	MM4系列变频器基本功能参数调试(1)-例4-1和例4-3	15:22:00
44	4.3	MM4系列变频器基本功能参数调试(2)-例4-6	26:21:00
45	5.1	SINAMICS系列驱动器介绍	11:42:00
46	5.2	SINAMICS S120单轴驱动器	4:55:00
47	5.3.1	SINAMICS S120多轴驱动器控制单元CU320-2	12:15:00
48	5.3.2	SINAMICS S120多轴驱动器的电源模块	31:38:00
49	5.3.3	SINAMICS S120多轴驱动器的电动机模块	7:02:00
50	5.4	典型SINAMICS S120多轴驱动系统的基本构成	13:01:00
51	5.5	SINAMICS S120驱动器主要的附加系统组件	10:53:00
52	6.1	SINAMICS S120系列驱动器参数简介	17:23:00
53	7.1	SINAMICS S120调试软件介绍	3:26:00
54	7.2	SINAMICS S120项目的创建及组态	31:56:00
55	7.3	STARTER软件对驱动对象参数的设置功能	16:17:00
56	7.4	STARTER软件的调试功能	7:35:00
57	7.5	电动机数据辨识与驱动系统数据动态优化	11:46:00
58	8.1	SINAMICS S120基本定位功能的激活	9:40:00
59	8.2	SINAMICS S120位置控制中的长度单位LU	6:23:00
60	8.3	SINAMICS S120驱动系统中机械轴的分类	5:19:00
61	8.4.1	SINAMICS S120基本定位中的极限(Limit)功能	6:09:00
62	8.4.2	SINAMICS S120基本定位中的点动(Jog)功能	12:33:00
63	8.4.3	SINAMICS S120基本定位中回零(Homing)功能	25:58:00
64	8.4.4	S120基本定位中程序步(Traversing Blocks)功能	22:31:00
65	8.4.5	S120基本定位的直接设定值输入与MDI功能	14:52:00
66	8.5	SINAMICS S120中的位置控制器	4:02:00
67	8.6	SINAMICS S120基本定位中的监视功能	6:46:00
68	9.1	工艺包装载到驱动器	3:05:00

续表

序号	位置（节）	视 频 内 容	时长（分:秒:毫秒）
69	9.3.3	DCC中功能块的参数声明及互联方法	9:24:00
70	9.3.5	分配执行组和采样时间及功能块处理顺序的调整	3:36:00
71	9.4	DCC程序在线监控及动态显示	3:26:00
72	10.1	SINAMICS S120驱动器与HMI的直接通信	8:43:00
73	10.3	SINAMICS S120驱动器的报文类型	14:54:00
74	10.4.1	运动控制工程项目的硬件组态	19:07:00
75	10.4.2	周期性通信与非周期性通信(1)-周期性通信	6:33:00
76	10.4.2	周期性通信与非周期性通信(2)-非周期性通信	21:32:00
77	11.1.2	变频器容量的选择	13:04:00
78	12.3	变频供电时对异步电动机的影响	5:07:00
79	12.4	变频调速时异步电动机的有效转矩线	3:17:00
80	12.5.3	提高恒转矩负载的变频调速范围	19:43:00
81	12.6	恒功率负载的变频调速	28:17:00
82	12.7.1	Vf控制特性曲线的选择与节能效果	8:40:00
83	13.1	MM440变频器在电梯上的应用	10:55:00
84	13.3.1	常规电器实现的电杆生产离心机变频调速系统	6:21:00
85	13.3.2	利用BICO功能实现电杆生产离心机变频调速系统	15:26:00
86	13.4	SINAMICS S120驱动器在拧紧机定位控制中的应用	9:50:00

第1章 异步电动机变频调速原理及变频器的电路结构

内容提要：本章首先介绍了异步电动机的调速方式，以及变频调速的基本原理，分析了额定频率以下为什么变频的同时还要协调地改变定子电压的原理；然后介绍了变频器的基本电路结构，介绍了交—交变频器和交—直—交变频器主电路结构，着重分析了交—直—交变频器主电路的各部分构成以及作用；再分析了异步电动机采用变频供电后对其机械特性的影响，分析了额定频率以下和额定频率以上异步电动机机械特性的特点，以及如何提高异步电动机输出转矩的性能；最后介绍了变频器的发展过程和发展趋势，以及变频器的分类方法和种类。

任何采用电动机作为原动机的生产机械，当需要提高响应性能及控制精度时，往往有调速的要求。在20世纪的大部分时间里，鉴于直流拖动具有优良的调速性能，均用直流电动机来完成高精度、大范围的调速要求。直流电动机通常在额定转速以下采用调节电枢电压的方法调速；在额定转速以上采用减小磁通的方法调速。而约占电力拖动总容量80%以上设备，采用的是异步电动机进行不变速拖动，这种分工在过去很长一段时期内被认可。异步电动机调速系统的多种方案虽然早已问世，并已获得实际应用，但其性能却始终无法与直流调速系统相比。直到20世纪60～70年代，随着电力电子技术、微电子技术和控制理论的发展，电力半导体器件和微处理器的性能不断提高，变频驱动技术才得以发展。随着各种复杂控制技术的应用，使得采用电力电子变换器的交流拖动系统得以实现。特别是大规模集成电路和计算机控制的出现，高性能交流调速系统应运而生，一直被认为高性能的调速采用直流调速装置，简单调速或不变速时采用异步电动机的这种交直流拖动分工格局才终于被打破。随着变频控制技术的不断成熟，异步电动机变频调速以其卓越的性能、灵活多样的控制方式和显著的节能效果，在电气调速系统中占据了绝对的主导地位，并在现代工业生产中逐渐取代了直流电动机调速系统。

现在，异步电动机调速应用最多的是变频调速方式。本章在复习了异步电动机调速方式之后，首先阐述变频调速的基本原理，介绍变频器的构成及主电路结构和各部分作用；然后讨论异步电动机供电电源频率改变后对机械特性的影响；最后介绍变频器的发展及分类。

视频讲解

1.1 异步电动机的调速方式

对于异步电动机，其转速表达式为

$$n = n_1(1-s) = \frac{60f_1}{n_p}(1-s) \tag{1-1}$$

式中，$n_1 = 60f_1/n_p$——异步电动机的同步转速；

f_1——定子绕组所加供电交流电源的频率；

n_p——极对数；

s——转差率。

由式(1-1)可知，异步电动机可以采用以下三种调速方式调速：改变极对数 n_p、改变转差率 s(即改变异步电动机机械特性的硬度)和改变供电电源频率 f_1。改变转差率 s 的调速方法还可以进一步进行分类，如定子变压方式、转子串电阻方式和电磁离合器方式等。

从调速的本质来看，调速可分为改变异步电动机的同步转速和不改变同步转速两种方式，改变极对数 n_p 和改变供电电源频率 f_1 的调速方式将改变异步电动机的同步转速，属于改变同步转速的调速方式；改变转差率 s 不改变同步转速，属于不改变同步转速的调速方式。

从调速时的能耗观点来看，调速可分为高效调速方式与低效调速方式两种。按照异步电动机的原理，从定子通过电磁感应传递到转子的电磁功率可分成两部分：一部分是拖动负载的有效功率，称作机械功率；另一部分是传输给转子电路的转差功率，与转差率 s 成正比。低效调速方式是随着转速的降低，转差损耗逐渐增加的调速方式，而且转速越低效率越低，它以增加转差功率的消耗来换取转速的降低(恒转矩负载时)。如降低异步电动机定子所加电压大小的调压调速方式，其转子电流会随着电压的降低而增大，转差功率会增加；转子串电阻调速方式，能量就损耗在转子回路中；电磁离合器的调速方式，能量损耗在离合器线圈中；液力耦合器调速方式，能量损耗在液力耦合器的油中，这些都是低效的异步电动机调速方式。但是采用这类调速方式的系统结构简单，设备成本最低，所以还有一定的应用价值。高效调速时转差功率不变，无论转速高低，转差功率都不会随着速度的降低而增加，即不是靠转差功率的增加获得转速的降低，可以认为转差功率基本不变，因此这类调速方式效率高，如异步电动机的变极调速和异步电动机的变频调速，以及能将转差损耗回收的绕线式异步电动机串级调速。串级调速除转子铜损外，大部分转差功率在转子侧通过变流装置馈出或馈入，转速越低，能馈送回的功率越多，扣除变流装置本身的损耗后，最终都转化成有用的功率，因此这类系统的效率较高，但需要增加变流装置。

从以上分析可见，虽然变极调速与变频调速一样改变了同步转速，并在调速时转差功率都不变，是高效的调速方式，但变极调速需要采用多速异步电动机，且只能实现有级调速，不能实现平滑无级调速。而改变异步电动机供电电源频率的调速，可以从低速到高速都保持很小的转差率，效率高，并且可以通过连续改变供电电源频率，实现无级调速，调速范围大，精度高，是一种比较理想的调速方法，所以这是现在异步电动机最常用的调速方式。

1.2　异步电动机变频调速原理

视频讲解

在使用电动机调速时，通常希望保持电动机气隙中每极主磁通量 Φ_1 为额定值不变，使电动机输出额定转矩，提高带负载的能力。因为如果磁通太弱，电动机的铁芯没有充分利用，电磁能量不能有效传递到转子侧，电动机的设计能力没有得到充分利用，造成浪费；如果过分增大磁通，又会使铁芯饱和，从而导致过大的励磁电流，严重时会因绕组过热而损坏电动机。所以在异步电动机变频调速时应尽量实现气隙中的每极磁通量恒定。

在直流电动机中，励磁回路和电枢回路可以认为是各自独立的，只要对电枢反应进行恰当的补偿，气隙中的每极磁通量 Φ_1 保持恒定很容易做到。但在异步电动机中，Φ_1 由定子磁动势和转子磁动势合成产生，要保持每极磁通量恒定比直流电动机实现起来困难得多。

根据异步电动机运行原理分析得到的理论，在假定忽略空间、时间谐波和磁饱和条件下，可以推导出异步电动机稳态运行时每相绕组的等值电路，如图 1-1 所示。

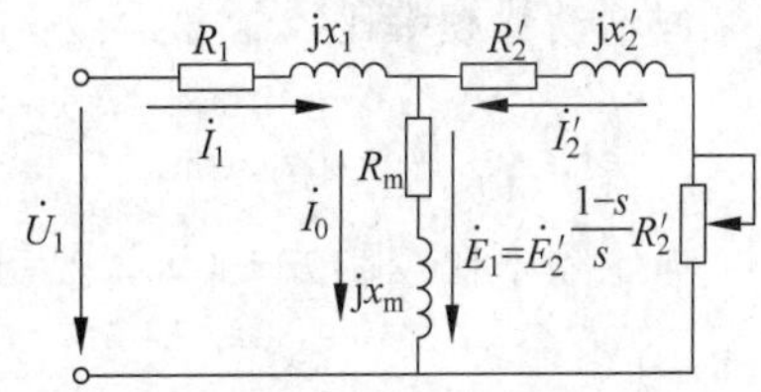

图 1-1　异步电动机的等值电路

在图 1-1 中，E_1 是气隙中旋转磁场切割定子在其绕组中产生的感应电动势值；E_2'是旋转磁场切割转子在其绕组中产生的感应电动势折算到定子侧的值；R_1 为定子绕组内阻值；R_2'为转子绕组内阻折算到定子侧的值；x_1 为定子绕组漏电抗；x_2'为转子绕组漏电抗折算到定子侧的值。

在等值电路中

$$E_1=4.44f_1N_1k_{N1}\Phi_1 \tag{1-2}$$

式中，E_1——气隙旋转磁场切割定子在每相绕组中产生的感应电动势有效值；

f_1——定子供电电源的频率；

N_1——每相定子绕组串联匝数；

k_{N1}——定子基波绕组系数；

Φ_1——每极气隙主磁通量。

由式(1-2)得出

$$\Phi_1=\frac{E_1}{4.44f_1N_1k_{N1}}=C\frac{E_1}{f_1} \tag{1-3}$$

由式(1-3)可知，在改变定子绕组供电电源频率 f_1 进行变频调速时，若要维持磁通 Φ_1 恒定，必须同时协调地改变定子绕组的感应电动势 E_1，使电动势和频率比为常数，这就是变频调速中的恒电动势频率比控制方式。

然而，定子每相绕组中的感应电动势是难以直接控制的。我们知道，异步电动机稳态运行时的电压平衡关系式为

$$\dot{U}_1 = -\dot{E}_1 + \dot{I}_1(R_1 + jx_1) \tag{1-4}$$

由式(1-4)可知，当异步电动机速度较高时，感应电动势值较高，定子绕组漏阻抗上的压降相对感应电动势而言较小，若忽略，则可以认为定子绕组每相的相电压 $U_1 \approx E_1$。而定子每相绕组上的供电电压比较容易控制，因此通常采用的是改变定子绕组供电电源频率 f_1 进行变频调速时，同时协调地改变定子绕组的供电电压 U_1，使电压和频率比为常数，这就是变频调速中的恒压频率比控制方式，简称 V/f 控制方式。

在变频调速时，当定子绕组的电压频率已经上升到额定频率(基频)f_{1N} 时，定子电压也达到了额定电压 U_{1N}，若要超过额定转速运行，定子绕组的电压频率将由 f_{1N} 继续向上升高，但考虑到绕组绝缘因素，定子电压不应该超过额定电压 U_{1N}，最多只能保持在额定电压 U_{1N}。这样，若频率继续升高，磁通必将随频率的升高成反比地降低，即出现了相当于直流电动机弱磁升速的情况。因此异步电动机变频调速与直流电动机类似，也分为基频(基速)以下和基频(基速)以上两种情况。

1. 基频以下调速

恒电动势频率比控制方式：

$$\frac{E_1}{f_1} = \text{常数}$$

恒压频率比控制方式(V/f 控制方式)：

$$\frac{U_1}{f_1} = \text{常数}$$

普通异步电动机采用的是冷轧硅钢片铁芯，其磁路导磁系数不是常数。在变频调速低频段，随着供电电压的降低，异步电动机电流很小，使得这种冷轧硅钢片铁芯工作点远低于磁化曲线的膝点，铁芯的导磁系数相对较小，磁通量减小，异步电动机输出转矩降低。

V/f 控制方式的主要问题是低频工作时的输出转矩下降过大，也可以这样理解，低频时 U_1 和 E_1 都较小，定子绕组漏阻抗上的压降相对感应电动势来说所占的分量就比较显著，造成异步电动机绕组中电流产生的磁通在定子铁芯和转子铁芯中闭合的数量会相对减少，表现为对铁芯的磁化力不足，导致异步电动机的电磁转矩严重下降，实际运行时将可能因电磁转矩不足或负载转矩相对较大而无法启动和无法低频运行。这时，若要维持每极气隙中主磁通量的恒定，定子绕组漏阻抗上的压降不能再忽略，需要人为地把电压 U_1 适当升高，近似地补偿定子绕组漏阻抗上的压降，因此现代变频器中均设置有相应的转矩提升功能或称为电压补偿功能，并为不同的负载提供了多条补偿特性曲线，为低频段设定了不同的转矩提升量，如富士 5000G11S/P11S 系列变频器就提供了 38 条不同状态下的转矩提升曲线。在变频器调试时选择不同的转矩提升曲线，对不同负载在低频段进行补偿，以满足负载启动和低速运行的要求。

如果异步电动机在不同转速时所带的负载都能使电流达到额定值，即在允许温升的情况下都能长期运行，则转矩基本上随磁通变化，所以磁通恒定时转矩也必恒定，因此在基频以下变频调速属于恒转矩调速。

低频转矩提升是通过改变 $f_1=0$ 时的输出电压 U_1，即改变 V/f 控制曲线的起点，来补偿定子漏阻抗压降，提升输出转矩的一种方法，如图 1-2(a)所示的 b、c 控制曲线。多点 V/f 设定，则是人为规定 V/f 比来改变 V/f 控制曲线形状的控制方法，其负载适应性更好，如图 1-2(b)所示的控制曲线。

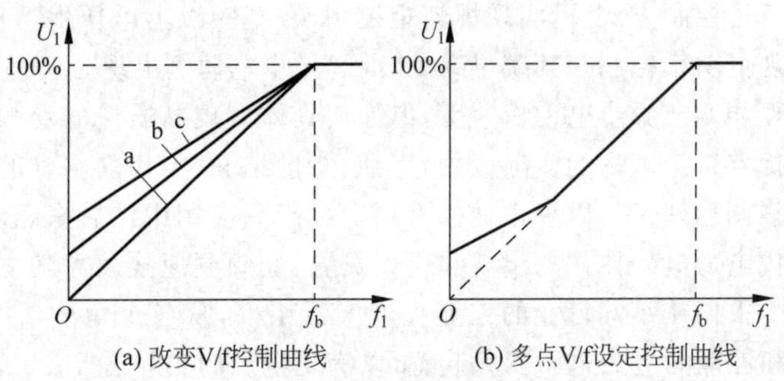

图 1-2　V/f 控制特性

本书介绍的西门子公司 MM4 系列变频器和 SINAMICS S120 系列驱动器都具有多点 V/f 控制设定功能。转差频率补偿是另一种补偿方法，是根据异步电动机的机械特性曲线与额定电流、转差，按实际输出电流推算出稳态速降，并通过提高输出频率补偿稳态速降的一种方法。转差频率补偿、定子漏阻抗压降补偿是开环 V/f 控制方式常用的功能。在精度要求高的场合，还可采用闭环 V/f 控制方式来减小或消除稳态速度误差。

现代变频器在使用改进的 V/f 控制功能后，3Hz 工作时的连续输出转矩与最大输出转矩分别可达到 $50\%T_{MN}$（T_{MN} 为异步电动机额定转矩）与 $150\%T_{MN}$ 以上，输出转矩大于 $50\%T_{MN}$ 的有效调速范围为 40∶1 左右；速度响应为 10～20rad/s；开环速度精度为±(2～3)%，闭环控制时速度精度为±(0.2～0.3)%。

2. 基频以上调速

若超过基频调速，磁通将由额定磁通开始降低，出现弱磁升速情况，但转速升高时转矩却降低，所以基本上属于异步电动机的恒功率调速方式。

图 1-3 所示是异步电动机变频调速的控制特性。

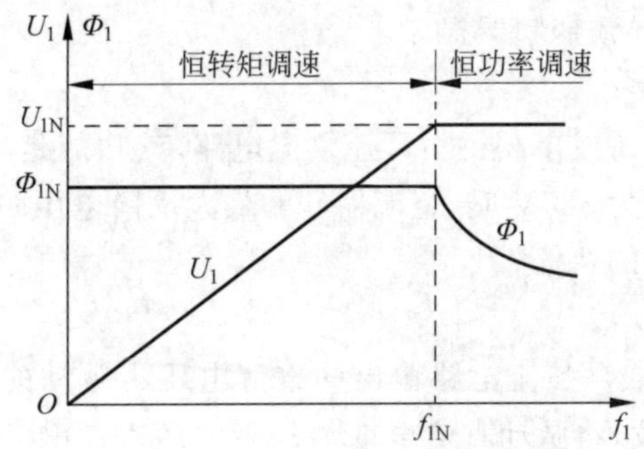

图 1-3　异步电动机变频调速的控制特性

视频讲解

1.3 变频器的基本电路结构

视频讲解

1.2 节中介绍了异步电动机变频调速的基础理论，在基频以下采用恒压频率比控制方式，可实现恒转矩控制，在基频以上电压保持额定电压不变，可实现恒功率控制。其实早在19世纪异步电动机出现时，人们就已经知道变压变频能调节异步电动机速度，但如何具体实现高质量的变频变压电源一直在困扰着这个理论的实际应用，直到20世纪60年代晶闸管的诞生和发展才使变频调速理论得以真正地投入到实际产品应用中。后来随着GTR、IGBT等现代电力电子器件的出现和快速发展，变频调速技术才随之取得了长足的进步。人们从不同行业的工业生产实际出发，从各个角度研究变频调速技术，生产出不同结构和性能的电力电子变频装置，以满足生产的实际需要。

变频器是将工频交流电变为频率和电压都可连续变化的交流电的电力电子装置，能为异步电动机提供电压和频率能够协调控制的电源装置，从而实现电动机的变频调速。变频器中包括了强电、弱电混合综合性技术，既要处理巨大电能的转换（整流、逆变），又要处理信息的收集、变换和传输，因此内部分为功率转换（主电路）和弱电控制（控制电路）两大部分。变频器主电路中的整流电路和逆变电路由电力电子半导体开关器件构成，变频器技术的发展过程实际上反映了电力电子半导体器件的发展过程，也可以说是电力电子半导体器件的发展推动了变频器技术的发展。变频器控制电路随着微电子技术和控制理论（PWM）的发展，控制性能不断提高。主电路要解决与强电大电流有关的技术问题和新型电力电子器件的应用技术问题；控制电路要解决基于现代控制理论控制策略和智能控制技术的硬件和软件开发问题，主要是全数字控制技术的实现问题。

图1-4是交—直—交变频器内部基本结构的电路框图。交—直—交变频器是变频市场上生产和使用的主流产品。图中上半部分是主电路部分，下半部分（虚线框内）是控制电路部分。

交—直—交变频器主电路包括整流电路、中间电路和逆变电路。中间电路主要由滤波电路、制动电路和限流电路构成。变频器主电路输入端子通常用L1、L2、L3或R、S、T表示；输出端子一般用U、V、W表示。连线时一定要注意，变频器主电路的输入端和输出端不可以接反，否则可能会导致变频器损坏。

1. 整流电路

由二极管构成的三相桥或单相桥不可控整流电路，其功能是将工频交流电整流成脉动直流电。当交流电线电压为380V时，整流器件的最大反向电压一般为1000V，最大整流电流为通用变频器额定电流的两倍。

2. 滤波电路

由C_1、C_2、R_1、R_2组成。整流电路输出的直流电压为脉动的直流电压，滤波电容C_1、C_2的功能是去除电压波纹，将脉动直流电变为较平滑的直流电，同时它还在整流电路与逆变电路之间起到储能作用。电阻R_1、R_2起分压作用，使电容C_1、C_2两端电压均衡。

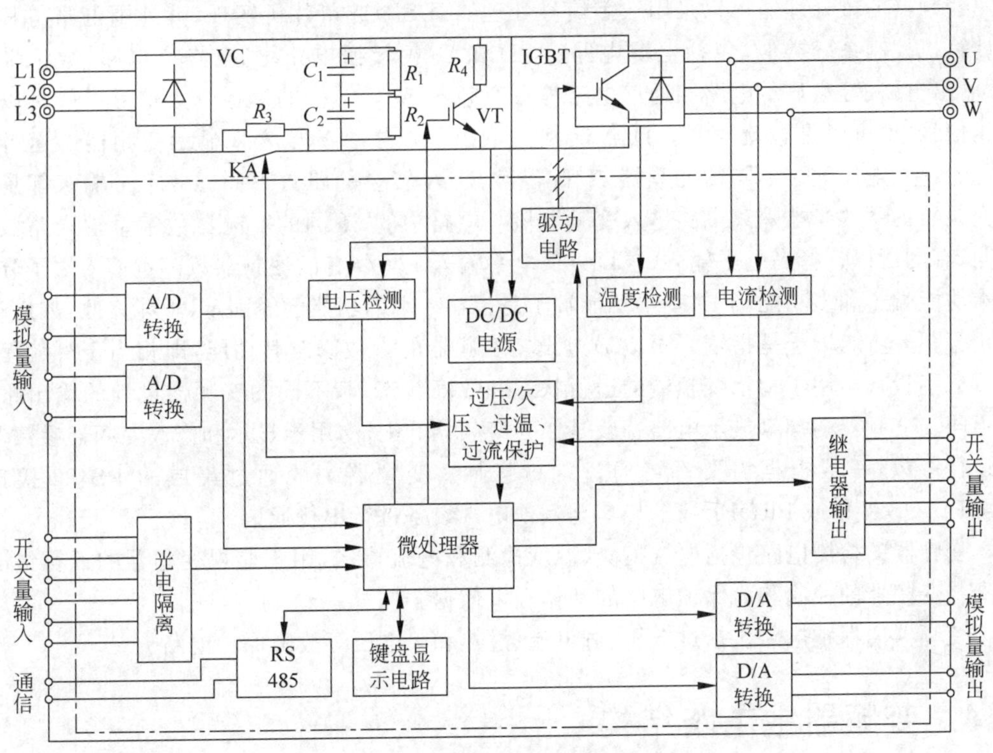

图 1-4　交—直—交变频器内部基本结构电路框图

3. 制动电路

由 R_4 和 VT 组成，功能是消耗电动机制动过程中的回馈能量，防止中间直流电路泵升电压过高，损坏电力电子器件，保护变频器。

当电动机制动时，回馈电流通过逆变电路给 C_1、C_2 充电。当电容两端电压上升到一定程度时，微处理器控制 VT 导通，电容通过 R_4 和 VT 放电，电阻发热消耗制动过程存储在电容中的能量，使电容两端电压降低，在制动过程中起到过电压保护作用。

4. 限流电路

由限流电阻 R_3 及开关 KA 构成，由于上电瞬间滤波电容端电压为零，电容充电电流较大，过大的电流可能损坏整流电路。为保护整流电路，将限流电阻串联到直流回路中。当滤波电容充电一定时间后，通过开关 KA 将限流电阻短路。

5. 逆变电路

通常由 IGBT（绝缘栅双极晶体管）组成的三相逆变桥电路构成。功能是将直流电变为频率和电压均可调的三相交流电，是变频器实现变频的关键环节。变频器逆变器中的电力电子半导体器件有晶闸管（普通晶闸管、GTO）、功率晶体管（GTR、MOSFET）、绝缘栅双极晶体管（IGBT）和其他新型电力电子器件（SIT、SITH、MCT、IGCT、SiC 等）。

变频器控制电路主要由微处理器及外围电路、检测电路、保护电路和驱动电路构成。

变频器的微处理器可以采用数字信号处理器(DSP)或单片机实现,其外围电路与其他的计算机控制系统类似,包括电源电路、A/D 和 D/A 转换电路、光电隔离电路、数字量输入/输出电路、键盘显示电路和通信电路等。变频器 A/D 转换的模拟输入信号一般可以是电压信号,也可以是电流信号。D/A 转换的输出可以接一些仪表来显示变频器的运行参数,如频率、电压等。不同的变频器 A/D 转换、D/A 转换的路数不同。数字量输入都是经过变频器内部的光电隔离电路进入变频器核心电路中的,不同的变频器数字量输入路数也不同,有的可以选择高电平输入,也可以低电平输入。另外有的变频器数字量输入端子分为基本功能端子和多功能端子,基本功能端子是指输入端的功能已经固定,不能修改,如启动、停止等;多功能端子是指输入可以通过设定变频器的参数修改其功能,即相当于可编程端子。数字量输出用于指示变频器的运行状态和故障状态等,不同的变频器设计的输出路数也不同。变频器的键盘显示电路一般是作为变频器的配件,用于显示和修改变频器参数、监控运行参数,一般根据需要都可通过端口拔插。变频器一般通过集成的 RS485 接口、PROFIBUS 接口或 PROFINET 接口与其他电气设备进行串行通信。

变频器的检测电路包括电压检测、温度检测和电流检测,用于监视变频器的运行情况,并参与变频器的控制和为保护电路的动作提供依据。

变频器的保护电路包括过电压、过电流、过热和欠电压等故障保护电路。

1.4 变频器主电路结构

变频器根据主电路的变流结构,可以分为交—交变频器与交—直—交变频器,如图 1-5 所示。

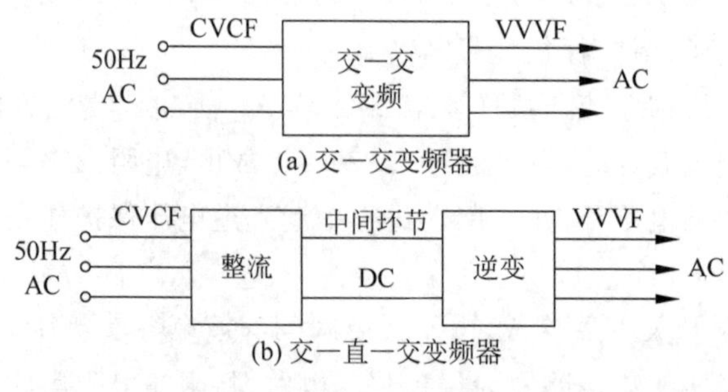

图 1-5 变频器主电路的拓扑结构

交—交变频器只有一个变换环节,把恒压恒频(CVCF)的交流电直接变换成变压变频(VVVF)的交流电输出(变换前后的相数相同),因此又被称为直接式变频器。为了突出其变频功能,也称作周波变换器(Cyclo-converter)。交—直—交变压变频器先将工频交流电通过整流器变换成直流电,再通过逆变器变换成可控频率和电压的交流电。由于输入的恒压恒频交流电与输出的变压变频交流电之间有一个“中间直流环节”,所以又被称为间接式变频器。

1.4.1 交—交变频器主电路结构及工作原理

常用的交—交变频器每一相变流电路都是由正组和反组反向并联的晶闸管可逆变换电路构成,如图1-6所示。可以看出与直流电动机可逆调速四象限变流电路完全相同,也就是说,每一相都相当于一套直流可逆调速系统的反并联可逆线路。

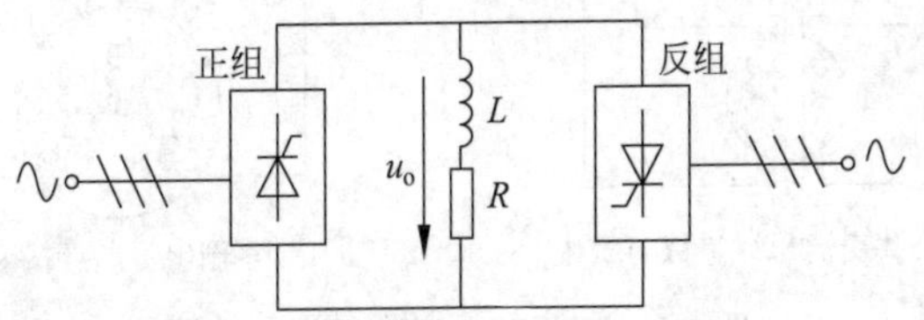

图1-6 单相交—交变频电路原理图

交—交变流器正组和反组都采用相控整流方式,正组工作时,负载电流 i_o 为正;反组工作时,i_o 为负。两组整流器按负载所要求的频率交替工作,这样负载就得到所需频率的交流电。变频是通过改变两组变流器的切换频率,从而改变输出电压频率;变压是通过改变变流器的控制角 α,从而改变交流输出电压的幅值。

为使 u_o 波形接近正弦波,可按正弦规律对 α 角进行控制,如图1-7所示。

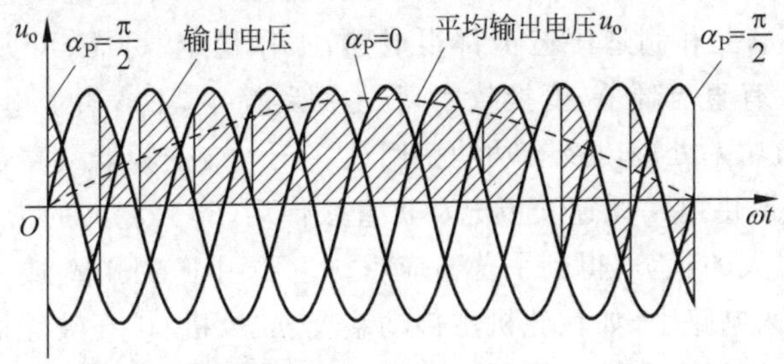

图1-7 单相交—交变频电路正弦波输出电压波形

在半个周期内让正组晶闸管的 α 角按正弦规律从90°减到0°或某个值,再增加到90°,每个控制间隔内的平均输出电压就按正弦规律从零增至最高,再减到零。另外半个周期可对反组晶闸管进行同样的控制。这样,u_o 由若干段电源电压拼接而成,在 u_o 的一个周期内,包含的工频电源电压段数越多,其波形就越接近正弦波。

交—交变频电路主要应用于大功率交流电动机调速系统,使用的是三相交—交变频电路。由三组输出电压相位各差120°的单相交—交变频电路组成。电路接线方式有公共交流母线进线方式和输出星形连接方式,接线方式如图1-8所示。

公共交流母线进线方式由三组彼此独立的、输出电压相位互差120°的单相交—交变频电路构成。电源进线通过进线电抗器接在公共的交流母线上。因为电源进线端公用,所以三组的输出端必须隔离,为此,交流电动机的三个绕组必须拆开。这种方式主要用于中等容量的交流调速系统。

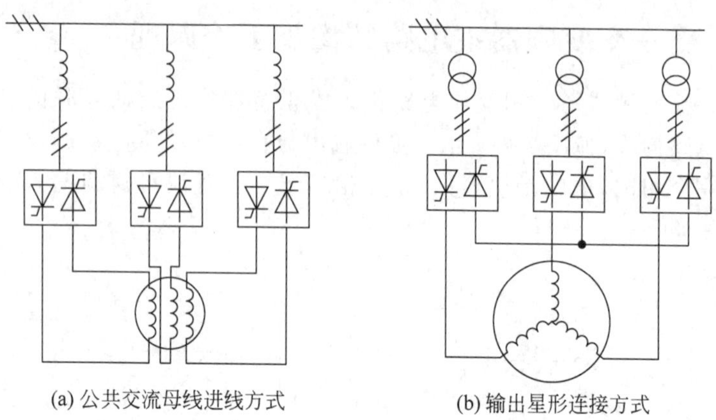

(a) 公共交流母线进线方式　　(b) 输出星形连接方式

图 1-8　三相交—交变频器主电路

当输出为星形连接方式时，交流电动机的三个绕组也要星形连接。电动机中点不与变频器中点接在一起，电动机只需引出三根线即可。因为三组的输出连接在一起，其电源进线必须被隔离，因此用三个变压器分别供电。由于输出端中点不和负载中点相连接，所以在构成三相变频电路的六组桥式电路中，至少要有不同输出相的两组桥中的四个晶闸管同时导通才能构成回路，形成电流。

交—交变频器的优点是由于晶闸管采用自然换流方式，是直流调速系统中常用的可逆整流装置，在控制技术上和制造工艺上都很成熟，工作稳定、可靠，可方便地实现四象限工作。交—交变频器没有直流环节，变换效率高，主回路简单，不含直流电路及滤波电容，容易实现与电源之间无功功率处理以及有功功率回馈。交—交变频器最高输出频率是电网频率的 1/3～1/2，这样可以供电给低速交流电动机直接传动，省去庞大的齿轮减速箱，在大功率低频范围内调速有很大的优势，得到了普遍应用。主要用于 500kW 或 1000kW 以上的大功率、低转速的交流调速电路中，如在轧机主传动装置、鼓风机、矿石破碎机、球磨机、卷扬机等场合应用。缺点是这样的交—交变频器虽然在结构上只有一个变换环节，无中间直流环节，看似简单，但所用的器件数量却很多。采用三相桥式电路的三相交—交变频器至少要用 36 只晶闸管，接线复杂，总体设备相当庞大。另外其功率因数低，高次谐波多，频谱复杂，因此需配置谐波滤波和无功补偿设备。输出频率低，变化范围窄，也使其应用受到了一定的限制。

近年来又出现了一种采用全控型开关器件的新型矩阵式交—交变频器，由九个直接接于三相输入和输出之间的功率开关阵组成，如图 1-9 所示。矩阵式变频器控制的关键是在正确的时间通过双向开关切换把输入相直接连接到输出相，以产生交流电动机运行所需的输出电压和频率。矩阵变换器的优点是没有中间直流环节，从而省去了体积

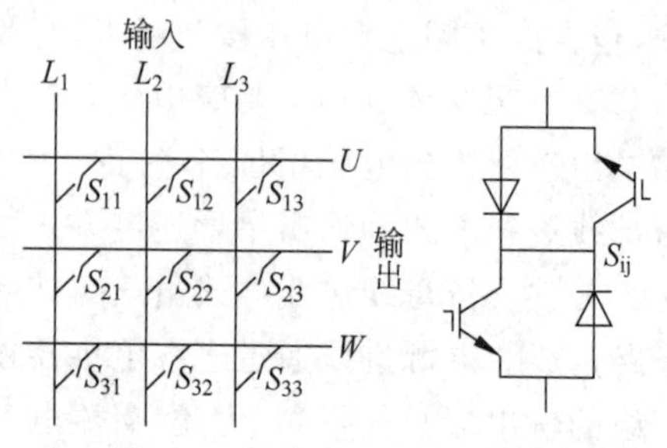

图 1-9　矩阵式交—交变频器

大、价格贵的电解电容，功率电路简单、紧凑，体积小。输出由三个电平组成，谐波含量比较小，并可输出频率、幅值及相位可控的正弦电压。输入功率因数可控，功率因数高，可在四象限工作。缺点是控制电路较复杂，其换流过程中不允许构造某相输出的两个功率开关同时导通或者关断的现象，实现起来比较困难。另外，矩阵变换器最大输出电压能力低，输出输入最大电压比只有 0.866，器件所承受的电压高也是此类变换器的一个很大缺点。矩阵变换器在风电励磁电源中有所应用。

1.4.2　交—直—交变频器主电路结构

视频讲解

交—直—交变频器比较常见，由整流器、中间直流环节和逆变器三部分组成，实现方式通常有两种形式：

(1) 整流器采用可控整流，实现变压，逆变器变频方式；

(2) 整流器采用不可控整流，逆变器同时实现变压和变频，如图 1-10 所示。

由二极管组成的不可控整流器与由功率开关器件（P-MOSFET、IGBT、IGCT 和 IEGT 等）组成的脉宽调制（PWM）逆变器构成的变频器，简称为 PWM 变频器，是当前应用最广泛的变频器。

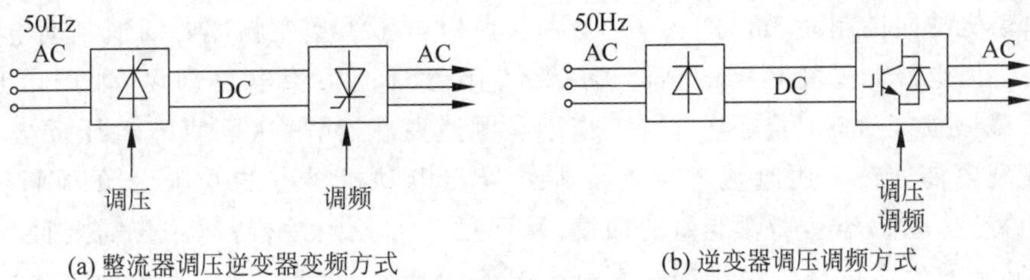

(a) 整流器调压逆变器变频方式　　(b) 逆变器调压调频方式

图 1-10　交—直—交变频器主电路结构

PWM 变频器之所以应用广泛，是由于它具有如下优点。

(1) 结构简单，电路控制也简单，效率高，仅需要对全控型功率开关器件组成的逆变器进行驱动电压脉冲的控制，即可实现同时变压和变频。

(2) 电源侧采用不可控的二极管整流器，所以功率因数相对较高，而且不受逆变输出电压大小的影响。

(3) 由于是控制逆变器实现的变压和变频，中间滤波环节的大电容或大电感参数对动态响应不产生影响，提高了系统的动态性能。

(4) 虽然输出电压波形是一系列的脉宽波，但可以采用适当的 PWM 控制技术，来减小输出电压的低次谐波，增大正弦基波成分，这样异步电动机的转矩脉动就会减小，从而可以提高系统的调速范围和稳态性能。有关 PWM 变频器中逆变器所常用的 PWM 技术将在第 2 章介绍。

中间直流环节的滤波电路可用电容器或电抗器实现，按滤波环节的不同，交—直—交变频器可分为电压源型和电流源型两种，如图 1-11 所示。

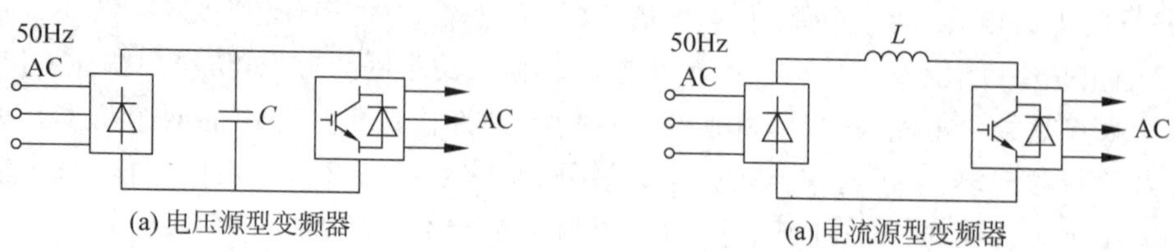

图 1-11　交—直—交变频器滤波电路结构图

电压源型逆变器(Voltage Source Inverter,VSI)采用大电容滤波,因而直流电压波形比较平直,在理想情况下可以认为是一个内阻为零的恒压源,输出交流电压是矩形波或阶梯波,所以简称电压源型逆变器;电流源型逆变器(Current Source Inverter,CSI)采用大电感滤波,直流电流波形比较平直,理想情况下相当于一个恒流源,输出的交流电流是矩形波或阶梯波,所以简称电流源型逆变器。由于控制方法和硬件设计等各种原因,电压源型逆变器应用比较广泛,在工业自动化领域的变频器(采用变压变频 VVVF 控制)和供电领域的不间断电源(UPS,采用恒压恒频 CVCF 控制)中都有应用。

由于电压源型变频器滤波大电容两端的直流电压不容易反极性,若要使电路具备再生回馈电能的能力,必须再另外加一套晶闸管可控整流电路,为反向的制动电流提供通路,实现异步电动机的回馈制动,如图 1-12(a)所示。所以电压源型变频器要回馈制动电能,设备比较复杂。但电流源型变频器的整流器采用晶闸管可控整流电路即可,如图 1-12(b)所示。当负载回馈能量时,可控整流器工作于有源逆变状态,使中间直流电压反极性,能较容易地实现电能回馈。用电流源型逆变器给异步电动机供电的变压变频调速系统有一个显著的特征,就是容易实现能量的回馈,从而便于四象限运行,适用于需要回馈制动和经常正、反转的生产机械。由于交—直—交电流源型变压变频调速系统的直流电压可以迅速改变,所以动态响应速度比较快,而电压源型变压变频调速系统的动态响应与之相比就慢得多。

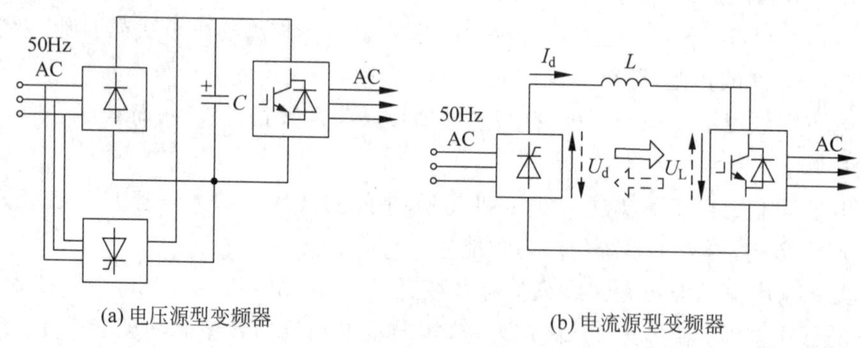

图 1-12　具有再生回馈电能的交—直—交变频器电路结构图

电压源型 PWM 变频器的整流器采用二极管不可控整流,存在着电流谐波大、能量不可逆、功率因数较低等缺点。随着电力电子技术和微机控制技术的飞速发展,特别是近年来数字控制芯片的出现,使 PWM 控制容易实现,加上 PWM 技术的诸多优点,出现了采用 IGBT

构成的双 PWM 变频器，即整流器和逆变器均采用 PWM 技术，如图 1-13 所示。双 PWM 变频装置无须增加任何附加电路就能实现再生能量的回馈，可实现功率双向流动，从而实现异步电动机四象限运行。在本书中介绍的西门子 SINAMICS S120 驱动器调节型电源模块和非调节型电源模块采用的就是 IGBT 构成的整流器。

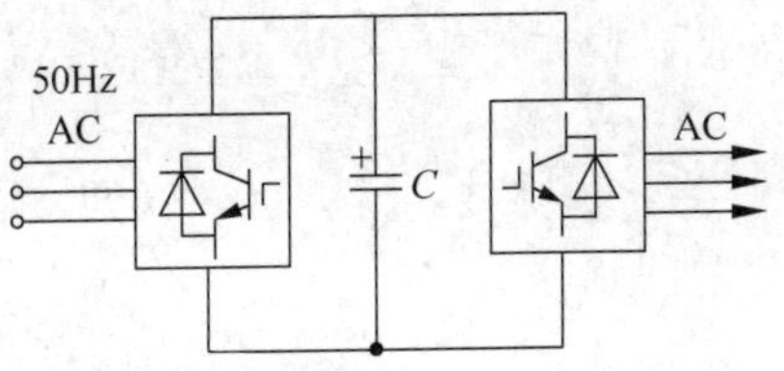

图 1-13　双 PWM 交—直—交变频器结构图

当异步电动机处于拖动运行状态时，能量由交流电网经桥式整流器向滤波电容器充电，此时变频器逆变器的六个 IGBT 管在 PWM 控制下，以调频调压（VVVF）方式工作，使变频器输出电压与工作频率 f 成正比，从而实现异步电动机的恒转矩控制，并且输入到异步电动机的电流为正弦波，减少了高次谐波电流的损耗。

当异步电动机处于减速运行时，由于负载惯性的作用使异步电动机进入发电状态，此时异步电动机的再生能量经逆变器中续流二极管向中间直流环节储能电容充电，使电容器两端电压升高。此时整流器的开关元件工作在 PWM 控制下，将能量回馈给交流电网，完成能量的反向流动。

PWM 整流器可采用闭环控制，使回馈电网的电流与电网电压为同相位的正弦波电流，使系统的功率因数约等于 1，提高了系统功率因数。此时储能电容器也能对交流电源输入电路的漏抗所产生的无功电流起到补偿作用。另外其能主动消除变频装置对电网的谐波污染，输入电流中只含与开关频率有关的高次谐波，这些谐波次数高，容易滤除。总之，双 PWM 具有输入电压、电流频率固定，波形均为正弦波，功率因数接近 1，输出电压、电流频率可变，电流波形也为正弦波等特点。

1.5　异步电动机变频供电时的机械特性

视频讲解

在异步电动机稳态运行时的等效电路图 1-1 中，由于励磁支路电流很小，若忽略，则可以得到转子电流

$$I'_2=\frac{U_1}{\sqrt{(R_1+R'_2/s)^2+(x_1+x'_2)^2}} \tag{1-5}$$

根据异步电动机运行分析得到的结论，异步电动机的电磁功率是电源通过气隙磁场传递到转子侧的有功功率，电磁功率为

$$P_M=3I'^2_2\frac{R'_2}{s} \tag{1-6}$$

电磁转矩为电磁功率与同步机械角速度之比，并将式(1-5)和式(1-6)代入电磁转矩表达式，得到

$$T=\frac{P_M}{\Omega_1}=\frac{3I'^2_2R'_2/s}{\dfrac{2\pi f_1}{n_p}}=\frac{3n_pU_1^2R'_2/s}{2\pi f_1[(R_1+R'_2/s)^2+(x_1+x'_2)^2]}$$

$$= \frac{3n_p}{2\pi}\left(\frac{U_1}{f_1}\right)^2 \frac{sR'_2 f_1}{(sR_1 + R'_2)^2 + s^2(x_1 + x'_2)^2} \tag{1-7}$$

当 s 很小时，可忽略上式分母中含 s 各项，则

$$T \approx \frac{3n_p}{2\pi}\left(\frac{U_1}{f_1}\right)^2 \frac{sf_1}{R'_2} \propto s \tag{1-8}$$

式(1-8)说明，当 s 很小时，电磁转矩近似与 s 成正比，机械特性 $T=f(s)$ 是一段直线，如图 1-14 所示直线部分。

当 s 接近于 1 时，可忽略式(1-7)分母中的 R'_2，则

$$T \approx \frac{3n_p}{2\pi}\left(\frac{U_1}{f_1}\right)^2 \frac{R'_2 f_1}{s(R_1^2 + (x_1 + x'_2)^2)} \propto \frac{1}{s} \tag{1-9}$$

式(1-9)说明，当 s 接近于 1 时，电磁转矩近似与 s 成反比，机械特性 $T=f(s)$ 是对称于原点的一段双曲线，如图 1-14 所示的双曲线部分。

当 s 为以上两段的中间数值时，机械特性从直线段逐渐过渡到双曲线段，如图 1-14 所示。

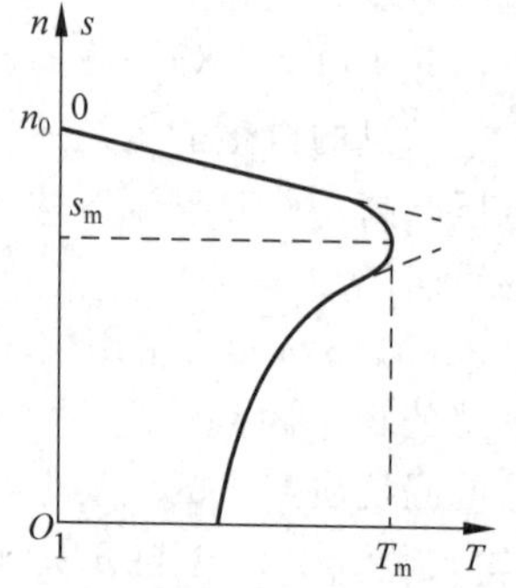

图 1-14 异步电动机机械特性

对式(1-7)求导，并令 $\mathrm{d}T/\mathrm{d}s=0$，可以得到

临界转差率

$$s_m = \frac{R'_2}{\sqrt{R_1^2 + (x_1 + x'_2)^2}} \tag{1-10}$$

最大电磁转矩

$$T_m = \frac{3n_p U_1^2}{4\pi f_1 \left[R_1 + \sqrt{R_1^2 + (x_1 + x'_2)^2}\right]} \tag{1-11}$$

当变频供电时，异步电动机机械特性的变化可以分基频以上和基频以下两种情况考虑。

1.5.1 基频以下变频供电时的机械特性

1.2 节中已经进行了分析，为了近似地保持气隙磁通量不变，充分利用异步电动机铁芯，发挥出电动机产生电磁转矩的能力，变频时在基频以下采用恒压频率比控制方式。根据同步转速 $n_1=60f_1/n_p$，这时异步电动机同步转速将随频率变化而变化。

当带负载运行时，转速降落为

$$\Delta n = sn_1 = \frac{60sf_1}{n_p}$$

在式(1-8)所表示的机械特性近似直线段上，可推导出

$$sf_1 \approx \frac{2\pi}{3n_p} \frac{TR'_2}{\left(\frac{U_1}{f_1}\right)^2}$$

上式说明，当恒压频率比(U_1/f_1)为恒值时，对于同一转矩 T，sf_1 基本不变，因而转速

降落 Δn 也基本不变。也就是说，在恒压频率比控制方式下改变频率 f_1 时，异步电动机的机械特性基本上是平行移动的，如图 1-15 所示。与直流他励电动机调压调速时的情况非常相似。

式(1-11)最大转矩 T_m 可以表示为

$$T_m = \frac{3n_p}{4\pi}\left(\frac{U_1}{f_1}\right)^2 \frac{1}{\dfrac{R_1}{f_1} + \sqrt{\left(\dfrac{R_1}{f_1}\right)^2 + 4\pi^2(L_1 + L_2')^2}} \tag{1-12}$$

式(1-12)说明，变频调速时，异步电动机带负载的能力将受到影响，其最大电磁转矩 T_m 将随着供电电源频率的降低而减小，如图 1-15 所示。降低的原因是为了维持气隙磁通量不变，变频调速采用的是恒压频率比控制方式近似代替恒电动势频率比控制方式，实际气隙磁通量会有所减小。T_m 太小将限制异步电动机的带载能力，所以变频器通常采用定子电压补偿的方法，适当地提高定子电压 U_1，以提高基频以下变频调速带负载的能力。

综上所述，可以看出异步电动机采用恒压频率比控制方式时，随着定子供电电压频率的降低，其机械特性是与额定频率下机械特性平行的一簇曲线，其最大转矩 T_m 随频率的降低而减小。

采用恒压频率比控制方式实现的变频装置结构简单，造价低，运行可靠，调试方便。但在低频运行时，最大转矩 T_m 将变小，且在频率很低时，启动转矩也较小，因此比较适合用于调速范围不大或负载转矩随转速降低而减小的负载，如平方降转矩负载(风机、泵类)，这类负载在低频时要求异步电动机产生的电磁转矩较小，如图 1-15 所示的平方降转矩负载机械特性曲线。

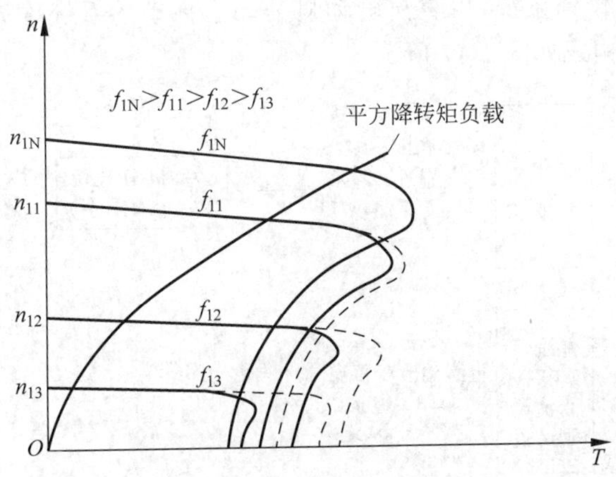

图 1-15　基频以下变频供电时异步电动机的机械特性

另外，通用标准鼠笼异步电动机的冷却风扇安装在电动机轴上(即自扇式)，在变频调速时，随着速度的降低，冷却风量将变小，异步电动机的自散热能力下降，因此在低频运行时，电动机的负载能力也将下降。

为了补偿频率降低带来的最大转矩的减小，变频器都具有电压补偿（转矩提升）功能。采用补偿后的机械特性如图 1-15 中的虚线所示。

1.5.2 基频以上变频供电时的机械特性

在基频以上变频调速时，由于定子电压 $U_1 = U_{1N}$ 不变，式(1-7)和式(1-11)的机械特性表达式和最大转矩表达式为

$$T = \frac{3n_p U_{1N}^2}{2\pi} \frac{sR'_2}{f_1(sR_1 + R'_2)^2 + s^2(x_1 + x'_2)^2} \tag{1-13}$$

$$T_m = \frac{3n_p U_{1N}^2}{4\pi} \frac{1}{f_1 R_1 + f_1\sqrt{R_1^2 + (x_1 + x'_2)^2}} \tag{1-14}$$

由式(1-14)可知，随着供电频率的升高，最大转矩 T_m 将随之减小。由于同步转速随频率升高，电磁功率基本保持不变，机械特性随之上移，与他励直流电动机弱磁升速相似，机械特性如图 1-16 所示。

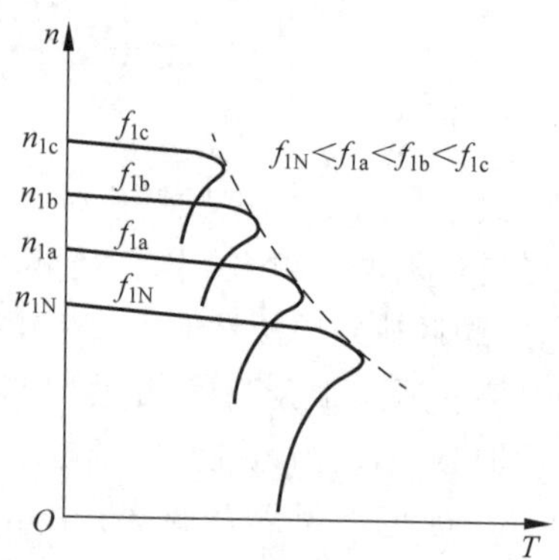

图 1-16 基频以上变频供电时异步电动机的机械特性

1.6 变频器的发展

电气传动系统是以电动机为动力拖动各种生产机械的系统，以交流电动机为动力拖动的系统称为交流电气传动系统，以直流电动机为动力拖动的系统称为直流电气传动系统。电气传动系统的大致构成如图 1-17 所示。

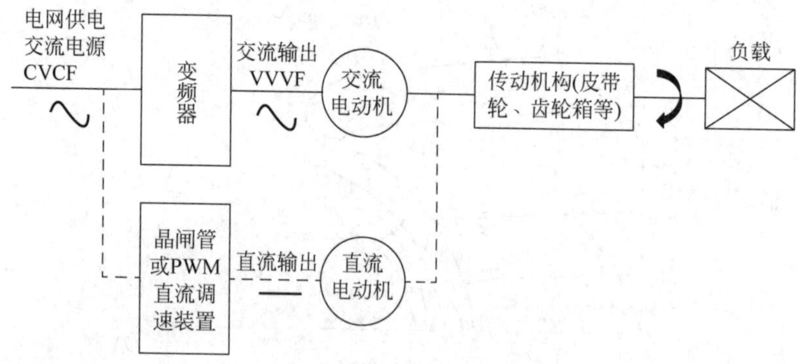

图 1-17 电气传动系统构成

直流调速装置通常由半控型晶闸管组成的整流器、逆变器构成，或由全控型电力电子器件组成的直流变换器构成；现代通用的交流调速装置通常是采用全控型电力电子器件构成的静止交流变换器，即电力电子变频器，简称为变频器。

从图 1-17 可见，变频器的输入是电网来的恒压恒频(CVCF)交流电，输出是电压和频率

都可变的交流电(VVVF)。所以,变频器就是一种将工频交流电(三相或单相)变换成电压和频率都可连续变化的静止式交流电源变换装置,以供给交流电动机实现软启动和调速。

1.6.1　变频器的发展历程

变频器是20世纪70年代初随电力电子器件、PWM控制技术发展出现的一种交流电动机驱动装置,虽然变频器是为满足生产机械调速要求而产生的交流电动机电源设备,但其主要是用于风机、泵类平方降转矩负载的节能控制。风机、水泵由交流电动机不变速拖动变为变频调速拖动,可以把消耗在挡板或阀门上的能量节省下来,每台风机、水泵平均可以节省20%～30%的电能。直到20世纪80年代初,以矢量控制理论为基础研制成功的矢量控制变频器,实现了交流电动机的转矩控制,才较好地满足了生产机械的速度工艺控制要求。随着变频器的各种复杂控制技术日臻完善,特别是大规模集成电路和微处理器的发展,变频器的性能不断地得到提高,变频器已在自动控制的各个领域得到了广泛应用,在某些场合甚至出现了全面替代直流传动的趋势。

变频器是一种强电和弱电相结合的驱动装置,其关键技术包括"变流技术"与"控制技术"两方面。前者主要涉及电力电子器件应用、电路拓扑结构与PWM控制等问题;后者是交流电动机控制理论的研究与控制技术实用化问题。变频器技术的发展也相应地反映了这两方面技术的发展,这两方面技术的发展同时也推动了变频器技术的发展。图1-18所示的是功率器件、主电路拓扑结构、控制理论和控制技术在变频器中的应用进程,也说明了变频器的发展历程。

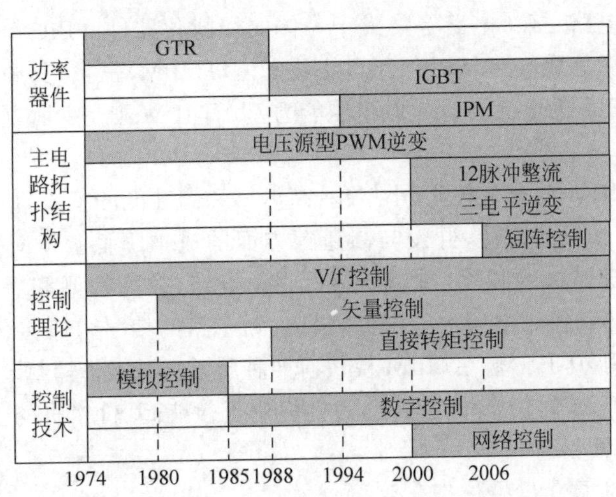

图1-18　各种技术在变频器中应用的发展历程

1. 电力电子器件应用的发展

电力电子器件是变流技术的基础元件,变频器的整流电路与逆变电路都由电力电子器件组成。理想的电力电子器件应具有载流密度大、导通压降小、耐压高、控制容易、工作频率高和开关速度快等特点。电力电子器件的发展经历了以晶闸管为代表的第一代"半控型"器件，以GTO、GTR与功率MOSFET为代表的第二代“全控型”器件，以IGBT为代表的第三代“复合型”器件，以及以IPM为代表的第四代功率集成器件(PIC)的历程。

第一代电子电力器件由于只导通可控、关断不可控，并且工作频率低，所以并没有为变频器的实用化带来多大的帮助；推动变频器实用化快速发展的是第二代“全控型”器件；而第三代“复合型”器件的出现，使得变频器的小型化、高效率、低噪声成为了现实；第四代功率集成电路的实用化则使变频器控制更简单、性能更高。

第二代产品中的GTR是早期变频器所使用的器件，1988年后开始使用IGBT，1994年后在高性能专用变频器上开始逐步使用第四代IPM，但目前通用变频器的主导器件仍是IGBT。

第二代产品中的功率MOSFET是一种优秀的电力电子器件，其显著特点是驱动电路简单、驱动功率小、无少数载流子存储效应，特别是工作频率可高达MHz，为所有电力电子器件之最。但由于电流容量小、耐压低、通态压降大(实用化水平大致在1kV/2A/2MHz与60V/200A/2MHz)，因而不适合变频器使用。

第三代产品中的IGBT可视为双极型大功率晶体管与功率场效应晶体管的复合管，既具有GTR通态压降小、载流密度大、耐压高的优点，又具有功率MOSFET驱动功率小、开关速度快、输入阻抗高、热稳定性好的优点(实用化水平在4500V/1000A/150kHz左右)，是目前中低压、中小功率变频器的主流器件。4500V/1000A以上的高压、大容量IGBT开发、MCT的普及是第三代产品的发展方向。

功率集成电路(PIC)是电力电子器件技术与微电子技术结合的产物，是一种将功率器件、驱动电路、保护电路、接口电路等集成于一体的智能化器件。PIC分为高压功率集成电路(HVIC)、智能功率集成电路(SPIC)和智能功率模块(IPM)三类，其中HVIC的电流容量较小(20A以下)，SPIC的电流容量大但耐压能力差，而IPM则是一种适用于变频器的新型功率器件。

智能功率模块IPM具有高频化、小型化、高可靠和高性能的特点，使变频器中逆变器的设计变得更简化，使整机的设计、开发与制造等方面的成本降低。IPM模块由功率开关器件(IGBT芯片和快速二极管芯片)、控制电路、驱动电路、故障检测和保护电路等组成。其过电压、过电流、过热和控制电压欠电压等故障监测电路的信号可直接传送至外部，具有体积小、可靠性高、使用方便等优点。IPM模块有四种封装模式：单管封装、双管封装、六管封装和七管封装。但IPM的价格相对较高，目前多用于性能高、价格贵的专用变频器，如交流伺服驱动器、交流主轴驱动器等。

2. 拓扑结构的发展

由电力电子器件组成的变频器主回路结构也在不断发展，其拓扑结构的改进是实现“绿色变频”的重要手段。虽然目前中小功率变频器仍以传统的“交—直—交”电压源型PWM逆变器为主导，但随着对用电设备能耗、环保要求的不断提高，12脉冲整流、双PWM变频技术、三电平逆变、矩阵控制技术等新型拓扑结构的变频器正在被普及与实用化。

12脉冲整流是对变频器网侧整流电路所进行的改进，该结构的主回路采用了交流输入独立、直流输出并联的两组整流桥，两组整流的交流输入电压幅值相同、相位相差 30°(通过 Δ/Y 变压得到)，在直流输出侧得到的是叠加 12 个整流脉冲的电压波形。这种整流方式虽然只是对整流电路进行了简单的改进，但带来的优点是两组整流桥输入电流中的 5、7、17、19……次谐波正好相互抵消，从而大大减轻了变频器所产生的谐波对电网的影响，同时也降低了输入变压器、断路器、电缆等相关设备的容量与对耐压的要求。另外，整流侧电压纹波只有六脉冲整流的 50%，变频器内部对平波器件的要求也可相应降低。

三电平逆变方案原本是为解决低压器件的高电压控制问题所设计的电路，但由于它具有可靠性高、输出电流波形好、电动机侧的电磁干扰与谐波小等优点，目前在中小容量的通用变频器上也得到了推广。三电平逆变电路每个桥臂上使用了两对串联的 IGBT，如图 1-19 所示的 U 相电路。利用二极管 VD_5 与 VD_6 的 1/2 电压钳位控制，使每对 IGBT 所承受的最大电压降低到 $E/2$，而变频器每相输出将由普通逆变器的两种状态($-E/2$、$E/2$)变为三种状态，即 VT_3/VT_4 导通(输出电压为 $-E/2$)、VT_2/VT_3 导通(输出电压为 0)、VT_1/VT_2 导通(输出电压为 $E/2$)，IGBT 所承受的最大电压只有原来的 1/2，从而提高了可靠性，缩小了体积，改善了输出电流波形。

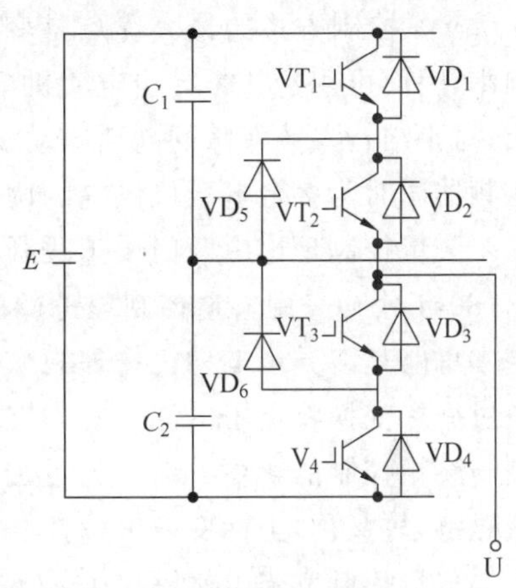

图 1-19　二极管钳位型三电平拓扑 U 相结构图

双 PWM 变频是指整流与逆变同时采用 PWM 控制的“交—直—交”电压源型变频器。该拓扑结构具有四象限工作能力，因此，可解决变频器能量的双向流动问题，且无须增加附加设备就能实现回馈制动。此外，通过对整流器的高频正弦波 PWM 控制，可使输入电流的波形、相位与输入电源相同，变频器的功率因数可接近 1。

矩阵控制变频器(Matrix Converter)是一种借鉴了传统“交—交”变频方式、融合了现代控制技术的新型变频器。其完全脱离了“交—直—交”电压控制型 PWM 结构，可以直接将输入的 M 相交流转换为幅值与频率可变、相位可调的 N 相交流输出。当前小容量的矩阵控制变频器产品已经问世。矩阵控制变频器目前使用的是具有输入功率因数校正功能的三相到三相的矩阵式“交—交”变换电路。与传统的“交—直—交”变频相比，矩阵控制变频器无中间直流储能环节、能量可以双向流动、输入谐波低，且输入电流的相位灵活可调(理论功率因数可达到 0.99 以上)，还可实现相位的超前与滞后控制，也起到功率因数补偿器的作用。矩阵控制的变频器结构紧凑、效率高，可以实现四象限运行与回馈制动，其发展前景良好。矩阵控制变频器当前存在的主要问题是使用的功率器件数量多且为双向器件，变换控制的难度较大，电压的传输比较低，因此，目前还只能用于小容量变频器。

3. 变频控制技术和理论的发展

变频控制理论研究与技术实用化是提高变频器性能的前提，其发展经历了 V/f 控制、矢量控制与直接转矩控制方式三个主要阶段。V/f 控制方式是一种经典控制理论，在异步电动机诞生后不久，技术人员通过对其等效电路与稳态特性的分析，就得出了为了保持气隙磁通恒定，定子电压与频率比保持恒定的V/f控制方案。当时由于受器件和控制技术的限制，直到20世纪70年代第二代全控型电力电子器件与PWM控制技术出现才被真正实用化。V/f控制方式是在忽略异步电动机定子漏阻抗压降等因素影响的前提下，从稳态特性上得出的速度控制方案，虽然它较好地解决了异步电动机的无级平滑调速问题，但本质上不具备转矩控制功能，因此，异步电动机的转矩特性差，有效调速范围小，电动机需"降额"使用。

V/f控制方式的最大优点是变频控制与被控对象特性几乎无关，负载波动对速度的影响小，因而可用于各类异步电动机单机与多机控制。即使在矢量控制方式早已实用化的今天，对于结构参数特殊的高速电动机，或对低速稳定性有较高要求的磨床、研磨机，或用一台变频器同时为多台电动机供电的调速场合，仍需采用V/f控制方式。

矢量控制理论由西门子工程师F. Blaschke等科技工作者在20世纪70年代初首先提出，80年代初采用矢量控制理论的变频器研制成功，并迅速得到普及与推广。矢量控制的基本思路是将异步电动机物理模型等效为带两个坐标变换的直流电动机物理模型，该理论通过坐标变换将定子电流分解为转矩电流i_{sT}和励磁电流i_{sM}两个独立分量，实现了磁通控制与转矩控制的解耦。由于矢量控制需要进行坐标变换，解耦得到的励磁电流i_{sM}对应转子磁链，故又称"坐标变换矢量控制"或"转子磁场定向控制"。

矢量控制方式虽然解决了异步电动机的转矩控制问题，但由于转子磁链与电动机速度的精确观测与控制难度都比较大，所以变频器实际使用的矢量控制技术通常都是简化了的控制方案，如转差频率矢量控制，至今尚未形成一种世界所公认的最佳控制方案。

直接转矩控制理论在20世纪80年代中期由德国的Depenbrock教授等首先提出，该理论摒弃了矢量控制中对定子电流"解耦"思想，省略了复杂的旋转坐标变换与计算，使得转矩控制更为简捷，20世纪80年代末逐渐被应用到变频器产品上。直接转矩控制是基于定子电压的转矩控制方案，在忽略定子电阻影响时，在理论上证明了定子磁链矢量的运动方向与定子电压方向一致，且旋转速度决定于定子电压幅值，因此可利用空间矢量分析法在定子坐标系下计算出异步电动机的转矩。直接转矩控制的最大优点是不需要进行电流、磁链等变量的复杂变换，物理概念明确，系统结构简单，特别适合开环控制的变频器，但同样存在转矩与速度的精确观测问题。

矢量控制与直接转矩控制理论的共同问题是需要建立准确的磁通观测模型与速度观测模型，前者决定了变频器的转矩控制性能，后者决定了变频器的速度控制精度。这些精确的观测模型需要详细的参数(如异步电动机的定子/转子电阻、电感、铁芯饱和系数等)，这对被控对象不确定的通用变频器来说是非常困难甚至是不可能的。为此，现代高性能变频器在完成变频控制的基础上，增加了可自动进行对象参数测试与设定的"自动调整(Auto-tuning)"功能。

自动调整功能包括在线调整、停止型调整、空载旋转型调整与带负载在线自动调整等功能。在线调整用于定子连接线与异步电动机定子电阻的测试与设定，可减小低频时定子电阻压降对输出转矩的影响，它对 V/f 控制、矢量控制、直接转矩控制方式同样有效。停止型调整通过异步电动机的静态励磁，可根据电压/电流反馈数据，计算出建立模型所需要的电阻、电感等基本参数。旋转型调整最初只能在空载时进行，它根据不同转速下的动态电压/电流变化数据，计算出较为准确的对象参数。而带负载在线自动调整则是在此基础上进一步完成包括负载惯量在内更多参数的测试与设定，其得到的观测模型更为准确。

1.6.2　变频器的主要发展方向

变频器作为运动控制系统中的功率变换器，为异步电动机提供变压变频电源，涉及多种学科技术。变频器的快速发展得益于电力电子技术、计算机技术和自动控制技术以及异步电动机控制理论的发展。当前竞争的焦点是高压变频器的研究开发与生产。

随着新型电力电子器件和高性能微处理器的应用以及控制技术的发展，变频器的性能价格比越来越高，体积越来越小，而且厂家仍在不断地提高可靠性，为实现变频器的进一步小型轻量化、高性能化和多功能化以及无公害化而做着新的努力。辨别变频器性能的优劣，一要看其输出交流电压的谐波对异步电动机的影响；二要看输入侧对电网的谐波污染和输入功率因数高低；三要看本身的能量损耗(即效率)。变频器的发展趋势大致有下面几个方向。

1. 实现高水平的控制

尽管矢量控制与直接转矩控制使交流调速系统的性能有了较大的提高，但是还有许多领域有待深入研究。进一步提高控制理论水平和发展策略，将先进的控制理论实用化仍是变频器开发的重要课题。主要有以下控制策略的应用问题。

(1) 基于异步电动机和机械模型的控制策略：矢量控制、磁场控制、直接转矩控制和机械扭振补偿等。

(2) 基于现代理论的控制策略：滑模变结构技术、模型参考自适应技术、微分几何理论的非线性解耦、鲁棒观察器，在某种指标意义下的最优控制技术和逆奈奎斯特阵列设计方法等。

(3) 基于智能控制思想的控制策略：模糊控制、神经元网络、专家系统和各种各样的自优化、自诊断技术等。

2. 开发清洁电能的变频器

开发更符合环境保护要求，尽量减少使用过程中噪声和谐波对电网及其他电气设备的污染干扰，成为真正的“绿色产品”变频器。所谓清洁电能变频器，是指变频器的功率因数为1，网侧和负载侧有尽可能低的谐波分量，以减少对电网的公害和降低异步电动机转矩的脉动。对中小容量变频器，可通过进一步控制 PWM 变频器开关频率得到有效的实现。对大容量变频器，在常规的开关频率下，可通过改变电路拓扑结构和控制方式，实现清洁电能的变换。目前，开发双 PWM 技术的绿色变频器仍是许多厂商的研究方向。

3. 缩小装置尺寸

变频器的大容量化和小体积化是另一发展趋势。随着新型电力电子器件的发展、智能型功率模块的应用，变频器的大容量化和小体积化会逐步实现。小功率变频器产品的最终目标是像接触器、软启动器等电器元件一样，使用简单，安装方便，安全可靠。紧凑型变频器要求功率和控制元件具有高的集成度，包括通过采用智能化的功率模块、紧凑型的光电耦合器、高频率的开关电源，以及采用新型电工材料制造的小体积变压器、电抗器和电容器来实现。功率器件发热的改善、冷却方式的改变(如水冷、蒸发冷却和热管)对缩小装置尺寸也非常有效。

4. 高速度全数字控制

以32位高速微处理器为基础的数字控制器的应用，Windows操纵系统以及各种CAD软件、通信软件被引入到变频器控制技术中，使其能够实现各种控制算法、参数自设定、自由设计控制功能、图形编程技术。

5. 专用化变频器

为了提高负载的控制性能，根据某类负载的特性，有针对性地制造专用化变频器，不仅有利于有效地控制异步电动机，而且可以降低制造成本。如风机、水泵用变频器、起重机械专用变频器、电梯控制专用变频器、张力控制专用变频器和空调专用变频器等。

1.7 变频器的分类

变频器有多种分类方法，这里仅简单介绍几种常用的分类方法。

(1) 根据变频器变流环节的不同分为交—交变频器和交—直—交变频器。交—交变频器是把频率固定的交流电直接转换成频率任意可调的交流电，而且变换前后的相数相同，又称直接式变频器或周波变频器。交—直—交变频器是先将频率固定的交流电“整流”成直流电，再把直流电“逆变”成频率任意可调的三相交流电，又称间接式变频器。目前应用广泛的通用型变频器都是交—直—交变频器。

(2) 根据直流电路滤波环节的不同分为电压源型变频器和电流源型变频器。电压源型变频器的特点是中间直流环节的滤波元件采用大电容，直流电压比较平稳，直流电源内阻较小，相当于电压源，故称电压源型变频器。并且具有无功功率储能功能，负载的无功功率将由大电容来缓冲，常应用于负载电压变化较大的场合。电流源型变频器的滤波元件为大电感线圈，扼制电流的变化，直流电流比较平稳，故称电流源型变频器。其输出电压接近正弦波，也具有无功功率储能功能，用于缓冲无功功率，常应用于经常正反转或容量较大需回馈制动的场合。

(3) 根据电压的调制方式分为正弦波脉宽调制(SPWM)变频器和脉幅调制(PAM)变频器。正弦波脉宽调制变频器指输出电压的大小是通过调节脉冲占空比来实现，其载波信号为等腰三角波，基准信号(调制波)采用正弦波。中、小容量通用变频器几乎全都具有这种控制方式。脉幅调制变频器将变压与变频分开完成，即把交流电整流为直流电的同时改变直流电压的幅值，然后将直流电压逆变为频率连续可调的交流电。

(4) 根据控制方式分为V/f控制、转差频率控制、矢量控制和直接转矩控制变频器。

(5) 根据输入电源的相数分为三进三出变频器和单进三出变频器。三进三出变频器的输入侧和输出侧都是三相交流电，绝大多数变频器都属此类。单进三出变频器的输入侧为单相交流电，输出侧是三相交流电，俗称"单相变频器"。该类变频器通常容量较小，适合于单相电源供电情况下的使用，如家用电器里的变频器均属此类。

(6) 根据负载转矩特性分为P型机变频器、G型机变频器和P/G合一型变频器。P型机变频器适用于变转矩负载，G型机变频器适用于恒转矩负载，P/G合一型变频器既适用于变转矩负载，又适用于恒转矩负载，在变转矩方式下，其标称功率大一档。

(7) 根据应用场合分为通用变频器和专用变频器。通用变频器的特点是其通用性，可应用在标准异步电动机传动的工业生产、民用以及建筑等各个领域。通用变频器的控制方式，已经从最简单的恒压频率比控制方式向高性能的矢量控制、直接转矩控制方式发展。专用变频器的特点是针对不同的行业特点集成了可编程控制器以及很多硬件外设，可以在不增加外部板件的基础上直接应用于行业中，具有行业专用性。比如，恒压供水专用变频器就能处理供水中变频与工频的切换、一拖多控制等控制要求。

(8) 根据供电电源电压等级分为低压变频器和高压变频器。低压变频器有单相和三相变频器，主要电压等级有220V/1PH、220V/3PH、380V/3PH；高压变频器是三相变频器，主要电压等级有3000V/3PH、6000V/3PH和10 000V/3PH。

小结

本章分析了异步电动机的调速方式，以及变频调速的基本原理，说明了变频调速方式在异步电动机中应用的优势。分析了异步电动机采用恒压频率控制方式替代恒电动势频率比控制方式后，将造成电动机气隙中磁通量的减少，使其在额定频率以下变频调速时，电动机输出转矩能力将有所降低，这也是变频器都具有电压补偿(转矩提升)功能的原因。基于变频控制理论研发的变频器是将恒压恒频的工频交流电变换为频率和电压都可连续变化交流电的电力电子装置，能为异步电动机提供所需电压和频率的电源装置，以满足异步电动机的调速要求。最常用的变频器是交—直—交电压源型变频器，与其他电气设备一样，变频器包含主电路和控制电路两部分。其主电路由整流电路、中间直流电路环节和逆变电路构成，中间直流电路主要包含滤波电路、制动电路和限流电路。主电路完成交流电的变换。控制电路是以微处理器为核心，由一些外围电路、检测电路、保护电路和驱动电路构成，完成交流电变换时所采用算法的计算、变频器启动和停止等数字量控制、频率调节控制、开关功率器件驱动脉冲的产生，以及变频器保护功能的控制等。本章还分析了异步电动机在额定频率以下和额定频率以上供电时的机械特性，加了电压补偿后，额定频率以下运行的异步电动机机械特性基本上具有恒转矩的特点，额定频率以上运行具有恒功率的特点。最后介绍了变频器的发展过程，对变频器进行了分类。

习题

1. 异步电动机的变频调速方式与其他调速方式相比有什么优势？

2. 什么是异步电动机的恒压频率比控制方式？什么是恒电动势频率比控制方式？各具有什么特点？

3. 为什么采用 V/f 控制方式时，低频时要采用电压补偿？

4. 什么是变频器？

5. 按变流环节的不同，变频器分成什么类型？

6. 交—交变频器有什么优点和缺点？

7. 交—直—交变频器分成哪些类型？各有什么特点？应用最多的是什么类型变频器？

8. 交—直—交变频器交流电源输入侧端子一般用什么符号标记，输出侧用什么符号标记？

9. 交—直—交变频器主电路由哪些部分构成？每部分的作用是什么？

10. 试分析变频器输入侧和输出侧为什么不能接反？

11. 变频器控制电路包含哪些部分？

12. 变频器外部端子有哪些类型？

13. 变频调速运行时，异步电动机的机械特性有什么特点？

14. 什么是单相变频器？什么是三相变频器？

15. 什么是交—直—交电压源型变频器？什么是交—直—交电流源型变频器？

16. 变频器有哪些发展趋势？

第 2 章

异步电动机变频调速系统

内容提要：变频调速中主要关键问题是对逆变器的控制，本章首先介绍了在变频器中得到广泛应用的三种脉宽调制(PWM)控制技术，包括正弦脉宽调制(SPWM)技术、电流滞环跟踪 PWM(CHBPWM)控制技术和电压空间矢量 PWM(SVPWM)控制技术，分析了这三种 PWM 技术的原理及所追求的控制目标；然后介绍了最为简单的转速开环恒压频率比控制的变频调速系统，它虽可以满足一般的调速要求，但其静态和动态响应性能不高；为了进一步提高系统的动态控制性能，变频调速系统应建立在异步电动机动态数学模型基础上，所以本章讨论了异步电动机的动态数学模型的性质，并建立其动态数学模型；异步电动机数学模型复杂，在介绍了矢量控制中所需的坐标变换理论之后，利用坐标变换对电动机数学模型进行简化，得到了两相旋转坐标系和两相静止坐标系上的数学模型；为了进一步实现异步电动机变量之间的解耦，介绍按转子磁链定向的基本原理及其解耦作用，推导了定子电流励磁分量和转矩电流分量，并讨论矢量控制系统的多种实现方案；最后介绍了基于异步电动机动态数学模型的两种高性能系统，即矢量控制系统和直接转矩控制系统。

目前，实用的异步电动机变频调速系统主要有四种：

(1) 转速开环恒压频率比控制的变频调速系统；

(2) 转速闭环转差频率控制的变频调速系统；

(3) 矢量控制的变频调速系统；

(4) 直接转矩控制的变频调速系统。

最初的变频调速系统是转速开环控制，为了改善静态、动态性能，根据稳态时异步电动机电磁转矩与转差频率近似成正比的关系，构成了转速闭环转差频率控制的变频调速系统，通过对转差频率的控制实现了对转矩的间接控制。上面前两种系统是基于异步电动机稳态数学模型建立起来的变频调速系统，后两种是基于异步电动机动态数学模型建立起来的变频调速系统。虽然前两种系统调速性能要逊色于后两种系统，但异步电动机动态数学模型复杂，构建变频调速系统比较困难，而基于异步电动机稳态数学模型建立起来的变频调速系统实现起来容易，实际生产中的不少机械设备，例如风机和水泵，并不需要很高的动态性能，只要在一定范围内能实现高效率调速即可，因此基于交流异步电动机稳态数学模型设计的控制系统仍有广泛的应用空间。但由于转差频率控制规律是建立在稳态电路和稳态数学模型基础上，所以其静态、动态性能仍达不到转速电流双闭环直流调速系统的性能。对于像轧钢机、数控机床、载客电梯和机器人等要求有高动态性能的调速系统或伺服系统，就达不到性能指标要求了，这时必须采用基于异步电动机动态数学模型的矢量控制系统或直接转矩控制系统。矢量控制在国际上也称为磁场定向控制，即以磁链矢量的方向作为坐标轴的方向，将动态数学模型磁链控制和转矩控制进行解耦。矢量控制包含坐标变换、矢量运算等复杂运算，要求微处理器有较强的运算能力。现在，在矢量控制技术研究与产品开发方面，德国和日本处于领先地位。直接转矩控制把转矩直接作为被控量进行控制，无矢量控制中的许多复杂坐标变换计算，无须解决异步电动机的变量耦合问题，控制简洁明了，并能达到良好的控制性能。本章仅讲解转速开环恒压频率比控制的变频调速系统、矢量控制变频调速系统和直接转矩控制变频调速系统。

变频调速中的主要关键问题是对逆变器的控制，因此本章首先介绍变频调速系统中逆变器的三种脉宽调制技术。

2.1 逆变器的脉宽调制技术

第1章变频调速原理中已阐述为了实现异步电动机调速时磁通密度的恒定，变压和变频必须同时协调地调节。1964年，德国的A. Schönung等率先把通信系统中的调制技术应用到交流调速领域，提出了脉宽调制变频的思想，为近代交流调速系统的发展开辟了新的里程碑。全控型电力电子器件的发展，使得实现PWM控制变得十分容易。正由于PWM控制技术在变频器逆变电路中的成功应用，才使得PWM变频器不断发展起来。PWM变频器的变压与变频是在变频器的逆变环节上同时进行的，PWM控制技术是变频器的控制核心，最终几乎都是以各种PWM控制技术算法来实现的。

目前已经提出并得到实际应用的PWM控制方案有十几种，有关PWM控制技术的文章已是许多电力电子技术方面的国际会议上的专题。尤其是微处理器应用于PWM技术并使之数字化以后，新的控制方案不断出现。PWM控制技术经历了不断创新和不断完善的发展过程，从最初追求逆变器的输出电压波形为正弦波，到输出电流波形为正弦波，再到异步电动机的磁场分布为正弦波；从效率最优，转矩脉动最少，再到消除噪声等。这项技术的研究仍是变频器控制技术研究的热点之一，新的方案不断被提出。本章介绍在变频器中已得到比较广泛使用的三种PWM控制技术：正弦脉宽调制控制技术、电流滞环跟踪控制技术和电压空间矢量控制技术。

视频讲解

2.1.1 正弦脉宽调制控制技术(SPWM控制技术)

1. 正弦脉宽调制原理

PWM(Pulse Width Modulation)控制即脉宽调制控制技术，即通过对调制波的调制，得到一系列输出脉冲，获得所需要的等效波形，包含波形的形状和幅值。

实现调制技术需要调制波(Modulation wave)和载波(Carrier wave),载波一般采用等腰三角波,调制波就是所期望得到的波形。在直流 PWM 调速系统调压调速时,通过改变直流斩波器输出脉冲的占空比改变加在电枢两端直流电压的大小,从而改变直流电动机转速。当直流电动机以某一转速运行时,对应电枢两端所加的直流电压值固定不变,所以直流 PWM 调速系统中调制波可以看成是与所需要电枢电压对应的一条直线。

变频器的逆变器输出电压波形期望是正弦波,正弦波的频率和幅值决定了异步电动机的转速。SPWM 控制技术是以正弦波作为逆变器输出电压的等效波形,所以调制波采用频率与期望波相同的正弦波,并且正弦波的幅值与频率被协调控制。载波通常采用比期望的正弦波频率高得多的等腰三角波。

PWM 控制技术的重要理论基础是面积等效原理,按照波形面积相等的原则,每一个矩形波的面积与相应位置的正弦波面积相等,因而这个序列的矩形波与期望的正弦波等效,这种序列的矩形波被称作 SPWM 波,如图 2-1 所示。这样使逆变器的输出脉冲电压的面积与所希望输出的正弦波在相应区间内的面积相等,改变调制波的频率和幅值即可改变逆变器等效输出电压的频率和幅值。

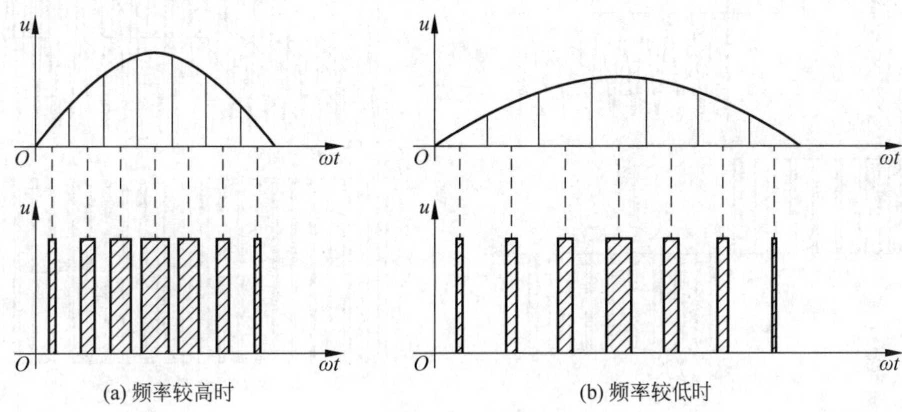

图 2-1 等面积原则的 SPWM 波图

采用 SPWM 控制的变频器逆变电路原理图如图 2-2 所示。图中 u_c 是载波信号,采用等腰三角波；u_{ra}、u_{rb} 和 u_{rc} 是调制波,是彼此互差 120°的正弦波。调制电路由正弦波和三角波发生器以及比较器构成,当调制波与载波信号相交时,它们的交点作为逆变器开关器件的通断时刻,从而能获得在正弦波的半个周期内两边窄、中间宽的一系列等幅不等宽的矩形波。

SPWM 控制技术与直流脉宽调制控制技术类似,也分为单极式和双极式控制方式。单极式控制方式是在正弦调制波的半个周期内,三角载波只在正的或负的一种极性范围内变化,所得到的 SPWM 波在半个周期内也只处于一个极性范围内,如图 2-3 所示；双极式控制方式是正弦调制波半个周期内,三角载波在正负极性之间连续变化,所得到的 SPWM 波也是在正负极性之间变化,如图 2-4 所示。在图 2-3 和图 2-4 中,u_o 是输出电压脉宽波形,u_{of} 是输出电压等效的正弦波。

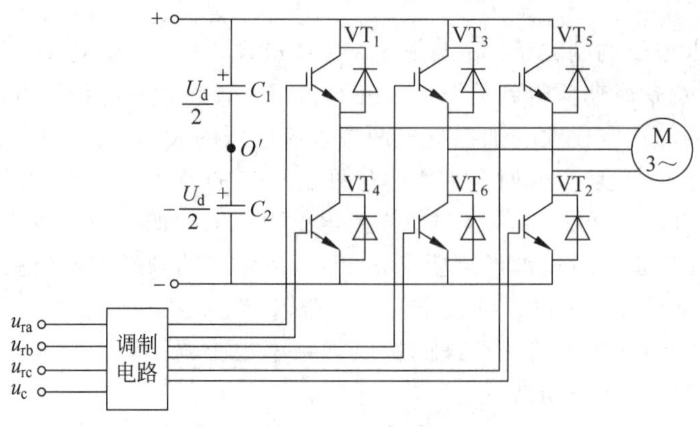

图 2-2　变频器逆变电路 SPWM 控制原理图

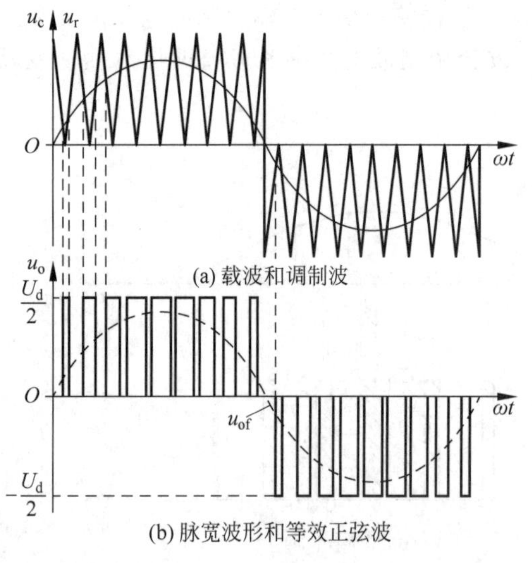

图 2-3　SPWM 单极式控制方式波形

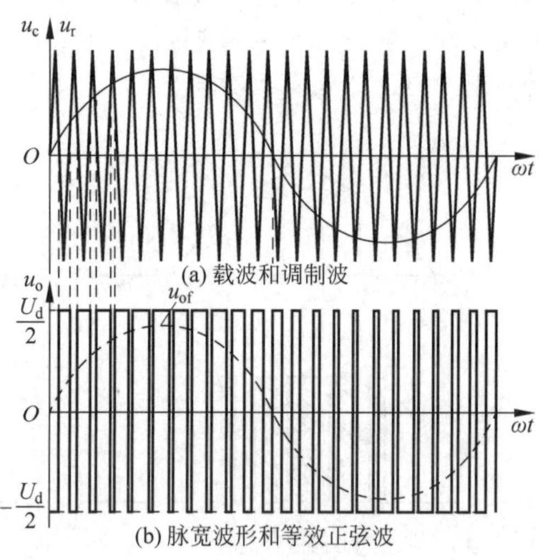

图 2-4　SPWM 双极式控制方式波形

单相桥式逆变电路既有采用单极式控制方式，也有采用双极式控制方式的，但三相桥式逆变器一般采用双极式控制方式。SPWM 控制的逆变器输出电压只含有被调制正弦波和开关频率的谐波，不含有其他低次谐波，经过简单的高频滤波就能很好地逼近调制正弦波。由于 SPWM 控制物理意义明确、实现简单，能将固定的直流电源转换为波形接近正弦的交流电源，而且幅值、频率、相位皆可以灵活地调节，所以 SPWM 控制技术已在变频器、不间断电源、电网互连、太阳能光伏系统、燃料电池以及混合动力机车中得到了普遍应用。

2. 正弦脉宽调制波的产生

SPWM 控制技术是根据三角载波与正弦调制波的交点来确定逆变器功率开关器件的开关时刻，功率器件的驱动脉冲可以用模拟电路、数字电路或专用大规模集成电路芯片等硬件产生，也可以用微处理器通过软件编程生成 SPWM 驱动波形。后者由于所用元件少、控制线路简单、控制精度高，所以已被人们采纳。

在三角载波变化的一个周期之内，它与正弦波相交两次，相应的逆变器功率器件在各交点处导通/关断各一次。当采用软件生成 SPWM 波时，应尽量精确地使脉宽跳变在这个时刻发生，即应在三角载波与正弦波相交时刻采样，从而保证脉冲宽度（功率器件导通区间）与间隙时间（功率器件关断区间）的计算精度。

按照正弦波与三角波的交点对正弦波进行采样，计算脉冲宽度与间隙时间，生成 SPWM 波形的方法叫作自然采样法。自然采样法能准确地生成 SPWM 正弦波脉宽波形，但采样周期不固定，且求解脉冲宽度时，需要求解超越方程，求解需较长时间，实时性差。为便于采样和简化计算，实际工程应用中常采用的是规则采样法。

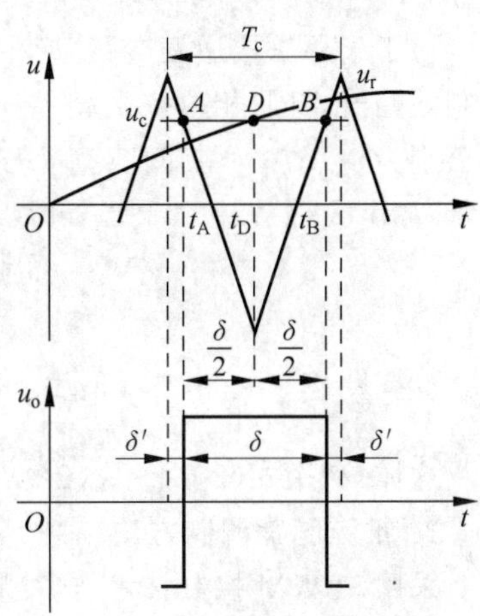

图 2-5　SPWM 波的规则采样法

规则采样法可以在三角载波正尖峰或负尖峰时刻对正弦波进行采样，在正尖峰时刻采样，脉冲宽度明显偏小，控制误差大，因而人们普遍采用负尖峰时刻进行采样，如图 2-5 所示。在三角载波负尖峰时刻 t_D 对正弦波采样，以该时刻的采样值过 D 点做一条水平线，水平线与三角波的交点分别为 A 和 B，对应的时刻分别为 t_A 和 t_B，在 t_A、t_B 时刻控制功率开关器件的通断，这样脉冲中点与三角波负尖峰重合，使每个脉冲在三角载波负尖峰点左右对称，这样会使计算工作量大为减少。采用这种规则采样法得到的脉冲宽度同自然采样法得到的脉冲宽度非常接近，所以得到了广泛应用。

若正弦调制信号波表达式为

$$u_r = M\sin\omega_r t \tag{2-1}$$

式中，M——调制度，为调制波幅值与三角载波幅值之比；

ω_r——调制波角频率。

通常取三角载波幅值为 1，为了保证调制波与三角波有交点，调制度的范围应为 $0 \leqslant M < 1$。

在图 2-5 中，根据三角形相似关系，可得到下面关系式

$$\frac{1 + M\sin\omega_r t_D}{\delta/2} = \frac{2}{T_c/2} \tag{2-2}$$

因此可得出脉冲宽度时间和间隙时间分别为

$$\delta = \frac{T_c}{2}(1 + M\sin\omega_r t_D) \tag{2-3}$$

$$\delta' = \frac{1}{2}(T_c - \delta) = \frac{T_c}{4}(1 - M\sin\omega_r t_D) \tag{2-4}$$

式中，t_D——采样点时刻，即三角波的负尖峰时刻，$t_D = kT_c$，$k = 0,1,2,\cdots,N-1$，其中 N 为载波比。

载波比 N 是载波频率与调制波频率之比，即

$$N=\frac{f_c}{f_r} \tag{2-5}$$

则 $\omega_r=2\pi f_r=\frac{2\pi f_c}{N}=\frac{2\pi}{NT_c}$，$\omega_r t_D=k\frac{2\pi}{N}$，代入式(2-3)和式(2-4)，则

$$\delta=\frac{T_c}{2}\left(1+M\sin\left(k\frac{2\pi}{N}\right)\right) \tag{2-6}$$

$$\delta'=\frac{T_c}{4}\left(1-M\sin\left(k\frac{2\pi}{N}\right)\right) \tag{2-7}$$

对于三相桥式逆变电路，应生成三相 SPWM 波形。通常三角载波三相共用，三相正弦调制波幅值相同，相位依次相差 120°。设在同一三角载波周期内三相 SPWM 波的脉冲宽度分别为 δ_a、δ_b、δ_c，其间隙宽度分别为 δ'_a、δ'_b、δ'_c。由于同一时刻，三相正弦调制波电压之和为零，故由式(2-6)和式(2-7)可得

$$\delta_a+\delta_b+\delta_c=\frac{3}{2}T_c \tag{2-8}$$

$$\delta'_a+\delta'_b+\delta'_c=\frac{3}{4}T_c \tag{2-9}$$

这样，利用式(2-6)～式(2-9)，即可编制程序得到产生三相 SPWM 波的所有数据。

3. 正弦脉宽调制方法

采用 SPWM 控制技术，当变频时，根据三角载波频率是否与调制波频率同步变化，即载波比 N 是否为常数，将调制方式分为同步调制方式和异步调制方式。

1）同步调制方式

同步调制是指变频时，使三角载波频率和调制波频率保持同步变化的调制方式，即载波比 N 等于常数。

同步调制方式，当 f_r 变化时，N 不变，这样在调制波的一周期内输出 SPWM 波的脉冲个数固定。若在变频器三相电压 SPWM 波形成过程中，三相共用一个三角载波，且频率为调制波频率 3 的整数倍，这样产生的三相 SPWM 波严格保证了三相输出波形间互差 120°的对称关系。另外，为了使一相 SPWM 波正负半波始终保持镜像对称，N 应为奇数。

同步调制方式在 f_r 很低时，f_c 也很低，相邻两脉冲间的间距会增大，谐波将显著增加，不易滤除，异步电动机产生较大的脉动转矩和较强的噪声，所以不适合异步电动机低频运行，适用于频率较高运行的情况。但在 f_r 过高时，f_c 也会过高，将受到开关器件最高开关频率的制约。

2）异步调制方式

异步调制是指变频时，三角载波频率与调制波频率不同步变化的调制方式，即载波比 N 不等于常数。

这种调制方式通常保持三角载波频率 f_c 固定不变，当调制波频率 f_r 变化时，载波比是变化的。当载波比 N 随着输出频率的降低而连续变化时，它不可能总是 3 的整数倍，势必

使输出电压波形及其相位都发生变化。异步调制方式在调制波的半个周期内，SPWM 波的脉冲个数不固定，相位也不固定，正负半周期的脉冲不对称，半个周期内前后 1/4 周期的脉冲也不对称，难以保持三相输出波形的对称性，因而会使异步电动机气隙中的磁场分布不均匀，引起电动机工作不平稳。

异步调制方式下，当 f_r 较低时，N 较大，相应地可减少电动机的转矩脉动与噪声，脉冲不对称产生的不利影响会较小，改善了系统的低频工作性能；当 f_r 增高时，N 减小，调制波的一周期内的脉冲个数减少，SPWM 脉冲不对称的影响就变大，所以异步调制方式适用于异步电动机低频运行的情况。

3）分段同步调制方式

分段同步调制方式是针对异步调制和同步调制的各自特点，将整个变频范围划分为若干频段，每个频段内保持载波比 N 恒定，不同频段载波比 N 不同的调制方式。在 f_r 高的频段采用较低的 N，使载波频率不至于过高；在 f_r 低的频段采用较高的 N，使载波频率不至于过低，减小电动机的转矩脉动和噪声，以及脉冲波形不对称的影响，如图 2-6 所示。从图中可见，为了产生正负半周镜像对称的三相 SPWM 波，每个频段的 N 都为 3 的整数倍且为奇数。

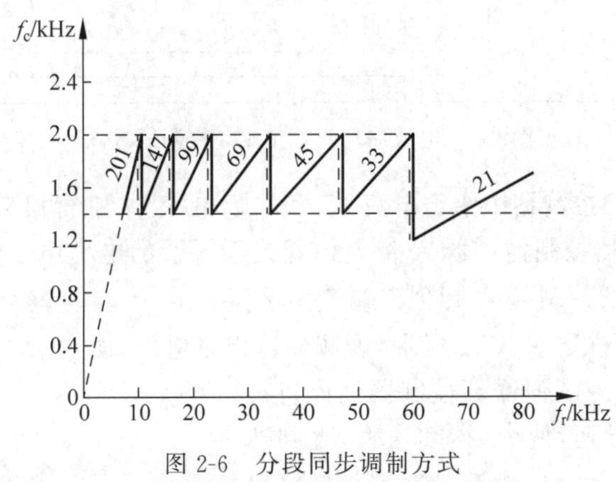

图 2-6 分段同步调制方式

2.1.2 电流滞环跟踪控制技术（CHBPWM 控制技术）

视频讲解

SPWM 技术的控制目标是逆变器的输出电压为期望频率和幅值的正弦波，从而实现交流异步电动机的变频调速。但是，在异步电动机中，实际需要保证的应该是定子电流为正弦波，因为在交流电动机绕组中只有通入三相平衡的正弦电流才能在其气隙中产生圆形旋转磁场，形成的电磁转矩才不含脉动分量，产生恒定的电磁转矩，速度运行才会平稳，因此保证定子电流为正弦波会取得比 SPWM 控制技术更好的异步电动机控制性能。因此，若能对逆变器输出的电流进行闭环控制，保证其为正弦波形，显然将比电压开环控制的 SPWM 技术能够获得更好的转矩和转速控制性能。

电流滞环跟踪 PWM（Current Hysteresis Band PWM，CHBPWM）控制是常用的电流

跟踪控制方法，图 2-7 所示的是控制原理图。三个电流滞环控制器分别控制变频器输出的三相电流，跟踪对应的给定三相正弦电流，电流控制器的滞环环宽为 $2\Delta h$。

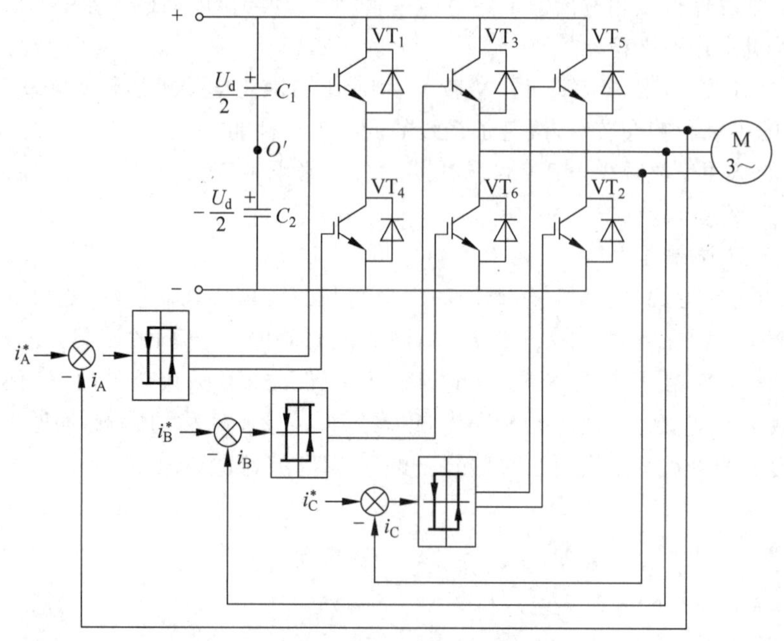

图 2-7 电流滞环跟踪 PWM 控制原理图

以 A 相为例，滞环控制器中给定电流 i_A^* 和输出电流 i_A 进行比较，当电流偏差 Δi_A 超过 $\pm\Delta h$ 时，滞环控制器控制逆变器 A 相上桥臂或下桥臂的电力电子器件导通或截止。B、C 两相电力电子器件的控制与 A 相似。当 $i_A < i_A^*$，且 $i_A^* - i_A \geqslant \Delta h$，滞环控制器输出高电平，驱动上桥臂功率开关器件 VT_1 导通，变频器输出正电压，使 i_A 增大。当 i_A 增长到与 i_A^* 相等时，虽然此时 $\Delta i_A = 0$，但滞环控制器仍保持高电平输出，VT_1 保持导通，使 i_A 继续增大，直到达到 $i_A = i_A^* + \Delta h$，$\Delta i_A = -\Delta h$，滞环控制器翻转输出低电平，关断 VT_1，并经延时后驱动 VT_4。当给定正弦波电流时，电流滞环控制逆变器输出的相电压波形和输出电流波形如图 2-8 所示。图中的逆变器输出电流围绕正弦波作脉动变化，由于电动机线圈显感性，线圈中的电流按指数规律变化，所以不论是电流上升段还是下降段，每小段曲线都是指数曲线的一小部分，其变化率与电路参数和电动机的反电动势有关。逆变器输出相电压波形是一系列脉宽波形，但与 SPWM 波不同，不再是中间宽两侧逐渐变窄，这也说明为了使电流波形跟踪正弦波，

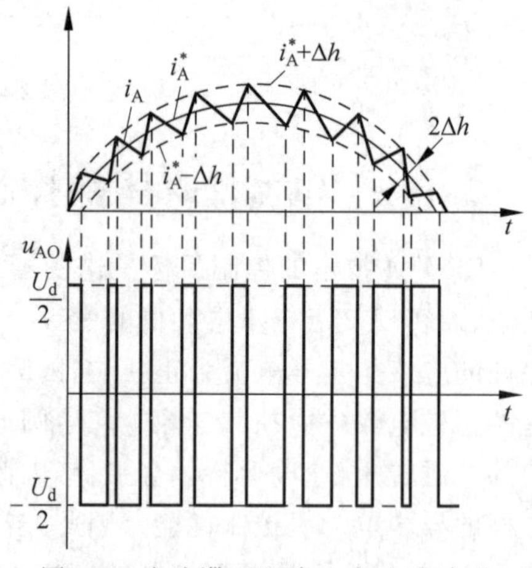

图 2-8 电流滞环跟踪 A 相电流波形和相电压波形

电压脉宽波形不同于 SPWM 波。

滞环控制器的环宽 $2\Delta h$ 对电流跟踪精度和开关频率有较大影响，当环宽选得较大时，可降低开关频率，但电流跟踪精度较低，波形失真较大，谐波分量较高；当环宽选得太小时，电流跟踪精度较高，波形失真较小，但开关频率增大，甚至会超过功率器件的允许范围。所以环宽选择应在充分利用器件开关频率的前提下，尽可能地选择小一些。

采用电流滞环跟踪 PWM 技术控制逆变器的特点是结构简单，电流响应速度快，不需要载波，输出电压波形不含特定频率的谐波分量。调速时只需改变给定电流的频率，电流的大小通常由转速外环调节器根据负载的需要进行自动调整。另外，由于 PWM 逆变器开关频率较高，为了达到良好的控制效果，电流滞环跟踪中所用的反馈元件（电流传感器）应采用宽频带的高性能传感器，如高灵敏度的霍尔电流传感器。

2.1.3 电压空间矢量控制技术（SVPWM 控制技术）

正弦脉宽调制控制技术的控制目标是使变频器的逆变器输出电压波形尽量接近正弦波，使逆变器输出的 PWM 电压波形基波成分尽可能大，谐波含量尽量小，其输出电流的波形则取决于负载参数，这种技术并未对电流进行正弦控制。电流滞环跟踪控制则直接控制逆变器的输出电流，使之在正弦波附近变化，比输出正弦电压的 SPWM 技术控制水平提高了一步，但仍是有波动的正弦电流。在异步电动机运行时，定子绕组需要输入三相平衡的正弦电流，其目的是在异步电动机气隙中形成圆形旋转磁场，从而产生恒定的电磁转矩，所以，若以跟踪圆形旋转磁场为目标来控制逆变器的输出电压一定会取得更好的控制效果。从这个目标出发，20 世纪 80 年代中期，国外学者在异步电动机变频调速中提出了磁链轨迹控制思想，称为磁链跟踪控制技术，也称为磁通正弦 PWM 技术。磁链轨迹的跟踪是通过交替使用不同的电压空间矢量实现的，所以又经常被称为“电压空间矢量 PWM 技术”，即 SVPWM（Space Vector PWM）控制技术。这种控制技术具有物理概念清晰、算法简单、容易数字化实现、转矩脉动小、电压利用率高等优点，目前在高性能变频器中得到广泛应用。有的在微处理器内配置了实现 SVPWM 控制的软硬件，如 TI 公司的 C2000 系列 DSP。SVPWM 控制的各种改进和优化算法也是目前热门的研究课题之一。

1. 空间矢量的定义

视频讲解

异步电动机绕组的电压、电流、磁链等物理量都随时间变化，在电动机运行分析时常用时间相量来表示。但由于异步电动机各相绕组在空间中所放的位置互差 120°，如果再考虑到绕组的空间位置，可用空间矢量来表示这些物理量。下面以两极三相异步电动机为例阐述电压空间矢量控制，如图 2-9 所示是其定子电压空间矢量。

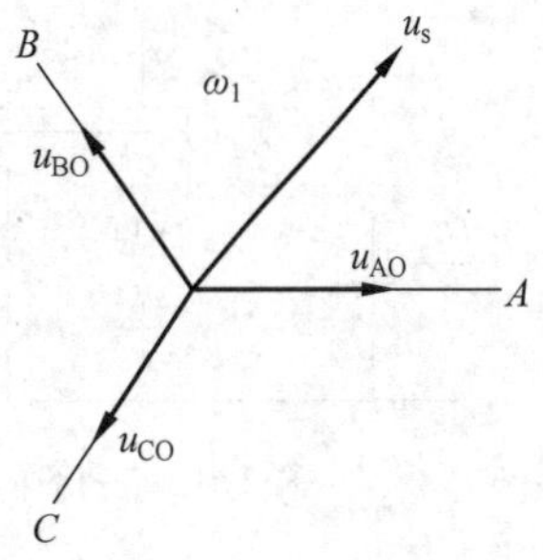

图 2-9 异步电动机定子电压空间矢量

定子每相电压空间矢量 u_{AO}、u_{BO}、u_{CO} 的方向始终处于各相绕组轴线 A、B 和 C 上，其长度（幅值）则随时间按正弦规律脉动，时间相位也互差120°电角度。

三相定子电压空间矢量相加得到的矢量是合成电压空间矢量，用 $\boldsymbol{u}_s$ 表示，即

$$\boldsymbol{u}_s = \boldsymbol{u}_{AO} + \boldsymbol{u}_{BO} + \boldsymbol{u}_{CO} = \boldsymbol{u}_{AO} + \boldsymbol{u}_{BO}e^{j2\pi/3} + \boldsymbol{u}_{CO}^{j4\pi/3} \tag{2-10}$$

根据异步电动机定子磁动势分析结论可知，三相电压空间矢量相加得到的合成空间矢量 $\boldsymbol{u}_s$ 是一个旋转的空间矢量，它的幅值不变，是每相相电压幅值的3/2倍。当电源频率不变时，合成电压空间矢量 $\boldsymbol{u}_s$ 以电源角频率 ω_1 为电气角速度做恒速旋转。当某相相电压为最大值时，合成电压空间矢量 $\boldsymbol{u}_s$ 就旋转到该相的轴线上。

与定子电压空间矢量相仿，同样可以定义定子电流空间矢量 $\boldsymbol{I}_s$ 和磁链空间矢量 $\boldsymbol{\Psi}_s$。

实际上，异步电动机采用变频器供电调速时，加在定子绕组上的电压并非是三相对称正弦电压，而是脉宽电压。用 $S_i = \mathrm{abc}$ 表示图2-10中三相逆变器主电路开关的通断状态，a、b、c分别表示三个桥臂开关状态。上桥臂导通时用1表示，关断时用0表示。如果逆变器采用180°导通型(换流方式是同一桥臂的上下两管之间换流)，将形成六拍阶梯波电压为电动机供电，则功率开关器件共有八种工作状态，其中六种有效开关状态，$S_1 = 100$、$S_2 = 110$、$S_3 = 010$、$S_4 = 011$、$S_5 = 001$ 和 $S_6 = 101$；两种无效状态(因为逆变器这时并没有输出电压)，$S_7 = 111$(上桥臂开关 VT_1、VT_3、VT_5 全部导通)和 $S_0 = 000$(下桥臂开关 VT_2、VT_4、VT_6 全部导通)。对应六个功率开关管的八种开关状态，合成电压空间矢量分别用 $\boldsymbol{u}_1$、$\boldsymbol{u}_2$、$\boldsymbol{u}_3$、$\boldsymbol{u}_4$、$\boldsymbol{u}_5$、$\boldsymbol{u}_6$、$\boldsymbol{u}_7$、$\boldsymbol{u}_0$ 表示。在逆变器输出电压的每个周期中，六种有效的开关状态各出现一次，逆变器每隔1/6周期时间切换一次开关状态(即换相)，而在这1/6周期时间内则保持不变。

设逆变器工作周期从 $S_1(100)$ 开关状态开始，这时 VT_6、VT_1、VT_2 导通，其等效电路如图2-11所示。可以得到

$$\begin{cases} \boldsymbol{u}_{AB} = \boldsymbol{u}_{AO} - \boldsymbol{u}_{BO} = U_d \\ \boldsymbol{u}_{BC} = \boldsymbol{u}_{BO} - \boldsymbol{u}_{CO} = 0 \\ \boldsymbol{u}_{CA} = \boldsymbol{u}_{CO} - \boldsymbol{u}_{AO} = -U_d \\ \boldsymbol{u}_{AO} + \boldsymbol{u}_{BO} + \boldsymbol{u}_{CO} = 0 \end{cases} \tag{2-11}$$

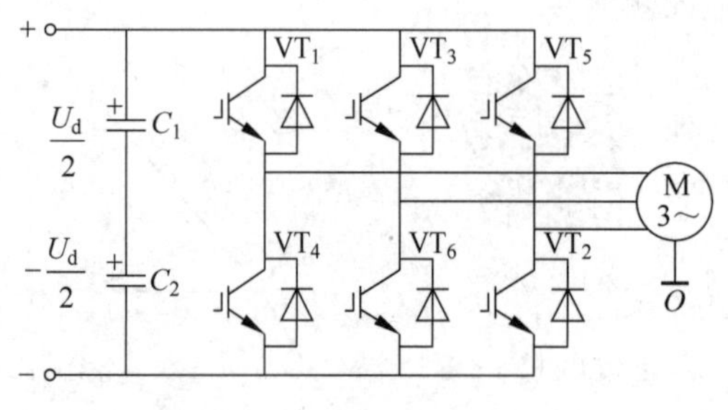

图2-10 三相逆变器主电路

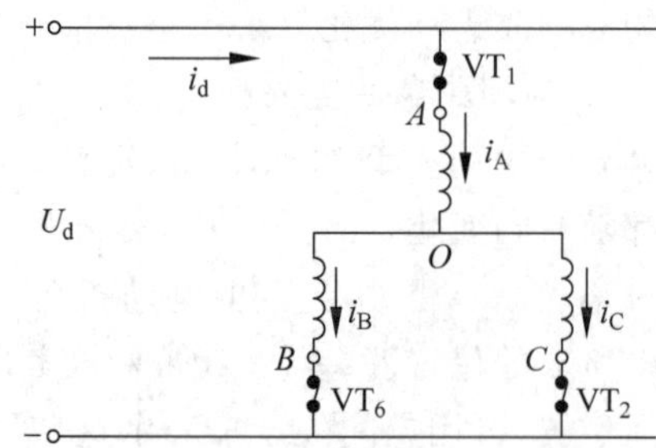

图2-11 开关状态 $S_1(100)$ 的等效电路

求解上述方程可得 $\boldsymbol{u}_{AO} = 2U_d/3$，$\boldsymbol{u}_{BO} = \boldsymbol{u}_{CO} = -U_d/3$。图2-12显示了 S_1 开关状态时三相电压空间矢量的大小及方向。

由图 2-12 可得，S_1 状态所对应的三相合成电压空间矢量 $\boldsymbol{u}_1$ 幅值等于 U_d，方向沿 A 轴正方向，可表示为

$$\boldsymbol{u}_1 = U_d \tag{2-12}$$

$\boldsymbol{u}_1$ 保持 1/6 周期时间，然后开关状态转为 S_2(110)。与开关状态 S_1(100)分析方法相似，可求出三相电压空间矢量分别为 $\boldsymbol{u}_{AO}=\boldsymbol{u}_{BO}=U_d/3$，$\boldsymbol{u}_{CO}=-2U_d/3$，图 2-13 显示了 S_2 开关状态时三相电压空间矢量的大小及方向。由图 2-13 可得，三相合成电压空间矢量 $\boldsymbol{u}_2$ 的幅值也等于 U_d，在空间上超前 $\boldsymbol{u}_1$ 相位 π/3 弧度，保持 1/6 周期时间。$\boldsymbol{u}_2$ 可以表示为

$$\boldsymbol{u}_2 = U_d e^{j\pi/3} \tag{2-13}$$

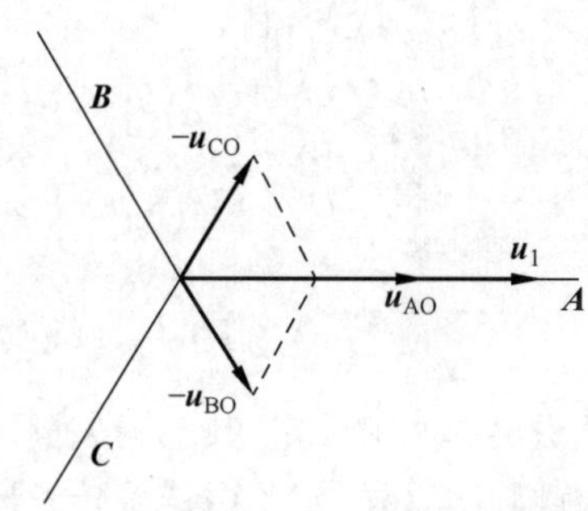

图 2-12　开关状态 S_1(100)时电压空间矢量

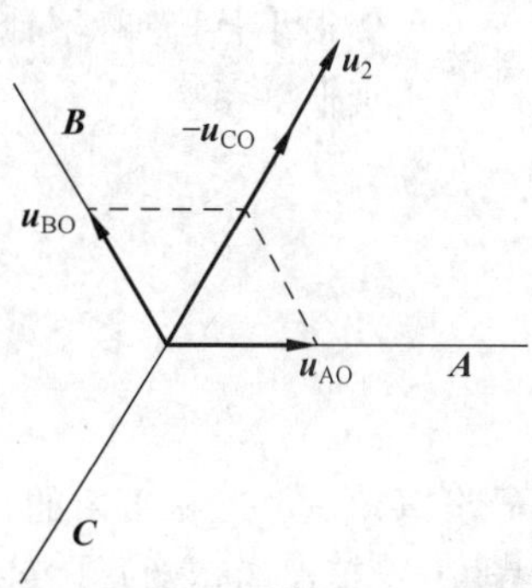

图 2-13　开关状态 S_2(110)时电压空间矢量

以此类推，随着逆变器工作状态的切换，合成电压空间矢量的幅值不变，都是 U_d，而相位每次旋转 π/3 弧度，直到一个周期结束。这样，在一个周期中，六个电压空间矢量共转过 2π 弧度，如图 2-14 所示。$\boldsymbol{u}_0$ 和 $\boldsymbol{u}_7$ 对应定子绕组合成电压空间矢量幅值为零，故也称为零矢量。六个基本电压空间矢量将平面划分成六个区域，称为扇区(Sector)，如图 2-14 所示的Ⅰ，Ⅱ，…，Ⅵ，对应电压空间矢量在其扇区工作的时间均为 1/6 周期时间。

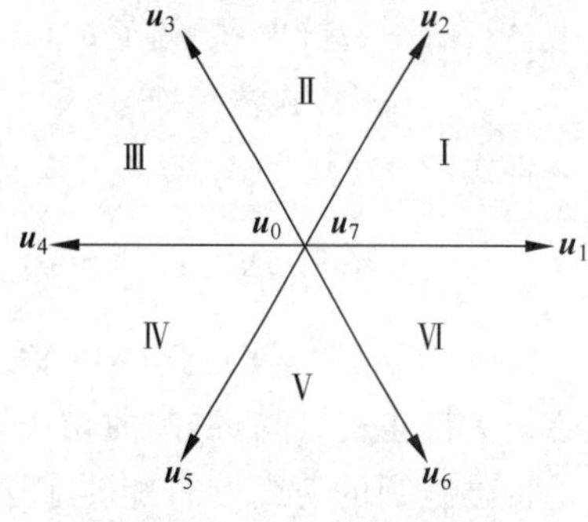

图 2-14　逆变器一个开关周期电压空间矢量图

2. 电压与磁链空间矢量的关系

异步电动机定子绕组电压方程式为

$$\boldsymbol{u}_{AO} = R_s \boldsymbol{I}_A + \frac{d\boldsymbol{\Psi}_A}{dt}$$

$$\boldsymbol{u}_{BO} = R_s \boldsymbol{I}_B + \frac{d\boldsymbol{\Psi}_B}{dt}$$

$$\boldsymbol{u}_{CO} = R_s \boldsymbol{I}_C + \frac{d\boldsymbol{\Psi}_C}{dt}$$

式中，R_s——定子每相绕组电阻。

视频讲解

将异步电动机定子绕组电压方程式相加,得到用合成空间矢量表示的定子电压方程式为

$$\boldsymbol{u}_s = R_s \boldsymbol{I}_s + \frac{\mathrm{d}\boldsymbol{\Psi}_s}{\mathrm{d}t} \tag{2-14}$$

式中,$\boldsymbol{u}_s$——定子三相电压合成空间矢量;

$\boldsymbol{I}_s$——定子三相电流合成空间矢量;

$\boldsymbol{\Psi}_s$——定子三相磁链合成空间矢量。

视频讲解

当异步电动机转速不是很低时,式(2-14)中定子电阻上的压降所占的比例很小,可忽略不计,则定子合成电压空间矢量与合成磁链空间矢量之间的近似关系为

$$\boldsymbol{u}_s \approx \frac{\mathrm{d}\boldsymbol{\Psi}_s}{\mathrm{d}t} \tag{2-15}$$

或

$$\boldsymbol{\Psi}_s \approx \int \boldsymbol{u}_s \mathrm{d}t \tag{2-16}$$

当异步电动机由三相平衡的正弦电压供电时,定子磁链的幅值恒定,其空间矢量以恒速旋转,磁链矢量顶端的运动轨迹呈圆形(一般简称为磁链圆)。这样,定子磁链旋转矢量可用下式表示

$$\boldsymbol{\Psi}_s = \Psi_m e^{j\omega_1 t} \tag{2-17}$$

式中,Ψ_m——磁链$\boldsymbol{\Psi}_s$的幅值;

ω_1——磁链旋转角速度。

将式(2-17)代入式(2-15),得

$$\boldsymbol{u}_s \approx \frac{\mathrm{d}}{\mathrm{d}t}(\Psi_m e^{j\omega_1 t}) = j\omega_1 \Psi_m e^{j\omega_1 t} = \omega_1 \Psi_m e^{j\left(\omega_1 t + \frac{\pi}{2}\right)} = 2\pi f_1 \Psi_m e^{j\left(2\pi f_1 t + \frac{\pi}{2}\right)} \tag{2-18}$$

式(2-18)表明,当磁链幅值Ψ_m一定时,$\boldsymbol{u}_s$的大小与供电电压频率f_1成正比,其方向则与磁链矢量正交,即磁链圆的切线方向。当磁链矢量在空间旋转一周时,电压空间矢量也连续地按磁链圆的切线方向旋转了2π弧度,即电压矢量的轨迹与磁链圆重合,如图2-15所示。这样,产生异步电动机圆形旋转磁场的轨迹问题就可转化为如何选择合适的电压空间矢量运动轨迹的问题。

当逆变器以六拍阶梯波电压给异步电动机供电时,逆变器的六个功率器件每π/3电角度换相一次,在一个周期中换相六次,对应的六个基本电压空间矢量依次各出现一次,每个电压空间矢量作用1/6周期时间。设逆变器的一个工作周期以S_1(100)开关状态开始,此时定子磁链空间矢量为$\boldsymbol{\Psi}_1$,异步电动机的工作电压空间矢量为$\boldsymbol{u}_1$,$\boldsymbol{u}_1$作用1/6周期时间,其作用的结果是定子磁链$\boldsymbol{\Psi}_1$产生一个增量$\Delta\boldsymbol{\Psi}_1$,根据式(2-16)可知,$\Delta\boldsymbol{\Psi}_1$的幅值与$\boldsymbol{u}_1$的幅值成正比,$\Delta\boldsymbol{\Psi}_1$的方向与$\boldsymbol{u}_1$的方向一致,最后得到新的磁链$\boldsymbol{\Psi}_2$,如图2-16所示。因此

$$\boldsymbol{\Psi}_2 = \boldsymbol{\Psi}_1 + \Delta\boldsymbol{\Psi}_1 \tag{2-19}$$

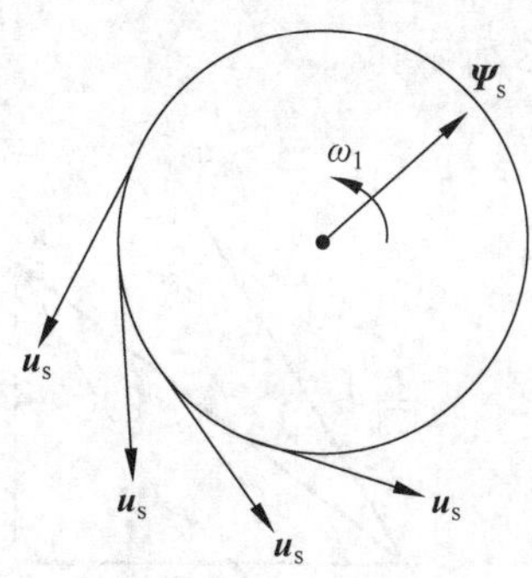

图 2-15 三相平衡正弦供电时的旋转磁链与电压空间矢量运动轨迹

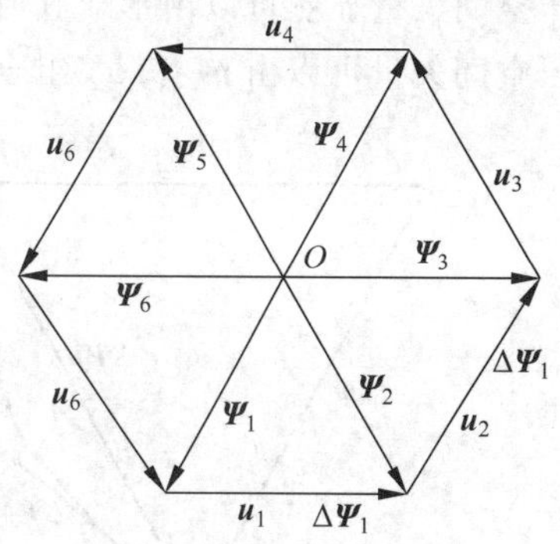

图 2-16 六拍阶梯波供电时电压空间矢量与磁链空间矢量

随后，开关状态转为 $S_2(110)$，异步电动机的工作电压空间矢量变为 $\boldsymbol{u}_2$，定子磁链空间矢量将沿着 $\boldsymbol{u}_2$ 方向继续旋转。随着逆变器开关状态按照 $S_1(100)\to S_2(110)\to S_3(010)\to S_4(011)\to S_5(001)\to S_6(101)$的顺序不断切换，电压空间矢量相应地以 $\boldsymbol{u}_1\to\boldsymbol{u}_2\to\boldsymbol{u}_3\to\boldsymbol{u}_4\to\boldsymbol{u}_5\to\boldsymbol{u}_6$ 变化，一个工作周期结束时，$\boldsymbol{u}_6$ 的顶端正好与 $\boldsymbol{u}_1$ 的尾端衔接，形成了一个正六边形，如图 2-16 所示。这也正是异步电动机由六拍阶梯波电压供电情况下，定子磁链空间矢量的运动轨迹，也就是说，异步电动机形成的磁场是正六边形旋转磁场，而不是圆形旋转磁场。这样异步电动机不能产生恒定的电磁转矩，不利于电动机的匀速旋转。如果想要获得圆形旋转磁场，应该用更多边的多边形磁场逼近，也就必须要有更多的电压空间矢量和更高的开关状态切换频率。

3. 电压空间矢量线性组合法

视频讲解

由于只有六个基本电压空间矢量，所以磁链的轨迹是正六边形，要想形成更多边的多边形磁链轨迹逼近圆形磁链轨迹，则必须要有更多的电压空间矢量。已经有线性组合法、三段逼近法、比较判断法等多种形成更多方向的电压空间矢量方法被提出，这里只对线性组合法进行介绍。如果要逼近圆形，可以增加更多方向电压空间矢量和切换次数，设想图 2-17 中的磁链增量 $\Delta\boldsymbol{\Psi}_2$ 由 $\Delta\boldsymbol{\Psi}_{21}$、$\Delta\boldsymbol{\Psi}_{22}$、$\Delta\boldsymbol{\Psi}_{23}$、$\Delta\boldsymbol{\Psi}_{24}$ 这四段替换。这时需要与 $\Delta\boldsymbol{\Psi}_{21}$、$\Delta\boldsymbol{\Psi}_{22}$、$\Delta\boldsymbol{\Psi}_{23}$、$\Delta\boldsymbol{\Psi}_{24}$ 方向一致的新的电压空间矢量，这些新矢量可以利用基本电压矢量线性组合获得。

逆变器的电压空间矢量虽然只有八个，但现代电力电子器件有较高的开关频率，可以将 8 个电压空间矢量进行线性组合，获得更多与基本电压空间矢量方向不同的电压空间矢量，形成更多方向的电压空间矢量。要想实现更多边形的磁链轨迹，需要解决以下三个问题：

(1) 新的电压空间矢量由哪些基本电压空间矢量线性组合形成；

(2) 线性组合用的基本电压空间矢量各作用多长时间；

(3) 线性组合用的电压空间矢量作用的顺序。

对于第(1)个问题，由图 2-14 可知，六个基本电压空间矢量将平面分成六个扇区，新方向的电压空间矢量显然可以由形成其所在扇区的两个基本电压空间矢量来合成。如第一扇区的电压空间矢量可以由 $\boldsymbol{u}_1$ 和 $\boldsymbol{u}_2$ 组合而成，如图 2-18 所示。

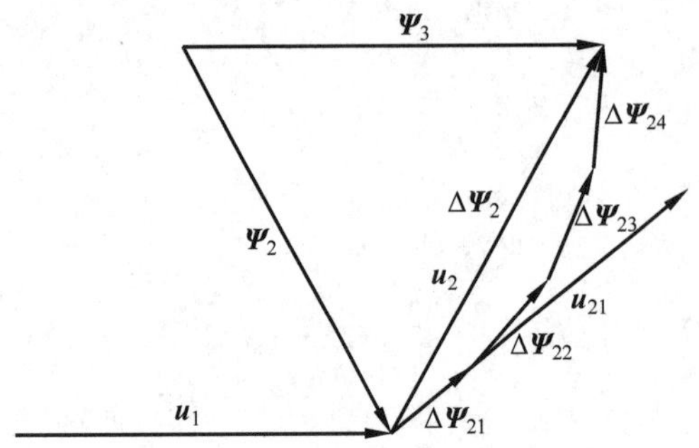

图 2-17　逼近圆形的磁链轨迹

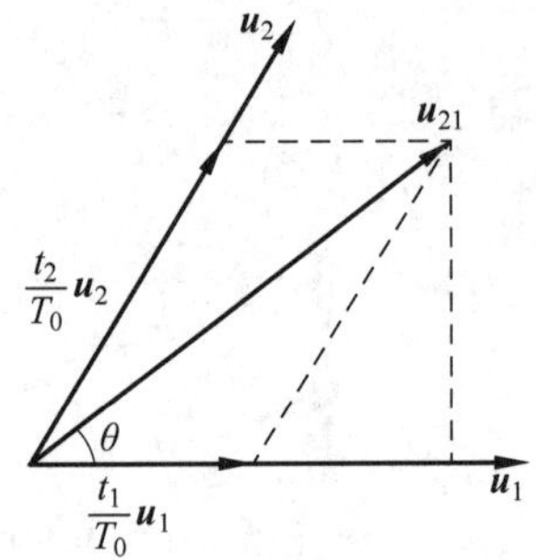

图 2-18　电压空间矢量的线性组合

对于第(2)个问题，假如在第一个扇区中要形成新的电压空间矢量 $\boldsymbol{u}_{21}$，$\boldsymbol{u}_{21}$ 相位为 θ，如图 2-18 所示。设电压空间矢量 $\boldsymbol{u}_{21}$ 的作用时间为 T_0，也是正多边形磁链轨迹每个边电压空间矢量所作用的时间，即每一小段磁链增量的开关周期，其取决于逆变器输出频率和磁链圆逼近的程度。T_0 可表示为

$$T_0=\frac{1}{f_s N} \tag{2-20}$$

式中，f_s——逆变器输出频率；

N——正多边形的边数。

$\boldsymbol{u}_{21}$ 由 $\boldsymbol{u}_1$ 和 $\boldsymbol{u}_2$ 线性组合而成，若 $\boldsymbol{u}_1$ 和 $\boldsymbol{u}_2$ 作用的时间分别为 t_1 和 t_2，则

$$\int_0^{T_0}\boldsymbol{u}_{21}\mathrm{d}t=\int_0^{t_1}\boldsymbol{u}_1\mathrm{d}t+\int_{t_1}^{t_1+t_2}\boldsymbol{u}_2\mathrm{d}t+\int_{t_1+t_2}^{T_0}\boldsymbol{u}_0\mathrm{d}t \tag{2-21}$$

在式(2-21)中加入零矢量的原因是 $\boldsymbol{u}_{21}$ 的作用时间应为 T_0，但 T_0 不一定正好等于 t_1 与 t_2 之和，其相差的时间可由零矢量 $\boldsymbol{u}_0$(或 $\boldsymbol{u}_7$)来填补。在零矢量作用期间，实际磁链处于静止状态，并不旋转。

由于零矢量 $\boldsymbol{u}_0$ 的幅值为零，所以式(2-21)为

$$\boldsymbol{u}_{21}T_0=\boldsymbol{u}_1 t_1+\boldsymbol{u}_2 t_2 \tag{2-22}$$

或

$$\boldsymbol{u}_{21}=\frac{t_1}{T_0}\boldsymbol{u}_1+\frac{t_2}{T_0}\boldsymbol{u}_2 \tag{2-23}$$

式(2-23)说明，合成电压空间矢量 $\boldsymbol{u}_{21}$ 是 $\boldsymbol{u}_1$ 的部分矢量 $t_1\boldsymbol{u}_1/T_0$ 和 $\boldsymbol{u}_2$ 的部分矢量 $t_2\boldsymbol{u}_2/T_0$ 之和，如图 2-18 所示。

将式(2-12)和式(2-13)代入式(2-23)，则

$$\boldsymbol{u}_{21}=\frac{t_1}{T_0}\boldsymbol{u}_1+\frac{t_2}{T_0}\boldsymbol{u}_2$$

$$
\begin{aligned}
&=\frac{t_1}{T_0}U_d+\frac{t_2}{T_0}U_d e^{j\pi/3}\\
&=U_d\left(\frac{t_1}{T_0}+\frac{t_2}{T_0}e^{j\pi/3}\right)\\
&=U_d\left[\frac{t_1}{T_0}+\frac{t_2}{T_0}\left(\cos\frac{\pi}{3}+j\sin\frac{\pi}{3}\right)\right]\\
&=U_d\left[\frac{t_1}{T_0}+\frac{t_2}{T_0}\left(\frac{1}{2}+j\frac{\sqrt{3}}{2}\right)\right]\\
&=U_d\left[\left(\frac{t_1}{T_0}+\frac{t_2}{2T_0}\right)+j\frac{\sqrt{3}t_2}{2T_0}\right]
\end{aligned}
\tag{2-24}
$$

又由于

$$
\boldsymbol{u}_{21}=|\boldsymbol{u}_{21}|\cos\theta+j|\boldsymbol{u}_{21}|\sin\theta \tag{2-25}
$$

比较式(2-24)和式(2-25)可得

$$
|\boldsymbol{u}_{21}|\cos\theta=\left(\frac{t_1}{T_0}+\frac{t_2}{2T_0}\right)U_d \tag{2-26}
$$

$$
|\boldsymbol{u}_{21}|\sin\theta=\frac{\sqrt{3}t_2}{2T_0}U_d \tag{2-27}
$$

根据式(2-26)和式(2-27)可推导出

$$
\begin{cases}
\dfrac{t_1}{T_0}=\dfrac{|\boldsymbol{u}_{21}|\cos\theta}{U_d}-\dfrac{1}{\sqrt{3}}\dfrac{|\boldsymbol{u}_{21}|\sin\theta}{U_d}\\[2ex]
\dfrac{t_2}{T_0}=\dfrac{2}{\sqrt{3}}\dfrac{|\boldsymbol{u}_{21}|\sin\theta}{U_d}
\end{cases}
\tag{2-28}
$$

式中，θ——$\boldsymbol{u}_{21}$ 与 $\boldsymbol{u}_1$ 之间的夹角，$0\leqslant\theta<\pi/3$。

式(2-28)也可表示为

$$
\begin{cases}
t_1=\dfrac{2}{\sqrt{3}}\dfrac{|\boldsymbol{u}_{21}|}{U_d}T_0\sin\left(\dfrac{\pi}{3}-\theta\right)\\[2ex]
t_2=\dfrac{2}{\sqrt{3}}\dfrac{|\boldsymbol{u}_{21}|}{U_d}T_0\sin\theta
\end{cases}
\tag{2-29}
$$

零矢量的作用时间为

$$
t_0+t_7=T_0-t_1-t_2
$$

一般取

$$
t_0=t_7=\frac{1}{2}(T_0-t_1-t_2) \tag{2-30}
$$

对于第(3)个问题，由于功率开关器件的工作状态是饱和导通或截止状态，其损耗主要是发生在开关状态的切换过程中，所以开关状态切换顺序遵循的原则是尽量减少开关状态变化引起的开关损耗，因此每次电压空间矢量的变化都应该只有一个桥臂的功率器件动作，

表现在开关状态 S_i 中只有一位变化。

每一个 T_0 相当于 PWM 电压波形中的一个脉冲波，如 $\boldsymbol{u}_{21}$ 作用时，包含 t_1、t_2、t_7 和 t_0 共四段，相应的电压空间矢量为 $\boldsymbol{u}_1$、$\boldsymbol{u}_2$、$\boldsymbol{u}_7$ 和 $\boldsymbol{u}_0$，即 100、110、111 和 000 共四种开关状态。通常为了使逆变器输出电压波形对称，把每个开关状态的作用时间都一分为二。若形成电压空间矢量 $\boldsymbol{u}_{21}$ 的作用序列为：12700721，其中 1 表示 $\boldsymbol{u}_1$ 作用，2 表示 $\boldsymbol{u}_2$ 作用，7 表示 $\boldsymbol{u}_7$ 作用，0 表示 $\boldsymbol{u}_0$ 作用。这样，在这个脉宽波形时间内，逆变器三相的开关状态序列为 100、110、111、000、000、111、110、100。而 1270 的顺序不满足最小开关损耗原则，因此应该把切换顺序改为 01277210，即开关状态顺序为 000、100、110、111、111、110、100、000，也就是说，每个小区间均以零电压矢量开始，又以零电压矢量结束，这样就只有一个桥臂的功率器件进行换流，开关损耗最小，开关切换顺序如图 2-19 所示。

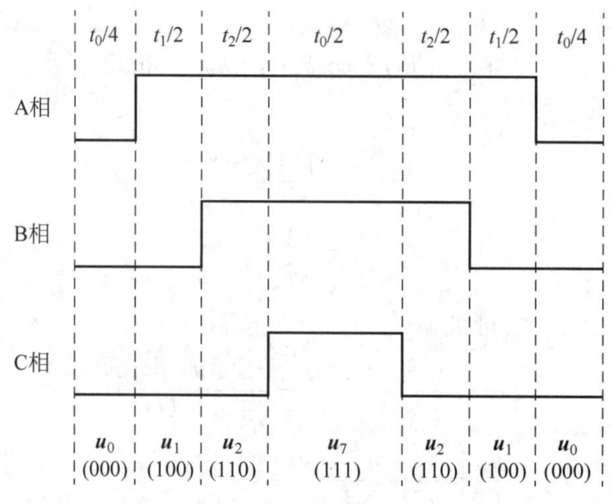

图 2-19　第 1 扇区开关状态切换顺序

显然，一个扇区内所分的小区间越多，即 T_0 越短，所形成的新方向电压空间矢量越多，切换的次数也越多，磁链轨迹越能逼近圆形，但 T_0 的缩短极限受功率开关器件允许的最高开关频率制约。

根据异步电动机的工作原理可知，旋转磁链的旋转速度决定了电动机转速的大小。当逆变器的给定频率 f_s 改变时，由式(2-20)可知，每边的作用时间随之改变。由图 2-18 可见，对于某个方向的电压空间矢量而言，当 f_s 较高时，合成的电压空间矢量幅值也较大，t_1/T_0 和 t_2/T_0 较大，则插入零电压矢量的作用时间就较小，PWM 输出的占空比较大；当 f_s 较低时，合成的电压空间矢量幅值也较小，t_1/T_0 和 t_2/T_0 较小，则插入零电压矢量的作用时间就较大，PWM 输出的占空比较小。零电压矢量作用时间的改变，即改变了磁链静止时间的长短，从而改变了磁链的旋转速度，其实是改变了逆变器输出的频率，这样就实现了变频，同时也使 PWM 输出的占空比发生了变化，输出电压也随之改变，实现了变压。

利用电压空间矢量直接生成三相 PWM 波的控制技术，计算简便，而且采用 SVPWM 控制时，逆变器输出线电压基波最大值为直流侧电压，比一般的 SPWM 逆变器输出电压提高了 15%。

2.2 转速开环恒压频率比控制的变频调速系统

转速开环的恒压频率比控制方式是通用变频器的最基本控制方式，一般变频调速装置都具有这种控制方式。采用转速开环恒压频率比控制的变频调速系统能满足大多数场合异步电动机调速控制的要求，并且结构简单，使用方便。采用恒压频率比控制，在基频以下的调速过程中可以保持异步电动机气隙磁通基本不变，在恒转矩负载情况下，电动机在变频调速过程中的稳态速降基本不变，所以异步电动机的机械特性较硬，电动机有较好的调速性能。但是在频率较低时，定子漏阻抗压降所占的比例较大，异步电动机就很难再保持气隙磁通恒定，电动机的最大转矩将随频率的下降而减小。为了实现电压-频率协调控制，可以采用转速开环恒压频率比带低频电压补偿控制，这是通用变频器最常用的控制方案。也就是为了使异步电动机在低频低速时仍有较大的输出转矩，在低频时适当提高定子所加电压的 V/f 控制方式。

变频器需要设定的控制参数主要有 V/f 控制特性、工作频率、斜坡上升时间、斜坡下降时间、最高频率和最低频率等，还可以设定一系列特殊功能。由于通用变频器-异步电动机系统是转速或频率开环的恒压频率比控制系统，低频时，可根据负载性质的不同和负载的大小，改变 V/f 函数发生器的特性来进行补偿，以保持电动机气隙磁通恒定，即通用变频器产品中的"电压补偿"或"转矩提升"功能。

实现电压补偿的方法有两种：一种是在微机中存储多条不同斜率的直线和折线段的 V/f 控制特性，由用户选择需要的最佳特性；另一种是采用霍尔电流传感器检测定子电流或直流回路电流，按电流大小自动补偿定子电压。但这两种电压补偿方法都可能存在过补偿或欠补偿情况，这是开环控制系统的不足之处。

为了限制异步电动机启动和制动过程中出现的电流变化过快，在变频器频率设定通道中都设有给定积分器，通过给定积分算法产生平缓升速和降速信号。频率上升时间和频率下降时间由操作人员根据负载情况进行设定修改。

开环 V/f 控制的 PWM 变频调速系统框图如图 2-20 所示。

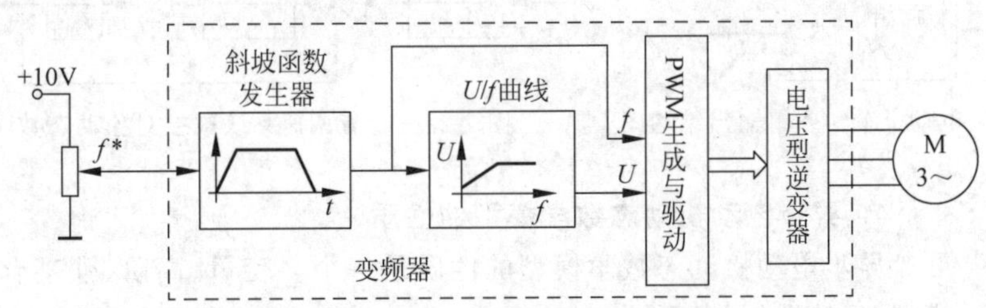

图 2-20　开环 V/f 控制的 PWM 变频调速系统框图

开环 V/f 控制变频器发展的特点是通用化、系列化和规模化生产。近年来，具有更多自动控制功能的变频器不断被推出，产品性能更加完善，质量也不断提高。新一代的 V/f

控制变频器已经实现了转矩控制功能，具有无跳闸功能。由这种变频器驱动的通用异步电动机已经具备了挖土机特性，像直流电动机调速系统一样，可以人为地设定其输出的极限转矩。

2.3 异步电动机矢量控制系统

2.2节所述的转速开环恒压频比控制的变频调速系统虽然可以满足一般的平滑调速要求，但静态、动态性能都有限。由自动控制理论可知，要想提高调速系统的静态、动态性能，应该在被控对象的动态数学模型基础上采用反馈闭环控制。本节将介绍基于异步电动机动态数学模型的矢量控制系统。

2.3.1 异步电动机动态数学模型

转速开环恒压频比控制的变频调速系统虽然能满足一定的调速要求，但与转速电流双闭环直流调速系统的调速性能相比有很大差距。要提高调速系统的性能，实现高动态性能的变频调速系统或伺服系统，必须是在异步电动机动态数学模型基础上设计出来的系统，本节内容是建立异步电动机动态数学模型。

直流电动机调速系统有着优良的调速性能，源于直流电动机动态数学模型比较简单。直流电动机磁通由通入励磁绕组的电流产生，其可以在电枢绕组未通电之前事先建立起来，故不参与系统的动态过程（弱磁调速时除外）。所以直流电动机动态数学模型输入变量为电枢电压 U_d，输出变量为转速 n，只是一个单输入和单输出系统，如图2-21所示。

直流调速系统的被控对象在一些假定条件下，工程上可以看成是三阶线性单变量系统，如图2-22所示。图中的 T_m 是机电时间常数，T_l 是电枢回路电磁时间常数，T_s 是电力电子装置的滞后时间常数。这样的被控对象完全可以用经典的线性控制理论或由其发展而来的工程设计方法进行分析与设计。但是异步电动机动态数学模型要比直流电动机数学模型复杂得多，而且有着本质的区别。

图2-21 直流电动机单输入单输出结构图

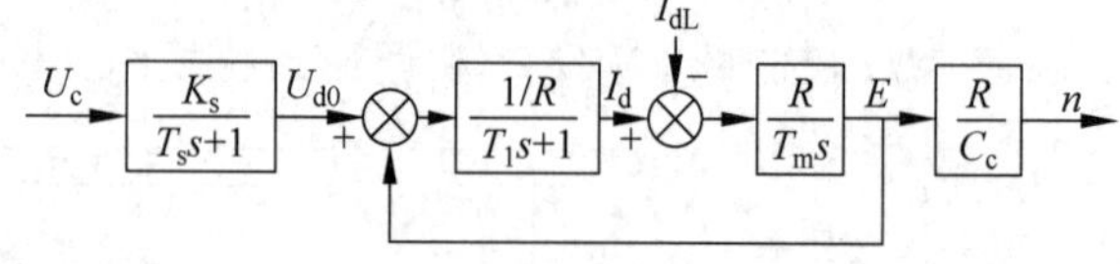

图2-22 直流调速系统被控对象动态数学模型

视频讲解

1. 异步电动机动态数学模型的性质

异步电动机动态数学模型的性质是一个多变量、高阶、强耦合、非线性的模型，具体分析如下。

1）多变量性

异步电动机变频调速时需要进行电压（或电流）与频率的协调控制，输入变量是两个独立的变量——电压（电流）和频率。由于异步电动机当定子绕组通入三相交流电后，磁通的建立与转速的变化同时进行，因此调速时输出变量除转速外，磁通也应该算是一个独立的输出变量。当调速时，为了获得良好的动态性能，对磁通也必须施加控制。当在额定频率以下调速时，使其在动态过程中尽量保持恒定，这样使电动机保持输出较大的动态转矩。因此，异步电动机动态数学模型的输出变量被认为是转速和磁链两个变量，如图 2-23 所示。

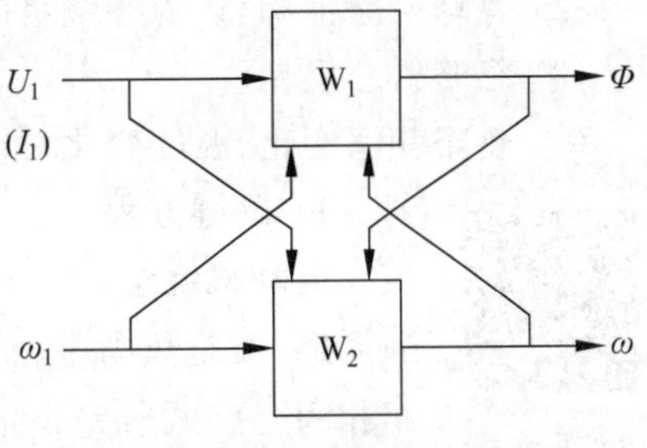

图 2-23　三相异步电动机多变量、强耦合结构

2）高阶性

异步电动机定子有三相绕组，转子也可等效为三相绕组，每相绕组产生磁通时都有自己的电磁惯性，再算上运动系统的机电惯性，这样，即使不考虑电力电子变频装置的滞后因素，变频调速被控对象的阶数至少也是一个七阶的，属于高阶对象。

3）强耦合性

异步电动机的电压（电流）、频率、磁通、转速之间互相都有影响，所以它的动态数学模型变量间又是强耦合的，因此具有强耦合的结构，如图 2-23 所示。

4）非线性特性

电动机中电流乘以磁通产生转矩，转速乘以磁通得到感应电动势。在直流电动机调压调速时由于磁通恒定，所以模型是线性的。而异步电动机的这些物理量同时变化，在数学模型中就含有两个变量的乘积项，所以即使不考虑磁饱和等因素，其动态数学模型也是非线性的。

2．异步电动机动态数学模型

在异步电动机分析中，无论电动机转子是绕线型还是鼠笼型，都可以等效成三相绕线型转子，并折算到定子侧，折算后的定子和转子绕组匝数相等，这样异步电动机物理模型可用图 2-24 表示。在这个模型中，定子三相绕组轴线 A、B、C 在空间固定不动，转子绕组轴线 a、b、c 随转子旋转。当以 A 轴为参考坐标轴时，转子 a 轴和定子 A 轴间的电角度 θ 随转子的转动变化，是空间角位移变量。若各绕组电压、电流、磁链的正方向按电动机惯例规定，并符合右手螺旋定则。下面以此为基础，建立异步电动机动态数学模型。其动态数学模型包含磁链方程、电压方程、转矩方程和运动方程。

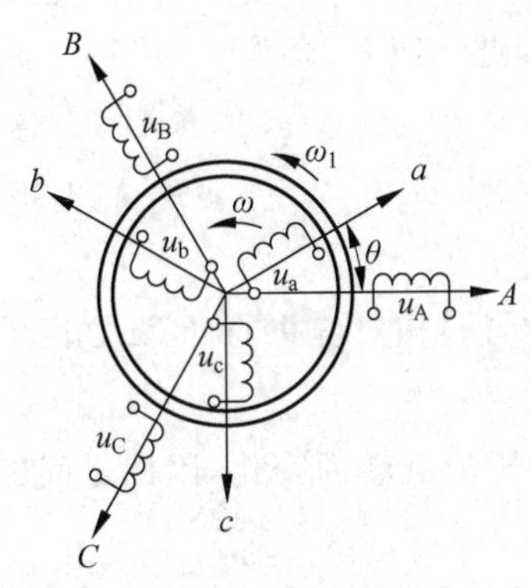

图 2-24　异步电动机物理模型

在建立异步电动机的动态数学模型时，通常忽略一些次要因素。

（1）忽略空间谐波，即认为三相绕组在空间上对称，互差 120°电角度，所产生的磁动势沿气隙按正弦规律分布。

(2) 忽略磁路饱和,认为各绕组的自感和互感为线性电感。

(3) 忽略铁芯损耗。

(4) 忽略频率变化、温度变化对绕组电阻的影响。

视频讲解

1) 磁链方程

电动机绕组交链的磁通主要有两类:一类是穿过气隙的绕组相间互感磁通,另一类是只与本相自身绕组交链而不穿过气隙的漏磁通,穿过气隙的绕组相间互感磁通完成能量的传递,为主磁通。因此,定子、转子每相绕组所交链的磁链包含自感磁链和其他绕组交链的互感磁链,六个绕组的磁链方程以矩阵形式表示为

$$\begin{bmatrix}\Psi_A\\\Psi_B\\\Psi_C\\\Psi_a\\\Psi_b\\\Psi_c\end{bmatrix}=\begin{bmatrix}L_{AA}&L_{AB}&L_{AC}&L_{Aa}&L_{Ab}&L_{Ac}\\L_{BA}&L_{BB}&L_{BC}&L_{Ba}&L_{Bb}&L_{Bc}\\L_{CA}&L_{CB}&L_{CC}&L_{Ca}&L_{Cb}&L_{Cc}\\L_{aA}&L_{aB}&L_{aC}&L_{aa}&L_{ab}&L_{ac}\\L_{bA}&L_{bB}&L_{bC}&L_{ba}&L_{bb}&L_{bc}\\L_{cA}&L_{cB}&L_{cC}&L_{ca}&L_{cb}&L_{cc}\end{bmatrix}\begin{bmatrix}i_A\\i_B\\i_C\\i_a\\i_b\\i_c\end{bmatrix}\tag{2-31}$$

或写成

$$\boldsymbol{\Psi}=\boldsymbol{Li}\tag{2-32}$$

式中,对角线元素 L_{AA}、L_{BB}、L_{CC}、L_{aa}、L_{bb}、L_{cc} 是各绕组的自感,其余各项为彼此绕组间的互感。

由于折算后定子绕组、转子绕组匝数相等,各绕组间互感磁通都通过气隙,磁阻相同,故可认为定子、转子各绕组的互感相同,即

$$L_{ms}=L_{mr}=L_m\tag{2-33}$$

每一相绕组所交链的磁通是互感磁通与漏感磁通之和,因此,各相自感为

$$L_{AA}=L_{BB}=L_{CC}=L_m+L_{ls}\tag{2-34}$$

$$L_{aa}=L_{bb}=L_{cc}=L_m+L_{lr}\tag{2-35}$$

两相绕组间的互感可分为两种类型:

(1) 定子三相绕组彼此之间、转子三相绕组彼此之间的位置是相对静止的,因此之间的互感为常值;

(2) 定子任一相绕组与转子任一相绕组之间的位置随转子的旋转而变化,因此之间的互感是角位移 θ 的函数,见图 2-24。

第(1)种类型的互感,三相绕组轴线彼此在空间相差 $\pm 120°$,在假定气隙磁通为正弦分布的条件下,互感应为

$$L_m\cos 120°=L_m\cos(-120°)=-\frac{1}{2}L_m$$

故

$$L_{AB}=L_{BC}=L_{CA}=L_{BA}=L_{CB}=L_{AC}=-\frac{1}{2}L_m \tag{2-36}$$

$$L_{ab}=L_{bc}=L_{ca}=L_{ba}=L_{cb}=L_{ac}=-\frac{1}{2}L_m \tag{2-37}$$

第(2)种类型互感，由于定子绕组、转子绕组相互间位置的变化，根据图2-24可分别表示为

$$L_{Aa}=L_{aA}=L_{Bb}=L_{bB}=L_{Cc}=L_{cC}=L_m\cos\theta \tag{2-38}$$

$$L_{Ac}=L_{cA}=L_{Ba}=L_{aB}=L_{Cb}=L_{bC}=L_m\cos(\theta-120°) \tag{2-39}$$

$$L_{Ab}=L_{bA}=L_{Bc}=L_{cB}=L_{Ca}=L_{aC}=L_m\cos(\theta+120°) \tag{2-40}$$

当转子绕组轴线转到与定子绕组轴线一致时，两者之间的互感值最大，即每相最大互感 L_m。

将式(2-36)～式(2-40)代入磁链方程式(2-31)，由于这个矩阵方程比较复杂，为了表达清楚，将其写成分块矩阵的形式

$$\begin{bmatrix}\boldsymbol{\Psi}_s\\ \boldsymbol{\Psi}_r\end{bmatrix}=\begin{bmatrix}\boldsymbol{L}_{ss} & \boldsymbol{L}_{sr}\\ \boldsymbol{L}_{rs} & \boldsymbol{L}_{rr}\end{bmatrix}\begin{bmatrix}\boldsymbol{i}_s\\ \boldsymbol{i}_r\end{bmatrix} \tag{2-41}$$

式中，$\boldsymbol{\Psi}_s=[\Psi_A\quad \Psi_B\quad \Psi_C]^T$，$\boldsymbol{\Psi}_r=[\Psi_a\quad \Psi_b\quad \Psi_c]^T$；$\boldsymbol{i}_s=[i_A\quad i_B\quad i_C]^T$，$\boldsymbol{i}_r=[i_a\quad i_b\quad i_c]^T$。

$$\boldsymbol{L}_{ss}=\begin{bmatrix}L_m+L_{ls} & -\frac{1}{2}L_m & -\frac{1}{2}L_m\\ -\frac{1}{2}L_m & L_m+L_{ls} & -\frac{1}{2}L_m\\ -\frac{1}{2}L_m & -\frac{1}{2}L_m & L_m+L_{ls}\end{bmatrix} \tag{2-42}$$

$$\boldsymbol{L}_{rr}=\begin{bmatrix}L_m+L_{lr} & -\frac{1}{2}L_m & -\frac{1}{2}L_m\\ -\frac{1}{2}L_m & L_m+L_{lr} & -\frac{1}{2}L_m\\ -\frac{1}{2}L_m & -\frac{1}{2}L_m & L_m+L_{lr}\end{bmatrix} \tag{2-43}$$

$$\boldsymbol{L}_{rs}=\boldsymbol{L}_{sr}^T=L_m\begin{bmatrix}\cos\theta & \cos(\theta-120°) & \cos(\theta+120°)\\ \cos(\theta+120°) & \cos\theta & \cos(\theta-120°)\\ \cos(\theta-120°) & \cos(\theta+120°) & \cos\theta\end{bmatrix} \tag{2-44}$$

$\boldsymbol{L}_{sr}$ 和 $\boldsymbol{L}_{rs}$ 是定子绕组和转子绕组之间的两个互感分块矩阵，且互为转置，它们的元素与转子轴的位置 θ 角有关，随转子旋转而变化，是变参数矩阵，这是使得异步电动机动态数学模型非线性的根源之一。利用坐标变换可以将电感矩阵中的变参数变为常参数，使数学模型简化，坐标变换内容将在下节讨论。

视频讲解

2) 电压方程

异步电动机定子绕组的电压方程为

$$
\begin{aligned}
u_A &= i_A R_s + \frac{d\Psi_A}{dt} \\
u_B &= i_B R_s + \frac{d\Psi_B}{dt} \\
u_C &= i_C R_s + \frac{d\Psi_C}{dt}
\end{aligned} \tag{2-45}
$$

式中，u_A、u_B、u_C——定子各相相电压瞬时值；

i_A、i_B、i_C——定子各相相电流瞬时值；

Ψ_A、Ψ_B、Ψ_C——定子各相绕组的全磁链；

R_s——定子各相绕组电阻。

同理，异步电动机转子绕组折算到定子侧后的电压方程为

$$
\begin{aligned}
u_a &= i_a R_r + \frac{d\Psi_a}{dt} \\
u_b &= i_b R_r + \frac{d\Psi_b}{dt} \\
u_c &= i_c R_r + \frac{d\Psi_c}{dt}
\end{aligned} \tag{2-46}
$$

式中，u_a、u_b、u_c——转子各相相电压瞬时值；

i_a、i_b、i_c——转子各相相电流瞬时值；

Ψ_a、Ψ_b、Ψ_c——转子各相绕组的全磁链；

R_r——转子各相绕组电阻。

式(2-46)中的转子各物理量都已折算到定子侧，为了表示简洁，表示折算的上角标符号“'”均省略，以下均采用此种省略方法表示转子各物理量。

将电压方程写成矩阵形式，并以微分算子 p 代替微分符号 d/dt，则

$$
\begin{bmatrix} u_A \\ u_B \\ u_C \\ u_a \\ u_b \\ u_c \end{bmatrix} =
\begin{bmatrix}
R_s & 0 & 0 & 0 & 0 & 0 \\
0 & R_s & 0 & 0 & 0 & 0 \\
0 & 0 & R_s & 0 & 0 & 0 \\
0 & 0 & 0 & R_r & 0 & 0 \\
0 & 0 & 0 & 0 & R_r & 0 \\
0 & 0 & 0 & 0 & 0 & R_r
\end{bmatrix}
\begin{bmatrix} i_A \\ i_B \\ i_C \\ i_a \\ i_b \\ i_c \end{bmatrix}
+ p \begin{bmatrix} \Psi_A \\ \Psi_B \\ \Psi_C \\ \Psi_a \\ \Psi_b \\ \Psi_c \end{bmatrix} \tag{2-47}
$$

或写成

$$
\boldsymbol{u} = \boldsymbol{Ri} + p\boldsymbol{\Psi} \tag{2-48}
$$

把磁链方程式(2-32)代入电压方程式(2-48)中，得到展开后的电压方程

$$
\boldsymbol{u} = \boldsymbol{Ri} + p(\boldsymbol{Li}) = \boldsymbol{Ri} + \boldsymbol{L}\frac{d\boldsymbol{i}}{dt} + \frac{d\boldsymbol{L}}{dt}\boldsymbol{i} = \boldsymbol{Ri} + \boldsymbol{L}\frac{d\boldsymbol{i}}{dt} + \frac{d\boldsymbol{L}}{d\theta}\omega\boldsymbol{i} \tag{2-49}
$$

式中，$\boldsymbol{L}\,d\boldsymbol{i}/dt$——电磁感应电动势中的变压器电动势(或称脉变电动势)；

$(\mathrm{d}\boldsymbol{L}/\mathrm{d}\theta)\omega\boldsymbol{i}$——电磁感应电动势中与转速成正比的旋转电动势(或称切割电动势)。

3) 转矩方程

根据机电能量转换原理,在多相绕组电动机中,在线性电感的条件下,磁场的储能为

$$W_{\mathrm{m}}=\frac{1}{2}\boldsymbol{i}^{\mathrm{T}}\boldsymbol{\Psi}=\frac{1}{2}\boldsymbol{i}^{\mathrm{T}}\boldsymbol{L}\boldsymbol{i} \tag{2-50}$$

电磁转矩等于机械角位移变化时磁场储能的变化量,即

$$T=\left.\frac{\mathrm{d}W_{\mathrm{m}}}{\mathrm{d}\theta_{\mathrm{m}}}\right|_{i=\mathrm{const}}=n_{\mathrm{p}}\left.\frac{\mathrm{d}W_{\mathrm{m}}}{\mathrm{d}\theta}\right|_{i=\mathrm{const}}=\frac{1}{2}n_{\mathrm{p}}\boldsymbol{i}^{\mathrm{T}}\frac{\mathrm{d}\boldsymbol{L}}{\mathrm{d}\theta}\boldsymbol{i} \tag{2-51}$$

将电感矩阵式(2-41)代入式(2-51),则电磁转矩方程可表示为

$$T=\frac{1}{2}n_{\mathrm{p}}\boldsymbol{i}^{\mathrm{T}}\begin{bmatrix}0 & \dfrac{\mathrm{d}\boldsymbol{L}_{\mathrm{sr}}}{\mathrm{d}\theta}\\ \dfrac{\mathrm{d}\boldsymbol{L}_{\mathrm{rs}}}{\mathrm{d}\theta} & 0\end{bmatrix}\boldsymbol{i} \tag{2-52}$$

将式(2-44)代入式(2-52),得

$$\begin{aligned}T=n_{\mathrm{p}}L_{\mathrm{m}}[&(i_{\mathrm{A}}i_{\mathrm{a}}+i_{\mathrm{B}}i_{\mathrm{b}}+i_{\mathrm{C}}i_{\mathrm{c}})\sin\theta+(i_{\mathrm{A}}i_{\mathrm{b}}+i_{\mathrm{B}}i_{\mathrm{c}}+i_{\mathrm{C}}i_{\mathrm{a}})\sin(\theta+120^{\circ})+\\&(i_{\mathrm{A}}i_{\mathrm{c}}+i_{\mathrm{B}}i_{\mathrm{a}}+i_{\mathrm{C}}i_{\mathrm{b}})\sin(\theta-120^{\circ})]\end{aligned} \tag{2-53}$$

电磁转矩表达式(2-53)完全适用于由变压变频器供电的异步电动机,即使其电流中含有谐波。因为这个表达式只是在线性磁路、磁动势在空间按正弦分布的假定条件下得出来的,并没对定子、转子电流的波形作任何假定。

4) 运动方程

变频调速时,电力拖动系统的运动方程式仍满足运动方程的一般表达式,即

$$T=T_{\mathrm{L}}+\frac{J}{n_{\mathrm{p}}}\frac{\mathrm{d}\omega}{\mathrm{d}t} \tag{2-54}$$

$$\omega=\frac{\mathrm{d}\theta}{\mathrm{d}t} \tag{2-55}$$

上述磁链方程、电压方程、转矩方程和运动方程构成了异步电动机动态数学模型。其输入量是电压矢量和定子输入电压的角频率,输出量是磁链矢量和转子角速度,电流矢量作为中间状态变量。显然,这是多变量、高阶、时变、非线性方程组,很难分析和求解,对这样复杂的动态数学模型对象进行控制器的设计十分困难,必须想办法对数学模型进行处理、简化。

2.3.2　矢量控制理论中的坐标变换和坐标变换阵

2.3.1 节虽然已建立了异步电动机动态数学模型,但其是多变量、高阶、时变、非线性方程组,要分析和求解这组方程非常困难。为了基于异步电动机动态数学模型建立变频控制系统,必须设法简化这组方程,矢量控制理论中采用的基本方法是坐标变换方法。

视频讲解

1. 坐标变换的基本思路

异步电动机动态数学模型之所以复杂,关键是其有复杂的电磁关系,表达式(2-31)中的 6×6 维变参数电感矩阵充分反映了各个绕组间复杂的电磁

关系。要简化数学模型，应从如何简化其电磁关系入手。

为了实现异步电动机能像直流电动机那样对电磁转矩的控制，首先分析一下直流电动机的电磁关系。直流电动机之所以容易实现电磁转矩的控制，原因在于其有比较简单的电磁关系，因此动态数学模型也比较简单。如图 2-25 所示是两极直流电动机的物理模型，图中 F 为励磁绕组，A 为电枢绕组，C 为补偿绕组。励磁绕组和补偿绕组安装在定子上，电枢绕组嵌放到转子铁芯槽中。通常把励磁绕组的轴线称作直轴，即 d 轴（direct axis），主磁通 Φ 的方向就是沿着 d 轴方向；电枢绕组和补偿绕组的轴线则称为交轴，即 q 轴（quadrature axis）。

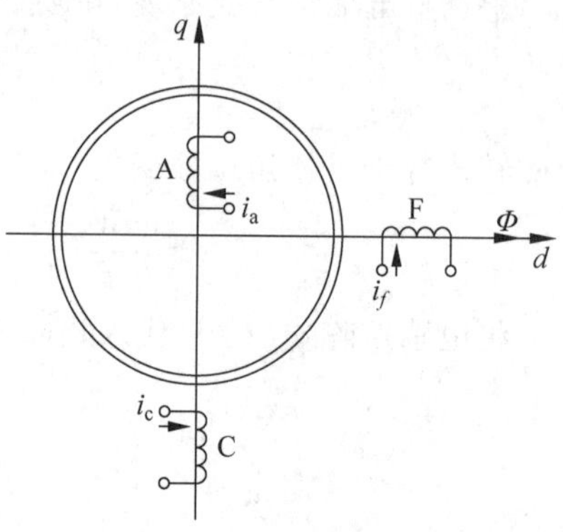

图 2-25　两极直流电动机物理模型

直流电动机电枢绕组通过换向器和电刷与外部直流电源相连，虽然电枢绕组是旋转的，但由于换相器的存在，图 2-25 中两极电动机中的电刷将闭合的电枢绕组分成两条支路，当一条支路中的导线经过正电刷归入另一条支路中时，在负电刷下又有一根导线补回来，表现在图 2-25 中交轴左半部分电枢槽中的导体电流同一个方向，右半部分导体电流是另外一个方向。这样，电刷两侧每条支路中导线的电流方向总是相同的。因此，电枢磁动势的轴线始终被限定在 q 轴位置上，其电磁效果与一个在 q 轴上静止的绕组一样。但电枢绕组实际上是旋转的，其切割 d 轴的磁通将产生旋转电动势，这又和真正的静止绕组不同，所以可将其看成是“伪静止绕组”。

为了消除或减小电枢电流所建立的电枢磁动势的影响，直流电动机中补偿绕组的轴线也处在交轴上，其产生的磁动势正好与电枢磁动势抵消，而其作用方向与 d 轴垂直，故电枢磁动势对主磁通影响非常小。这样，直流电动机的主磁通可以认为基本上由励磁绕组的励磁电流唯一决定，故直流电动机动态数学模型简单，直流电动机转矩的控制也较容易实现。如果能将图 2-24 所示的异步电动机的物理模型等效变换成类似直流电动机的物理模型，那么分析和控制就可以大大简化，矢量控制中的坐标变换正是按照这种思路展开的。

视频讲解

2. 坐标变换原则

坐标变换是一种线性变换，若无约束条件，变换将不是唯一的。在异步电动机模型的变换中，应用的坐标变换可受两种约束，即坐标变换的原则：一个是气隙的合成磁动势不变原则，即变换前后合成磁动势保持不变；另一个是功率不变原则，即变换前后功率保持不变。

1）坐标变换后的电流应保持气隙磁动势不变

因为电动机是实现机电能量转换的电气设备，气隙磁场是机电能量转换的枢纽，所以如果不同电动机物理模型间彼此等效，那么电磁关系必须不能发生变化。气隙磁场由磁动势产生，而磁动势由匝数与电流的乘积决定。由于异步电动机产品的匝数已固定不变，所以气隙的磁动势由电流决定。那么等效的原则就是不同坐标下电流所产生的磁动势完全相同，只有这样,坐标变换后的电流才不会改变异步电动机的电磁关系。因此,磁动势不变是不同坐标系间进行变换的一项基本原则。

当异步电动机的定子绕组 A、B、C,通以三相平衡的正弦交流电流时,其产生的合成磁动势是旋转磁动势 F_s,在气隙空间以正弦规律分布,转速为同步转速 ω_1(即电流的角频率),即在气隙中形成的磁场是以同步转速 ω_1 旋转的圆形磁场,旋转方向沿着 A-B-C 的相序旋转。这样三相交流绕组定子物理模型如图 2-26(a)所示。

然而,旋转磁动势的产生并不是必须三相对称绕组通过三相平衡的正弦交流电流才能产生,除单相绕组外,两相、三相、四相等任意对称的多相绕组,通以平衡的多相正弦交流电流,都能产生旋转磁动势。当然,若从建立绕组电磁关系的数学模型来看,两相绕组方程阶次最少、最简单。图 2-26(b)所示的是两相匝数相同的静止绕组 α 和 β,它们在空间互差 90°,当通入两相相位互差 90°的平衡正弦交流电流时,也会产生旋转磁动势 F_s。当图 2-26(a)和图 2-26(b)中的两个旋转磁动势大小和转速都相等时,则两套绕组产生的磁动势等效。

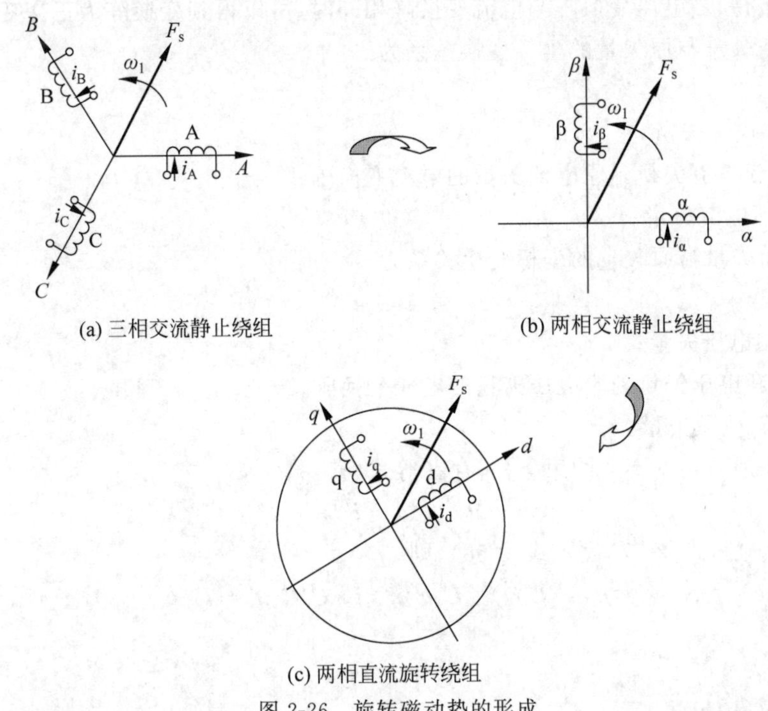

图 2-26 旋转磁动势的形成

但图 2-26(b)中的两相绕组通入的是交流正弦电流,与直流电动机的励磁电流和电枢电流都是直流电流还是不同,因此仍不能模仿直流电动机进行异步电动机的控制。设想在图 2-26(c)中的两个匝数相同且互相垂直的绕组 d 和 q,当分别通入直流电流 i_d 和 i_q,则会产生固定不动的合成磁动势 F_s。如果让包含两个绕组在内的整个铁芯以同步转速旋转,则磁动势 F_s 自然也随之旋转起来,成为旋转磁动势。若把这个旋转磁动势的大小和转速控制成与图 2-26(a)和图 2-26(b)中的磁动势一样,那么这套旋转的直流绕组就和前面两套静止的交流绕组产生的磁动势完全等效。当某人站到铁芯上和绕组一起旋转时，在他看来，绕组 d 和 q 就是两个通以直流而相互垂直的静止绕组。如果控制磁通 Φ 的位置在 d 轴上，对于他来说看到的就和直流电动机的物理模型没有本质上的区别。绕组 d 相当于直流电动机的励磁绕组，绕组 q 相当于伪静止的电枢绕组。

由上面分析可见，以产生相同的旋转磁动势为准则，图 2-26(a)的三相静止交流绕组、图 2-26(b)的两相静止交流绕组和图 2-26(c)的两相旋转直流绕组彼此等效。也可以说，三相静止坐标系下的交流电流 i_A、i_B、i_C，两相静止坐标系下的交流电流 i_α、i_β 和两相旋转坐标系下的直流电流 i_d、i_q 等效，它们能产生相同的旋转磁动势，旋转角速度都为同步角速度 ω_1。坐标系变换的目的就是找出 i_A、i_B、i_C 与 i_α、i_β 和 i_d、i_q 之间准确的等效关系，找到与交流三相静止绕组等效的直流电动机物理模型。

2）坐标变换前后异步电动机的功率不变

变换前后异步电动机的功率不应发生变化，这也是变换的另一个原则。利用这个功率不变的约束条件，当电压变换阵与电流变换阵相同时，可以得到变换阵为正交变换。

设电流新矢量与原矢量的坐标变换关系为

$$\boldsymbol{i}=\boldsymbol{C}_i\boldsymbol{i}' \tag{2-56}$$

式中，$\boldsymbol{i}$——原电流矢量；

$\boldsymbol{C}_i$——新电流矢量到原电流矢量的电流变换阵；

$\boldsymbol{i}'$——新电流矢量。

设电压新矢量与原矢量的坐标变换关系为

$$\boldsymbol{u}=\boldsymbol{C}_u\boldsymbol{u}' \tag{2-57}$$

式中，$\boldsymbol{u}$——原电压矢量；

$\boldsymbol{C}_i$——新电压矢量到原电压矢量的电压变换阵；

$\boldsymbol{u}'$——新电压矢量。

根据变换前后功率不变约束条件，存在等式

$$\boldsymbol{P}=\boldsymbol{i}^{\mathrm{T}}\boldsymbol{u}=\boldsymbol{i}'^{\mathrm{T}}\boldsymbol{u}' \tag{2-58}$$

将式(2-56)和式(2-57)代入式(2-58)，则

$$\boldsymbol{i}^{\mathrm{T}}\boldsymbol{u}=(\boldsymbol{C}_i\boldsymbol{i}')^{\mathrm{T}}(\boldsymbol{C}_u\boldsymbol{u}')=\boldsymbol{i}'^{\mathrm{T}}\boldsymbol{C}_i^{\mathrm{T}}\boldsymbol{C}_u\boldsymbol{u}'=\boldsymbol{i}'^{\mathrm{T}}\boldsymbol{u}'$$

得

$$\boldsymbol{C}_i^{\mathrm{T}}\boldsymbol{C}_u=\boldsymbol{E} \tag{2-59}$$

式中，$\boldsymbol{E}$——单位矩阵。

式(2-59)就是功率不变约束下坐标变换阵需要满足的关系式。

在一般情况下，为了矩阵运算简单方便，电压变换阵与电流变换阵可以取为同一矩阵 $\boldsymbol{C}$，则式(2-59)成为

$$\boldsymbol{C}^{\mathrm{T}}\boldsymbol{C}=\boldsymbol{E}$$

即

$$\boldsymbol{C}^{\mathrm{T}}=\boldsymbol{C}^{-1} \tag{2-60}$$

由此可得出结论，在功率不变约束下，当电压矢量和电流矢量选取相同的变换阵时，变换阵的转置与其逆矩阵相等，属于正交变换。

视频讲解

3. 三相—两相静止坐标变换(3s/2s 变换)

三相—两相静止坐标变换是三相静止坐标系到两相静止坐标系间的变换，是三相静止交流绕组 A、B、C 和二相静止交流绕组 α、β 间的变换，简称 3s/2s 变换。

为方便地找出两个坐标系下物理量之间的关系，在图 2-27 中绘出了 A、B、C 和 α、β 两个坐标系，并将 A 轴和 α 轴重合。设三相交流绕组每相有效匝数为 N_3，两相交流绕组每相有效匝数为 N_2，各相磁动势为有效匝数与其电流的乘积，其空间矢量均位于对应绕组的坐标轴线上。

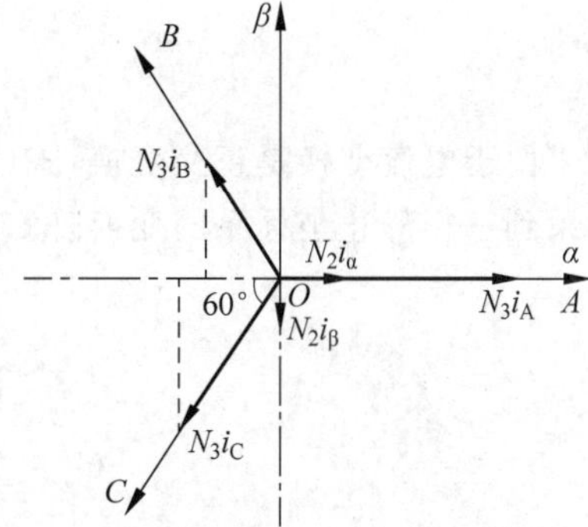

图 2-27　三相与两相坐标系磁动势矢量

由于交流磁动势的大小随时间变化，所以图 2-27 中磁动势矢量长度是变化的。当三相绕组的总磁动势与两相绕组的总磁动势相等时，两套绕组瞬时磁动势在 α、β 轴上的投影都应相等，即

$$N_2 i_\alpha = N_3 i_A - N_3 i_B \cos 60^\circ - N_3 i_C \cos 60^\circ = N_3\left(i_A - \frac{1}{2} i_B - \frac{1}{2} i_C\right)$$

$$N_2 i_\beta = N_3 i_B \sin 60^\circ - N_3 i_C \sin 60^\circ = \frac{\sqrt{3}}{2} N_3 (i_B - i_C)$$

为了求逆矩阵，先引入一个零轴磁动势 $N_2 i_0$，定义为

$$N_2 i_0 \equiv K N_3 (i_A + i_B + i_C)$$

将上面三个式子写成矩阵形式，得

$$\begin{bmatrix} i_\alpha \\ i_\beta \\ i_0 \end{bmatrix} = \frac{N_3}{N_2} \begin{bmatrix} 1 & -\frac{1}{2} & -\frac{1}{2} \\ 0 & \frac{\sqrt{3}}{2} & -\frac{\sqrt{3}}{2} \\ K & K & K \end{bmatrix} \begin{bmatrix} i_A \\ i_B \\ i_C \end{bmatrix} \tag{2-61}$$

根据三相静止交流绕组的磁动势变为两相静止交流绕组形成相同磁动势矢量、变换前后总功率不变原则，且变换阵为正交矩阵，可以推导出三相绕组匝数与两相绕组匝数比 $N_3/N_2 = \sqrt{2/3}$ 和系数 $K = 1/\sqrt{2}$，则式(2-61)为

$$\begin{bmatrix} i_\alpha \\ i_\beta \\ i_0 \end{bmatrix} = \sqrt{\frac{2}{3}} \begin{bmatrix} 1 & -\frac{1}{2} & -\frac{1}{2} \\ 0 & \frac{\sqrt{3}}{2} & -\frac{\sqrt{3}}{2} \\ \frac{1}{\sqrt{2}} & \frac{1}{\sqrt{2}} & \frac{1}{\sqrt{2}} \end{bmatrix} \begin{bmatrix} i_A \\ i_B \\ i_C \end{bmatrix} = \boldsymbol{C}_{3s/2s} \begin{bmatrix} i_A \\ i_B \\ i_C \end{bmatrix} \tag{2-62}$$

式中，$\boldsymbol{C}_{3s/2s}$——三相静止坐标系到两相静止坐标系的变换阵。

$$\boldsymbol{C}_{3s/2s}=\sqrt{\frac{2}{3}}\begin{bmatrix}1 & -\frac{1}{2} & -\frac{1}{2}\\ 0 & \frac{\sqrt{3}}{2} & -\frac{\sqrt{3}}{2}\\ \frac{1}{\sqrt{2}} & \frac{1}{\sqrt{2}} & \frac{1}{\sqrt{2}}\end{bmatrix} \tag{2-63}$$

由于电流变换是正交变换，式(2-63)的逆矩阵就是其转置矩阵，这样可得到两相静止坐标系到三相静止坐标系的变换阵 $\boldsymbol{C}_{2s/3s}$

$$\boldsymbol{C}_{2s/3s}=\sqrt{\frac{2}{3}}\begin{bmatrix}1 & 0 & \frac{1}{\sqrt{2}}\\ -\frac{1}{2} & \frac{\sqrt{3}}{2} & \frac{1}{\sqrt{2}}\\ -\frac{1}{2} & -\frac{\sqrt{3}}{2} & \frac{1}{\sqrt{2}}\end{bmatrix} \tag{2-64}$$

实际电动机中并不存在零轴磁动势，上面人为引入是为了能进行坐标变换，所以实际的电流变换关系为

$$\begin{bmatrix}i_{\alpha}\\ i_{\beta}\end{bmatrix}=\sqrt{\frac{2}{3}}\begin{bmatrix}1 & -\frac{1}{2} & -\frac{1}{2}\\ 0 & \frac{\sqrt{3}}{2} & -\frac{\sqrt{3}}{2}\end{bmatrix}\begin{bmatrix}i_{A}\\ i_{B}\\ i_{C}\end{bmatrix} \tag{2-65}$$

$$\begin{bmatrix}i_{A}\\ i_{B}\\ i_{C}\end{bmatrix}=\sqrt{\frac{2}{3}}\begin{bmatrix}1 & 0\\ -\frac{1}{2} & \frac{\sqrt{3}}{2}\\ -\frac{1}{2} & -\frac{\sqrt{3}}{2}\end{bmatrix}\begin{bmatrix}i_{\alpha}\\ i_{\beta}\end{bmatrix} \tag{2-66}$$

根据电流和电压变换阵相同，所以式(2-63)和式(2-64)也是电压变换阵，可以证明磁链的变换阵也满足这两个矩阵。

虽然经过三相到两相静止坐标系的变换后，绕组的相数减少了，异步电动机数学模型也降了二阶，得到了简化，但由于 i_{α}、i_{β} 仍为交流电流，与直流电动机物理模型中的电流是直流电流还有差距，所以仍不能采用直流调速中的方法解决控制问题。

4. 两相静止—两相旋转坐标变换(2s/2r 变换)

图 2-26(b)中两相静止坐标下等效的交流绕组和图 2-26(c)中两相旋转坐标下直流绕组产生相同磁动势的变换被称作两相静止—两相旋转坐标变换，简称 2s/2r 变换，s 表示静止，r 表示旋转，也称为 VR 变换。由于都是两相坐标系，各绕组匝数相同，所以可以不考虑磁动势中的匝数，可用电流表示磁动势，但这里电流为空间矢量。为推导旋转坐标变换矩

阵，将两个坐标系画在一起，如图 2-28 所示。图中 d、q 轴和矢量 $F_s(i_s)$ 都以同步角速度 ω_1 旋转，由于磁动势大小不变，所以电流分量 i_d 和 i_q 的长短不变，代表 d 绕组和 q 绕组的直流磁动势。但 α、β 轴是静止的，随着磁动势的旋转，代表交流磁动势的 i_s 在 α、β 轴上的分量 i_α 和 i_β 的长短是随时间变化的。用 θ 角表示旋转坐标轴 d 轴与静止坐标轴 α 轴之间的夹角，其将随时间而变化。

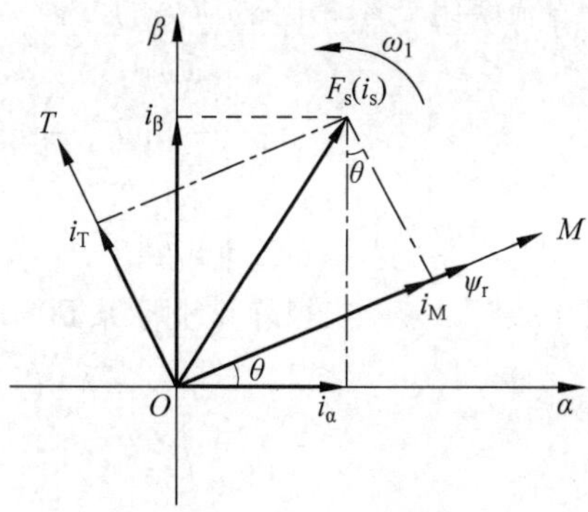

图 2-28　两相静止与两相旋转坐标系磁动势矢量

由图 2-28 可见，i_α、i_β 和 i_d、i_q 之间存在下列关系

$$i_d = i_\alpha\cos\theta + i_\beta\sin\theta$$
$$i_q = -i_\alpha\sin\theta + i_\beta\cos\theta$$

写成矩阵形式，得

$$\begin{bmatrix} i_d \\ i_q \end{bmatrix} = \begin{bmatrix} \cos\theta & \sin\theta \\ -\sin\theta & \cos\theta \end{bmatrix} \begin{bmatrix} i_\alpha \\ i_\beta \end{bmatrix} = \boldsymbol{C}_{2s/2r} \begin{bmatrix} i_\alpha \\ i_\beta \end{bmatrix} \tag{2-67}$$

式中，$\boldsymbol{C}_{2s/2r}$——两相静止坐标系到两相旋转坐标系的变换阵。

$$\boldsymbol{C}_{2s/2r} = \begin{bmatrix} \cos\theta & \sin\theta \\ -\sin\theta & \cos\theta \end{bmatrix} \tag{2-68}$$

$\boldsymbol{C}_{2s/2r}$ 的逆矩阵是两相旋转坐标系到两相静止坐标系的变换阵，即

$$\boldsymbol{C}_{2r/2s} = \begin{bmatrix} \cos\theta & -\sin\theta \\ \sin\theta & \cos\theta \end{bmatrix} \tag{2-69}$$

与三相静止坐标到两相静止坐标变换相似，式(2-68)和式(2-69)同样是两相静止坐标与两相旋转坐标系间的电压变换阵和磁链变换阵。

5. 三相静止—两相旋转坐标变换(3s/2r 变换)

经过三相静止坐标到两相静止坐标变换，再经过两相静止坐标到两相旋转坐标系的变换，可将三相交流绕组产生的旋转磁动势等效地变为由两相旋转直流绕组产生的磁动势。如果进一步将磁链的位置定向在 d 轴上，那么 d 轴绕组相当于直流电动机的励磁绕组，q 轴绕组相当于电枢绕组，这样就是个等效的直流电动机物理模型。

为了求三相静止—两相旋转坐标系间的变换阵，在旋转坐标下引入一个零电流 i_0，表达式为

$$i_0 = i_0$$

这样，式(2-67)可以写为

$$\begin{bmatrix} i_d \\ i_q \\ i_0 \end{bmatrix} = \begin{bmatrix} \cos\theta & \sin\theta & 0 \\ -\sin\theta & \cos\theta & 0 \\ 0 & 0 & 1 \end{bmatrix} \begin{bmatrix} i_\alpha \\ i_\beta \\ i_0 \end{bmatrix}$$

将式(2-62)代入上式，可得到三相静止坐标系下交流绕组变换为两相同步旋转坐标系

下直流绕组产生相同磁动势的变换关系

$$\begin{bmatrix} i_d \\ i_q \\ i_0 \end{bmatrix} = \sqrt{\frac{2}{3}} \begin{bmatrix} \cos\theta & \cos(\theta - 120^\circ) & \cos(\theta + 120^\circ) \\ -\sin\theta & -\sin(\theta - 120^\circ) & -\sin(\theta + 120^\circ) \\ \frac{1}{\sqrt{2}} & \frac{1}{\sqrt{2}} & \frac{1}{\sqrt{2}} \end{bmatrix} = \boldsymbol{C}_{3s/2r} \begin{bmatrix} i_A \\ i_B \\ i_C \end{bmatrix} \tag{2-70}$$

式中，$\boldsymbol{C}_{3s/2r}$——三相静止坐标系到两相旋转坐标系的变换阵，为

$$\boldsymbol{C}_{3s/2r} = \sqrt{\frac{2}{3}} \begin{bmatrix} \cos\theta & \cos(\theta - 120^\circ) & \cos(\theta + 120^\circ) \\ -\sin\theta & -\sin(\theta - 120^\circ) & -\sin(\theta + 120^\circ) \\ \frac{1}{\sqrt{2}} & \frac{1}{\sqrt{2}} & \frac{1}{\sqrt{2}} \end{bmatrix} \tag{2-71}$$

其逆变换也就是 $\boldsymbol{C}_{3s/2r}$ 的转置矩阵，即为两相旋转坐标系到三相静止坐标系的变换阵。

$$\boldsymbol{C}_{2r/3s} = \sqrt{\frac{2}{3}} \begin{bmatrix} \cos\theta & -\sin\theta & \frac{1}{\sqrt{2}} \\ \cos(\theta - 120^\circ) & -\sin(\theta - 120^\circ) & \frac{1}{\sqrt{2}} \\ \cos(\theta + 120^\circ) & -\sin(\theta + 120^\circ) & \frac{1}{\sqrt{2}} \end{bmatrix} \tag{2-72}$$

同样，式(2-71)和式(2-72)也是电压变换阵和磁链变换阵。

视频讲解

2.3.3 异步电动机在两相同步旋转坐标系下的动态数学模型

异步电动机三相定子交流绕组满足式(2-71)或式(2-72)的变换阵，但三相转子交流绕组是旋转绕组，其变换为三相旋转交流绕组到两相同步旋转直流绕组之间的坐标变换。根据式(2-71)或式(2-72)可以看出，三相静止绕组到两相旋转绕组的变换阵只与 d 轴与 A 轴的夹角 θ 有关，若这里用 θ_s 表示 d 轴与定子绕组 A 轴之间的夹角，θ_r 表示 d 轴与转子绕组 a 轴之间的夹角，θ 表示转子绕组 a 轴与定子绕组 A 轴之间的夹角，如图 2-29 所示。实际三相旋转转子交流绕组与两相同步旋转直流绕组之间的变换和三相静止定子交流绕组与两相同步旋转直流绕组之间的变换有相类似的变换阵，只是夹角不同，所以变换阵形式相同，分别为

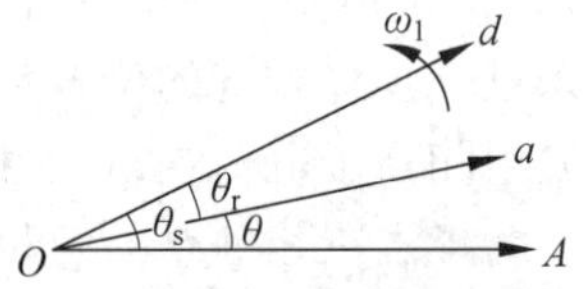

图 2-29 三个坐标轴夹角关系

$$\boldsymbol{C}_{3s/2r} = \sqrt{\frac{2}{3}} \begin{bmatrix} \cos\theta_s & \cos(\theta_s - 120^\circ) & \cos(\theta_s + 120^\circ) \\ -\sin\theta_s & -\sin(\theta_s - 120^\circ) & -\sin(\theta_s + 120^\circ) \\ \frac{1}{\sqrt{2}} & \frac{1}{\sqrt{2}} & \frac{1}{\sqrt{2}} \end{bmatrix} \tag{2-73}$$

$$C_{3r/2r}=\sqrt{\frac{2}{3}}\begin{bmatrix}\cos\theta_r & \cos(\theta_r-120°) & \cos(\theta_r+120°)\\ -\sin\theta_r & -\sin(\theta_r-120°) & -\sin(\theta_r+120°)\\ \frac{1}{\sqrt{2}} & \frac{1}{\sqrt{2}} & \frac{1}{\sqrt{2}}\end{bmatrix} \tag{2-74}$$

将式(2-73)和式(2-74)代入异步电动机的动态数学模型中，即可得到在两相同步旋转坐标系下的数学模型，这里推导过程从略。

1. 磁链方程

$$\begin{bmatrix}\Psi_{sd}\\ \Psi_{sq}\\ \Psi_{rd}\\ \Psi_{rq}\end{bmatrix}=\begin{bmatrix}L_s & 0 & L_m & 0\\ 0 & L_s & 0 & L_m\\ L_m & 0 & L_r & 0\\ 0 & L_m & 0 & L_r\end{bmatrix}\begin{bmatrix}i_{sd}\\ i_{sq}\\ i_{rd}\\ i_{rq}\end{bmatrix} \tag{2-75}$$

式中，$L_m=\frac{3}{2}L_{ms}$——dq 坐标系下定子等效绕组与同轴转子等效绕组间的互感；

$L_s=\frac{3}{2}L_{ms}+L_{ls}=L_m+L_{ls}$——$dq$ 坐标系下定子等效两相绕组的自感；

$L_r=\frac{3}{2}L_{ms}+L_{lr}=L_m+L_{lr}$——$dq$ 坐标系下转子等效两相绕组的自感。

2. 电压方程

$$\begin{bmatrix}u_{sd}\\ u_{sq}\\ u_{rd}\\ u_{rq}\end{bmatrix}=\begin{bmatrix}R_s+L_sp & -\omega_{dqs}L_s & L_mp & -\omega_{dqs}L_m\\ \omega_{dqs}L_s & R_s+L_sp & \omega_{dqs}L_m & L_mp\\ L_mp & -\omega_{dqr}L_m & R_r+L_rp & -\omega_{dqr}L_r\\ \omega_{dqr}L_m & L_mp & \omega_{dqr}L_r & R_r+L_rp\end{bmatrix}\begin{bmatrix}i_{sd}\\ i_{sq}\\ i_{rd}\\ i_{rq}\end{bmatrix} \tag{2-76}$$

式中，ω_{dqs}——旋转坐标系相对于定子的角速度，在同步旋转坐标系下 $\omega_{dqs}=\omega_1$；

ω_{dqr}——旋转坐标系相对于转子的角速度。

根据图 2-29 可得

$$\omega_{dqr}=\frac{d\theta_r}{dt}=\frac{d(\theta_s-\theta)}{dt}=\omega_{dqs}-\omega=\omega_1-\omega=\omega_s$$

这样，式(2-76)可以表示为

$$\begin{bmatrix}u_{sd}\\ u_{sq}\\ u_{rd}\\ u_{rq}\end{bmatrix}=\begin{bmatrix}R_s+L_sp & -\omega_1L_s & L_mp & -\omega_1L_m\\ \omega_1L_s & R_s+L_sp & \omega_1L_m & L_mp\\ L_mp & -\omega_sL_m & R_r+L_rp & -\omega_sL_r\\ \omega_sL_m & L_mp & \omega_sL_r & R_r+L_rp\end{bmatrix}\begin{bmatrix}i_{sd}\\ i_{sq}\\ i_{rd}\\ i_{rq}\end{bmatrix} \tag{2-77}$$

3. 转矩方程

$$T=n_pL_m(i_{sq}i_{rd}-i_{sd}i_{rq}) \tag{2-78}$$

4. 运动方程

运动方程与坐标变换无关，所以仍满足式(2-54)和式(2-55)。

由式(2-75)、式(2-77)和式(2-78)可知，在两相旋转坐标系下的异步电动机数学模型已比原模型简单了很多，维数降为四维，电感矩阵变为常数矩阵，且出现了很多零元素，这是由于两相旋转坐标系上的定子等效绕组和转子等效绕组都在两相互相垂直的坐标轴 d 轴和 q 轴上，两相垂直绕组之间再没有磁的耦合，L_s 和 L_r 是每相定子等效绕组和转子等效绕组中的等效自感，L_m 仅是每相定子等效绕组与每相转子等效绕组同轴间的互感，因此，电感矩阵中的所有元素都为常数，从而消除了异步电动机三相静止轴系下数学模型中的一个非线性根源。但由式(2-77)表示的电压与电流之间的关系矩阵中每个元素仍是非零的，说明在两相同步旋转坐标系下的异步电动机动态数学模型仍具有强耦合性，坐标变换并没有完全解决耦合性问题。

视频讲解

2.3.4 异步电动机在两相静止坐标系下的动态数学模型

两相静止坐标系可以看成是旋转坐标系速度为零的特例，则 $\omega_{dqs}=0$，$\omega_{dqr}=-\omega$，这样，即可得到两相静止坐标系下的异步电动机动态数学模型。

1. 磁链方程

$$\begin{bmatrix}\Psi_{s\alpha}\\ \Psi_{s\beta}\\ \Psi_{r\alpha}\\ \Psi_{r\beta}\end{bmatrix}=\begin{bmatrix}L_s & 0 & L_m & 0\\ 0 & L_s & 0 & L_m\\ L_m & 0 & L_r & 0\\ 0 & L_m & 0 & L_r\end{bmatrix}\begin{bmatrix}i_{s\alpha}\\ i_{s\beta}\\ i_{r\alpha}\\ i_{r\beta}\end{bmatrix} \tag{2-79}$$

2. 电压方程

$$\begin{bmatrix}u_{s\alpha}\\ u_{s\beta}\\ u_{r\alpha}\\ u_{r\beta}\end{bmatrix}=\begin{bmatrix}R_s+L_sp & 0 & L_mp & 0\\ 0 & R_s+L_sp & 0 & L_mp\\ L_mp & \omega L_m & R_r+L_rp & \omega L_r\\ -\omega L_m & L_mp & -\omega L_r & R_r+L_rp\end{bmatrix}\begin{bmatrix}i_{s\alpha}\\ i_{s\beta}\\ i_{r\alpha}\\ i_{r\beta}\end{bmatrix} \tag{2-80}$$

3. 转矩方程

$$T=n_pL_m(i_{s\beta}i_{r\alpha}-i_{s\alpha}i_{r\beta})=n_p\frac{L_m}{L_r}(\Psi_{r\alpha}i_{s\beta}-\Psi_{r\beta}i_{s\alpha}) \tag{2-81}$$

运动方程仍为式(2-54)和式(2-55)。

与两相同步旋转坐标系下的数学模型相似，由于两相静止坐标轴垂直，两相垂直绕组之间没有磁的耦合，互感只存在于同轴的绕组之间，所以磁链矩阵也是含有很多零元素的常数矩阵。

从上面几个表达式可见，两相静止坐标系下异步电动机动态数学模型的电感矩阵降了两维，电压与电流之间的关系矩阵也出现了零元素，但仍存在耦合，并且电流是交流电流。异步电动机在两相静止坐标系下的模型可用来建立矢量控制系统中的磁链观测模型。

2.3.5 异步电动机按转子磁链定向旋转坐标系下的动态数学模型

由异步电动机在两相同步旋转坐标系下的动态数学模型可知，其仍然是强耦合的，还无法像直流电动机那样进行转矩的控制。两相同步旋转坐标下只规定了两轴的垂直关系和旋转角速度，如果对坐标轴系的取向加以规定，即定向，使其成为特定的同步旋转坐标系，将会对矢量控制系统的实现起到关键作用。

视频讲解

当选择同步旋转坐标系的某一旋转轴作为特定磁链轴时，称为磁链定向。矢量控制系统是按转子全部磁链矢量定向，将 d 轴取为转子磁链轴，因此被称为按转子磁链定向的矢量控制系统。为了区分，一般将按转子磁链定向的坐标轴系称为 MT 坐标系，如图 2-30 所示。

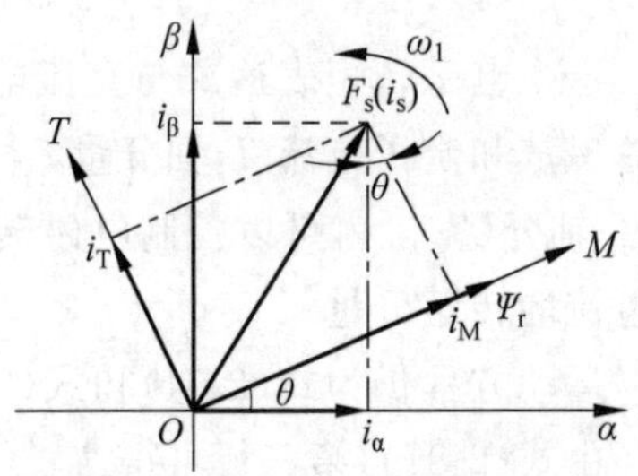

图 2-30　按转子磁链定向的坐标系

1. **磁链方程**

由于按转子全部磁链定向，所以

$$\Psi_{rM}=\Psi_r \tag{2-82}$$

$$\Psi_{rT}=0 \tag{2-83}$$

这样，式(2-75)变为

$$\begin{bmatrix}\Psi_{sM}\\ \Psi_{sT}\\ \Psi_r\\ 0\end{bmatrix}=\begin{bmatrix}L_s & 0 & L_m & 0\\ 0 & L_s & 0 & L_m\\ L_m & 0 & L_r & 0\\ 0 & L_m & 0 & L_r\end{bmatrix}\begin{bmatrix}i_{sM}\\ i_{sT}\\ i_{rM}\\ i_{rT}\end{bmatrix} \tag{2-84}$$

由式(2-84)，第三行和第四行分别可得

$$\Psi_r=L_m i_{sM}+L_r i_{rM} \tag{2-85}$$

$$0=L_m i_{sT}+L_r i_{rT} \tag{2-86}$$

2. **电压方程**

由于异步电动机转子是短路的，所以转子电压为零，并根据式(2-77)和式(2-86)可得电压方程为

$$\begin{bmatrix}u_{sM}\\ u_{sT}\\ 0\\ 0\end{bmatrix}=\begin{bmatrix}R_s+L_s p & -\omega_1 L_s & L_m p & -\omega_1 L_m\\ \omega_1 L_s & R_s+L_s p & \omega_1 L_m & L_m p\\ L_m p & 0 & R_r+L_r p & 0\\ \omega_s L_m & 0 & \omega_s L_r & R_r\end{bmatrix}\begin{bmatrix}i_{sM}\\ i_{sT}\\ i_{rM}\\ i_{rT}\end{bmatrix} \tag{2-87}$$

3. **转矩方程**

由式(2-85)和式(2-86)分别可得

$$i_{sM}=\frac{\Psi_r-L_r i_{rM}}{L_m} \tag{2-88}$$

$$i_{rT}=-\frac{L_m i_{sT}}{L_r} \tag{2-89}$$

根据式(2-78)，则电磁转矩为

$$\begin{aligned}T&=n_\mathrm{p}L_\mathrm{m}(i_\mathrm{sT}i_\mathrm{rM}-i_\mathrm{sM}i_\mathrm{rT})\\&=n_\mathrm{p}L_\mathrm{m}\left[i_\mathrm{sT}i_\mathrm{rM}-\frac{\Psi_\mathrm{r}-L_\mathrm{r}i_\mathrm{rM}}{L_\mathrm{m}}\left(-\frac{L_\mathrm{m}i_\mathrm{sT}}{L_\mathrm{r}}\right)\right]\\&=n_\mathrm{p}\frac{L_\mathrm{m}}{L_\mathrm{r}}\Psi_\mathrm{r}i_\mathrm{sT}\\&=C_\mathrm{M}\Psi_\mathrm{r}i_\mathrm{sT}\end{aligned}\tag{2-90}$$

这个电磁转矩表达式与直流电动机电磁转矩表达式非常相似，表明电磁转矩取决于转子总磁链和定子电流 T 轴分量 i_sT 的乘积。如果在能维持转子总磁链恒定下，控制定子电流 T 轴分量 i_sT 就可以控制电磁转矩，从而实现异步电动机的转速控制，因此 i_sT 被称为定子电流的转矩分量。

运动方程仍为式(2-54)和式(2-55)。

由式(2-87)，第三行可得

$$R_\mathrm{r}i_\mathrm{rM}+p(L_\mathrm{m}i_\mathrm{sM}+L_\mathrm{r}i_\mathrm{rM})=0\tag{2-91}$$

将式(2-85)代入式(2-91)得

$$R_\mathrm{r}i_\mathrm{rM}+p\Psi_\mathrm{r}=0$$

则

$$i_\mathrm{rM}=-\frac{p\Psi_\mathrm{r}}{R_\mathrm{r}}\tag{2-92}$$

将式(2-92)代入式(2-88)得

$$\Psi_\mathrm{r}=\frac{L_\mathrm{m}}{T_\mathrm{r}p+1}i_\mathrm{sM}\tag{2-93}$$

式中，$T_\mathrm{r}=\dfrac{L_\mathrm{r}}{R_\mathrm{r}}$ ——异步电动机转子的电磁时间常数。

式(2-93)表明，转子总磁链 Ψ_r 仅由定子电流的 M 轴分量 i_sM 产生，与 T 轴分量 i_sT 没有关系，因此 i_sM 被称为定子电流的励磁分量。如果 Ψ_r 能维持恒定，即 $p\Psi_\mathrm{r}=0$，由式(2-93)可知 $\Psi_\mathrm{r}=L_\mathrm{m}i_\mathrm{sM}$，说明磁链稳态值由 i_sM 唯一决定。在动态过程中，Ψ_r 与 i_sM 之间是一阶惯性环节，说明磁场的建立要滞后于励磁电流，符合电流与磁场之间的电磁关系，其时间常数就是转子电磁时间常数。

根据坐标变换和式(2-90)、式(2-93)可以绘出按转子磁链定向的异步电动机等效模型，如图 2-31 所示。该等效模型可以将异步电动机看成是由两个坐标变换阵和等效直流电动机模型构成的。

由式(2-87)第四行和式(2-85)可得

$$R_\mathrm{r}i_\mathrm{rT}+\omega_\mathrm{s}(L_\mathrm{m}i_\mathrm{sM}+L_\mathrm{r}i_\mathrm{rM})=R_\mathrm{r}i_\mathrm{rT}+\omega_\mathrm{s}\Psi_\mathrm{r}=0$$

则

$$\omega_\mathrm{s}=-\frac{R_\mathrm{r}}{\Psi_\mathrm{r}}i_\mathrm{rT}\tag{2-94}$$

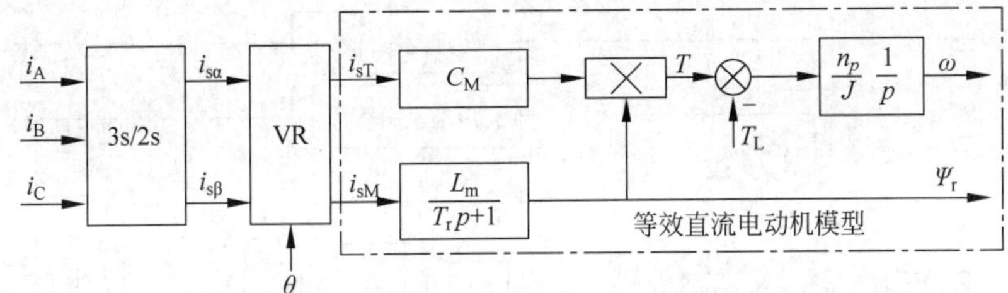

图 2-31　按转子磁链定向的异步电动机等效模型

将式(2-89)代入,得

$$\omega_s = \frac{R_r}{\Psi_r}\frac{L_m}{L_r}i_{sT} = \frac{L_m}{T_r}\frac{i_{sT}}{\Psi_r} \tag{2-95}$$

式(2-95)说明,转差角频率 ω_s 由 Ψ_r、i_{sT} 和转子时间常数 T_r 决定。

式(2-90)、式(2-93)和式(2-95)构成了按转子磁链定向矢量控制系统的基本方程式。如果在实际控制中,通过 i_{sM} 的控制实现 Ψ_r 恒定,则电磁转矩 T 就由 i_{sT} 单独控制,实现了异步电动机控制中变量的解耦,就可以获得与直流电动机控制相近的控制性能。

但是需要说明,矢量控制必须根据异步电动机参数进行一系列运算,因此其使用范围也受到一定限制,主要表现在以下几方面。

(1) 只能用于一台变频器控制一台异步电动机。当一台变频器控制多台电动机时,矢量控制无效。

(2) 异步电动机容量与变频器要求配置的异步电动机容量之间,最多只能相差一个档次。如变频器要求"配用异步电动机容量为 7.5kW",那么实际异步电动机最小容量为 5.5kW,若配置 3.7kW 的异步电动机就不可行。

(3) 电动机磁极数一般以四极为最佳,使用时应查阅变频器说明书对极数的规定。

(4) 不能用于特殊电动机的速度控制,如力矩电动机、深槽电动机、双鼠笼电动机等特殊电动机不能使用矢量控制功能实现变频调速。

2.3.6　按转子磁场定向的异步电动机矢量控制系统

视频讲解

2.3.5 节通过矢量坐标变换和按转子磁链定向,最终得到异步电动机在同步旋转坐标系下的等效直流电动机模型,接下来就是如何模仿直流电动机转速转矩控制方法来设计异步电动机矢量控制系统的结构。

1. 转速和磁链闭环控制的直接矢量控制系统

根据直流调速系统的转速转矩控制方法,控制系统结构上可设置转速调节器、转矩(电流)调节器和磁链调节器,分别控制转速、转矩和磁链,形成转速转矩双闭环控制系统和磁链闭环控制系统,如图 2-32 所示,图中带"*"的物理量表示给定信号。

M 轴与定子 A 轴之间的夹角,即转子磁链的定向角 θ 和转子磁链矢量的模值 Ψ_r 都是实际值,但这两个量在实际系统中都难以直接测量,因而在矢量控制系统中常采用它们的观

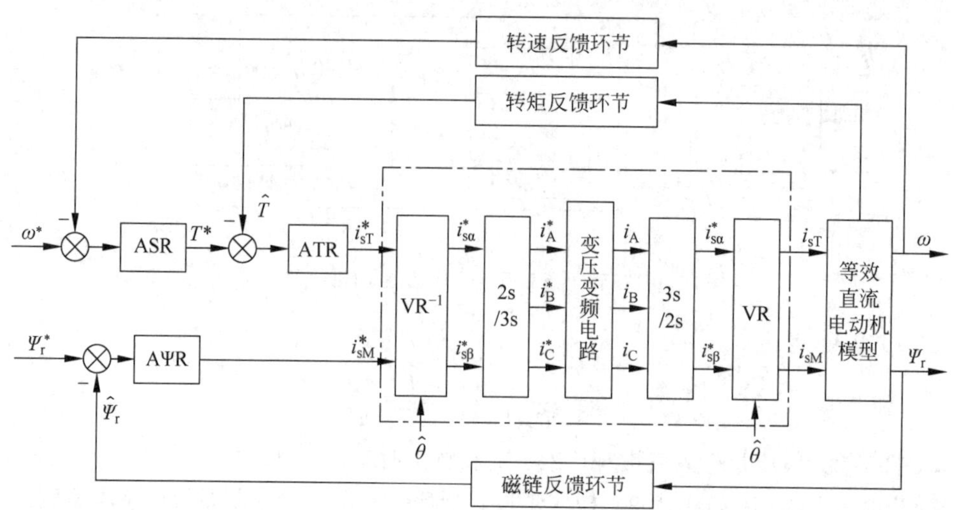

图 2-32 按转子磁链定向的矢量控制系统结构图

测值或模型计算值，因此图 2-32 中分别用 $\hat{\theta}$ 和 $\hat{\Psi}_r$ 表示这两个量。由于 $\hat{\Psi}_r$ 出现在反馈环节，$\hat{\theta}$ 在旋转坐标变换中要参与运算，它们的准确性对矢量控制的效果有很大影响，所以准确地获得转子磁链的模值 $\hat{\Psi}_r$ 和它的空间位置角 $\hat{\theta}$ 是实现磁场定向控制的关键技术之一。

在图 2-32 中，异步电动机采用了如图 2-31 所示的等效模型。图中虚线框内部分，反旋转变换阵与异步电动机内部的正旋转变换阵抵消，2s/3s 变换阵与异步电动机内部 3s/2s 变换阵抵消。因此在设计调节器时，如果忽略变压变频电源本身的小惯性，那么虚线框内矢量坐标变换部分可以不必考虑，认为调节器后是等效直流电动机模型，就可以模仿直流电动机控制系统进行调节器设计。

在图 2-32 中，转速控制部分采用了转速、转矩双闭环结构，从闭环控制的意义上来说，设置转矩闭环可以提高系统的抗扰性。由图 2-31 所见，转子磁链一旦发生变化，对转矩内环而言相当是一个前向通道上的扰动，通过转矩调节器可以及时抑制这个扰动，从而减少磁链变化对转矩控制效果的影响。

图 2-33 所示的是带转矩内环的转速、磁链闭环矢量控制系统框图。

图 2-33 所示控制系统结构具有以下特点。

(1) 采用转速、转矩双闭环控制结构，转速和转矩调节器均采用 PI 调节器。转速调节器的输出作为转矩调节器的给定 T^*，与直流电动机转速电流双闭环系统结构非常相似，可以得到很好的转矩控制效果。

(2) 转子磁链采用单闭环控制，磁链调节器采用 PI 调节器。由于该系统带转子磁链反馈，对转子磁链进行了闭环控制，所以也称为直接矢量控制系统。磁链控制和转矩控制实现了完全的解耦控制，控制精度高，可以用于高性能调速的场合，如张力控制。

(3) 转速反馈检测装置可以采用光电编码盘或直流测速发电机，定子电流可以采用霍

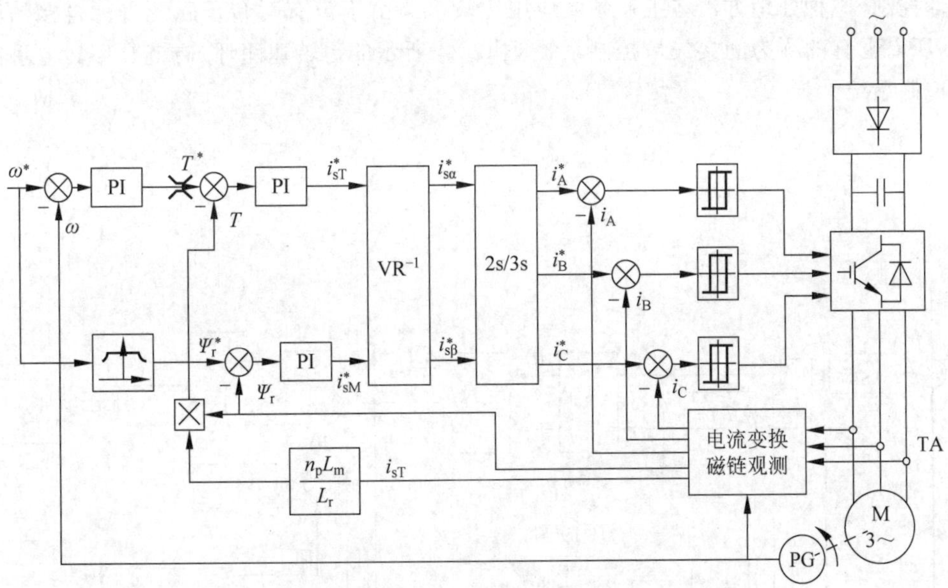

图 2-33 带转矩内环的转速、磁链闭环矢量控制系统

尔电流传感器检测。转矩和磁链反馈采用的是观测器的方法,通过计算得到。另外系统中还有旋转坐标的反变换和两相坐标到三相静止坐标的变换,所以系统运算量大、比较复杂。

(4) 转子磁链给定 Ψ_r^* 与转速给定 ω^* 之间的函数发生器保证了在额定转速以下,采用满磁给定,实现满磁下的恒转矩调速;在额定转速以上,随着转速给定的上升,磁链给定逐渐减小,实现弱磁升速。

(5) 逆变器功率开关通断的控制,采用电流滞环跟踪 PWM 控制技术,电流滞环的定子三相给定电流由转矩调节器输出的定子电流转矩分量和磁链调节器输出的定子电流励磁分量,经过旋转坐标逆变换和 2s/3s 变换得到。电流调节器采用结构简单的滞环控制器,电流控制响应快,但变频器输出电流谐波成分较多。

图 2-33 中需要转子磁链反馈信号,从理论上讲,直接检测磁链应该比较准确,但实际上实现时会遇到一些工艺和技术问题。现在实际矢量控制系统中,多采用间接计算的方法,即利用容易测量的电压、电流或转速等信号,构建转子磁链观测器,实时计算磁链的幅值与相位。利用能够实测的不同物理量,可以构造多种转子磁链观测器模型,现在通常使用的有两种模型:电压模型和电流模型。根据两种模型各自的优点,在实际矢量控制系统中,在高速区采用转子磁链观测器电压模型,在低速区采用转子磁链观测器电流模型,这样可以得到较高的磁链观测精度。

2. 磁链开环与转速闭环转差型间接矢量控制系统

在转速磁链闭环控制的直接矢量控制系统中,转子磁链反馈信号是由磁链观测器获得的,而磁链观测的精度受到电动机参数 R_r、L_r 和 L_m 变化的影响,可能影响到系统转矩和转速的控制性能。为了避免复杂的磁链算法和运算误差对闭环控制的影响,很多人采用了磁链开环控制，这种处理方法在工业领域应用比较多。由于没有对转子磁链进行直接的闭环控制，所以也有的称为间接矢量控制系统，图 2-34 所示的是转速闭环、磁链开环转差型间接矢量控制系统。

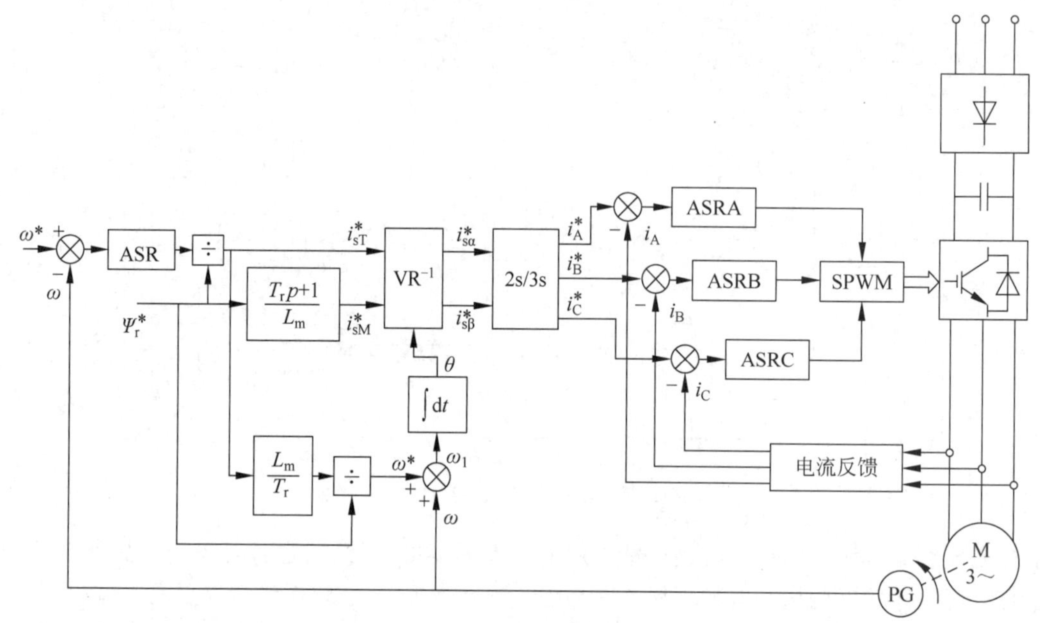

图 2-34 转速闭环、磁链开环转差型间接矢量控制系统

图 2-34 所示系统控制结构有以下特点。

(1) 转速外环控制是建立在按转子磁链定向基础上的，根据式(2-90)，转速调节器输出除以磁链给定得到旋转坐标系下的定子电流转矩分量给定信号 i_{sT}^*。

(2) 磁链开环控制，根据转子全磁链给定信号和式(2-93)得到旋转坐标系下的定子电流磁链分量给定信号 i_{sM}^*。

(3) i_{sT}^* 和 i_{sM}^* 经旋转坐标逆变换和 2s/3s 坐标变换，得到定子三相电流给定信号 i_A^*、i_B^*、i_C^*。

(4) 定子三相电流采用闭环电流 PWM 控制模式，使异步电动机输出的三相电流 i_A、i_B、i_C 能够快速跟踪三相定子电流给定信号 i_A^*、i_B^*、i_C^*。

(5) 旋转坐标逆变换式(2-69)的磁链定向角 θ 是通过对转差运算得到的，所以此系统被称为转差型矢量控制系统。转差频率 ω_s^* 按式(2-95)计算得到，再与实测的转子角速度 ω 相加，得到旋转磁场运行的角速度 ω_1，通过积分运行得到磁链定向角 θ。

此系统由于采用磁链开环控制，不需要计算实际转子磁链矢量构成反馈信号，省去了磁链观测器，系统结构简单，运算量比磁链闭环少，实现起来更容易。

异步电动机矢量控制变频调速系统的实现，使异步电动机调速性能可实现和直流电动机相媲美的高精度和快速响应。又由于异步电动机的机械结构比直流电动机简单、坚固、价格低，又无电刷与换向器电气接触点产生的火花问题，所以高动态性能调速中已得到广泛应用。

矢量控制系统包括以下优点。

(1) 快速的动态速度响应，一般可达到毫秒级，在快速性方面已超过直流电动机。直流电动机受电枢换向器和电刷的限制，不容许过高的 di/dt，而异步电动机在逆变器容量的容许范围内，电流的倍数可取得很高，故速度响应快。

(2) 低频转矩大，一般 V/f 控制方式下，低频转矩常低于额定转矩，5Hz 以下带不动满负荷。而矢量控制由于能保持磁通恒定，转矩与 i_{st} 成线性关系，故极低频时也能使异步电动机的转矩高于额定转矩。

(3) 稳态性能好。由于采用转速闭环控制，所以速度控制稳态精度高，调速范围宽。

按转子磁链定向实现的异步电动机矢量控制系统，适合需要精确控制转矩和速度的高动态性能应用场合。矢量控制系统可以应用到以下范围。

(1) 要求高速响应的工作机械，如工业机器人驱动系统要求速度响应至少 100rad/s。矢量控制驱动系统最高速度响应可达 1000rad/s，完全可以实现机器人驱动系统快速、精确的工作。

(2) 适应恶劣的工作环境，如造纸机、印染机均工作在高湿、高温并有腐蚀性气体环境中。这是由于异步电动机比直流电动机更为适应恶劣环境。

(3) 高精度的电力拖动，如钢板和线材卷取机属于恒张力控制，对电力拖动的动态、静态精确度有很高的要求。异步电动机应用矢量控制后，静态误差<0.02%，有可能完全代替晶闸管——电动机直流调速系统，并能做到高速(弱磁)、低速(点动)、停车时强迫制动控制。

(4) 要求四象限运行的设备，如电梯的拖动。过去均用直流拖动，现在也逐步用异步电动机矢量控制变频调速系统代替。

虽然矢量控制动态、静态性能都很高，但需要异步电动机参数的配合，因此矢量控制变频器需要有自动测试异步电动机参数的功能，另外还需有高精度速度传感器。

另外，在矢量控制系统中，为了实现转速闭环控制和转子磁链定向，检测异步电动机转速是必不可少的，需要在异步电动机轴上安装速度传感器，且转速检测的精确度直接影响磁链定向的准确性。若不采用速度传感器，而采用计算的方法得到转速，一方面可减少设备，另一方面也可避免速度传感器本身可能带来的误差，适用于一些对速度传感器有着严格要求或者没有空间安装速度传感器的场合。现代控制理论在交流调速系统中的应用，以及速度观测、参数自适应等技术的研究，推动了无速度传感器矢量控制的发展，无速度传感器矢量控制方式已在很多矢量控制变频器中得到应用。西门子 MM440 系列和 SINAMICS S120 系列驱动产品都支持矢量控制(VC)和无传感器矢量控制(SLVC)方式。

2.4　直接转矩控制系统

视频讲解

直接转矩控制(Direct Torque Control，DTC)的控制思想是以转矩为中心进行综合控制，不仅控制转矩，也对磁链进行自控制。直接转矩控制把转矩直接作为被控量进行控制，不像矢量控制通过控制电流、磁链等物理量间接控制转矩。其实质是用空间矢量的分析方法，以定子磁链定向方式，对定子磁链和电磁转矩进行直接控制。

直接转矩控制于1985年由德国鲁尔大学的狄普布洛克(M. Depenbrock)教授首先提出，是基于六边形乃至圆形磁链轨迹的直接转矩控制理论，也称为直接自控制(Direct Self-Control，DSC)。1987年，直接转矩控制理论被推广到弱磁调速范围。这种方法不需要将异步电动机转化成等效直流电动机模型，因而无矢量变换中的许多复杂坐标变换计算，也不需要模仿直流电动机的控制，从而也不需要为解耦而简化异步电动机的数学模型。其只需关心电磁转矩的大小，以空间矢量的概念，通过检测定子电压、电流，直接在定子静止坐标系下计算与控制异步电动机的磁链和转矩，直接通过跟踪磁链和转矩实现脉宽控制，以提高系统的动态性能。另外，除定子电阻外，对所有电动机参数的变化控制鲁棒性良好，定子磁链观测器模型容易建立，同时也很容易得到转矩模型，并能方便地估算出同步转速。磁链模型和转矩模型构成了完整的异步电动机模型，因而能方便地实现无速度传感器控制。直接转矩控制技术自出现开始，就以新颖的控制思想，简洁明了的系统结构，优良的静态、动态性能受到了普遍的关注，并得到了迅速发展。如果在系统中再设置转速调节器，可进一步提高转矩的动态控制，得到高性能的转矩控制，直接转矩控制是继矢量控制变频调速技术之后发展起来的又一种高性能的变频调速技术。

2.4.1 直接转矩控制的基本思路

矢量控制技术是借助矢量坐标变换，将三相静止坐标系下异步电动机数学模型转化为两相旋转坐标系下等效直流电动机模型进行控制，虽然矢量控制系统在异步电动机调速方面，静态和动态都能获得高性能，但仍有其不足，主要表现以下两方面。

(1) 三相静止坐标到两相旋转坐标变换计算量大，影响实时性，增加了系统的复杂性。

(2) 基于转子磁链定向方式，转子磁链空间位置难以精准确定。因为随着工况的变化，矢量控制中电动机参数的变化会影响旋转坐标轴线的定位准确及解耦效果。如负载增大时，异步电动机转速会降低，转差率 s 将增大，转子频率 $f_2=sf_1$ 增大，集肤效应会使转子电阻 R_r 增大，挤流效应会使转子电感 L_r 减小，这样转子电磁时间常数 $T_r=L_r/R_r$ 将减小，必将引起转子磁链定向不精确，磁链和转矩控制解耦不完全，影响动态控制效果。若采用参数自适应控制策略，又会进一步增加系统的复杂性和计算工作量。

直接转矩控制技术不同于矢量控制技术，其强调的是转矩直接控制与效果，在很大程度上解决了矢量控制中计算复杂、控制效果易受异步电动机参数变化的影响、实际性能难以达到理论分析结果等一些重要的技术问题。

直接转矩控制与矢量控制方法不同，直接控制转矩不是通过控制电流、磁链等量来间接控制转矩，而是把转矩直接作为被控量，直接控制转矩。对转矩直接采用闭环控制，通过转矩两点式调节器把转矩检测值与转矩给定值通过滞环控制器比较，把转矩波动限制在一定的容差范围内。因此它的控制效果不是取决于异步电动机的数学模型参数是否精确，而是取决于转矩的实际状况，所以控制非常简单、直接。

直接转矩控制技术采用空间矢量的分析方法，直接在两相静止定子坐标系下计算与控制异步电动机的转矩，并采用定子磁链定向，只要知道定子电阻就可以把它观测出来，参与控制。转矩的直接控制和定子磁链的直接控制都采用离散的两点式调节，用于产生PWM信号，直接对逆变器的开关状态进行最佳选择，以获得转矩的高动态性能，是一种具有高静态、动态性能的变频调速技术。综合起来，可以总结出其有以下控制特点。

(1) 无复杂的矢量坐标变换与异步电动机数学模型的简化处理，没有通常的PWM信号发生器，控制特别简单明了。

(2) 控制思想新颖，控制结构简单，控制手段直接，信号处理的物理概念明确。

(3) 转矩响应限制在一拍以内，控制迅速，无超调。

2.4.2　异步电动机按定子磁链定向旋转坐标系下的数学模型

1. 磁链方程

直接转矩控制是将 d 轴按定子全部磁链方向进行定向，所以

$$\Psi_{sd}=\Psi_s \tag{2-96}$$

$$\Psi_{sq}=0 \tag{2-97}$$

这样，式(2-75)变为

$$\begin{bmatrix}\Psi_s\\0\\\Psi_{rd}\\\Psi_{rq}\end{bmatrix}=\begin{bmatrix}L_s&0&L_m&0\\0&L_s&0&L_m\\L_m&0&L_r&0\\0&L_m&0&L_r\end{bmatrix}\begin{bmatrix}i_{sd}\\i_{sq}\\i_{rd}\\i_{rq}\end{bmatrix} \tag{2-98}$$

由式(2-98)第一行和第二行分别可得

$$\Psi_s=L_s i_{sd}+L_m i_{rd} \tag{2-99}$$

$$0=L_s i_{sq}+L_m i_{rq} \tag{2-100}$$

2. 电压方程

$$\begin{bmatrix}u_{sd}\\u_{sq}\\0\\0\end{bmatrix}=\begin{bmatrix}R_s+L_s p&-\omega_1 L_s&L_m p&-\omega_1 L_m\\\omega_1 L_s&R_s+L_s p&\omega_1 L_m&L_m p\\L_m p&-\omega_s L_m&R_r+L_r p&-\omega_s L_r\\\omega_s L_m&L_m p&\omega_s L_r&R_r+L_r p\end{bmatrix}\begin{bmatrix}i_{sd}\\i_{sq}\\i_{rd}\\i_{rq}\end{bmatrix} \tag{2-101}$$

由式(2-101)，第一行可得

$$u_{sd}=R_s i_{sd}+p(L_s i_{sd}+L_m i_{rd})-\omega_1(L_s i_{sq}+L_m i_{rq}) \tag{2-102}$$

将式(2-99)和式(2-100)代入(2-102)得

$$u_{sd}=R_s i_{sd}+p\Psi_s \tag{2-103}$$

则

$$\frac{d\Psi_s}{dt}=u_{sd}-R_s i_{sd} \tag{2-104}$$

3. 转矩方程

根据式(2-99)和式(2-100)分别可得

$$i_{rd}=\frac{1}{L_m}(\Psi_s-L_si_{sd}) \tag{2-105}$$

$$i_{rq}=-\frac{L_s}{L_m}i_{sq} \tag{2-106}$$

代入式(2-78)可得

$$T=n_p\Psi_si_{sq} \tag{2-107}$$

4. 运动方程

运动方程仍满足式(2-54)和式(2-55)。

由式(2-101),第二行可得

$$u_{sq}=\omega_1(L_si_{sd}+L_mi_{rd})+R_si_{sq}+p(L_si_{sq}+L_mi_{rq}) \tag{2-108}$$

将式(2-99)和式(2-100)代入式(2-102)得

$$u_{sq}=\omega_1\Psi_s+R_si_{sq}$$

则

$$\omega_1=\frac{u_{sq}-R_si_{sq}}{\Psi_s} \tag{2-109}$$

按定子磁链定向也可将定子电流分解为励磁分量 i_{sd} 和转矩分量 i_{sq},电磁转矩表达式(2-107)与按转子磁链定向的转矩表达式(2-90)在结构上相同,定子磁链 Ψ_s 与定子电流转矩分量 i_{sq} 共同作用产生电磁转矩,但定子磁链的控制却复杂得多,没有类似的矢量控制理论中磁链控制表达式(2-93),可见并没有达到完全解耦,耦合程度远大于按转子磁链定向。

同步旋转坐标轴按定子磁链定向后,电压矢量 u_s 分解为 u_{sd} 和 u_{sq},由式(2-104)可见,定子磁链幅值的增减由 u_{sd} 决定,由式(2-109)可见,定子磁链矢量旋转的角速度由 u_{sq} 决定。

2.4.3 直接转矩控制系统的构成

在电压空间矢量控制技术中已经分析了变频器逆变器的八个开关状态,其中六个有效的开关状态能提供六个基本电压空间矢量,两个无效的开关状态能提供零矢量。另外将磁链平面分成六个扇区,便于对开关电压矢量的合理选择。直接转矩控制的目标是通过选择适当的定子电压空间矢量,使定子磁链的运动轨迹为圆形,同时实现磁链模值和电磁转矩的跟踪控制,系统基本构成如图 2-35 所示。

这个系统控制结构有以下特点。

(1) 采用转速、转矩双闭环控制结构,速度给定 ω^* 与电动机的速度观测器的估计值 ω 进行比较后,经过 PI 调节器输出转矩给定信号 T^*,转矩内环控制实现对转矩的闭环控制,与直流电动机转速电流双闭环系统结构非常相似,可以得到很好的转矩控制效果。

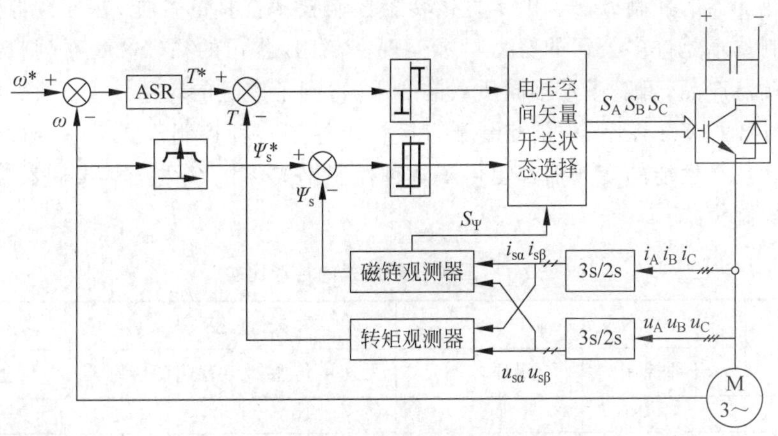

图 2-35 直接转矩控制系统构成框图

(2) 定子磁链采用单闭环控制，Ψ_s^* 为定子磁链幅值的给定信号，为使实际的磁链运行轨迹能沿圆形轨迹变化，应设定给定的磁链幅值 Ψ_s^* 为常值。

(3) 为了实现磁链模值和电磁转矩的跟踪控制系统，通过检测三相定子电流和电压，经3s/2s坐标变换转化到静止坐标系下的电流和电压，转矩观测器和磁链观测器根据电流和电压计算出电动机电磁转矩 T、磁链幅值 Ψ_s 和磁链所在的扇区 S_Ψ。转矩和磁链控制器都采用带滞环的两点式控制，不需要精确计算定子电压矢量的两个分量，要根据转矩偏差 ΔT 和定子磁链偏差 $\Delta\Psi_s$ 的符号确定调节的方向，再根据定子磁链 Ψ_s 所在扇区 S_Ψ，选择最为合适电压空间矢量，确定下一个时刻逆变器的开关状态，输出开关状态字 S_i 给逆变器。因此，直接转矩控制系统不需要定子磁场的精确定向，只要确定定子磁链所在的区间就可完成控制。所以，直接转矩控制系统对对象参数不敏感，具有较强的鲁棒性。

(4) 转矩和磁链都采用带滞环的两位式控制器，可以看成是具有高增益的P调节器。通过滞环两位式控制，将 Ψ_s 与 Ψ_s^* 的幅值偏差和 T 与 T^* 的幅值始终控制在滞环的上下带宽内。由于采用了两位式控制，但难免产生过调现象，以致引起定子磁链和转矩的脉动。

由图 2-35 可以看出，与矢量控制系统相比，直接转矩控制系统具有结构简单、磁链和转矩能快速调节、对参数变化鲁棒性强等优点，是优良的变频调速方式。其主要缺点是低速时转矩脉动大，产生这个问题的主要原因包括以下几个方面。

(1) 由于转矩和磁链调节器采用滞环两位式控制器，不可避免地造成了转矩脉动。

(2) 在异步电动机运行一段时间之后，电动机的温度升高，定子电阻的阻值会发生变化，使定子磁链的估计精度降低，导致电磁转矩出现较大的脉动。

(3) 若使脉动减小，可以减小滞环控制器环宽，但会增大逆变器的开关频率和开关损耗，降低运行效率，同时也受到功率开关器件最高开关频率的制约。

Depenbrock 教授最初提出的直接自控制理论，主要在高压、大功率且开关频率较低的逆变器控制中广泛应用。目前已被应用在通用变频器中的控制方法是一种改进的、适合于高开关频率逆变器的控制方法。由于直接转矩控制技术优良的性能，在变频器产品中实现直接转矩控制技术是许多公司的努力目标。现在 ABB 公司的 ACS800 系列直接转矩控制低压通用变频器产品，可以满足不同负载的要求，得到了广泛的应用。

表 2-1 列出了 V/f 控制、矢量控制和直接转矩控制三种控制模式下系统的静态和动态性能。目前多数高性能的变频器都提供了多种控制模式，用户可根据需要进行参数配置，选择所需要的控制模式。

表 2-1　三种控制模式的性能比较

控制方式	V/f 控制		矢量控制		直接转矩控制
	开环控制	闭环控制	无速度传感器	有速度传感器	无速度传感器
调速范围	<1∶40	<1∶60	1∶100	1∶1000	1∶100
启动转矩	3Hz 时 150%	3Hz 时 150%	1Hz 时 150%	0Hz 时 150%	0Hz 时 150%
静态速度精度	±(2～3)%	±(0.2～0.3)%	±0.2%	±0.02%	±(0.1～0.5)%
零速度运行	不可	不可	不可	可	可
控制响应速度	慢	慢	较快	快	快

小结

变频调速中关键问题是对逆变器的控制，逆变器控制常用的 PWM 技术有正弦脉宽调制技术（SPWM）、电流滞环跟踪控制技术（CHBPWM）和电压空间矢量控制技术（SVPWM）。正弦脉宽调制控制技术的基本思想是以逆变器输出电压为正弦波作为控制目标，基于面积等效原理，使逆变器输出的 PWM 电压波形基波成分尽量大，谐波含量尽量小。电流滞环跟踪控制的基本思想是以逆变器输出电流为正弦波作为控制目标，使之在正弦波附近波动，比只要求输出正弦电压的 SPWM 技术的控制性能有所提高。电压空间矢量控制技术的基本思想是以旋转磁链为圆形轨迹作为控制目标，使异步电动机气隙中形成圆形旋转磁场，从而产生恒定的电磁转矩，有利于电动机转速平稳运行。在这三种控制技术中，以跟踪圆形旋转磁场为目标的 SVPWM 控制技术实现异步电动机转矩的控制效果最好。

SPWM 技术实现的变频器，逆变器中功率开关器件的开关时刻，采用了通信技术中调制的概念，根据三角载波与正弦调制波的交点来确定的，可以采用模拟电路、数字电路或专用的大规模集成电路芯片等硬件实现，也可以用微处理器通过软件编程生成 SPWM 驱动波形，软件实现通常采用规则采样算法。在规则采样法中，在等腰三角形的负尖峰时刻对正弦调制波进行采样，确定功率开关管的导通时间与关断间隙。使用 SPWM 技术变频时，根据载波比是否变化，将调制方式分为异步调制方式和同步调制方式。在变频器产品中，针对异步调制和同步调制的各自特点，可以采用分段同步调制方式，即把整个变频范围划分为若干频段，每个频段内保持载波比 N 恒定，不同频段 N 不同的调制方式。CHBPWM 控制技术采用的是跟踪各相电流的方法，用三个电流滞环控制器分别控制变频器输出三相电流跟踪对应三相给定正弦电流，使输出电流在给定的正弦电流周围波动。SVPWM 控制技术是利用电压空间矢量轨迹与磁链轨迹重合的特点，通过交替使用不同的电压空间矢量进行磁链轨迹的跟踪。逆变器中的六个功率开关器件有八种开关状态，其中六种为有效开关状态，两种为无效开关状态，对应的合成电压空间矢量分别用 $\boldsymbol{u}_1$、$\boldsymbol{u}_2$、$\boldsymbol{u}_3$、$\boldsymbol{u}_4$、$\boldsymbol{u}_5$、$\boldsymbol{u}_6$、$\boldsymbol{u}_7$、$\boldsymbol{u}_0$ 表示。当逆变器以六拍阶梯波电压给异步电动机供电时，逆变器的六个功率器件每 $\pi/3$ 电角度换相一次，在一个周期中换相六次，对应的六个基本电压空间矢量依次各出现一次，每个电压空间矢量作用 1/6 周期时间，磁链顶点的轨迹为正六边形。为了转矩控制平稳，需要用更多边形的磁链轨迹逼近圆形磁链轨迹，可以采用线性组合法。由形成一个扇区的两个基本电压空间矢量和零电压空间矢量组合成新方向的电压空间矢量，从而得到更多方向的电压空间矢量，形成更多边形的磁链轨迹。在交替使用不同电压空间矢量时，每次电压空间矢量的切换应该只有一个桥臂上的两个功率器件互相换流，这样可以减少开关状态变化引起的开关损耗。

转速开环恒压频率比控制的变频调速系统结构简单，使用方便，能满足大多数场合异步电动机调速控制的要求，是变频器应用中经常使用的系统。采用恒压频率比控制的变频器一般采用的是交—直—交电压型的变流结构，为了使异步电动机在低频低速时仍有较大的电磁转矩，需要采用具有电压补偿的 V/f 控制。但其静态、动态性能仍达不到转速电流双闭环直流调速系统的性能，满足不了轧钢机、数控机床、载客电梯和机器人等有高动态性能调速或伺服控制的要求。为了提高系统的动态性能，系统必须建立在异步电动机动态数学模型基础上。异步电动机动态数学模型由磁链方程、电压方程、转矩方程和运动方程组成，输入量是电压矢量和角频率，输出量是磁链矢量和转子角速度，电流矢量作为状态变量，这组方程是多变量、高阶、时变的非线性方程，对这样复杂的动态数学模型用古典控制理论或直流调速系统中的工程设计方法完成调节器的设计十分困难。为了简化数学模型，变频调速中采用了坐标变换理论。坐标变换的基本思路是将异步电动机的物理模型等效变换成类似直流电动机的物理模型，模仿直流电动机那样对异步电动机励磁和电磁转矩进行控制。坐标变换应遵循变换前后气隙的合成磁动势不变和功率不变原则。以这两个原则推导出坐标变换矩阵，利用坐标变换矩阵可将三相静止坐标系下的异步电动机数学模型简化成两相静止坐标系下和两相旋转坐标系下的数学模型，并按转子磁链定向进一步实现异步电动机变量之间的解耦，得到了定子电流励磁分量和转矩分量，为矢量控制建立了理论基础。矢量控制系统有多种实现方案，转速和转矩一般采用闭环控制，转子磁链可以采用闭环控制，也可采用开环控制。转子磁链反馈一般采用磁链观测器得到，转子磁链观测器有电压模型和电流模型。为了降低变频调速系统的成本，或在无法安装速度传感器的场合，可以采用速度观测器得到转速反馈，组成无速度传感器矢量控制系统。矢量控制系统中需要许多复杂坐标变换计算，并按转子磁链定向而达到变量间的解耦运算，比较复杂。为了简化系统，直接转矩控制系统注重的是直接控制电磁转矩的大小，在定子静止坐标系下，以空间矢量概念，只需检测定子电压、电流，计算异步电动机的磁链和转矩构成反馈，并通过磁链和转矩滞环控制器实现磁链和转矩的高动态性能跟踪。

习题

1. 变频调速系统有哪些类型？

2. 什么是 SPWM 控制技术，SPWM 波有什么特点？

3. 什么是同步调制、异步调制和分段同步调制？

4. 什么是载波比？什么是调制度？为了保证变频器输出的三相交流电压波形对称，SPWM 技术中载波比的选择有什么特点？

5. 什么是电流滞环控制技术，有什么特点？

6. SVPWM 控制技术的名称由来是什么，这种技术还被称作什么？

7. 三相桥式逆变器的开关状态有几种？有几个电压空间矢量？电压空间矢量有什么特点？

8. 仅采用六拍阶梯波电压给交流电动机供电时，由电压空间矢量形成的磁链轨迹是什么形状，为了取得更好的转矩控制效果，可以采用什么方法？

9. 试对 SPWM、CHBPWM 和 SVPWM 控制技术进行比较。

10. 试分析，SVPWM 控制技术采用线性组合法形成的磁链轨迹是否为正多边形？

11. 恒压频率比控制开环变频调速系统有什么特点？

12. 异步电动机动态数学模型具有什么性质？

13. 矢量控制的基本思想是什么？

14. 试解释矢量控制技术与电压空间矢量 PWM 技术是否是相同技术。

15. 坐标变换的目的是什么？在矢量控制技术中有哪些坐标变换？

16. 坐标变换的原则是什么？

17. 矢量控制技术采用按转子磁链定向，目的是什么？得到的矢量控制方程有哪些？有什么意义？

18. 矢量控制主要有哪些优点？

19. 使用矢量控制功能时需要注意哪些问题？

20. 什么是直接转矩控制技术？试与矢量控制技术进行比较。

第3章 西门子MM4系列变频器介绍

内容提要：西门子MM4系列变频器是知名品牌变频器，已在多个领域中用于交流电动机的驱动。本章首先介绍了西门子MM4系列变频器的四种类型、功率范围和应用场合，然后主要介绍MM420和MM440变频器内部构成和外部端子情况，介绍MM4系列变频器的操作面板、外部端子和通信三种控制方法；接着介绍MM4系列变频器的两种参数类型，基本操作面板的功能以及采用基本操作面板更改变频器参数的方法；另外以MM4变频器为例介绍变频器中常用的频率术语；最后介绍MM4系列变频器的给定方式以及转矩提升功能以及其他基本功能，介绍变频器加减速控制曲线、停车及制动方式等。

MICROMASTER系列变频器是由德国西门子公司研发、生产、销售的知名变频器品牌，采用模块化设计，主要用于控制和调节三相交流电动机的转速。其以稳定的性能、丰富的组合功能、高性能的矢量控制技术、低速高转矩输出、良好的动态特性、超强的过载能力、创新的内部功能互联(BICO)功能以及无可比拟的灵活性，适用于多种领域的电动机驱动，在变频器市场占据着重要的地位。

MICROMASTER系列变频器的额定功率范围为0.12～250kW(0.16～300HP)，可以满足各种应用对象的要求。有简单用途的MICROMASTER 410基本型变频器、MICROMASTER 420通用型变频器、MICROMASTER 430风机和泵类专用型变频器和MICROMASTER 440高性能矢量控制变频器，统称为MM4系列变频器。MM4系列变频器的安装、调试和操作控制简单，能够满足各种应用需求。

3.1 MM4系列变频器类型

视频讲解

MM4系列变频器有四种类型，用户可根据交流电动机拖动负载的机械特性和工艺要求进行选择。

1. MM410基本型变频器

MM410变频器可以解决简单电力驱动问题，是实现最佳简单控制要求的变频器，其功率范围为0.12～0.75kW(0.16～1.0HP)。MM410变频器是在单相电源供电条件下，变速驱动三相交流电动机的一种廉价的变频驱动装置。MM410 变频器结构设计紧凑，体积小，可以快速、便捷地进行安装和调试，是 MM4 系列变频器中体积最小的类型，可以一个挨着一个地安装在很小的控制柜中，可作为水泵、风机、广告牌、灯箱、门的操作与驱动机构、自动售货机和包装机械的电动机驱动装置。

2. MM420 通用型变频器

MM420 是采用模块化设计的多功能标准变频器，用于驱动一般对象时，只需进行简单的组态，就可以满足传动系统的控制要求，其功率范围为 0.12～11kW(0.16～15HP)。在传动系统功率较小时，MM420 变频器产品有单相变频器和三相变频器。由于变频器采用的是模块化设计，可以选用各种选件，非常方便地对传动装置进行扩展，从而实现多种标准功能。所以，这种变频器在常规情况下是通用的，故称为通用型变频器。MM420 变频器配置方便，如采用插入式模板和不用螺丝的接线端子，在插入、拔出、接线和拆线时都非常方便。MM420 变频器可作为传送带系统、物料运输系统、水泵、风机和机械加工设备等的电动机驱动装置。

3. MM430 风机和泵类专用型变频器

由于被拖动的机械装置类型不同，所以对每一种驱动装置都有特定的控制要求。对变频器驱动装置的要求是能够方便和灵活地实现各式各样应用系统的控制特性，MM430 是风机和泵类变转矩负载的标准变频器，其功率范围为 7.5～250kW(10～300HP)，采用三相电源供电。其按照专用要求设计，并使用 BICO 技术，具有高度可靠性和灵活性。控制软件可以实现专用功能，如多泵切换、手动/自动切换、旁路功能、断带及缺水检测和节能运行方式等。

4. MM440 高性能变频器

MM440 是广泛应用的多功能标准变频器，其采用高性能的矢量控制技术，能提供低速时的高转矩输出和良好的动态特性，同时具备超强的过载能力，适合广泛的应用场合。其可以选择无编码器矢量控制方式(SLVC)和带编码器矢量控制方式(VC)，功率范围为 0.12～250kW(0.16～300HP)，可以作为许多有高性能要求设备的电动机驱动装置，如物料运输系统、纺织工业、电梯、起重设备、机械加工设备以及食品、饮料和烟草工业行业等设备。

视频讲解

3.2 MM4 系列变频器的基本构成

图 3-1 所示是 MM420 变频器内部电路方框图。

由图 3-1 可见，MM420 变频器采用交—直—交主电路，MM4 系列变频器主电路都采用这种形式。对于用户而言，使用变频器作为驱动装置前，必须清楚其引出端子情况。

MM420 变频器主电路三相电源输入端子用 L1、L2、L3 标记，单相输入用 L1、L2 或 L、N 标记。有的变频器产品用 R、S、T 标记三相电源输入端子。进行主电路接线时，变频器模

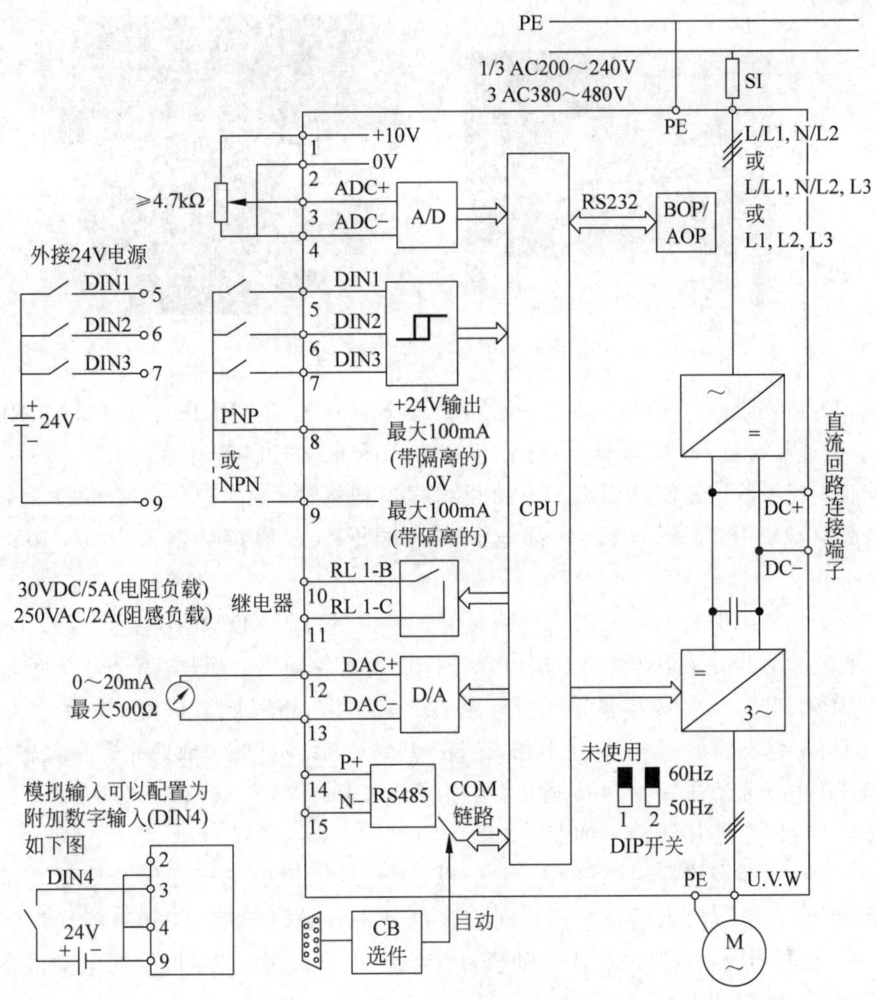

图 3-1　MM420 变频器电路方框图

块面板上的 L1、L2、L3 插孔接三相电源，接地插孔 PE 接保护地线。MM420 主电路变频器输出端子用 U、V、W 标记，接线时插孔 U、V、W 连接到三相交流电动机（千万不能将接电源的输入侧与接电动机的输出侧接错，否则可能会损坏变频器）。主电路接线端子（功率接线端子）如图 3-2 所示。

MM420 变频器控制电路引出了三路可编程数字量输入：DIN1（端子 5）、DIN2（端子 6）、DIN3（端子 7），内部电源＋24V（端子 8）、内部电源 0V（端子 9）。数字量输入端子可接到内部电源或外部电源，可以接高电平或低电平。若接到＋24V，称为 PNP 方式输入；接到 0V，称为 NPN 方式输入。数字量输入端子也可连接到 PLC 的输出点（但 MM420 的端子 8 需接 PLC 一个输出公共端，例如 S7-200 PLC 的 1L）。当变频器命令参数 P0700＝2（选择外部端子控制）时，可由 PLC 控制变频器的启动/停止以及变速运行等。

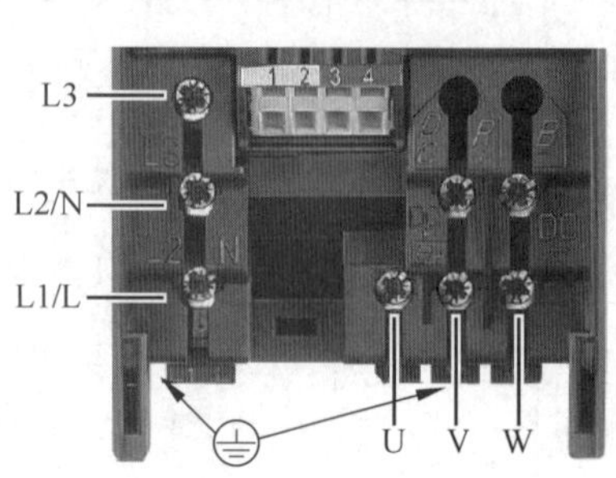

图 3-2 MM420 功率接线端子

MM420 变频器控制电路引出了一路可编程继电器输出：RL1-B(端子 10)、RL1-C(端子 11)，用于连接电磁阀、接触器、小功率电动机、灯和电动机启动器等。

MM420 变频器控制电路引出了一路可编程模拟量输入：ADC+(端子 3)、ADC-(端子 4)，内部电源+10V(端子 1)、内部电源 0V(端子 2)。模拟量输入是 0～10V 的电压信号。

MM420 变频器控制电路引出了一路可编程模拟量输出：DAC+(端子 12)、DAC-(端子 13)。通过参数设定，模拟量输出端可以选择代表的是输出电压、电流还是频率等。

需要说明 MM420 的模拟量输入可以通过参数更改，将其配置成附加的数字量输入端子 DIN4，具体接线见图 3-1 中的左下角，这样 MM420 最多可配置成四路数字量输入。

MM420 串行通信采用 RS485 通信，引出端子为 P+(端子 14)、N-(端子 15)。

MM420 控制电路接线端子如图 3-3 所示。

MM420 变频器在出厂时已进行了参数默认配置，不需要进行任何参数更改，按图 3-4 所示进行接线，就可以投入运行。出厂时交流电动机参数(P0304、P0305、P0307、P0310)已按照西门子公司 1LA7 型四极交流电动机额定数据进行设置，实际连接的电动机参数必须与该电动机的额定数据相匹配。

图 3-3 MM420 控制电路接线端子

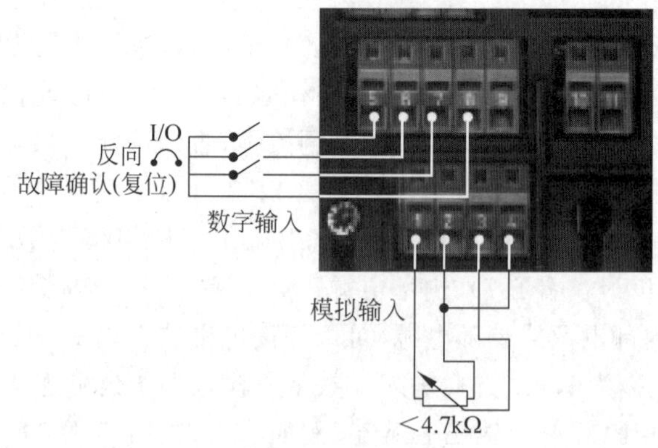

图 3-4 MM420 默认设置时模拟输入和数字输入接线

MM420 变频器默认设置的电动机基本频率是 50Hz。如果实际使用的电动机基本频率为 60Hz，那么，变频器可以通过 DIP 开关将电动机的基本频率设定为 60Hz，如图 3-5 所示。

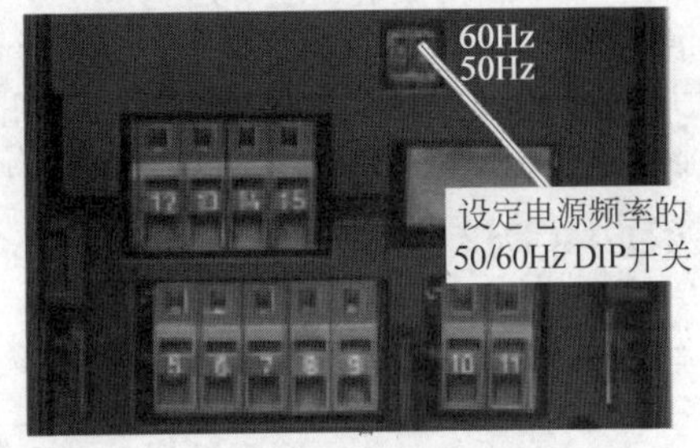

图 3-5　MM420 50/60Hz DIP 开关端子

随着功能的增强，MM440、MM430 变频器引出端子要比 MM420 多，如图 3-6 所示。MM430 变频器控制电路外部引出端子情况与 MM440 相同，引出了六路可编程数字输入端子；三路可编程继电器输出端子；二路可编程模拟量输入端子(也可配置成数字量输入 DIN7 和 DIN8)；二路模拟量可编程输出端子；一路 RS485 通信端子。另外还有电动机温度保护输入端子。

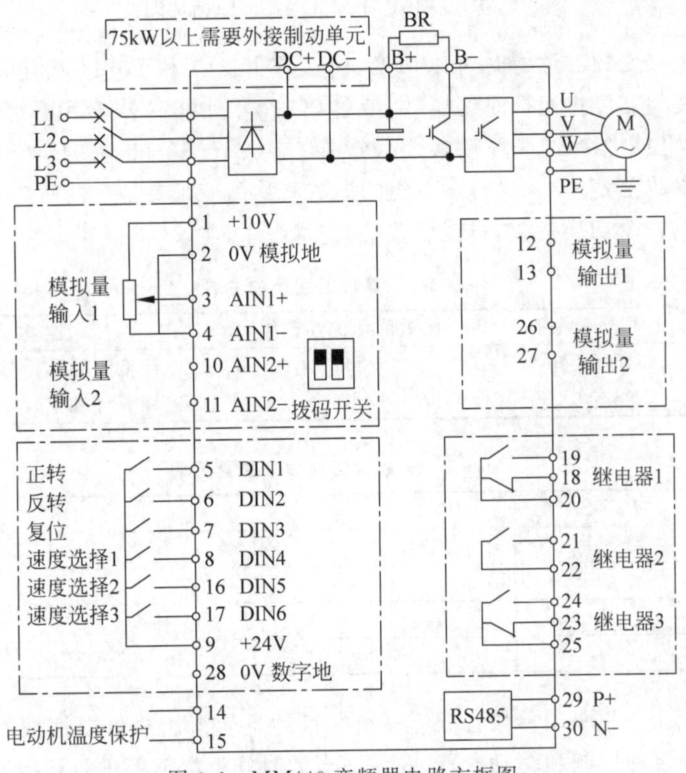

图 3-6　MM440 变频器电路方框图

3.3　MM4 系列变频器参数介绍

视频讲解

3.3.1　MM4 系列变频器的参数类型

MM4 系列变频器参数有两种类型，以字母 P 开头的参数为用户可改动参数，以字母 r 开头的参数为只读参数。

参数分成命令参数组(CDS)，以及与电动机、负载相关的驱动参数组(DDS)和其他参数，MM430 和 MM440 控制参数组(CDS)和驱动参数组(DDS)又分别分为三组，即 CDS 0、CDS1、CDS2 和 DDS0、DDS1、DDS2，如图 3-7 所示。

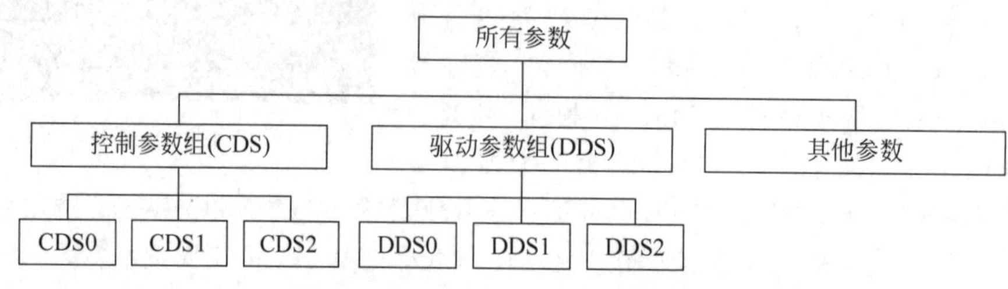

图 3-7　MM4 系列变频器参数结构图

控制参数组在变频器运行时可以切换，由参数 P0810 和 P0811 决定用哪组参数，驱动参数组只能在变频器停止运行时切换，由参数 P0820 和 P0821 决定用哪组参数，如表 3-1 所示。已被激活的控制参数组和驱动参数组分别在参数 r0050 和 r0051 中。具体选择哪组控制参数和驱动参数见表 3-2。具有参数组的参数又称为变址参数。MM420 没有类似 P0810 和 P0820 这样的命令切换参数，只能设置一套参数。

表 3-1　参数组切换命令源

参数组	切换命令源	已被激活的参数组	注　释
CDS	P0810，P0811	r0050	CDS 组变频器运行时可以切换
DDS	P0820，P0821	r0051	DDS 组只能在变频器停止运行时切换

表 3-2　参数组切换命令源真值表

CDS			DDS		
P0811	P0810	参数组	P0821	P0820	参数组
0	0	0	0	0	0
0	1	1	0	1	1
1	×	2	1	×	2

将参数按照命令和驱动参数各分为三组的目的是使得用户可以根据不同的需要，在一个变频器中设置多种控制和驱动配置，并在适当的时候根据需要进行切换。

默认状态下使用的当前参数组是第 0 组参数，即 CDS0 和 DDS0。这里以 P1000 的第 0 组参数为例说明变址参数表示法，文献资料中通常写作 P1000.0、P1000[0]或 P1000in000 等形式，在 BOP 上显示的形式是 in000。

1. 设定(用户可改动)参数

设定参数是指可以写入和读出的参数，这些参数能直接影响变频器功能的执行，以字母“P”开头。如 P0927 表示 927 号设定参数，P0748.1 表示 748 号设定参数的位 01，P0719[1]表示 719 号的第二组设定参数，也就是手册中所称的变址 1 或下标 1。

2. 监控（只读）参数

监控参数是只能读出的参数，这些参数用于显示变频器内部的量，如状态和实际值，以字母“r”开头。例如 r0002 表示 2 号监控参数，r0052.3 表示 52 号监控参数的位 03，r0947[2]表示 947 号第三组监控参数，也就是变址为 2。

3.3.2　MM4 系列变频器参数说明

视频讲解

图 3-8 所示是电动机铭牌以及在 MM4 变频器中设定的有关参数，如电动机的额定电压参数为 P0304，额定电流参数为 P0305。变频器使用手册中采用表 3-3 所示的格式加以说明，每个参数下包含哪些信息，在什么情况下能够操作等。

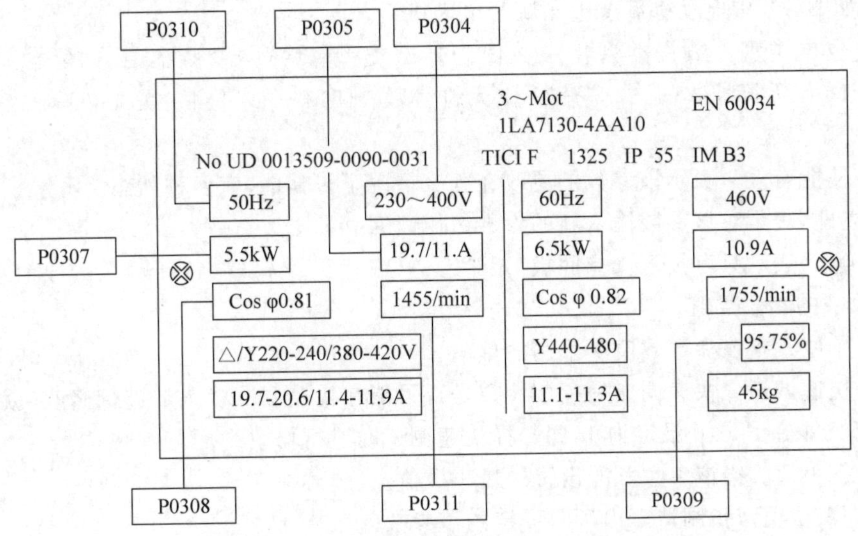

图 3-8　电动机铭牌数据及相关变频器参数

表 3-3　MM4 变频器参数说明

<table>
<tr><td rowspan="3">1 参数号
[下标]</td><td>2 参数名称</td><td></td><td></td><td>9 最小值：</td><td rowspan="3">12 用户访问级</td></tr>
<tr><td>3CStat：</td><td>5 数据类型</td><td>7 单位：</td><td>10 默认值：</td></tr>
<tr><td>4 参数组：</td><td>6 使能有效：</td><td>8 快速调速：</td><td>11 最大值：</td></tr>
</table>

(1) 参数号。参数号是指该参数的编号，即参数码，MM4 系列变频器参数码用 0000～9999 的四位数字表示。在参数码的前面冠以一个小写字母 r 时表示该参数是只读的参数，它显示的是该参数的数值，不能用与该参数不同的值通过操作面板来更改它。在有些情况下，参数说明的标题栏中在单位最小值、默认值和最大值处插入一个破折号。参数码前面以一个大写字母 P 开头的是设定参数，其设定值可以通过操作面板直接在标题栏中的最小值和最大值范围内进行修改。[下标]表示该参数是一个带下标的参数，并且指定了下标的有效序号。为了简便起见，本书中将参数码简称为参数。

(2) 参数名称。参数名称是指该参数的名称。

(3) CStat。CStat是指参数的可调试状态,表示该参数在什么时候允许被修改,对于某个可设定的参数,可在下面一种、两种或全部三种状态下进行修改。

① C 调试状态。

② U 运行状态。

③ T 准备运行状态。

如果 UStat 处指定了三种状态,表示这一参数的设定值在变频器的上述三种状态下都可以进行修改。

(4) 参数组。参数组是指具有特定功能的一组参数,这是为了便于变频器参数管理和操作,例如图 3-8 中电动机额度电压属于电动机组。

(5) 数据类型。数据类型指参数值是什么类型。MM4 变频器有效的参数类型有:U16——16 位无符号数;U32——32 位无符号数;I16——16 位整数;I32——32 位整数;Float——浮点数。

(6) 使能有效。表示该参数的更改在什么情况下被使能,有两种状态:

① 立即,表示对该参数输入新的参数数值以后立即更改有效;

② 确认,表示只有按下操作面板 BOP 或 AOP 上的 P 键以后,新输入的数值才能有效地替代原来的参数数值。

(7) 单位。指该参数数值所采用的单位。

(8) 快速调试。快速调速是指该参数是否只能在快速调试状态下进行修改,就是说,该参数是否只能在 P0010 设定为 1,即选择快速调试时进行修改。

(9) 最小值。指该参数可能设置的最小数值。

(10) 默认值。指制造厂出厂时设定的该参数值。

(11) 最大值。指该参数可能设置的最大数值。

(12) 用户访问级。用户访问级指允许用户访问参数的等级。变频器的有些参数是不允许随便修改的,为了管理,MM4 系列变频器设置了四个用户访问级,由参数 P0003 设置,具体情况如下:

① P0003=1,标准级,可以访问最经常使用的一些参数;

② P0003=2,扩展级,允许扩展访问参数的范围,例如变频器的 I/O 功能;

③ P0003=3,专家级,只供专家使用;

④ P0003=4,维修级,只供授权的维修人员使用,具有密码保护。

当 P0003 设定值不同时,访问的每个参数组中参数的多少也就不同。

3.3.3 MM4 系列变频器的参数组

变频器参数很多,为了便于修改和显示,变频器设置了参数过滤功能。由参数 P0004 进行设置,可以用图 3-9 表示参数分组以及用户访问级情况。

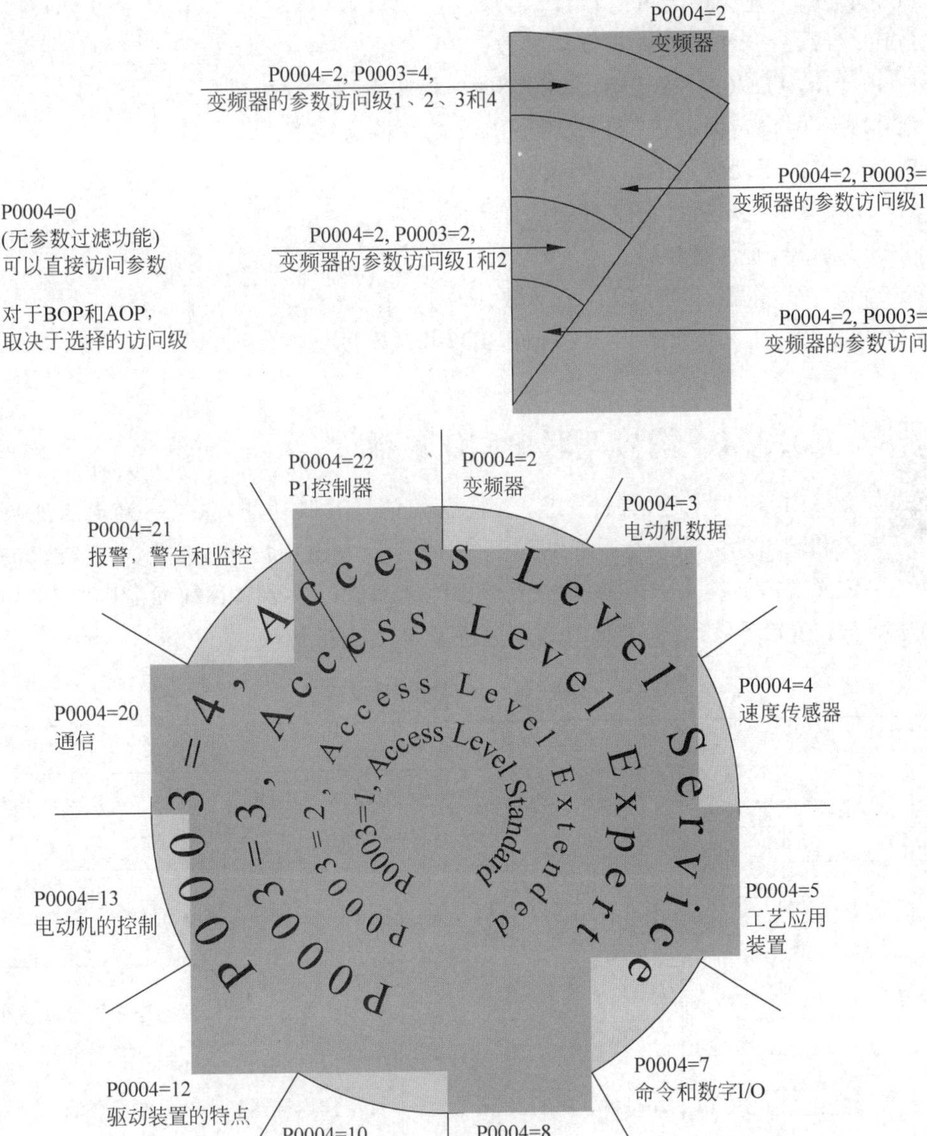

图 3-9　MM4 系列变频器参数组的划分概览

P0004 可能的设定值及所对应的参数组：

(1) P0004＝0,无参数过滤功能,即可以修改和显示当前用户访问级下的全部参数；

(2) P0004＝2,变频器组参数；

(3) P0004＝3,电动机组参数；

(4) P0004＝4,速度传感器组参数；

(5) P0004=5,工业应用装置组参数;
(6) P0004=7,命令和二进制I/O组参数;
(7) P0004=8,ADC(模/数转换)和DAC(数/模转换)组参数;
(8) P0004=10,设定值通道/RFG(斜坡函数发生器)组参数;
(9) P0004=12,驱动装置的特征组参数;
(10) P0004=13,电动机控制组参数;
(11) P0004=20,通信组参数;
(12) P0004=21,报警/警告/监控组参数;
(13) P0004=22,工艺参量控制器(例如PID)组参数。

视频讲解

3.3.4 信号互联BICO参数

BICO技术是西门子变频器特有的信号互联功能,它是一种灵活地将输入和输出功能联系在一起的设置方法,可以方便用户根据实际工艺需求灵活定义端口。在表3-3中,具有互联BICO功能的参数名称前面冠以"BI""BO""CI""CO"或"CO/BO"字样,它们的接口表示方法及含义见表3-4。

表3-4 BICO参数表示方法及说明

缩写	符号	名称	功能
BI		二进制互联输入-信号接收	可与一个作为信号源的二进制互联输出连接
BO		二进制互联输出-信号源	可用作二进制互联输入的信号源
CI		连接器互联输入-信号接收	可与一个作为信号源的连接器互联输出
CO		连接器互联输出-信号源	可用作连接器互联输入的信号源
CO/BO		连接器互联输出/二进制互联输出	可用作连接器互联输入的信号源,也可用作二进制互联输入的信号源

BI(Binector Input)是二进制互联输入,BI类型参数用来接收可以选择的或被定义的二进制输入信号,通常与"P参数"相对应。

BO(Binector Output)是二进制互联输出,BO类型参数作为二进制互联中的信号源,可以选择的或用户定义的二进制输出信号,通常与"r参数"相对应。

CI(Connector Input)是连接器互联输入,也称为内部互联输入,CI类型参数用来接收可以选择的或被定义的模拟量输入信号，可以是单字(16 位)、双字(32 字)数据类型，通常与"P 参数"相对应。

CO(Connector Output)是连接器互联输出，也称为内部互联输出，CO 类型参数作为内部互联中内部的信号源，可以选择的或用户定义的模拟量输出信号，通常与"r 参数"相对应。

BI 参数可以与 BO 参数相连接，只要将 BO 参数写到 BI 参数值中即可。例如，BO 参数 r0751(ADC 的状态字)，BI 参数 P0731(继电器输出 1 的功能)，若设定参数 P0731＝751.0，则将模拟量端子的输入状态通过继电器输出端显现出来，为监控模拟量输入端子状态提供了很大的方便。

CI 参数可以与 CO 参数相连接，只要将 CO 参数写到 CI 参数值中即可。例如，CO 参数 r0021(变频器实际的输出频率)，CI 参数 P0771(DAC 的功能)，若设定参数 P0771＝21，则将变频器实际频率的大小通过模拟量输出 1 显示出来，为监控变频器的实际频率提供了很大的方便。

有的参数前有"CO/BO"符号，可以内部互连两个信号。CO/BO 可以作为 CI 和 BI 参数的输入源，如 CO/BO 参数 r0052(变频器第 1 个被激活的状态字，可用于诊断变频器的实际状态)，CI 参数 P2016(选择经由 BOP 链路传输到串行接口的信号)，BI 参数 P0731，可以用参数 r0052 设定 P2016＝52，P0731＝52.3。

例如，使用数字输入 2(DIN2)来激活变频器继电器输出 1，具体参数设置步骤如下。

(1) 设定 P0003＝3，用户访问级为专家级。

(2) 设定 P0702＝99，激活变频器 MM440 数字端子 2(DIN2)的 BICO 功能。注意一旦 DIN2 的 BICO 功能被激活，若想重新设置为其他参数值，需首先将变频器参数复位为出厂默认值。

(3) 设置 P0731＝722.1(r0722 为数字量输入状态)。当变频器 DIN2 的 BICO 功能被激活后，在 P0731 中将会有一个新的参数值 722.1，通过设定 P0731＝722.1 后，实现将变频器的 DIN2 连接至变频器的继电器输出口 1。

利用 MM440 扩展功能的内部自由功能块 FFB 和 BICO 技术，使得变频器控制方式非常灵活和多样。在应用信号互联 BICO 技术时，带有"BO""CO""CO/BO"的参数可以被多次使用，但需要注意，用户访问级必须是专家级，即 P0003＝3。

需要说明的是 BICO 输入(BI/CI)不能与任意的一个 BICO 输出(BO/CO 信号源)相连，当通过调试软件连接 BICO 输入时，只会提供相应的信号源。

3.4　MM4 系列变频器的控制方式

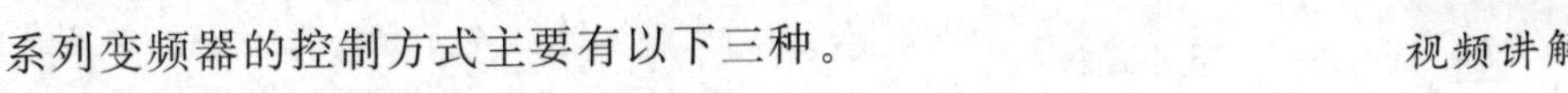

视频讲解

MM4 系列变频器的控制方式主要有以下三种。

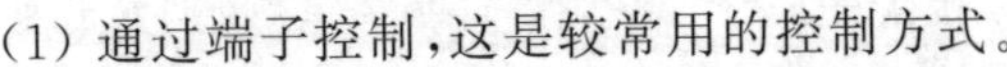

(1) 通过端子控制，这是较常用的控制方式。

(2) 通过操作面板控制，包括可选件 BOP(6SE6400-0PB00-0AA0)或 AOP(6SE6400-

0AP00-0AA1)。

(3) 通过通信方式控制，如 USS、PROFIBUS(选件 6SE6400-1PB00-0AA0)通信等。

对于不同的控制方式，参数 P0700 和 P1000 中应该设置相应的命令源和频率设定源。若采用端子控制方式，应设置 P0700=2，P1000=2(模拟输入)；若采用操作面板控制方式，应设置 P0700=1，P1000=1。如面板需安装在现场或控制柜盘面上，需通过面板安装组件将 BOP 或 AOP 引出，其中又可分为用于单机控制的 BOP 面板安装组件 6SE6400-0PM00-0AA0 和用于多机控制的 AOP 面板安装组件 6SE6400-0MD00-0AA0。若采用通信控制方式，应设置 P0700=4、5 或 6，P1000=4、5 或 6。

1. 端子控制方式

若采用端子控制方式，可以在数字量输入端口外接按钮或开关，并相应地设置端口参数实现电动机正转、反转、点动等控制功能；在模拟量输入端接模拟信号，实现频率设定等功能。相应地需设置 P0700=2，命令源来自外部端子；P1000=2，频率设定源来自外部模拟量输入。对 MM440 而言，还可设置 P1000=7，频率设定源来自外部模拟量输入 2。

2. 操作面板控制方式

MM4 系列变频器在标准供货方式时默认配置是状态显示板(SDP)，对于某些用户来说，利用 SDP 和制造厂商的默认设置值，就可以使变频器成功地投入运行。如果工厂的默认设置值不适合设备情况，可以利用基本操作面板(BOP)或高级操作面板(AOP)修改参数，使之匹配。BOP 和 AOP 作为可选件供货，需要时可购买。图 3-10 所示的是三种面板，这里仅对常用的基本操作面板(BOP)进行介绍。表 3-5 列出了 BOP 上按键的功能。

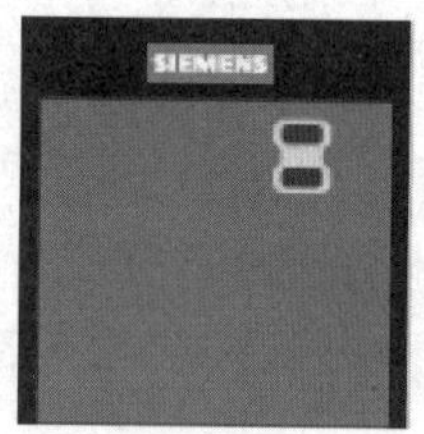

(a) 状态显示板(SDP)

(b) 基本操作面板(BOP)

(c) 高级操作面板(AOP)

图 3-10 MM4 系列变频器面板

表 3-5 基本操作面板(BOP)上按键的功能

显示/按钮	功 能	功能说明
r0000	状态显示	LCD 显示由 P0005 定义的输出数据(如输出频率、输出电压等)
(启动键)	启动电动机	按此键启动变频器。默认值运行时此键被封锁，为了使此键的操作有效，应设定 P0700=1
(停止键)	停止电动机	OFF1 方式：按此键变频器将按选定的斜坡下降速率减速停车。默认值运行时此键被封锁，为了允许此键操作，应设定 P0700=1 OFF2 方式：按此键两次或一次但时间较长，电动机将在惯性作用下自由停车。此功能总是使能的

续表

显示/按钮	功　　能	功能说明
	改变电动机的转动方向	按此键可以改变电动机的转动方向。电动机反向用负号(－)表示或用闪烁的小数点表示。默认值运行时此键被封锁,为了使此键的操作有效,应设定 P0700＝1
jog	电动机点动	在变频器无输出的情况下,按下此键并保持,将使电动机启动并按预设定的点动频率运行；释放此键,变频器停车。如果变频器/电动机正在运行,按此键将不起作用
Fn	功能	浏览辅助信息功能： 变频器运行过程中,在显示任何一个参数时,按下此键并保持不动 2s ① 显示直流回路电压(用 d 表示,单位 V) ② 再次按下此键,显示输出电流(A) ③ 再次按下此键,显示输出频率(Hz) ④ 再次按下此键,显示输出电压(用 o 表示,单位 V) ⑤ 再次按下此键,显示 P0005 选定的参数(如果 P0005 选择显示上述参数①～④中的任何一个,这里将不再显示) 跳转功能： ① 在显示任何一个参数 r×××× 或 P×××× 时,短时间按下此键,将立即跳转到 r0000。如果需要,可以接着修改其他参数,跳转到 r0000 后,按此键将返回原来的显示点 ② 在出现故障或报警的情况下,按此键可以将操作面板上显示故障或报警信息复位
P	访问参数	按此键即可访问参数
	增加数值	按此键即可增加面板上显示的参数数值
	减少数值	按此键即可减少面板上显示的参数数值

在默认设置时,用 BOP 控制电动机的功能被禁止。如果要用 BOP 进行控制,参数 P0700(控制命令源)应设置为 1,P1000(频率设定选择)也应设置为 1。

3. 通信控制方式

采用通信方式控制时,根据通信所采用的接口不同,参数也要进行相应的设置。

(1) USS BOP LINK 方式是指通过 BOP 的接口同变频器进行通信。因为它是 RS232 接口,故实际应用较少。主要用于计算机与变频器间的通信,如在设备调试时可通过 PC 到变频器的连接组件(6SE6400-1PC00-0AA0),用 STARTER 调试软件来控制变频器以及修改参数设置等。这时应设置参数 P0700＝4,P1000＝4。

(2) USS COM LINK 是通过控制电路端子上的 RS485 接口实现变频器与上位机之间的通信,这是实际应用中较常见的一种通信控制方式,这时应设置参数 P0700＝5,P1000＝5。

(3) 若使用现场总线 PROFIBUS 来实现对变频器的监控，需加 COM 链路通信板(CB)。这时应设置参数 P0700＝6，P1000＝6。另外，在 PROFIBUS 接口模板上也可以安装 BOP 或 AOP，这样便于现场操作工人监视变频器运行的状况。

视频讲解

3.5 用 BOP 修改 MM4 系列变频器参数的操作方法

若用户根据拖动控制系统的要求，需要更改一些以 P 开始的用户设定参数，可以用 BOP 进行操作。下面以修改参数 P0004(参数过滤器)的数值为例说明用 BOP 完成修改的操作过程。表 3-6 所示的是将 P0004 参数值修改为 7，即只想访问命令和 I/O 参数组，其他参数都将被过滤掉的操作步骤和显示结果。

表 3-6　用 BOP 修改参数 P0004 操作步骤

操 作 步 骤	显 示 结 果
(1) 按 P 访问参数	r0000
(2) 按 ▲ 直到显示出 P0004	P0004
(3) 按 P 进入参数数值访问	0
(4) 按 ▲ 或 ▼ 达到所需要的数值	7
(5) 按 P 确认并存储参数的数值	P0004

MM4 系列变频器有变址参数，下面以修改 P0719(命令和频率设定值的选择)参数值为例，说明带变址参数的修改过程，具体操作如表 3-7 所示。修改后的命令源来自 BOP 操作，频率大小由外部模拟量给定决定。

表 3-7　用 BOP 修改参数 P0719 操作步骤

操 作 步 骤	显示的结果
(1) 按 P 访问参数	r0000
(2) 按 ▲ 直到显示出 P0719	P0719
(3) 按 P 进入参数数值访问	in000
(4) 按 P 进入参数数值访问	0
(5) 按 ▲ 或 ▼ 达到所需要的数值	12
(6) 按 P 确认并存储参数的数值	P0719

参数 P0719 是选择变频器控制命令源的总开关，在可以自由编程的 BICO 参数与固定的命令/设定值模式之间用于切换命令信号源和频率设定值信号源，命令源和频率设定值源可以互不相关地分别切换。P0719 的十位数用于选择命令源，可选择为 0、1、4、5 和 6，对应的命令源分别是 BICO、BOP、BOP 链路的 USS、COM 链路的 USS 和 COM 链路的 CB；个位数用于选择频率设定值源，可以选择为 0、1、2、3、4、5 和 6，对应的频率设定源分别是 BICO、BOP、模拟设定值、固定频率、BOP 链路的 USS、COM 链路的 USS 和 COM 链路的 CB。

当修改参数的数值时，BOP 有时会显示 P----，表明变频器正忙于处理优先级更高的任务。

为了快速修改参数的数值，可以逐位地单独修改正在显示的每位数字，操作步骤如下：

(1) 按功能键Fn，最右边的一个数字闪烁；

(2) 按▲/▼键，修改这位数字的数值；

(3) 再按功能键Fn，相邻的下一位数字闪烁；

(4) 执行步骤(2)～(4)，直到显示和修改完所要求的数值；

(5) 按P键，修改确认并退出参数数值的访问。

3.6　MM4 系列变频器常用的频率术语及参数

视频讲解

1. 给定频率

给定频率是指用户根据生产工艺的需求所设定的变频器输出频率。MM4 系列变频器操作面板设定给定频率的参数为 P1040，r0020 为实际的频率设定值（斜坡函数发生器的输出）。

2. 输出频率

输出频率即变频器实际输出的频率，也就是交流电动机的运行频率。当电动机所带的负载变化时，为使拖动系统稳定，此时变频器的输出频率会根据系统情况不断地调整，在给定频率附近波动，所以当操作面板上选择显示输出频率时，显示值会在输出频率附近不停地跳动。MM4 系列变频器参数 r0024 存储的是输出频率。

3. 基本频率（基准频率）

电动机用变频器调速时也分为基准频率（基频）以下调速和基频以上调速。设置变压变频比时必须考虑的重要因素是尽量保持电动机主磁通为额定值不变。如果磁场过弱（电压过低），电动机铁芯就得不到充分利用，输出电磁转矩小，带负载能力低。变频器输出最大电压时对应的频率称为基本频率，也被称为基准频率，常用 f_b 表示。一般以电动机的额定频率 f_N 作为变频器基本频率 f_b 的设定值。

对应基本频率，变频器的输出电压为基准电压，基准电压通常取电动机额定电压 U_N。基准电压和基本频率的关系如图 3-11 所示。MM4 系列变频器由参数 P2000 设定基准频率，P2001 设定基准电压。

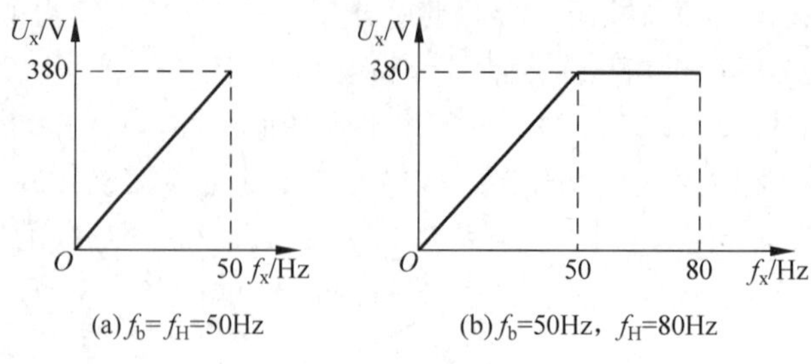

图 3-11 基本频率示意图

4. 最高频率和最低频率

最高频率和最低频率是变频器运行时输出的最高频率和最低频率，常用 f_H 和 f_L 来表示。根据拖动系统所带负载的不同，有时要对电动机的最高、最低转速给予限制，以保证拖动系统的安全和产品的质量。另外，设定最高频率和最低频率可起到保护作用，避免由于操作面板的误操作或外部频率设定信号源出现故障，引起的频率过高或过低。在实际电力拖动系统中，应根据所带负载的情况设定。例如，对于风机、泵类负载，由于负载转矩与转速的平方成正比，当工作频率高于额定频率时，负载转矩有可能会大大超过额定转矩，使电动机过载。所以，只能以额定频率作为最高频率，但考虑到安全性和实用性，在实际应用中，最好将最高频率设定得比 50Hz 略小，如 48Hz。对于最低频率，应根据负载的具体情况设置。如供水系统中的水泵，因为要求水泵的扬程必须超过基本扬程，其最低频率应受到限制，如 30Hz。

一般的变频器均可通过参数来预置其最高频率 f_H 和最低频率 f_L，当变频器的给定频率高于最高频率 f_H 或者低于最低频率 f_L 时，变频器的输出频率将被限制在 f_H 或 f_L。图 3-12 所示的频率给定信号 X 的范围为 $0 \sim X_{max}$，最高频率是 f_{max}。在电动机运行后，当 $0 < X \leqslant X_L$ 时，变频器输出频率是 f_L；当 $X_L < X \leqslant X_H$ 时，频率线性增长；当 $X_H < X \leqslant X_{max}$ 时，变频器输出频率是 f_H。MM4 系列变频器由参数 P1080 设定最低频率，P1082 设定最高频率。

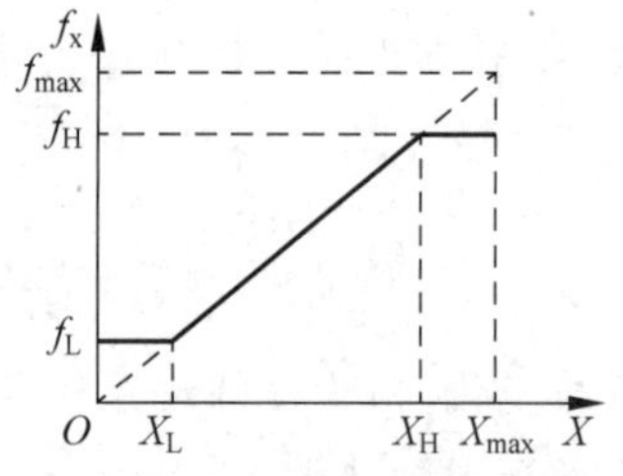

图 3-12 最低频率和最高频率示意图

5. 回避频率(跳跃频率)

回避频率也称为跳跃频率，是指不允许变频器连续输出的频率，中心回避频率常用 f_J 表示。任何机械在运转过程中，都或多或少会产生振动。每台机器又都有一个固有振荡频率，其取决于机械结构。如果生产机械运行在某一转速下时，所引起的振动频率和机械固有振荡频率相吻合，则机械的振动将因发生谐振而变得十分强烈(也称为机械共振)，并可能产生导致机械损坏的严重后果。

为了避免发生机械谐振，应当让拖动系统跳过谐振所对应的转速，所以变频器输出频率就要跳过谐振转速所对应的频率。通过回避频率的设定，使变频器不能输出与负载机械设备共振的频率值，从而避开共振现象发生。这个功能常用于水泵、风机、压缩机和机床等机械设备。

不同的变频器预置回避频率的方法不同，一般有三种方法。

(1) 直接预置回避区的最低频率和最高频率。

(2) 预置回避频率时，通常采用预置一个回避区间，需要预置中心回避频率 f_J 和回避宽度 Δf_J，即回避频率所在的位置和回避区域，通常回避宽度是指整个回避区域的一半。

(3) 只预置中心回避频率，回避频率的宽度由变频器内定，通常为 0.5Hz 或 1Hz。

为方便用户使用，大部分的变频器都提供了三个跳跃区间，如图 3-13 所示。

MM4 系列变频器最多可设置四个跳跃区间，分别由参数 P1091～P1094 设定跳跃频率的中心点频率，由 P1101 设定跳跃的回避宽度。

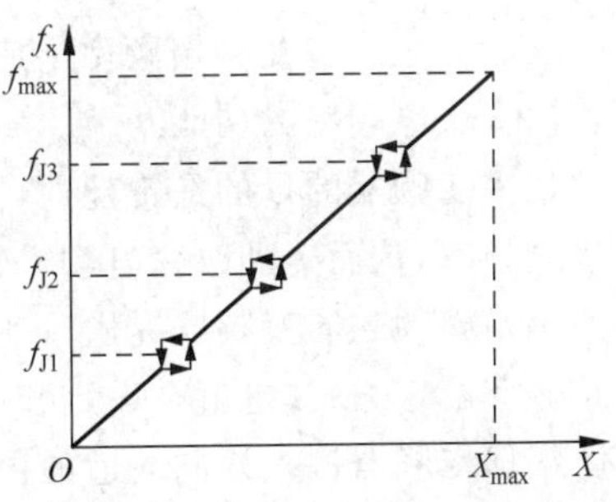

图 3-13 变频器的跳跃频率

6. 点动频率

点动频率是指变频器点动控制时的给定频率。生产机械在调试或每次新的加工过程开始前，需要进行点动控制，以观察整个拖动系统各部分运转是否正常。如果每次点动操作前都需要将给定频率改为点动频率的话非常麻烦，所以变频器一般都具有预置点动频率的功能，这样只要预置了点动频率，变频器工作在点动模式时即以点动频率运行，不用每次都重新设置。为防止发生意外，点动频率一般都设定得较低。通常用操作面板点动键和外部数字接口进行点动操作。

在实际应用中，点动功能也常常用于各类机械的定位。如机械设备的试车或刀锯的调整等，都需要电动机的点动控制，所以，变频器的点动控制是变频器的基本功能之一。MM4 系列变频器正向点动频率由参数 P1058 设定，反向点动频率由参数 P1059 设定。

7. 脉宽调制(载波)频率

低压变频器大多是采用 PWM 调制方式进行变频，它们的载波频率是可调的，一般为 2～16kHz，可方便地进行人为选用载波频率。变频器输出电压其实是一系列的脉冲，脉冲的宽度和间隔均不相等。其大小取决于调制波和载波的交点，也就是开关频率。开关频率越高，一个周期内脉冲的个数就越多，电流波形的平滑性就越好，但是对其他设备的干扰也越大，电动机功率越大，对其他设备运行的影响越大。并且随着载波频率的提高，功率模块发热增加，功率损耗增大，效率下降。由于变频器输出电压、电流中含有一定的高次谐波分量，载波频率越低或者设置得不好，电动机气隙中的高次谐波磁通将增加，较低次的高次谐波分量可能与电动机固有振动频率发生谐振，高次谐波产生的转矩脉动也会使电动机振动，电动机就会发出难听的噪声。

在调整载波频率时应遵循电动机功率大，选用的载波频率低的原则，以减少电磁干扰。但不同品牌的通用变频器厂商规定的载波频率具体值不同，应根据厂商规定调整。MM4 系列变频器由参数 P1800 设定载波频率。

视频讲解

3.7 MM4 系列变频器的基本功能

3.7.1 频率给定功能

变频器频率给定功能是指通过一定的输入控制通道来设置或改变变频器输出交流电频率的功能。

使用变频器的目的是希望通过改变变频器的输出频率，即改变变频器驱动的交流电动机供电频率，从而达到改变电动机转速、满足负载运行的要求。要调节变频器输出频率，关键之一是必须先向变频器提供改变频率的控制信号，这个信号通常被称为“频率给定信号”。所谓频率给定方式，也就是设定和调节变频器输出频率的具体方式。

根据变频器输入控制通道的种类，MM4 系列变频器的频率给定方式有操作面板给定、外部数字量信号给定、外部模拟量信号给定和上位机通过数据线通信给定等方式。这些频率给定方式各有优缺点，应按照实际需要进行选择，也可以根据功能需要选择不同频率给定方式之间的叠加和切换。

1. 操作面板给定方式

变频器的配件一般都外配有操作面板，也称为操作器。操作面板上面具有操作按键和显示功能。图 3-14 所示是 MM4 系列变频器基本操作面板，可以利用操作面板上的增加键▲和减小键▼直接改变变频器的设定频率。

图 3-14　MM4 系列变频器基本操作显示面板

采用操示面板给定方式的最大优点就是简单、方便、明了。操作面板上的 LCD 液晶显示，既能显示变频器输出频率，又兼具其他监视功能，能实时显示变频器运行时的电流、电压、实际频率和直流母线电压等。

利用操作面板上的增加键▲和减小键▼的给定方式属于数字量给定方式，精度和分辨率都非常高，精度可达最高频率的±0.01%，分辨率为 0.01Hz。

变频器的操作面板可以取下。如果需要将操作面板安装在控制柜柜门上，需要使用柜门安装组合件，组合件内提供了安装于变频器上的 RS232 适配器，最大电缆长度为 5m。

2. 外部数字量给定方式

MM4 变频器都有外部数字量输入端子，这些数字量端子都是多功能端子，可以通过设置端子对应的参数设定其功能。图 3-15 所示的是采用 MM420 的数字输入端子 DIN1 和 DIN2 控制输出频率上升和下降的接线图和时序图。这时端子 DIN1 对应的参数 P0701 设定为 13，端子 DIN2 对应的参数 P0702 设定为 14，这样，在设定频率基础上即可改变变频器的设定频率值。

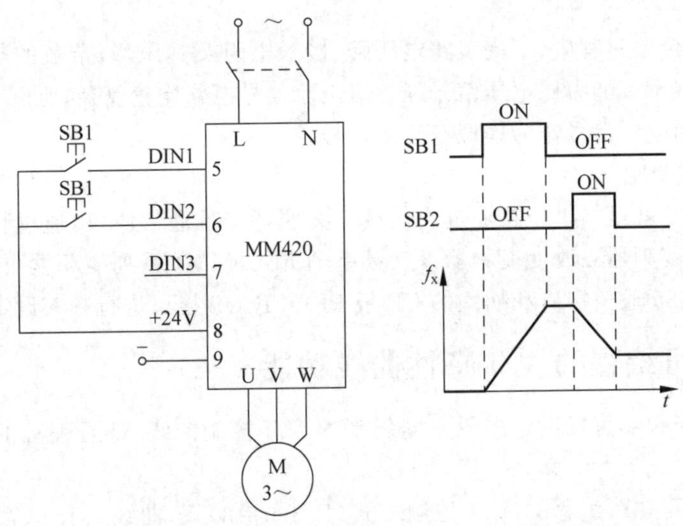

图 3-15　MM420 变频器的外部数字量给定方式

外接数字量给定方式是通过变频器外接的给定开关信号进行频率调节。对于这种设置频率方式，各种品牌的变频器叫法不一，如 ABB、西门子变频器称为电动电位器，而富士变频器则称为上升/下降(UP/DOWM)功能等。实际上就是利用变频器本身的多功能数字输入端子来改变变频器的运行频率，且升/降速的速率可调。

MM4 系列变频器也可采用数字量输入端子的开关组合实现固定频率给定，3.7.3 节将介绍有关三种不同的固定频率给定方式的参数设置方法。

当通过外部数字量输入端子改变变频器频率给定时，该端子可以外接按钮或其他类似于按钮的开关信号(如 PLC、DCS 系统的继电器输出模块、常规中间继电器等)，在设定频率基础上改变变频器的设定频率值。

3. 外部模拟量给定方式

外部模拟量给定方式是指通过变频器模拟量端子从外部引入电流或电压信号进行频率设定的方式。调节模拟量的大小即可改变变频器的输出频率，是变频器主要的给定方式。如图 3-16 所示，MM420 变频器采用外接电位器实现模拟量给定方式。

不同的变频器模拟量输入回路的数量不同，一般可以采用输入电压信号或电流信号，但使用前必须正确地通过拨码开关、跳线或短路块进行选择。

模拟量给定中的电流或电压信号，可以来自于外接电位器、仪表、PLC 或 DCS 系统等控制回路。MM4 系列变频器模拟量电流信号一般是 0～20mA；电压信号是

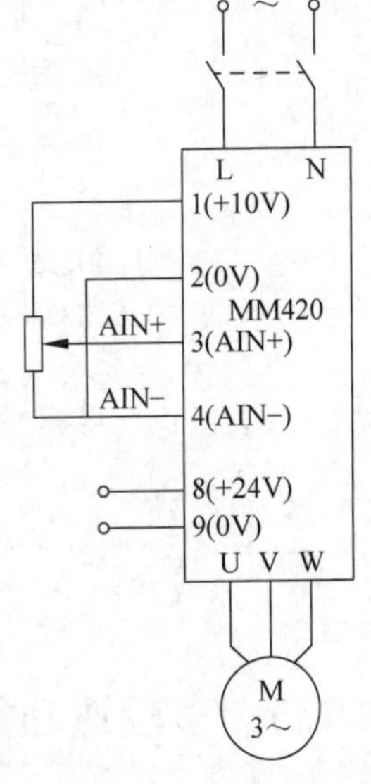

图 3-16　MM420 外部模拟量给定

0～±10V 等。

电流信号在传输过程中，不受线路电压降、接触电阻及其压降、杂散的热电效应以及感应噪声等影响，抗干扰能力比电压信号强。但电流信号电路比较复杂，所以在距离不远的情况下，一般仍选用电压信号作为模拟量给定信号。

4. 通信方式给定

通信方式给定就是指上位机通过通信接口按照特定的通信协议，通过特定的通信介质进行数据传输到变频器以改变变频器设定频率的方式，MM4 系列变频器可以通过 BOP 的 RS232 接口、RS485 通信接口和插入的 CB 板 PROFIBUS 接口进行频率设定。

3.7.2 可编程的 V/f 特性曲线功能

MM4 系列变频器可以设定多段不同斜率的 V/f 控制曲线，即可编程的 V/f 特性曲线功能。

该特性曲线需在可编程的 V/f 控制方式(P1300＝3)下，曲线上有三个点是可编程的，由参数 P1320/P1321～P1324/P1325 设定 V/f 特性曲线的坐标，如图 3-17 所示。曲线上有两个不可编程的点：

(1) 0Hz 处的连续提升电压 P1310(V)，满足式(3-1)；

(2) 电动机额定频率 P0310 处的电动机额定电压 P0304。

$$P1310(V)=\frac{P1310(\%)}{100\%}\times\frac{r0359(\%)}{100\%}\times P0304(V) \tag{3-1}$$

式中，P1310(%)为连续提升参数；r0359(%)为电动机定子总电阻(%)，包括定子绕组和电缆电阻总和；P0310 处的电动机额定电压(V)。

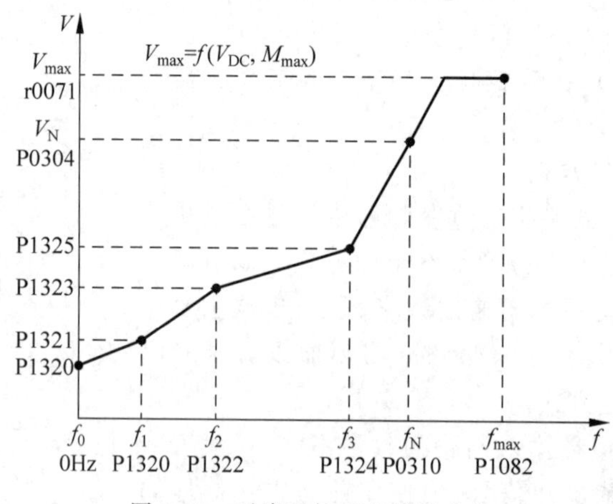

图 3-17 可编程的 V/f 特性曲线

3.7.3 多段速功能

变频器的多段速功能，也称作固定频率功能，MM4 系列变频器就是在设定频率给定源参数 P1000＝3 的条件下，用数字量输入端子来选择固定频率的组合，实现电动机多段速度运行。这个功能有三种操作模式可供选择。

视频讲解

1. 直接选择模式

在这种操作模式下，一个数字量输入端选择一个固定频率，对应端子参数 P0701～P0706 设定为 15，对应的频率值设置在 P1001～P1006 中。例如，当 P0700＝2（命令源为外部端子）且 P0701＝1 时，P1000＝3（频率给定源设为固定频率），P1004＝20（固定频率 4 为 20Hz），P0704＝15（直接选择），当数字量输入端子 4(DIN4)为 ON 状态时，并且变频器数字量输入端子 DIN1 外接开关闭合发出启动命令后，电动机将以固定频率 20Hz 转动。

在这种操作模式下，当多个数字输入选择同时激活时，选定的频率为它们的总和。

2. 直接选择＋ON 命令模式

在这种操作模式下，数字量输入端选择固定频率的方式与直接选择模式相同，但又具备了启动功能。对应端子参数 P0701～P0706 设定为 16。例如，当 P0700＝2（命令源为外部端子排），P1000＝3（给定源设为固定频率），P1004＝20（固定频率 4 为 20Hz），P0704＝16（直接选择＋ON），当数字量输入端子 4(DIN4)为 ON 状态时，电动机将以固定频率 20Hz 转动。

3. 二进制编码选择＋ON 命令模式

在这种操作模式下，MM440 的 DIN1～DIN4 数字量输入端采用二进制编码选择方式，会形成 15 个编码 0001～1111，因此最多可以选择 15 个固定频率。对应端子参数 P0701～P0704＝17，对应的频率值设定在 P1001～P1015 中，由四个数字量输入端子 DIN1～DIN4 闭合状态决定电动机将以 P1001～P1015 中的哪个频率转动。

3.7.4　多种控制方式选择功能

MM4 系列变频器支持多种控制方式，由参数 P1300 设定控制方式。随着变频器功能的增强，可选择的控制方式更多。MM440 控制方式参数 P1300 可以设定的值如下：

＝0，线性特性的 V/f 控制；

＝1，带磁通电流控制 FCC 的 V/f 控制；

＝2，带抛物线平方特性的 V/f 控制；

＝3，特性曲线可编程的 V/f 控制；

＝4，ECO 节能运行方式的 V/f 控制；

＝5，用于纺织机械的 V/f 控制；

＝6，用于纺织机械的带 FCC 功能的 V/f 控制；

＝19，具有独立电压设定值的 V/f 控制；

＝20，无传感器的矢量控制；

＝21，带有传感器的矢量控制；

＝22，无传感器的矢量转矩控制；

＝23，带有传感器的矢量转矩控制。

视频讲解

3.7.5 转矩提升功能

变频器低频输出时，V/f 控制由于忽略了定子阻值，造成输出过低的电压，气隙中磁通强度将有所减小，故需要进行电压补偿。转矩提升功能主要用于启动具有大惯性负载或摩擦类负载，这些负载要求有足够大的启动力矩，如拉丝机、回转窑等设备。但在 V/f 控制和矢量控制模式时转矩提升功能的参数是不一样的。

MM4 系列变频器在 V/f 控制模式下，转矩提升有连续提升、启动提升、加速度提升三种方式。

1. 连续提升方式

MM4 系列变频器的连续提升是在 V/f 控制方式和未进入 SLVC 的低频段（V/f）时，利用参数 P1310 来增加电压提升磁通强度。参数 P1310 用来确定提升量的大小，范围为 0.0～250%（默认值为 50%）。可用于线性 V/f 特性曲线和平方 V/f 特性曲线，图 3-18 是线性 V/f 特性曲线的连续提升功能示意图。连续提升在整个额定频率范围内有效，其提升值随着输出频率的增加持续降低。

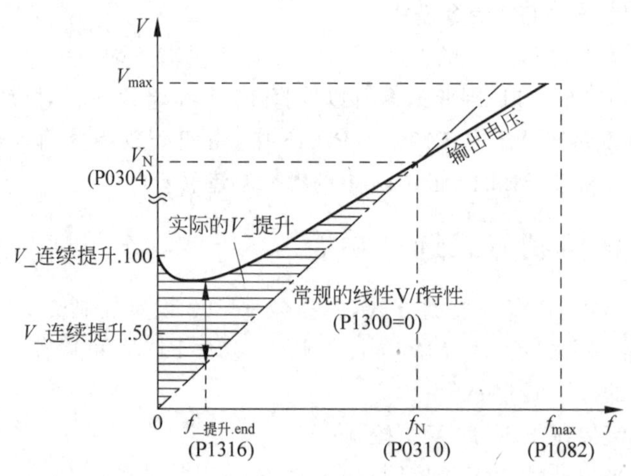

图 3-18 线性 V/f 特性曲线的连续提升方式示意图

图 3-18 中的 V_连续提升.100＝电动机额定电流（P0305）×定子电阻（P0350）×连续提升（P1310），V_连续提升.50＝V_连续提升.100÷2。

2. 加速度提升方式

加速度提升是指在设定值发生正的变化时，向电动机施加的电压补偿。加速度提升参数为 P1311，范围为 0.0～250%（默认值为 0）。加速度提升只在斜坡函数曲线期间产生提升作用，即仅在升速过程中作用，是为了克服负载较大的惯量，加速时它对增加转矩非常有用，图 3-19 是加速度提升方式示意图。

图 3-19 中的 V_加速度提升.100＝电动机额定电流（P0305）×定子电阻（P0350）×加速

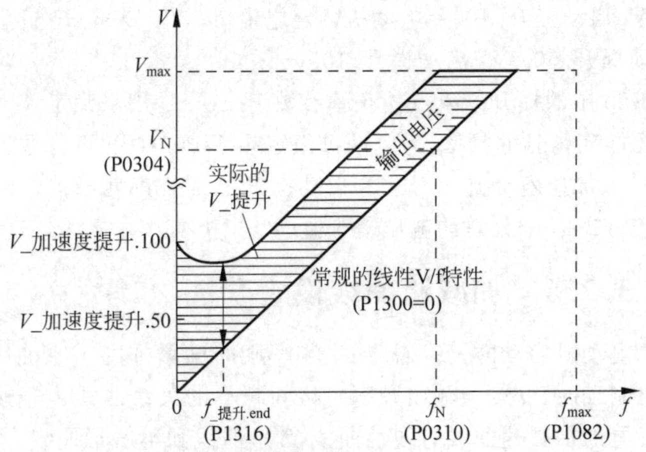

图 3-19 线性 V/f 特性曲线的加速度提升方式示意图

度提升(P1311),V_加速度提升.50=V_连续提升.100÷2。

3. 启动提升方式

启动提升是仅首次发出启动命令时起作用,是为了克服启动的静摩擦力。在发出 ON 命令后的启动过程中,在线性 V/f 或平方 V/f 特性曲线上附加一个恒定的偏移量,参数为 P1312,范围为 0.0~250%(默认值为 0.0)。启动提升功能适用于大惯性负载的启动。图 3-20 是线性 V/f 特性曲线的启动提升方式示意图。

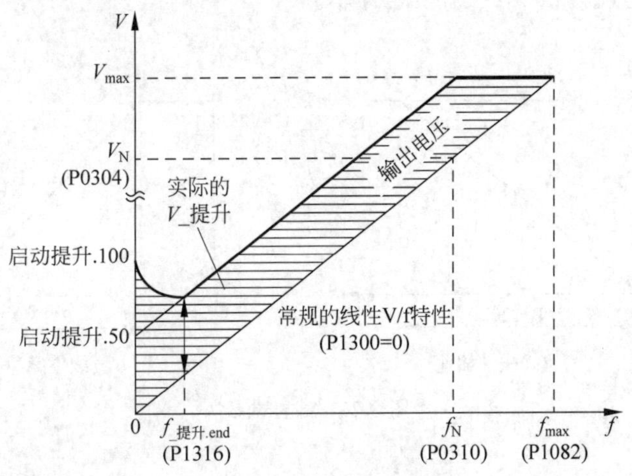

图 3-20 线性 V/f 特性曲线的启动提升功能示意图

启动提升在下列情况出现之前一直都处于激活状态:

(1) 斜坡输出第一次达到设定值;

(2) 设定值降低到小于现有的斜坡输出,如原设定值为 50Hz 斜坡上升时,以启动提升方式启动,在斜坡上升期间设定值变为 20Hz,已低于现有的斜坡输出,则立即取消启动提升。

图 3-20 中的 V_启动提升.100＝电动机额定电流(P0305)×定子电阻(P0350)×启动提升(P1312)，V_启动提升.50＝V_启动提升.100÷2。

图 3-18～图 3-20 中的提升结束点的频率参数 P1316，是用来确定 V/f 曲线上的提升值达到其对应提升值的 50%时的频率，为电动机额定频率 P0310 的百分数，默认值为 20(%)。

连续提升 P1310、加速度提升 P1311 和启动提升 P1312 都属于前馈环节，一起使用时，为总的提升值，参数 r1315 中为总的电压提升值(V)。

视频讲解

3.7.6 加减速曲线设定功能

电动机启动时，变频器输出频率随时间增加的关系曲线为加速曲线；电动机制动时，变频器输出频率随时间减小的关系曲线为减速曲线。变频器可以设置的加减速曲线有线性曲线、S 形曲线和半 S 形曲线。

1. 线性曲线

变频器输出频率随时间成正比地增加或减小，大多数负载都可以选用线性曲线。斜坡上升时间参数为 P1120，是不带平滑圆弧的斜坡函数曲线时电动机从静止状态加速到最高频率(P1082)所用的时间，如图 3-21(a)所示。如果设定的斜坡上升时间太短，将引起报警 A0501(电流极限值)或故障 F0001(过电流)停车。斜坡下降时间为 P1121，是不带平滑圆弧的斜坡函数曲线时电动机从最高频率(P1082)减速到静止状态所用的时间，如图 3-21(b)所示。如果设定的斜坡下降时间太短，将引起报警 A0501(电流极限值)/A0502(过电压限值)或故障 F0001(过电流)/F0002(过电压)停车。

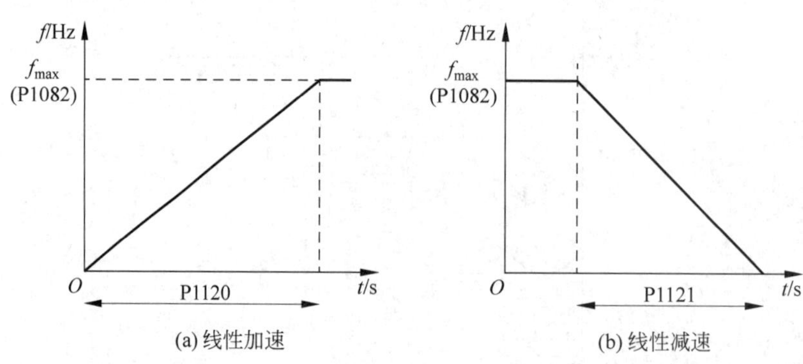

图 3-21　线性曲线

2. S 形曲线

在加减速的起始阶段和终了阶段，频率上升较缓，加减速曲线呈 S 形。S 形方式非常适合于输送易碎物品的输送机、电梯，以及其他需要平稳改变速度的场合。例如，电梯在开始启动以及转入匀速运行时，从考虑乘客的舒适度出发，应减缓速度的变化，应采用 S 形加速曲线。

3. 半 S 形曲线

在加减速的起始阶段或终了阶段，按线性方式加速；而在终了阶段或初始阶段，按 S 形曲线加减速。启动加速时采用半S形曲线，主要用于启动时负荷较重且惯性较大的负载；接近所需速度时采用半S形曲线，适合于风机类平方降转矩负载，这类负载由于低速时负荷较轻，可按线性方式加速，以缩短加速过程；高速时负荷较重，加速过程应减缓，以减小加速电流。

图3-22是MM4系列变频器加减速曲线设置示意图。参数P1130和P1131分别为斜坡上升曲线的起始段圆弧时间和终了段圆弧时间；参数P1132和P1133分别为斜坡下降曲线的起始段圆弧时间和终了段圆弧时间。

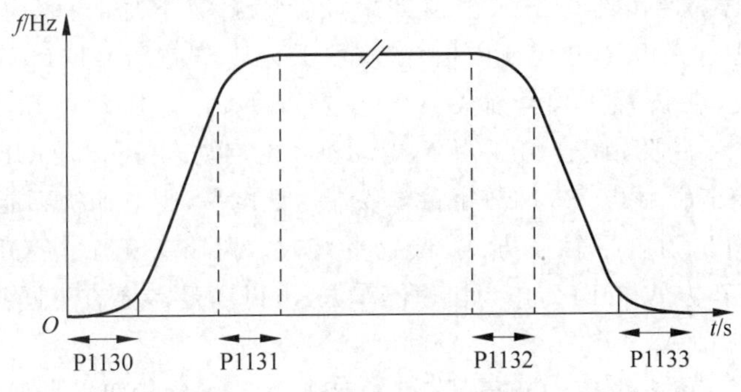

图3-22 加减速曲线设置示意图

3.7.7 停车和制动功能

视频讲解

MM4系列变频器停车有OFF1、OFF2和OFF3方式，以及直流注入制动、复合制动和能耗制动方式。

1. 停车方式

1）OFF1停车方式

OFF1停车方式是变频器接到停机命令后，按照减速时间P1121以选定的斜坡下降速率逐步减少输出频率，频率降为零后的停机方式。该方式适用于大部分负载的停机。

若MM4系列变频器的启/停命令采用数字量输入端子控制时，停车OFF1与正转启动ON命令用同一个端子输入。当数字量输入端子选择为PNP方式时，当开关合上并保持，发出正转启动命令ON，当开关打开发出停车命令OFF1。

由于输出频率下降斜率可通过参数P1121可以调节，因此能够实现可控软停车，OFF1作为常规停车方式可应用于一般场合。如要求平稳、准确停车时，电梯在平层时可选用此模式；在变频恒压供水控制中，为防止出现“水锤效应”，系统停车时也采用此停车方式，使管网水压平稳下降。

2）OFF2停车方式

OFF2停车方式是变频器接到停机命令后，立即封锁逆变器PWM脉冲输出，拖动系统依惯性滑行，最后停机方式。这样相当于电动机电源被切断，拖动系统处于自由制动状态。停机时间的长短取决于拖动系统惯性大小，惯性越大，停车时间越长，所以也称为惯性停机。

停车命令 OFF2 可用于紧急停车控制(配合机械制动或电气制动),也可用于变频器输出端接有接触器的场合。由于变频器运行过程中不要对其输出端接触器进行操作,如需切换时,必须先以 OFF2 方式停止变频器输出,再经过 100ms 延时,方可断开接触器,切换到另一个接触器。

停车命令 OFF2 为电平触发方式,低电平有效,接线时应注意。

3) OFF3 停车方式

OFF3 停车方式是变频器接到停机命令后,按照减速时间 P1135 以选定的斜坡下降速率使电动机快速地减速停车的方式。但如果设定的斜坡下降时间太短,也将引起报警 A0501(电流极限值)/A0502(过电压限值)或故障 F0001(过电流)/F0002(过电压)停车。

需要注意的是,在设置了停车命令 OFF3 情况下,为了启动电动机,控制停车命令 OFF3 的数字量输入端必须闭合(高电平),电动机才能启动,并可以用 OFF1 或 OFF2 方式停车。如果控制停车命令 OFF3 的数字量输入端为低电平,则电动机不能启动。

停车命令 OFF3 为电平触发方式,低电平有效。可将 OFF1 与 OFF3 联合运用,用 OFF1 作为常规停车方式、OFF3 作为快速停车方式,以满足需要有不同停车时间要求的应用场合。

三种停车方式的优先级是:OFF2 最高,OFF3 次之,ON/OFF1 最低。OFF1、OFF3 停车方式可同时具有直流注入制动或动能制动功能。

2. 制动方式

为了缩短电动机减速时间,可以在减速过程中加入电气制动,以使电动机快速停止运转。MM440 变频器有三种用电子控制装置支持的电气制动方式:注入直流制动(电动机处于能耗制动状态)、复合制动和能耗制动(电动机处于再生发电制动状态)。图 3-23 是 MM4 变频器电气制动的内部关系图,从图中可见,三种制动方式的内部优先级:直流制动最高,复合制动次之,能耗制动最低。

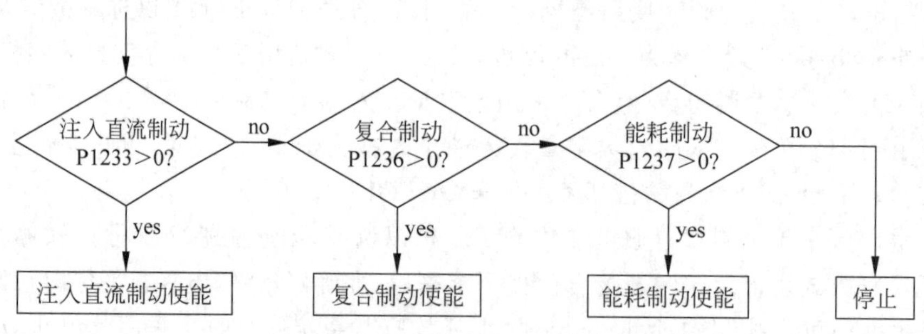

图 3-23 MM440 变频器电气制动的内部关系

1) 注入直流制动方式

这种制动方式是变频器采用 OFF1 或 OFF3 方式停车时,当接到停机命令后,向电动机注入直流电流,与停车方式 OFF1 和 OFF3 同时使用,电动机将快速停止。

使能注入直流制动功能可以由数字量输入端控制,MM440 变频器通过参数 P0701～

P0708 设置，直流制动的强度（电流）由 P1232 设定，持续时间由 P1233 设定，起始频率由 P1234 设定。如果数字输入端未设定为直流注入制动，但 P1233≠0，那么直流制动将在每个停车命令 OFF1 之后起作用，制动持续时间仍由 P1233 中设定。

直流制动是封锁逆变器输出的 PWM 脉冲，即停止向电动机定子绕组提供变频交流电。再经历去磁时间（去磁时间参数 P0347 是根据电动机数据自动计算），电动机充分去磁后，再向电动机定子绕组注入直流制动电流。

在注入直流制动电流后，电动机定子磁场不再旋转。这时转子绕组切割静止磁场，产生的电磁转矩与转子旋转方向相反，是制动转矩。由于转子绕组切割磁力线的速度较快，所产生的制动转矩较大，因而可缩短停机时间。

直流制动主要用于准确停车和启动前制止电动机由于外因引起的不规则自由旋转（如风机类负载）。有的负载由于惯性较大，常常停不住，停机后会有“爬行”现象，可能造成十分危险的后果。采用直流制动，使电动机停车后会产生一定的堵转转矩，定子直流磁场对转子铁芯还有一定的“吸住”作用，所以直流制动在一定程度上可替代机械制动，停车后，用以克服机械的“爬行”。

当采用直流制动准确停车时，一般应先按停车方式 OFF1 或 OFF3 降速，在电动机速度降到较低，达到直流制动起始频率 P1234 时，再进行直流制动。这是因为在高速时进行直流制动，电动机转子电流的频率与幅值都很高，转子铁损很大，导致电动机发热严重，且难以保证准确停车。直流制动时由于设备及电动机自身的机械能只能消耗在电动机内，拖动系统存储的动能转换成电能消耗于电动机转子回路中，电动机处于能耗制动状态，同时直流电流也通入电动机定子中，会使电动机温度迅速升高，因而要避免长期、频繁使用直流制动。直流制动并不控制电动机速度，所以停车时间不受控。停车时间取决于负载的转动惯量大小，很难实际计算直流制动的制动转矩。

注入直流制动功能只适用于异步电动机，不能用于交流同步电动机变频拖动。直流制动特别适用于离心式机械、电锯、研磨机械和皮带运输机等。

2）复合制动方式

复合制动是当采用停车方式 OFF1 或 OFF3 时，在变频器输出交流电流中叠加入一个直流分量，即在再生制动（在沿斜坡曲线减速制动期间，变频器把机械能量再生回馈到直流回路的制动单元）时，再加入直流制动。设定直流制动电流强度的参数为 P1236，为电动机额定电流 P0305 的百分数。

当直流回路的电压超过复合制动接入电压时，变频器向电动机注入直流制动电流。

复合制动不能用于矢量控制。

3）能耗制动方式

能耗制动是 MM4 系列变频器通过与直流环节滤波电容并联的制动电阻，将制动时电能消耗掉的方式。能耗制动的工作停止周期参数为 P1237，可以设置值为 1～5。

变频器内置了直流母线 V_{DC_max} 调节器，即直流母线电压最大值调节器，其可以预防直流母线过电压。借助这项技术，利用闭环 V_{DC_max} 调节器，在运行期间变频器输出频率能自动改变，使电动机不会制动过快进入再生回馈运行。其由参数 P1240 激活，可以处理短暂的再生能量。如果变频器运行时，直流母线电压超过门限值 r1242，那么输出频率下降速度将受到控制，BOP 输出报警信息 A0910，而不是输出故障信息 F0002（直流母线过电压），变频器并不跳闸，这就是 MM4 系列变频器具有减速过电压自处理功能。图 3-24 为 V_{DC_max} 调节器减速过程中过电压的自处理过程。

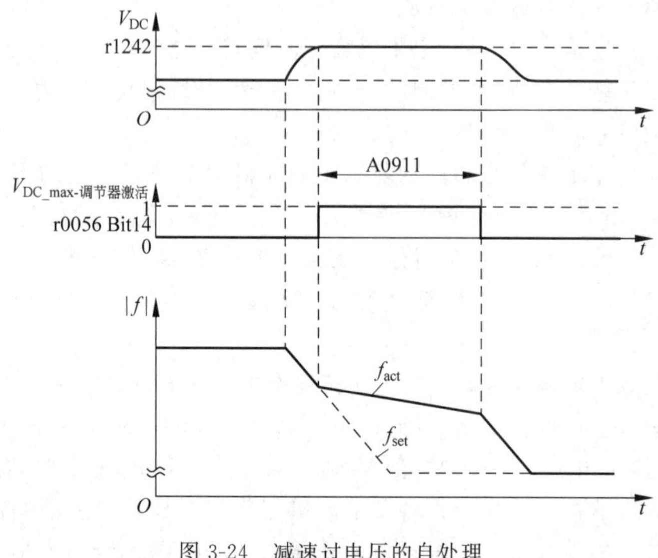

图 3-24　减速过电压的自处理

3.7.8　自动再启动和捕捉再启动功能

视频讲解

1. 自动再启动

自动再启动是指主电源跳闸或发生故障后允许重新启动的功能。

设置自动再启动功能的原因主要有以下方面。

（1）由于变频器的保护环节较多，灵敏度又较高，存在着误动作的可能。为了防止拖动系统因误动作而停机，变频器在跳闸后，应能自行再启动。

（2）因外部的不重复冲击而跳闸，如电容器补偿柜投入瞬间的尖峰电压，以及晶闸管设备导通瞬间的电压凹口等。对于这种重复率较低的过电压或欠电压，变频器在跳闸后，可以自行再启动。

（3）电网因某种原因（如雷电等）出现瞬间过电压或停电，变频器可以自动再启动。不同变频器预定自动再启动参数的方法不同，通常设定自动再启动重试次数和再启动的间隔时间。MM4 系列变频器自动再启动功能被激活和设定发生不同情况下能自动再启动的参数为 P1210，再启动重试次数参数为 P1211。

2. 捕捉再启动

捕捉再启动是指启动变频器快速地改变变频器输出频率去搜寻正处于自转状态的电动

机实际速度，一旦捕捉到电动机速度实际值，就将变频器与电动机接通，并使电动机按常规斜坡函数曲线升速运行到频率设定值。MM4系列变频器捕捉再启动激活和捕捉方式参数为P1200，搜索电流参数为P1202，搜索速率参数为P1203。

该方式适用于变频器停机状态时，电动机仍处于正向旋转或反向旋转时大惯性负载瞬时停电再启动、水泵的工频变频切换，或重要设备异常停机后的快速恢复工况。

3.7.9 参数静态识别和动态优化功能

视频讲解

1. 参数静态识别

由于矢量控制性能的高低依赖于电动机参数，带转矩提升的V/f控制需要电动机定子电阻参数P0350，以及变频器内置的电动机保护功能也与电动机参数有关，所以电动机参数的准确与否，对控制效果将产生很大影响。

在变频器快速调试时，变频器会根据电动机相关参数，如额定功率、额定电流等数据建立电动机模型。这个模型对西门子标准电动机来说，电动机模型数据比较准确，而对第三方电动机，准确度相对就差一些。所以西门子公司建议用户进行参数静态识别，以便更好地计算电动机内部能量损失。

参数静态识别功能是对电动机参数的自动检测功能，通过采样变频器输出电压、电流和转速信号，经过数据计算，求出电动机参数值，为变频器提供电动机参数数据，从而保证电动机模型中的数据与实际参数一致。

MM4系列变频器通过参数P1910来实现自动检测电动机参数功能。P1910设为1，将自动检测电动机数据和变频器特性，可以检测定子电阻P0350、转子电阻P0354、定子漏抗P0356、转子漏抗P0358、主电抗P0360、IGBT的通态电压P1825和触发控制单元门控死区P1828等参数。

当P1910=1时，BOP将显示报警信息A0541，随之给出启动命令，将快速进行电动机参数测量，A0541和P1910将在BOP上轮流持续闪烁。测试中通过向电动机注入短脉冲电流，转子中会有电流流过，并伴随“嗡嗡”声，变频器内风扇叶片开始旋转，但电动机并不旋转，将完成多个测量。当报警信息A0541消失后，变频器计算内部的电动机参数，同时BOP将显示“busy”，经过几分钟，参数静态识别完毕，P1910重新出现且已自动恢复为0。

对于MM440变频器除了对电动机参数进行识别外，还要执行电动机饱和曲线的识别，从而提高控制性能，需将P1910设为3进行识别。电动机饱和曲线的识别应该在电动机参数测量(1910=1)之后进行。P1910一旦被设为3，A0541将重新出现，随之给出启动命令，执行过程同上。

2. 动态优化

动态优化是对MM440变频器的速度控制器参数进行优化，动态优化参数为P1960。

首先要设置P1300=20(SLVC方式)或P1300=21(VC方式)，若是带编码器的矢量控制，还要对编码器的类型参数P0400、每圈的脉冲数参数P0408进行设置。

P1960=1时，使能速度控制器优化，BOP将显示报警信息A0541，随之给出启动命令，

A0541 与 P1960 将轮流持续闪烁，变频器启动并开始优化测试。期间电动机将处于不受控状态，变频器将按照斜坡上升时间 P1120 将电动机加速到额定频率(P0310)的 20%，然后在转矩控制模式下进一步加速至额定频率(P0310)的 50%，最后再按照斜坡下降时间 P1121 减速至额定频率(P0310)的 20%。此过程电动机会反复自动加减速几次，取平均时间。优化完成之后，P1960 重新出现且已自动恢复为 0。

如果运行以后，发现系统性能不理想，还可以进行手动优化调试，反复更改速度控制器的比例增益参数和积分时间参数：带速度编码器矢量控制的速度控制器参数为 P1460 和 P1462；不带速度编码器矢量控制的速度控制器参数为 P1470 和 P1472。

注意，参数静态识别和动态优化前，一定要已完成快速调试功能。

3.7.10 PID 功能

在实际工程中，使用最广泛的是 PID 控制器。MM420 内部集成了 PI 控制器，MM440 和 MM430 内部集成了 PID 控制器，并且还具有 PID 微调功能，如图 3-25 所示。

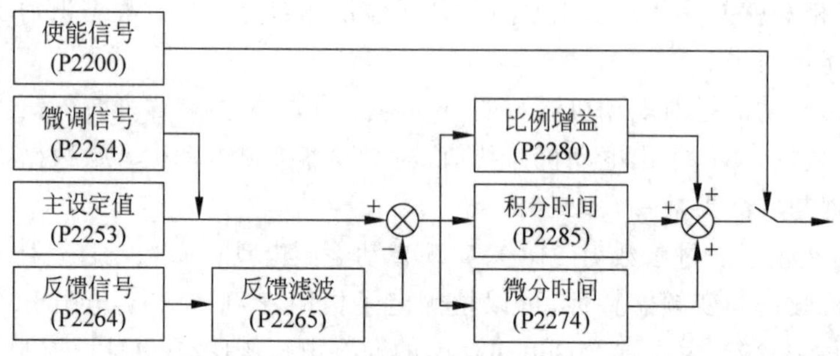

图 3-25 MM4 系列变频器 PID 功能框图

由图 3-25 可见，PID 控制器的激活参数为 P2200。PID 控制器定义了要求的电动机频率，因此频率设定源 P1000 以及斜坡时间 P1120 和 P1121 所设置参数自动失效，但设定的最高频率 P1082 和最低频率 P1080 仍然有效。

PID 闭环控制常用于过程控制，如流量、压力和温度等控制。实际使用时可根据需要选用 P 控制、PI 控制、PD 控制或 PID 控制等方式。由于 MM440 和 MM430 还具有 PID 微调功能，所以也可用于简单的张力控制等。

3.7.11 保护功能

MM4 系列变频器自身拥有较强的故障诊断功能，对变频器内部各主要部件和电动机的故障进行诊断，为用户查找问题提供了方便，并能对变频器功率元件和电动机进行保护。

MM4 系列变频器保护功能定义了故障与报警两种异常触发模式：当发生故障时，变频器停止运行，操作面板显示以 F 字母开头相应的故障代码，需要故障复位后才能重新运行；当发生报警时，变频器可以继续运行，操作面板显示以 A 字母开头相应的报警代码，报警消除后代码显示自动消除。

变频器主要保护功能有过流、过电压、欠电压、变频器过负荷、断相和电动机热保护等。

1. 过流保护

当电动机功率参数 P0307 与变频器功率参数 P0206 不对应、电动机电缆太长、电动机导线短路或有接地故障时，都可能触发变频器过流故障 F0001。

2. 过电压保护

当 MM4 系列变频器直流母线电压 r0026 超过了门限电压 P2172 时，会对电动机起到保护作用。当超过直流母线过电压阈值(固化在变频器中，该值无法修改，并且该故障无法屏蔽)，将触发故障 F0002。MM420 单相供电时，过电压阈值是 410V，三相供电时是 820V。

3. 欠电压保护

当低于直流母线欠电压阈值(固化在变频器中，该值无法修改，并且该故障无法屏蔽)，将触发故障 F0003。MM420 单相供电时，欠电压阈值是 205V，三相供电时是 410V。

4. 变频器过负荷保护

当变频器的过载能力超过了变频器容许值时，变频器将进行保护。根据不同功率和带不同性质的负载情况，变频器容许的过载能力不同。MM420 过载能力为 1.5 倍的额定输出电流(即 150%过载)时，持续时间 60s，间隔时间 300s。外形尺寸 A～F 的 MM440 带恒转矩负载时，过载能力为：

(1) 1.5 倍的额定输出电流(即 150%过载)时，持续时间 60s，间隔时间 300s；

(2) 2 倍的额定输出电流(即 200%过载)时，持续时间 3s，间隔时间 300s。

5. 断相保护

如果三相输入电源电压中的一相丢失，变频器将触发故障 F0020，但变频器的脉冲仍然允许输出，一段时间后变频器通过停机来保护电动机。

6. 电动机热保护

MM4 系列变频器内部有一个完善的集成方案用于电动机热保护。电动机模型 I^2t 保护是变频器标准配置，还可以采用外接温度传感器(PTC 或 KTY84 传感器)进行保护，MM430 和 MM440 配置有外部温度传感器控制端子 14 和 15。

当 I^2t 超过了过载报警设定(MM420 参数为 P0614、MM430 和 MM440 参数为 P604)时，触发报警信息 A0511，变频器会按电动机 I^2t 过温的应对措施 P0610 所设定的措施，进行相应动作，如报警、跳闸等。

MM420 未提供温度传感器接口，也可以利用数字量端子触发外部故障的方式来保护电动机，如采用图 3-26 的连接方法。当电压超过数字量的触发电压时，触发外部故障跳闸，设置相应的外部数字量端子参数值为 29。

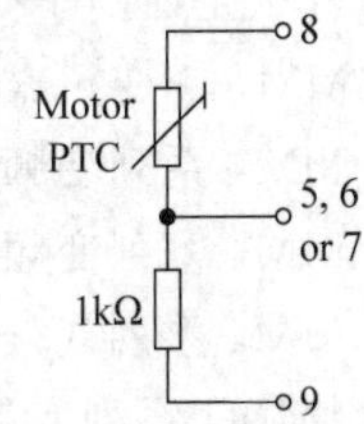

图 3-26　MM420 外部端子电动机过温保护电路

小结

MM4 系列变频器有四种类型：MM410、MM420、MM430 和 MM440。MM410 变频器可以满足简单控制电动机的驱动；MM420 是多功能标准变频器，只要进行简单的组态，就可满足一般对象的驱动控制要求；MM430 是风机和泵类变转矩负载专用的变频器；MM440 是采用高性能矢量控制技术的多功能标准变频器，能提供低速高转矩输出和良好的动态特性，同时具备超强的负载能力，可以满足广泛的应用场合。MM4 系列变频器主电路结构采用交—直—交形式，引出了多功能可编程数字量 I/O 端子和模拟量 I/O 端子，可以根据控制功能要求组成控制回路。变频器的操作方式有外部端子方式、操作面板方式和通信方式。MM4 系列变频器参数有用户可改动的 P 参数和只读 r 参数两种类型，有些参数还具有 BICO 功能。为了便于进行参数调试，MM4 系列变频器将参数分成 12 组，用参数滤波器选择参数组，并设置了四级用户访问级。MM4 系列变频器具有丰富的功能，包括各种频率给定方式、转矩提升功能、设置不同形状的加减速曲线、三种停车方式以及注入直流制动、复合制动和能耗制动，转速跟踪再启动、自动再启动、电动机静态参数识别和控制器动态优化，变频器及电动机故障诊断和保护功能等。

习题

1. MM420 和 MM440 变频器各引出了多少路可编程数字量 I/O 端子和模拟量 I/O 端子？

2. MM4 系列变频器主回路输入侧端子和输出侧端子各用什么字母标记？

3. MM4 系列变频器有几个用户访问级？各访问级能访问参数的范围是什么？由什么参数修改访问级？

4. MM4 系列变频器参数类型有哪些？

5. MM4 系列变频器将参数进行分组的目的是什么？参数组的选择由哪个参数决定？

6. 什么是西门子变频器 BICO 功能？如要采用此功能的话，用户访问级必须怎么设定？若 MM440 变频器使用数字输入 1(DIN1)来激活变频器继电器输出 1，参数如何设定？

7. MM4 系列变频器基本操作面板配置了哪些操作键？各键有什么功能？

8. MM4 系列变频器在 V/f 控制模式下有哪些转矩提升功能？

9. MM4 系列变频器停车有几种方式？制动有几种方式？

10. MM4 系列变频器静态参数识别作用是什么？动态优化作用是什么？

11. MM4 系列变频器有哪些主要保护功能？

第4章 MM4系列变频器的参数调试

内容提要：掌握变频器的基本功能和参数设定是进行变频控制系统的设计与变频器使用的基础。本章首先以MM440变频器为例介绍西门子变频器外部端子参数设定；然后介绍MM4系列变频器的调试步骤，以及MM4系列变频器快速调试功能和MM4系列变频器功能调试；最后通过六个示例说明变频器参数如何调试。

变频器参数的调试方法或设定方法十分重要，关系到生产机械能否满足工艺要求，能否正常启动、制动和正常运行，如果设定不好，严重情况下可能导致逆变模块或整流桥损坏。本章在介绍外部端子对应的参数基础上，叙述MM4系列变频器的调试步骤及方法，最后通过示例进一步说明参数调试方法。

4.1 MM4系列变频器的外部端子参数设定

视频讲解

MM4系列变频器可以设定的参数较多，但大部分参数不需要修改，按出厂设定值即可，只是使用时与出厂值不同的参数需要设定。每个设定参数均有一定的选择范围，使用中常常遇到因个别参数设置不当，导致变频器不能正常工作的现象，因此必须对相关的参数进行正确的设定。变频器常需要设定的参数包括以下几个方面。

(1) 电动机参数。包括电动机额定电压、额定电流、额定功率、额定频率和额定转速等，这些参数应参照电动机铭牌数据设定。

(2) 变频器命令源。即设定变频器驱动电动机启动和停止等控制命令的来源，可以根据实际情况选择来自操作面板、外部端子或通信接口。MM4系列变频器出厂时默认设置为外部端子。

(3) 频率给定源。即改变变频器输出频率的来源，根据实际情况同样可以选择来自操作面板、外部端子或通信接口。MM4系列变频器出厂时默认设置为外部端子。

(4) 运行频率和频率限制。包括设定运行频率、基本频率、最高频率、最低频率和回避频率等。

(5) 加减速时间、加减速方式。

(6) 控制方式、转矩提升量。

(7) 电动机热过载保护。

MM4 系列变频器的一些参数在第 3 章已介绍过,本章主要介绍外部端子对应的参数及设定。

MM4 系列变频器控制电路都引出了数路可编程数字量输入端子、可编程继电器输出端子、可编程模拟量输入端子和可编程模拟量输出端子,利用这些端子可以实现变频器的功能调试。由于是可编程功能端子,其实现的功能有多种。由于 MM4 系列变频器有四种不同的类型,所实现的功能也有所差异,MM420 引出的端子数比 MM440 少,实现的功能也没有 MM440 强大,但对应基本功能的参数编码基本相同。下面以 MM440 变频器为例,介绍外部端子对应参数的设定。

4.1.1 数字量输入参数配置

MM440 集成了六路可编程数字量输入,二路可编程模拟量输入也可以作为数字量输入使用。每路都有一个对应的参数用来设定其功能。

表 4-1 中显示了各数字量输入参数的出厂设定值,不同的数值代表其对应的数字量输入实现的功能不同,也是用户根据所要实现的功能需要修改的值。MM440 变频器六路数字量输入端所对应的参数为 P0701～P0706,二路模拟量输入作为数字量输入使用时所对应的参数为 P0707 和 P0708。

表 4-1 MM440 数字量输入配置

数字输入	端子号	对应参数	出厂设置值(默认值)
DIN1	5	P0701	1
DIN2	6	P0702	12
DIN3	7	P0703	9
DIN4	8	P0704	15
DIN5	16	P0705	15
DIN6	17	P0706	15
	9	+24V	
	28	0V 数字地	

数字量输入参数可以设定下面不同的数值来实现相应的功能:

=1,接通正转/断开停车;

=2,接通反转/断开停车;

=3,断开按惯性自由停车;

=4,断开按第二降速时间快速停车;

=9,故障复位;

=10,正向点动;

=11,反向点动;

=12,反转(与正转命令配合使用);

=13,电动电位计升速;

=14,电动电位计降速;

=15,固定频率直接选择;

=16,固定频率选择+ON 命令;

=17,固定频率二进制编码选择+ON 命令;

=25,使能直流制动;

=29,外部故障信号触发跳闸;

=33,禁止附加频率设定值;

=99,使能 BICO 参数化。

需要说明,出厂时设定 P0702=12,P0701=1,这时如果要反转,需要将端子 1 和端子 2 同时接通,端子 2 是反转信号,端子 1 是启动信号。如果只接通端子 2,变频器只有反转信号而没有启动信号,这时变频器不能反转输出。但若改为 P0702=2,P0701=1,这时如果要反转,只需把端子 2 接通就可以,这时的端子 2 的功能就是启动+反转。如果要正转,只要将端子 1 接通就可以,功能是启动+正转。

另外,数字量的输入逻辑可以采用 PNP 或 NPN 形式,对应高电平有效或低电平有效,相应的参数 P0725 设定值也需要改变。数字量输入状态由参数 r0722 监控,r0722.1～r0722.8 对应 DIN1～DIN8 的开关状态,开关闭合时 BOP 相应显示笔画点亮,如图 4-1 所示。

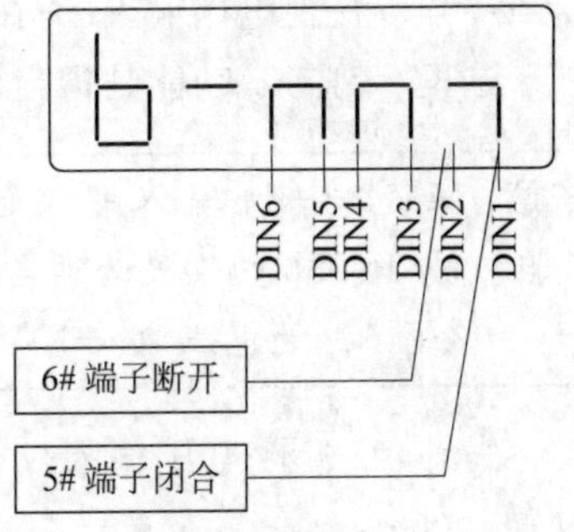

图 4-1　数字量开关通断状态显示

4.1.2　继电器输出参数配置

可以将变频器当前状态以数字量的形式用继电器输出,这样用户可通过输出继电器的状态来监控变频器的内部状态量,对应继电器输出的参数如表 4-2 所示。

表 4-2　MM440 数字量输出配置

继电器编号	对应参数	默认值	功　能	继电器输出状态
继电器 1	P0731	52.3	故障监控	继电器失电
继电器 2	P0732	52.7	报警监控	继电器得电
继电器 3	P0733	52.2	变频器运行中	继电器得电

表 4-2 中数字量输出信号来源参数是 r0052,这是 MM440 系列变频器的第 1 个状态字,每个数字量输出逻辑还可以通过参数 P0748 的每一位取反实现。表 4-2 中参数 P0731=52.3,继电器的输出状态为发生故障时失电,表示上电时变频器的状态会自动发生变化,即上电后变频器的常开触点变成常闭触点。

MM440 数字量输出端子参数的设定值可以设定为变频器状态字 r0052 和 r0053 中的

某一位，也可赋值为 BICO 参数的二进制输出位，如用一个数字量输入端控制继电器输出 1 时，可设置参数：P0701=99，P0731=722.0，如果逻辑相反，可以将 P0748 对应位取反。

4.1.3 模拟量输入参数配置

MM440 变频器有两路模拟量输入，相关参数组以 in000 和 in001 区分，可以通过 P0756 分别设定每路通道的属性。P0756[0]对应模拟输入 1(ADC 1)，P0756[1]对应模拟输入 2 (ADC 2)。模拟量输入功能需要配置的参数为 P0756～P0761。P0756 设定值不同时，对应的功能如下：

=0，单极性电压输入(0～10V)；

=1，带监控的单极性电压输入(0～10V)；

=2，单极性电流输入(0～20mA)；

=3，带监控的单极性电流输入(0～20mA)；

=4，双极性电压输入(−10V～10V)。

这里“带监控”功能是指当模拟通道断线或信号超限时，将报故障错误 F0080。

注意：MM440 模拟输入可以是电压信号，也可以是电流信号。选择不同形式的模拟信号时，P0756 的设置必须与图 3-6 中的拨码开关(DIP)位置相匹配。DIP 开关在 OFF 位置时，为电压输入 10V；在 ON 位置时，为电流输入 20mA。

另外，双极性电压输入仅限于 MM440 的模拟量通道 1，MM420 仅支持前两种参数设置。

例如，模拟量通道 1 采用电压信号 2～10V 作为 0～50Hz 频率给定，其参数设定如表 4-3 所示。

表 4-3 MM440 模拟量输入 1 参数设定

参　　数	设 定 值	功　　能
P0756[0]	0	单极性电压输入(0～10V)
P0757[0]	2(V)	电压 2V 对应 0%的标度(基准频率 P2000=50)，即 0Hz
P0758[0]	0(%)	
P0759[0]	10(V)	电压 10V 对应 100%的标度(基准频率 P2000=50)，即 50Hz
P0760[0]	100(%)	
P0761[0]	2(V)	死区宽度

4.1.4 模拟量输出参数配置

MM440 变频器有两路模拟量输出，相关参数组也是以 in000 和 in001 区分，出厂值为 0～20mA 输出，也可以标定为 4～20mA 输出(这时需设定 P0778=4)，如果需要电压信号可以在相应端子并联一个 500Ω 电阻。模拟量输出信号与所设置的物理量成线性关系，通过参数 P0777～P0780 设定。需要输出的物理量可以通过 P0771 设定,对应的功能如下：

＝21,实际频率；

＝25,输出电压；

＝26,直流电压；

＝27,输出电流。

例如,如果通过模拟量输出通道 1 输出实际频率,0～50Hz 对应输出 4～20mA 电流,参数设定如表 4-4 所示。

表 4-4　MM440 模拟量输出通道 1 参数设定

<table>
<tr><th>参　数</th><th>设 定 值</th><th>功　　能</th></tr>
<tr><td>P0771[0]</td><td>21</td><td>选择输出实际频率</td></tr>
<tr><td>P0777 [0]</td><td>0(%)</td><td rowspan="2">0 对应输出电流 4mA</td></tr>
<tr><td>P0778 [0]</td><td>4(mA)</td></tr>
<tr><td>P0779 [0]</td><td>100(%)</td><td rowspan="2">50Hz 对应输出电流 20mA</td></tr>
<tr><td>P0780 [0]</td><td>20(mA)</td></tr>
</table>

除了上面将模拟量输出设置为变频器当前输出频率、输出电流和输出电压等功能外,由于 P0771 是 CI 参数,所以其他的 CO 参数也可以连接到 P0771 上,这样,可以被设置为很多不同的功能。

4.2　MM4 系列变频器参数调试步骤

视频讲解

MM4 系列变频器参数一般需要经过三个步骤进行调试,即参数复位、快速调试和功能调试。

1. 参数复位

参数复位是将变频器参数恢复到出厂状态下默认值的操作。一般在变频器初次调试或者参数设置混乱时,需要执行该操作,将变频器的参数值恢复到一个确定的默认状态。大约需要 10s 才能完成复位的全部过程。参数复位操作需要设定参数为：

P0010＝30；

P0970＝1。

当 P0970 输入 1,并按下功能键■后,就进入了参数复位过程。

2. 快速调试

快速调试是通过设定电动机参数、斜坡函数参数和变频器的命令源及频率给定源等参数,从而达到简单、快速运转电动机的一种调试方式。在参数复位完成后,根据电动机和负载具体特性,以及变频器的控制方式等信息需要进行必要的快速调试过程。快速调试设置参数后,变频器就可以很好地驱动电动机进行工作。一般在复位操作后,或者更换电动机后需要进行快速调试。

MM420 在用户访问级为标准级下快速调试流程图如图 4-2 所示。图中上角注(1)的表示该步是与电动机有关的参数，应参考电动机铭牌数据修改；上角注(2)的表示该参数包含有更详细的设定值表，可用于特定的应用场合，详情请参阅操作手册。

进入快速调速状态需要将参数 P0010 设定为 1，快速调试完成后还要退出快速调试状态，通过将参数 P3900 设定为 1、2 或 3，P0010 将自动恢复为 0，变频器才能运行。

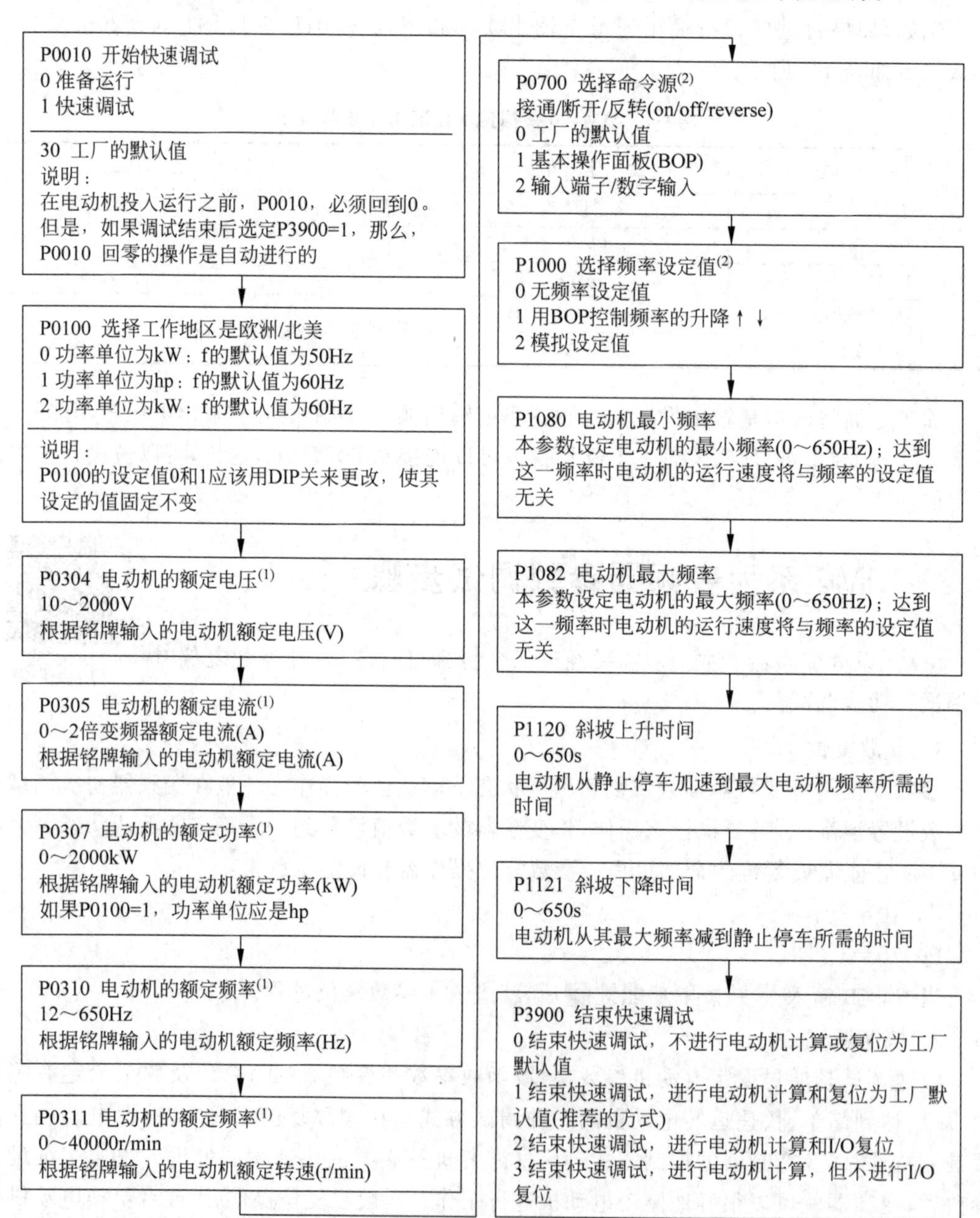

图 4-2 MM420 变频器快速调试流程图

P3900 的设定值选择为 1 时，只保留快速调试进行的参数设置，所有其他参数的更改，包括 I/O 设置，都将复位到出厂默认值，并进行电动机参数的计算；P3900 的设定值选择为 2 时，只计算与快速调试有关的一些参数，I/O 设定值复位为它的默认值，并进行电动机参数的计算；P3900 的设定值选择为 3 时，只完成电动机和控制器参数的计算。退出快速调试时，计算电动机的各种数据重写原来的数值，包括 P0344（第 3 访问级，电动机的重量）、P0350（第 3 访问级，去磁时间）、P2000（基准频率）、P2002（第 3 访问级，基准电流）的参数值。

3. 功能调试

功能调试是指用户按照具体生产工艺需要进行的设置操作。下节将通过示例说明 MM4 系列变频器基本功能参数调试方法。功能调试工作比较复杂，常常需要在现场多次调试。

4.3 MM4 系列变频器基本功能参数调试

视频讲解

本节将通过六个示例说明 MM4 系列变频器基本功能参数调试方法和过程。

【例 4-1】 某拖动系统拟采用 MM420 变频器进行变频调速，变频器输出频率要求采用外部模拟信号控制，电动机正/反转运行也采用外部信号控制。

根据要求，变频器引出的控制端子接线图如图 4-3 所示，由外接电位器滑动端电压的大小作为变频器频率给定信号，并具有监控功能；数字量输入 1 和输入 2 分别外接开关 S1 和 S2，控制电动机正反转，数字量输入采用 PNP 方式，即高电平有效。

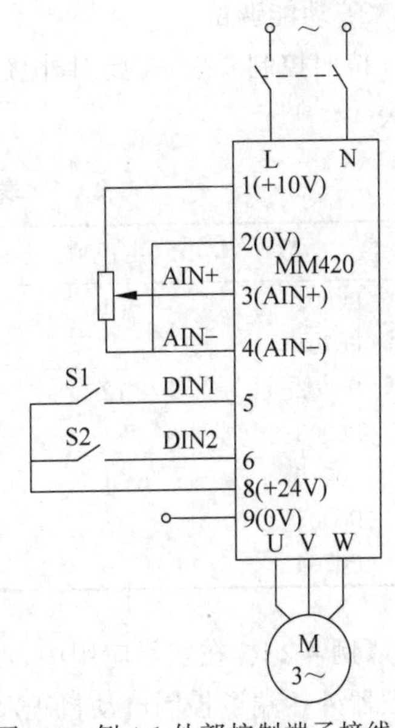

图 4-3　例 4-1 外部控制端子接线图

参数调试步骤如下。

1. 参数复位

参数复位需要设定两个参数：P0010＝30，P0970＝1。

2. 快速调试

快速调试是设定电动机参数、斜坡函数参数和变频器命令源及频率给定源等参数，参数设定如表 4-5 所示。

表 4-5　例 4-1 的快速调试参数设定

参　　数	出厂值	设定值	说　　明
P0003	1	1	标准级
P0004	0	0	全部参数，无过滤
P0010	0	1	进入快速调速

续表

参　数	出厂值	设定值	说　明
P0100	0	0	功率用 kW，频率默认为 50Hz
P0304	230	380	电动机额定电压(V)
P0305	3.25	1.05	电动机额定电流(A)
P0307	0.75	0.37	电动机额定功率
P0310	50	50	电动机额定频率
P0311	0	1400	电动机额定转速(r/min)
P0700	2	2	外部端子控制
P1000	2	2	频率由外部模拟量设定
P1080	0	0	电动机运行的最低频率(下限频率)
P1082	50	50	电动机运行的最高频率(上限频率)
P1120	10	5	斜率上升时间
P1121	10	5	斜率下降时间
P3900	0	3	快速调试结束，P0010 恢复为 0

3. 功能调试

按照控制要求，需要对外接模拟量输入和数字量输入的功能进行参数设定。参数设定如表 4-6 所示。

表 4-6　例 4-1 的功能调试参数设定

参　数	出厂值	设定值	说　明
P0003	1	2	扩展级
P0701	1	1	端子 DIN1 功能为 ON 接通正转/OFF 停车
P0702	12	2	端子 DIN2 功能为 ON 接通反转/OFF 停车
P0003	1	3	专家级
P0725	1	1	高电平 PNP 有效
P0003	1	2	扩展级
P0756	0	1	带监控的单极性电压输入(0～10V)

【例 4-2】 在实际应用中，点动功能常常用于各类机械的准确定位。要求利用 MM420 变频器外接端子控制电动机正/反转运行及点动正/反转控制操作。

由于 MM420 只有三个数字输入端 DIN1～DIN3，因此要将其模拟量输入端 AIN 另行组态，作为一个附加数字量输入端，外部接线图如图 4-4 所示。图中 S1 和 S2 分别为正/反转控制开关；SB1 和 SB2 分别为点动正/反转控制按钮。频率给定方式由 BOP 实现。

参数复位与快速调试中的电动机参数配置方法与例 4-1 类似，所以以后各例都将省略。根据要求，参数设定见表 4-7。

表 4-7 中首先进行快速调速，然后根据控制要求，对 MM420 端子功能参数进行了相应设定。

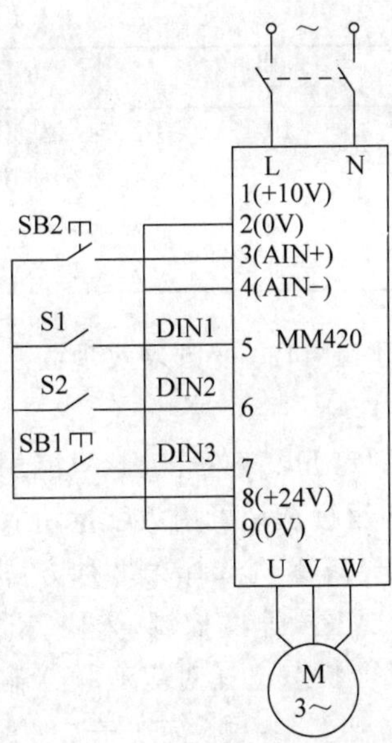

图 4-4　例 4-2 外部控制端子接线图

表 4-7　例 4-2 的参数设定

参　数	出厂值	设定值	说　明
P0003	1	1	标准级
P0004	0	0	全部参数,无过滤
P0010	0	1	进入快速调速
P0100	0	0	功率用 kW,频率默认为 50Hz
P0700	2	2	由端子排输入(选择命令源)
P1000	2	1	频率由 BOP 设定
P1080	0	0	电动机运行的最低频率(下限频率)
P1082	50	50	电动机运行的最高频率(上限频率)
P1120	10	5	斜坡上升时间
P1121	10	5	斜坡下降时间
P3900	0	3	快速调试结束,P0010 恢复为 0
P0003	1	2	扩展级
P0701	1	1	端子 DIN1 功能为 ON 接通正转/OFF 停车
P0702	12	2	端子 DIN2 功能为 ON 接通反转/OFF 停车
P0703	9	10	端子 DIN3 功能为正向点动
P0704	0	11	端子 AIN 功能为反向点动
P0003	1	3	专家级
P0725	1	1	高电平 PNP 有效
P0003	1	2	扩展级
P1040	5	30	MOP 的设定的频率值

续表

参　　数	出厂值	设定值	说　　明
P1058	5	10	正向点动频率
P1059	5	10	反向点动频率
P1060	10	5	点动斜率上升时间
P1061	10	5	点动斜率下降时间

【例 4-3】 拖动系统要求采用 MM420 变频器实现固定五段速度的顺序控制，控制曲线如图 4-5 所示。

要采用 MM420 变频器实现固定五段速度控制，只能用数字量输入 DIN1～DIN3 二进制组合才能实现。电动机正/反向运行选择可用数字量输入端口 DIN4 控制，也可用七段频率参数 P1001～P1007 的正负值选择，本例选择第 2 种方法，外部控制端子接线图如图 4-6 所示。本例采用 DIN1～DIN3 实现五段速度控制，采用二进制编码选择频率＋ON 命令形式，由开关 S1、S2 和 S3 的不同组合状态选择对应变频器输出频率，此时 S1、S2 和 S3 还具有启/停电动机的控制功能。根据要求，参数设定见表 4-8 所示。

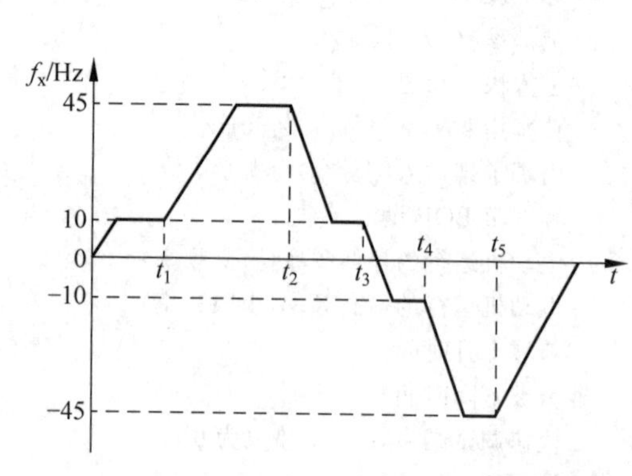

图 4-5　五段速顺序控制曲线

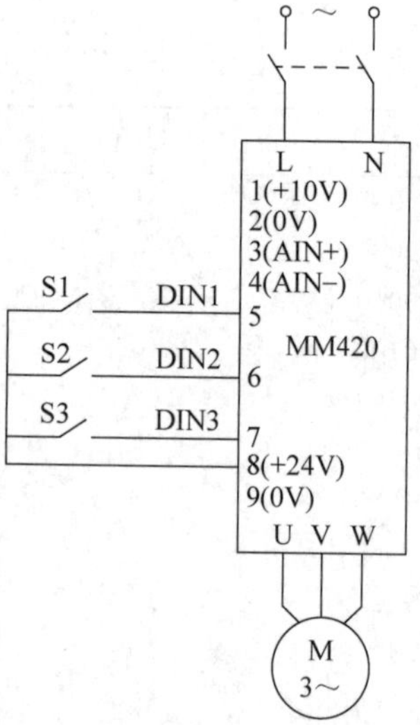

图 4-6　五段速外部控制端子接线图

表 4-8　例 4-3 的参数设定

参　　数	出厂值	设定值	说　　明
P0003	1	1	标准级
P0004	0	0	全部参数，无过滤
P0010	0	1	进入快速调速
P0100	0	0	功率用 kW，频率默认为 50Hz

续表

参　数	出厂值	设定值	说　明
P0700	2	2	由端子排输入(选择命令源)
P1000	2	3	选择固定频率设定值
P3900	0	3	快速调试结束,P0010 恢复为 0
P0003	1	2	扩展级
P0701	1	17	二进制编码选择频率＋ON 命令
P0702	12	17	二进制编码选择频率＋ON 命令
P0703	9	17	二进制编码选择频率＋ON 命令
P0704	0	0	端子 DIN4 禁用
P0003	1	3	专家级
P0725	1	1	高电平 PNP 有效
P0003	1	2	扩展级
P1001	0	10	设置固定频率 1＜FF1＞(Hz)
P1002	0	45	设置固定频率 2＜FF2＞(Hz)
P1003	0	10	设置固定频率 3＜FF3＞(Hz)
P1004	0	－10	设置固定频率 4＜FF4＞(Hz)
P1005	0	－45	设置固定频率 5＜FF5＞(Hz)

需要说明,若采用 MM420 的二进制编码选择频率＋ON 命令方式实现多段速控制时,参数 P0701～P0703 都必须设定为 17,否则此功能无效。

【例 4-4】 要求采用 MM440 变频器实现恒压供水闭环控制,由 BOP 作为压力给定源,模拟量通道 2 接入压力传感器反馈信号。

外部接线如图 4-7 所示,具体参数设定如表 4-9 所示(PID 参数需要现场调试)。

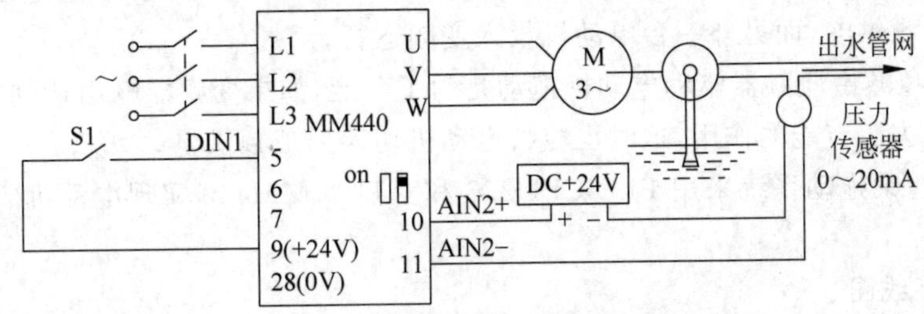

图 4-7　MM440 恒压供水外部控制端子接线图

表 4-9　例 4-4 恒压供水闭环控制的参数设定

参　数	出厂值	设定值	说　明
P0003	1	1	标准级
P0004	0	0	全部参数,无过滤
P0010	0	1	进入快速调速
P0100	0	0	功率用 kW,频率默认为 50Hz

续表

参　数	出厂值	设定值	说　明
P1000	2	1	频率由 BOP 设定
P0700	2	2	命令源来自外部端子
P3900	0	3	快速调试结束，P0010 恢复为 0
P0003	1	2	扩展级
P0701	1	1	端子 DIN1 功能为 ON 接通正转/OFF 停车
P0003	1	3	专家级
P0725	1	1	高电平 PNP 有效
P0003	1	2	扩展级
P0756[1]	0	2	反馈信号为电流信号
P2200	0	1	使能 PID
P2240	10	×	用户压力设定值的百分比
P2253	0	2250	PID 目标给定源于面板
P2264	755.0	755.1	PID 反馈源于模拟通道 2
P2265	0	5	反馈滤波时间常数
P2274	0	0	PID 微分时间(通常微分关闭)
P2280	3	0.5	PID 比例增益
P2285	0	15	PID 积分时间

在变频器应用中，有些场合需要工频变频切换控制。这是因为：

(1) 一些关键设备在投入运行后不允许停机，否则会造成重大损失，如果这些设备由变频器驱动电动机拖动，则变频器一旦出现跳闸停机，应马上将电动机切换到工频供电；

(2) 在由多台水泵恒压供水系统中，当变频器已输出 50Hz 时，这时应将变频运行的电动机切换到工频供电，而另外一台电动机投入变频运行；

(3) 有些负载由变频器驱动电动机拖动是为了节能，如果变频器输出达到满载，即输出 50Hz 时，就失去了节能的作用，这时也应将电动机切换到工频供电。

【例 4-5】 某拖动系统采用 PLC CPU226 和变频器 MM430 实现电动机的工频变频切换控制。

1. 电气接线图

电气接线图如图 4-8 所示。

主电路 QS 为空气断路器。KM1 是变频器上电接触器，KM2 是变频器输出端与电动机通断接触器，KM2 的引入是防止电动机工频供电时，将工频电源接到变频器输出侧，造成变频器可能发生损坏。KM3 控制电动机工频正转，KM4 控制电动机工频反转。FR 为电动机过载保护热继电器。虽然变频器有对电动机过载热保护功能，但由于电动机有工频供电运行的时候，所以电动机必须有过载保护热继电器，当电动机工频供电出现过载时热继电器动作，以保护电动机的安全运行。

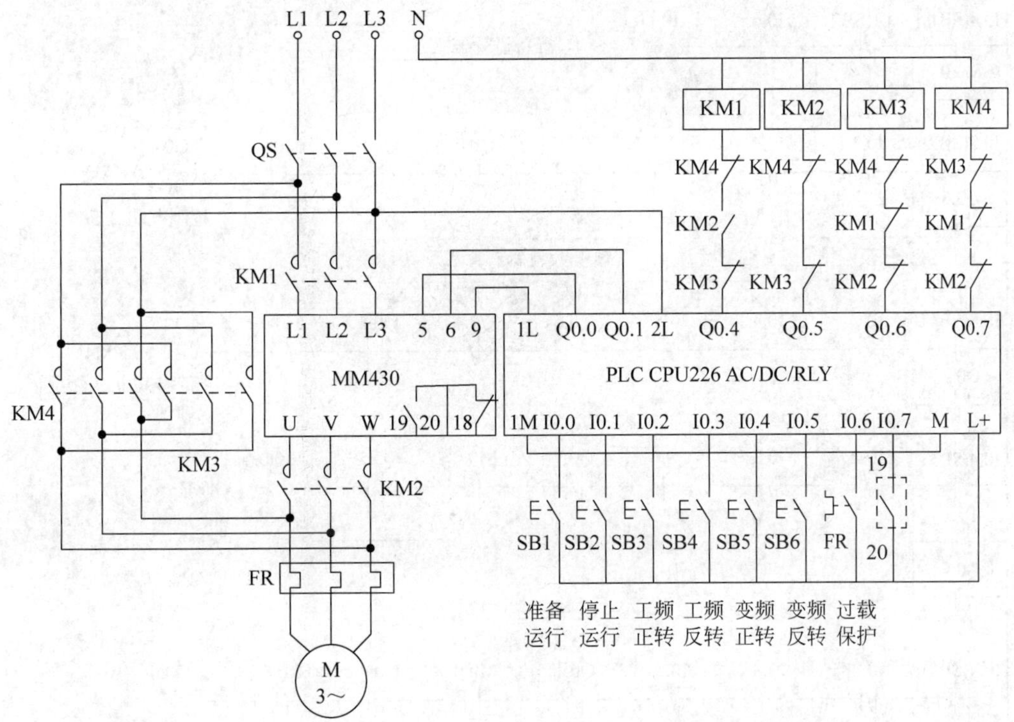

图 4-8　工频变频切换接线图

2. PLC 控制电路

PLC 的 I/O 分配表如表 4-10 所示，图 4-9 为 PLC 梯形图。

表 4-10　例 4-5 工频变频切换控制 PLC 的 I/O 分配

输入			输出		
代　号	功　能	端子	代　号	功　能	端子
SB1	准备运行	I0.0	MM430 端子 5	电动机变频正转控制	Q0.0
SB2	停止运行	I0.1	MM430 端子 6	电动机变频反转控制	Q0.1
SB3	工频正转启动	I0.2	KM1	MM430 输入端电源控制	Q0.4
SB4	工频反转启动	I0.3	KM2	MM430 输出端电源控制	Q0.5
SB5	变频正转启动	I0.4	KM3	电动机工频正转控制	Q0.6
SB6	变频反转启动	I0.5	KM4	电动机工频反转控制	Q0.7
FR	电动机过热保护	I0.6			
MM430 端子 19、20	变频器故障保护	I0.7			

3. MM430 的参数设定

表 4-11 为工频变频切换控制快速调试和功能调试参数设定表。

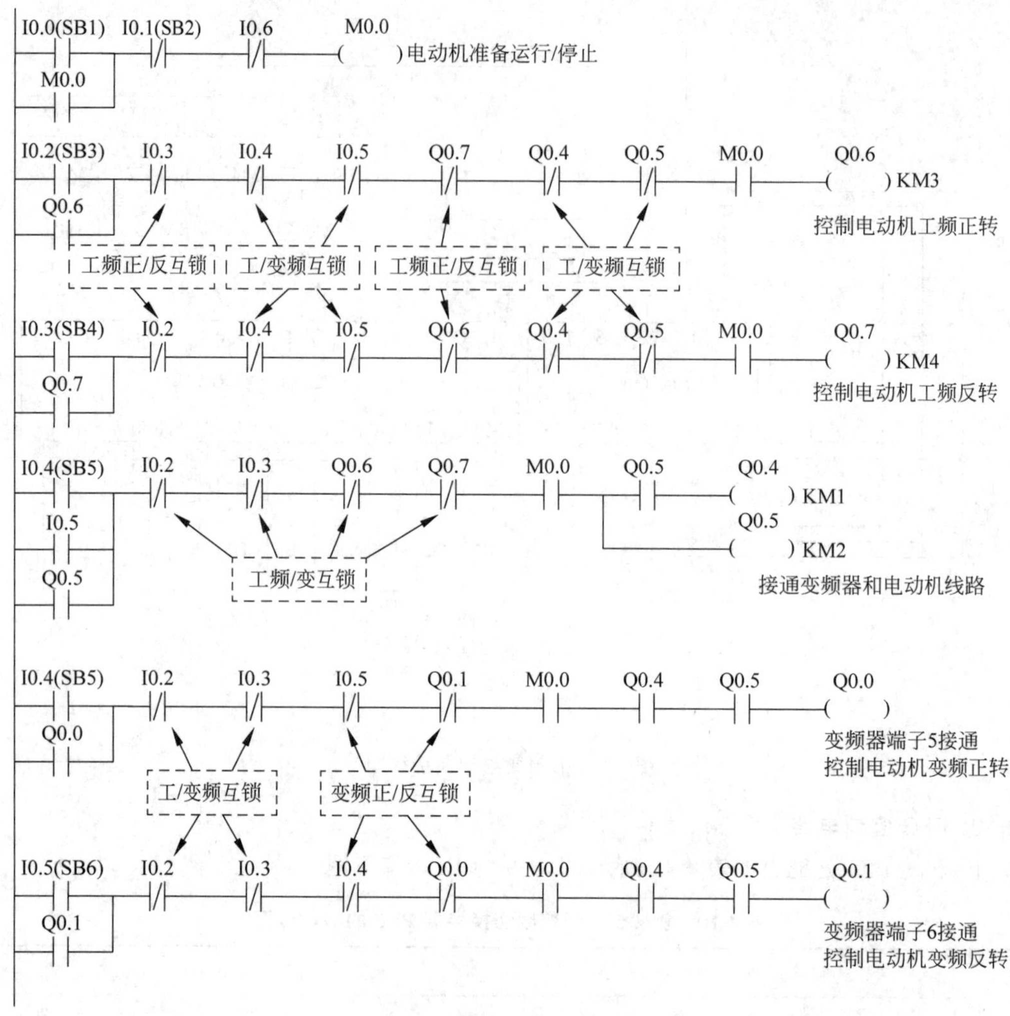

图 4-9　例 4-5 PLC 梯形图

表 4-11　例 4-5 工频变频切换控制的参数设定

参　　数	出厂值	设定值	说　　明
P0003	1	1	标准级
P0004	0	0	全部参数，无过滤
P0010	0	1	进入快速调速
P0100	0	0	功率用 kW，频率默认为 50Hz
P0700	2	2	由端子排输入(选择命令源)
P1000	2	1	频率由 BOP 设定
P3900	0	3	快速调试结束，P0010 恢复为 0
P0003	1	2	扩展级

续表

参 数	出厂值	设定值	说 明
P0701	1	1	端子 DIN1 功能为 ON 接通正转/OFF 停车
P0702	12	2	端子 DIN2 功能为 ON 接通反转/OFF 停车
P0003	1	3	专家级
P0725	1	1	高电平 PNP 有效
P0731	52.3	52.3	输出继电器在变频器故障时动作
P0748	0	1	数字输出反相(即变频器故障时接通)
P2100	0	23	故障报警信号的编号为 F0023(输出故障)
P2101	0	1	变频器 F0023 故障时采用 OFF1 停车

4. 电路控制过程

1) 运行准备

按下准备运行按钮 SB1,PLC 的输入继电器 I0.0 得电,I0.0 的常开触点闭合,辅助继电器 M0.0 得电并自锁,M0.0 的常开触点闭合,为输出继电器 Q0.0、Q0.1、Q0.4、Q0.5、Q0.6、Q0.7 得电提供条件。

按下停止按钮 SB2,PLC 的输入继电器 I0.1 得电,I0.1 的常闭触点断开,辅助继电器 M0.0 失电并解除自锁,M0.0 的常开触点恢复断开状态,输出继电器 Q0.0、Q0.1、Q0.4、Q0.5、Q0.6、Q0.7 不能得电,使电动机失去连接供电电源的条件。

2) 工频运行

按下工频正转运行按钮 SB3,PLC 的输入继电器 I0.2 得电,I0.2 的常开触点闭合,输出继电器 Q0.6 得电并自锁。I0.2 的常闭触点断开,输出继电器 Q0.0、Q0.1、Q0.4、Q0.5、Q0.7 不能得电。

输出继电器 Q0.6 得电并自锁后,接触器 KM3 线圈得电,常开触点 KM3 闭合,电动机工频正转启动运行。

由于 Q0.4、Q0.5、Q0.7 不能得电,则接触器 KM1、KM2、KM4 线圈也不能得电,常开触点 KM1、KM2、KM4 不能闭合,使电动机工频正转运行时不能工频反转,也不能接通变频器电源、电动机与变频器输出端之间的电路。

由于 Q0.0、Q0.1 不能得电,变频器端子 5 和端子 6 都为 OFF 状态,电动机不启动变频运行,实现了工频运行时不能变频运行的互锁。

如果要停止运行,按下停止按钮 SB2,PLC 的输入继电器 I0.1 得电,I0.1 的常闭触点断开,辅助继电器 M0.0 失电并解除自锁,M0.0 的常开触点恢复断开状态,输出继电器 Q0.6 失电,接触器 KM3 线圈失电,常开触点 KM3 断开,电动机与工频电源断开,停止运行。

如果是工频反转启动运行,按下按钮 SB4,启动的电气器件动作过程与工频正转启动过程相似。如果是工频反转停止运行,同样按下停止按钮 SB2 实现控制。

3) 变频运行

按下变频正转运行按钮 SB5,PLC 的输入继电器 I0.4 得电,I0.4 的常开触点闭合,输出继电器 Q0.5 得电并自锁后，Q0.4 得电，然后 Q0.0 得电并自锁。I0.4 的常闭触点断开，输出继电器 Q0.1、Q0.6、Q0.7 不能得电。

输出继电器 Q0.4、Q0.5 得电并自锁后，接触器 KM1、KM2 线圈得电，常开触点 KM1、KM2 闭合，接通变频器电源和变频器与电动机之间的线路。

Q0.0 得电自锁后，变频器端子 5 为 ON 状态，电动机变频正转启动运行。

由于 Q0.1 未得电，变频器端子 6 为 OFF 状态，电动机不能反转，实现了变频正转与反转运行的互锁。

由于 Q0.6、Q0.7 未得电，KM3、KM4 线圈不能得电，KM3、KM4 常开触点未闭合，电动机不能与工频电源接通，实现了变频与工频运行的互锁。

如果要停止运行，同样按下停止按钮 SB2，与工频停止运行过程相同。

如果是变频反转启动运行，按下按钮 SB6，启动的器件动作过程与变频正转启动过程相似。同样停止运行时，按下停止按钮 SB2 实现控制。

视频讲解

【例 4-6】 使用 USS 协议实现 S7-200 与 MM440 变频器之间的通信，通过 USS 指令实现 PLC 对变频器的启动、制动停止、自由停止和正/反转控制以及读/写参数。

西门子 S7-200 和 MicroMaster 变频器之间可以采用通信协议 USS，用户可通过程序调用的方式实现通信，编程工作量小，是一种费用低、使用方便的通信方式。USS 协议作为一种小型自动化系统的解决方案，已广泛地在现场得到运用。

S7-200 系列 PLC 本机带有一个或两个(S7-226)RS485 物理接口，因此将 S7-200 的通信端口与驱动装置的 RS485 端口连接，在 RS485 上实现 USS 通信最为方便和经济。

1. 使用 USS 协议的步骤

(1) 安装指令库后，在 STEP7 指令树/指令/库/USS PROTOOL 文件夹中将出现八条指令，用它们来控制变频器的运行和变频器参数的读写操作，用户在程序中只需调用这些子程序，不需要关注程序内部。

(2) 编写 PLC 梯形图，调用 USS_INIT 指令，初始化 USS 的通信参数，只需调用一次。用户程序中每一个被激活的变频器只应有一条 USS_CTRL 指令，可任意使用 USS_RPM_X 或 USS_WPM_X 指令，但每次只能激活其中的一条指令。

(3) 为 USS 指令库分配 V 存储区。在程序中调用 USS 指令后，单击指令树中的程序块库图标，在弹出的菜单中执行库内存命令，为 USS 指令库使用的 V 存储区指定起始地址。

(4) 用变频器操作面板设置通信参数，使之与用户程序中所用的波特率和从站地址一致。

(5) 连接 PLC 和变频器之间的通信电缆，为提高抗干扰能力应采用屏蔽电缆。

2. USS 协议的通信数据格式

USS 协议的通信字符格式如图 4-10 所示，数据报文最大长度为 256B，它包括 3B 的头部、1B 的校验码和主数据块，数据块按照字的方式组织，高字节在前。

图 4-10 中各部分字节和数据块的含义如下：

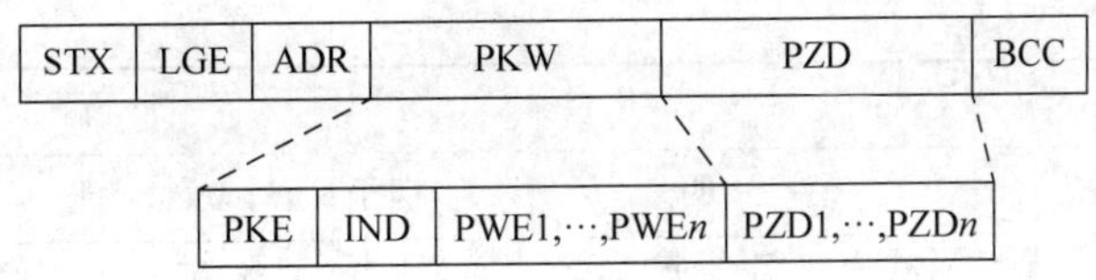

图 4-10 USS 协议的通信数据报文格式

STX——起始字符,总是 0x02。

LGE——报文长度,为 $n+2(3 \leqslant n \leqslant 254)$。

ADR——从站地址码,bit0～bit4 表示从站地址; bit5 为 1 表示广播发送; bit6 为 1 表示镜像发送,用于网络测试; bit7 为 1 表示特殊报文。

BCC——校验字符,为从 STX 开始所有字节的异或和。

数据块由参数值域(PKW)和过程数据域(PZD)组成,二者都为变长数据。其中,PKW 域由参数识别码 PKE、子参数号 IND 和参数值 PWE 构成; PZD 域包括控制字/状态字和设定值/实际值。

3. USS 协议指令

在 STEP 7 软件工具包中有专为 USS 协议通信而设计的子程序和中断程序,这些程序在指令树的库文件夹中以指令出现,使用这些指令可控制变频器和读/写变频器参数,使变频器的控制更方便。这些指令有:

(1) USS_INI 指令,用于允许 USS 通信并初始化,或禁止与变频器通信;

(2) USS_CTRL 指令,用于控制变频器;

(3) USS_RPM_W 和 USS_WPM_W 指令,用于读写 16 位无符号整数,如变频器频率给定源参数 P1000;

(4) USS_RPM_D 和 USS_WPM_D 指令,用于读写 32 位无符号整数,如变频器数字量输出 1 参数 P0731;

(5) USS_RPM_R 和 USS_WPM_R 指令,用于读写浮点数,如变频器上升时间参数 P1120。

4. PLC 程序

1) I/O 分配

表 4-12 是 PLC 端子分配表,采用了五个开关量输入端子和四个开关量输出端子用于与 MM440 之间的串行通信控制。

表 4-12 PLC 与 MM440 串行通信 USS 协议的 I/O 分配

输入			输出		
端子	功能	说明	端子	功能	说明
I0.0	启动/停止控制	ON 时启动	Q0.0	MM440 运行状态	1-运行; 0-停止
I0.1	停止信号 2	ON 时自由停车	Q0.1	电动机运转方向	1-正转; 0-反转
I0.2	停止信号 3	ON 时快速停车	Q0.2	MM440 禁止状态	1-禁止; 0-未禁止

续表

输入			输出		
端子	功能	说明	端子	功能	说明
I0.3	故障确认	清除 MM440 的报警状态	Q0.3	故障指示	1-有故障；0-无故障
I0.4	运转方向控制	OFF 时正转，ON 时反转			
I0.5	读/写操作开始	ON 一下开始 MM440 参数的读写			

2）软件控制梯形图

软件梯形图如图 4-11 和图 4-12 所示。

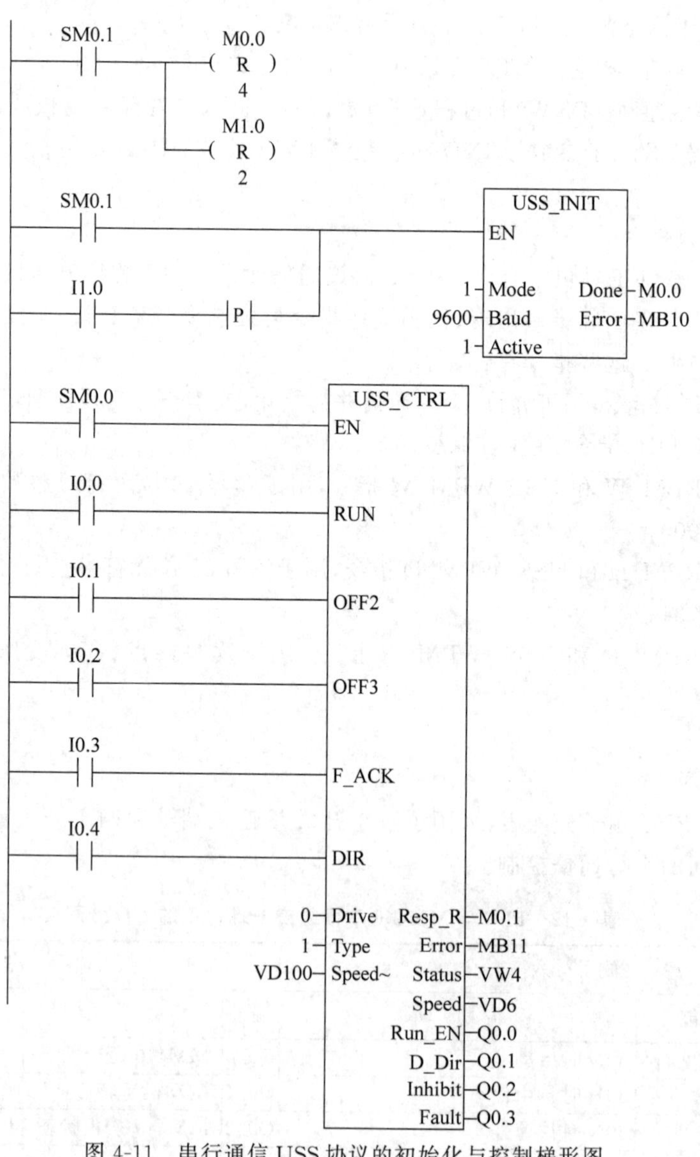

图 4-11 串行通信 USS 协议的初始化与控制梯形图

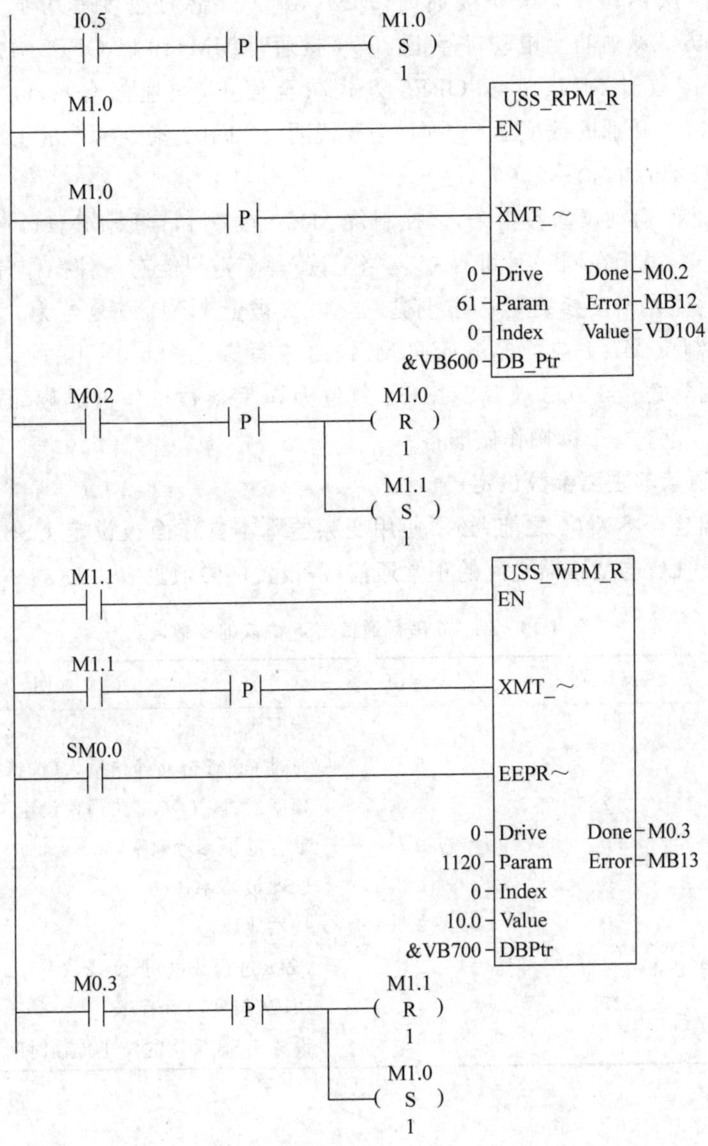

图 4-12　串行通信 USS 的参数读/写控制梯形图

梯形图中的中间标志位和控制位情况如下。

M0.0 是 USS 通信初始化完成标志位；M0.2/M0.3 是读/写功能块完成标志位，用于功能块轮替；M1.0/M1.1 是读/写功能块控制位。

运行开始时，首先清除标志位及参数读写控制位，然后初始化 USS 通信，波特率为 9600b/s，并激活 0 号驱动器。

在控制功能块网络中，I0.0 接通时，MM440 以指定的速度和方向启动，断开时，MM440 以斜坡方式减速直至电动机停止；I0.1 接通时 MM440 以 OFF2 方式减至停止（惯性停车）；I0.2 接通时 MM440 以 OFF3 方式减至停止（快速停车）；I0.3 接通时清除 MM440 故障；I0.4 接通时改变运行方向（需要说明，STEP 7 指令树中的 USS_CTRL 指令的 OFF2 与 OFF3 正好标注反了）。

当 I0.5 接通时启动读参数指令，读控制位 M1.0 被置 1，读取 MM440 中的参数 r0061（转子实际转速）。由于在同一时间 USS 网络上读/写参数只能有一种操作，因此要设置读/写操作的轮替功能。当读参数完成时，标志位 M0.2 被置 1，M1.0 复位为 0，读参数操作被屏蔽，同时写控制位 M1.1 被置 1，开始向 MM440 中写参数 P1120＝10.0（斜坡上升时间）；当写参数完成时标志位 M0.3 被置 1，M1.1 复位为 0，写参数操作被屏蔽，同时读参数控制位 M1.0 被置 1，为下一个读操作做准备。

5. 变频器通信的主要参数设定

在将变频器连至 S7-200 之前，必须使用变频器基本操作面板设定 USS 通信所必需的参数，才能实现 PLC 与变频器之间的正常通信，需设置的参数见表 4-13。

表 4-13 例 4-6 串行通信 USS 协议的参数设定

参　数	出厂值	设定值	说　明
P0003	1	3	专家级
P0700	2	5	通过 COM 链路通信输入（选择命令源）
P1000	2	5	频率通过 COM 链路通信设定
P2000	50	50	串行链接参考频率，50Hz
P2010[0]	6	6	USS 波特率，9600b/s
P2011[0]	0	0	从站地址，0
P2012[0]	2	2	PZD（过程数据）长度，2 个字长
P2013[0]	127	4	PKW 长度，4 个字长
P2014[0]	0	0	设置 USS 报文的停止传输时间

小结

变频器参数设置是否合理，关系到变频器驱动电动机拖动生产机械运行时，能否满足工艺要求，能否正常启动、制动和正常运行，所以变频器参数的调试方法或设定方法十分重要。

要将变频器应用到电力拖动控制系统中，必然要使用其外部数字量 I/O 端子，模拟量 I/O 端子参与控制过程。MM4 系列变频器的类型不同，变频器外部端子数目和功能也不完全相同，但大部分兼容。本章以 MM440 变频器为例介绍了外部端子对应的参数以及调试方法。变频器外部端子为可编程端子，即可以设定不同的参数值，实现不同的功能。通过本章学习，应掌握常用功能的设定。

MM4 系列变频器参数调试一般需要经过三个步骤进行，即参数复位、快速调试和功能调试。参数复位是将变频器参数恢复到出厂状态下的默认值操作；快速调试是指通过设置电动机参数、斜坡函数参数和变频器的命令源及频率给定源等参数，从而达到简单快速运转电动机的一种调试方式；功能调试是指用户按照具体生产工艺需要进行的设置操作，参数设置复杂，需要到现场反复调试。

本章通过六个例子讲解了 MM4 系列变频器的三个调试步骤。通过学习，应能借助变频器手册，掌握变频器启动/停止、点动、多段速功能、PID 控制、工频变频切换控制和 USS 通信等功能的参数设定。

习题

1. 用 MM440 变频器的模拟量输入通道 2 作为频率给定源，模拟量输入为 4～20mA 电流信号，试对其参数进行设定。

2. 若使用 MM440 的模拟输出通道 1，采用电流信号输出代表变频器输出电压，输出的电压范围为 0～380V，对应的电流范围为 0～20mA，试进行参数设定。

3. MM4 系列变频器的调试步骤分哪几个步骤？每步的作用是什么？

4. MM4 系列变频器如何进行参数复位？什么情况下需进行复位操作？

5. 什么是快速调试？试说明主要完成哪些参数设定。

6. MM4 系列变频器如何进入参数快速调试？若快速调试时选择操作面板控制电动机启动/停止后，发现无法操作变频器运行，可能是什么原因造成的？

7. 若用基本操作面板实现电动机 30Hz 正/反向运行，试设定 MM420 变频器参数。

8. 若要求变频器输出频率为 40Hz，采用基本操作面板更改变频器输出频率，采用外部端子控制电动机正/反转，试设计 MM420 变频器外部接线图，并进行参数设定。

9. 采用 MM440 变频器实现炉温的闭环控制，模拟量通道 1 采用 0～10V 的电压为温度给定信号，模拟量通道 2 接入温度传感器反馈信号，为 4～20mA 电流反馈。试对 MM440 模拟量输入端子进行参数设定。

10. 若采用 USS 指令实现西门子 S7-200 PLC 对 MM4 系列变频器的启动、制动停止以及读/写参数操作，试说明 PLC 程序编写步骤。

11. MM4 系列变频器采用串行通信 USS 协议时，需要设定的基本参数有哪些？

12. 某生产机械工艺要求的控制曲线如图 4-13 所示，选择哪种西门子 MM4 系列变频器能实现此要求？试设计外部接线电路，并进行参数设定。

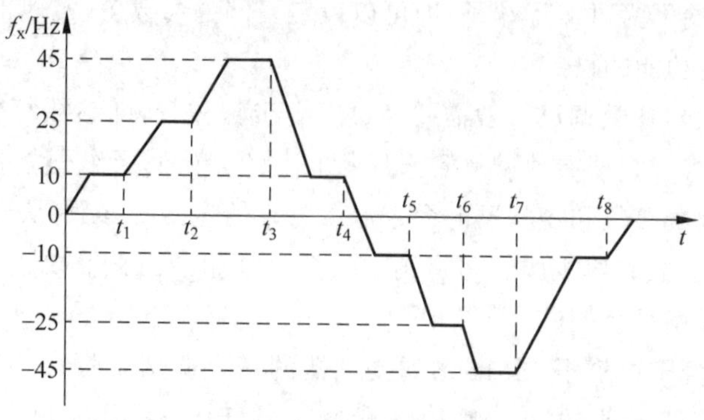

图 4-13 频率控制曲线图

13. 图 4-14 所示是采用 S7-200 和 MM420 变频器工频变频切换控制接线图，图中 SB1 为工频运行或变频器上电按钮，SB2 为工频停止或变频器断电按钮，SB3 和 SB4 分别为变频器运行和停止按钮。试对照 PLC 实现的工频变频控制的梯形图(见图 4-15)，分析控制过程，并对变频器参数进行设定。

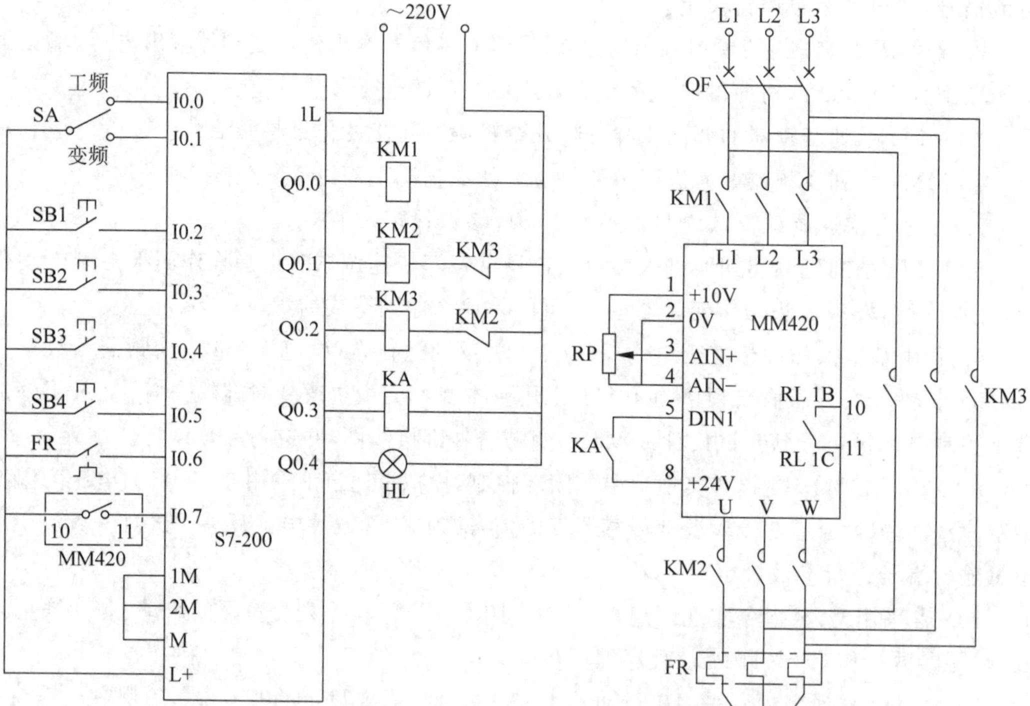

图 4-14 S7-200 和变频器组成的工频变频切换线路图

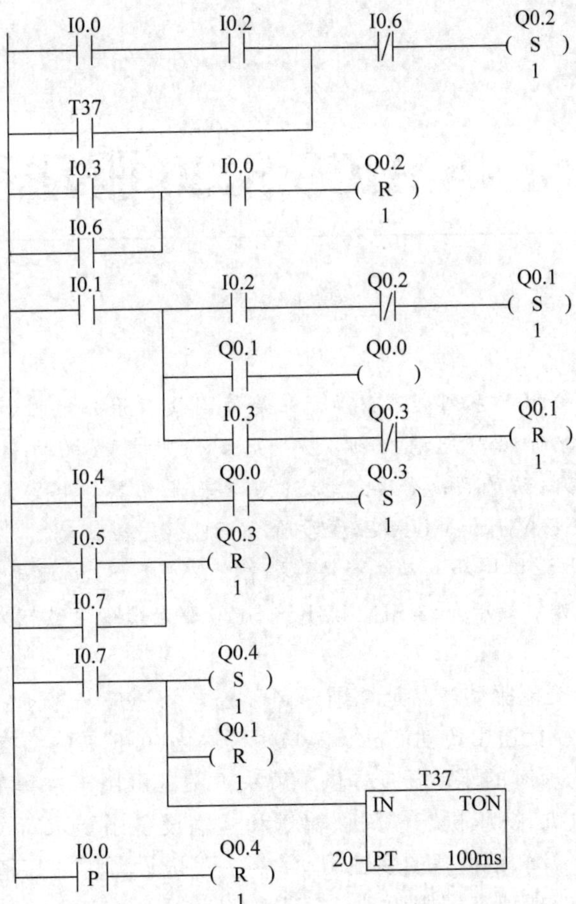

图 4-15　PLC 控制工频变频切换梯形图

第 5 章

SINAMICS S120 驱动系统构成

内容提要：SINAMICS 系列交流驱动产品是德国西门子公司的新一代通用传动产品，其不仅能完成异步电动机的矢量控制，也能完成伺服电动机的驱动。本章首先介绍 SINAMICS 系列交流驱动产品；然后介绍 S120 单轴驱动器控制单元 CU310-2 和功率单元，以及单轴适配器 CUA31 和 CUA32，主要介绍 S120 多轴驱动器控制单元 CU320-2，以及 S120 多轴驱动器电源模块和电动机模块；接着介绍典型 S120 驱动系统的基本构成以及 DRIVE-CLiQ 接线规则；最后介绍 SINAMICS S120 驱动器的主要附加系统组件。

SINAMICS 系列交流驱动产品是德国西门子公司为适应未来工业机械与设备制造的传动需求而开发的新一代通用传动产品。其采用模块化、可扩展的结构设计，可根据具体的行业应用量身定制，为所有的驱动任务提供了解决方案。可用于过程工业中简易泵类和风机驱动；离心机、压力机、挤压机、升降机、输送和运输设备中要求苛刻的独立驱动；纺织机、薄膜机和造纸机以及轧钢设备的多轴驱动；风力发电设备中的高精度伺服驱动；机床、包装和印刷设备使用的高动态伺服驱动。SINAMICS 系列交流驱动产品的各个产品子系列的迅速发展将逐步取代和整合西门子现有的一些变频器产品系列，如 MM4、SIMOVERT MASTERDRIVES(也就是 6SE70)系列等，而成为西门子新一代的主流变频器产品。

SINAMICS 系列交流驱动产品可采用调试工具软件 STARTER，进行统一的工程组态、设置、编程和调试，解决自动化系统方案中的所有工作，为用户使用提供了方便。

视频讲解

5.1 SINAMICS 系列驱动器介绍

SINAMICS 系列交流驱动产品更习惯称为驱动器，该产品系列十分庞大，根据使用领域的不同，SINAMICS 系列驱动器分为基础型(V 系列)、通用型(G 系列)与高性能型(S 系列)，每种系列驱动器产品均有针对性的应用领域。SINAMICS V 系列驱动器属于简单型，主要用于系统集成度要求不高的场合，V 系列的伺服产品，只有基本的伺服控制功能。SINAMICS G 系列驱动器主要用于驱动普通的异步电动机，是为标准用途而设计的，其驱动对象所需的动态特性和精度要求相对比较低，同时也能满足将一般的扩展控制功能集成于驱动控制系统的要求。SINAMICS S 系列驱动产品可用于驱动高性能的异步电动机与同步电动机,满足伺服控制所需要的高动态特性与高精度要求,完成苛刻的驱动任务,并能满足将复杂的工艺控制功能集成于驱动控制系统的要求。

SINAMICS 系列驱动器有低压与中压两种供电电压等级的多种子系列产品。在低压产品系列中,既有适用于单相交流 230V 供电的产品,也有适用于三相交流 380~500V 与 500~690V 供电的产品。属于基础型(V 系列)产品有 V10、V20、V50、V60、V80 和 V90 等产品子系列;属于通用型产品有 G110、G120、G120D、G130 和 G150 等产品子系列;属于高性能型产品有 S120 和 S150 等产品子系列。在中压产品系列中,有 2.3~10kV 等各供电电压等级,有 GM150、GL150、SM150 等产品子系列。SINAMICS 各系列变频器涵盖了 0.12kW~85MW 的各个功率等级。

在 2017 年汉诺威工业博览会上,西门子在新发布的 SIMOTICS S-1FK2 伺服电动机和专为其开发的 SINAMICS S210 单轴独立型伺服驱动器,共同组成的全新伺服驱动系统。除了集成了丰富的安全功能,可实现快速工程组态,并可通过 PROFINET 连接到上位机控制器外,还集成了 Web Server 功能,在保证系统网络安全的基础上,无须安装任何软件即可轻松完成驱动调试工作,具有更加简单智能的一键优化功能,使得调试变得更加高效,采用单电缆技术(OCC),电动机与伺服驱动器之间只使用一根电缆连接,在节省了安装空间的同时更增强了系统的稳定性。与 SIMOTICS S-1FK2 伺服电动机配合使用,尤其适用于高动态、非连续运动控制的机械设备。当涉及精确定位和运动控制相关应用时,SINAMICS S210 可充分发挥其强大的性能,即使面对超高动态响应的需求时,S210 依旧可轻松应对,实现极高的精度。该全新驱动系统在机器人、包装、搬运抓取、木工、塑料加工以及数字印刷等行业均有不俗的表现。

SINAMICS 系列驱动器的功率部分与 MM4 系列产品一样仍采用交—直—交的变流结构,除 GL150 采用电流源型的直流环节外,其余均采用电压源型的直流环节。其前端整流部分根据产品的不同分别采用功率二极管、可控硅、IGBT 与 IGCT。后端逆变部分的功率开关器件采用 IGBT 或 IGCT(用在中压系列的产品)。

未来,采用西门子自动化驱动产品的许多工程项目,主要的选型系列将会是 SINAMICS 系列交流驱动产品中的 S120 子系列。SINAMICS S120 作为西门子 SINAMICS 系列高性能交流驱动产品之一,广泛应用于各种工业领域的交流电动机驱动。本书第 5~10 章主要以 S120 子系列为例讲解 SINAMICS 驱动器及使用方法。当然,其中的许多概念也适用于其他的 SINAMICS 系列交流驱动产品。

SINAMICS S120 交流驱动产品具有以下特点。

1. 具有伺服控制与矢量控制两种模式

SINAMICS S120 集成了伺服控制和矢量控制两种模式,是一种高性能、高精度的驱动器。其强大的软件功能,能够胜任各个工业应用领域中要求苛刻的驱动任务。既具有通常的 V/f 控制、矢量控制功能,又具有实现高精度、高性能的伺服控制功能,能实现速度控制、转矩控制和位置控制多种控制方式,它不仅能控制普通的三相异步电动机,还能控制异步伺服电动机、同步伺服电动机、转矩电动机和直线电动机，强大的定位功能能够实现进给轴的绝对和相对准确定位。

SINAMICS S120 系列驱动器集成的伺服与矢量两种控制模式各有所长，不能在同一个控制单元(CU)内混合使用，即在一个 CU 内只能使用一种控制模式。矢量模式具有速度控制、转矩控制和转矩限幅传统变频器的功能，一般用于三相鼠笼异步电动机，即感应电动机的驱动控制，应用于张力控制、线速度控制、主传动控制、负荷分配、主从控制和恒压供水等实际场合；伺服模式具有位置控制、快速加减速特性、高动态响应的跟随性和快速准确定位，一般用于三相永磁同步无刷伺服电动机的驱动控制，应用于包装、印刷、纺织、机床和机器人等场合。

2. 模块化的系统组件设计

SINAMICS S120 硬件上采用模块化的系统组件设计，"组件"的概念更全面地推进了 SINAMICS 系列驱动产品结构的模块化进程。SINAMICS 系列驱动产品由一系列组件组成，大到整流器、逆变器和电动机，小到速度编码器、进/出线侧电抗器和快速熔断器等，这些都可以称为驱动器的一个组件。正是基于"组件"概念，为各组件引入了电子铭牌技术，以及组件之间的智能相互连接——DRIVE-CLiQ 接口体系，使西门子新一代变频器产品的架构出现了全新的格局。

SINAMICS S120 驱动器组件包括独立的功率单元模块和控制单元模块，以及编码器模块、端子模块和集线器模块等，安装、维护简单易行，多种冷却方式，使其更能适应于各种场合和应用。所有系统组件之间都具有高度的兼容性，高度灵活的模块化设计允许不同功率等级的功率单元与不同性能的控制单元自由组合，也就是说，可配置多种控制单元，满足各种不同的驱动任务需要，为精确选型提供了可能，完全能够满足客户的各种驱动要求，可用于所有复杂的传动应用。另外，还可通过简单并联就可实现功率的增容，覆盖功率范围为 0.12～4500kW。

3. DRIVE-CLiQ 接口体系

DRIVE-CLiQ 接口是 SINAMICS 组件之间的串行接口，组件间数据交换通过串口进行。控制单元的固件(Firmware)存储在其 CF 卡内，可以通过 CF 卡内的软件版本对整个 S120 进行固件升级。

SINAMICS S120 的多数组件，如西门子电动机和编码器、电源模块、电动机模块和端子模块等都是通过 DRIVE-CLiQ 接口相互连接。DRIVE-CLiQ 接口采用统一规格的电缆和连接器，这样可减少零件的多样性和用户仓储成本。非西门子生产的电动机可利用传感器转换模块将常规编码器信号转换成 DRIVE-CLiQ 接口可识别的信号。

SINAMICS S120 每个组件都有一个电子铭牌，其包含相应组件的全部重要技术数据，如技术数据、订货号、序列号、固件版本号等。使用 STARTER 与 S120 建立连接后，在线自动配置时，可以通过 SINAMICS 组件之间的 DRIVE-CLiQ 通信，自动读取驱动系统的拓扑结构和各个组件的电子铭牌数据，简化了调试步骤，节省了调试时间，为 SINAMICS S120 驱动系统的组态带来了极大方便。这样，在进行系统调试或系统组件更换时，可以省掉数据的手动输入，使调试变得更加快捷与安全。

SINAMICS S120 系列驱动器分为两种类型：

(1) AC/AC 单轴驱动器；

(2) 公共直流母线的 DC/AC 多轴驱动器。

表 5-1 为 SINAMICS S120 子系列驱动器类型，其中装置型也称为装机装柜型(chassis)。AC/AC 单轴驱动器由一个控制单元(CU)、一个功率模块及 CF 卡组成，插入 CF 卡的控制单元仅能控制一个轴，其功率模块采用整流逆变一体化结构，即模块包含了整流电路及逆变电路两部分。DC/AC 多轴驱动器的整流电路与逆变电路都是独立的模块，电源模块(整流模块)为电动机模块(逆变模块)组提供直流电源，一个或多个电动机模块(逆变模块)驱动电动机，其插入 CF 卡的控制单元(CU)负责控制整个驱动器组(包括电源模块、电动机模块)，以及与上位控制器或 HMI 的通信等。控制单元及 CF 卡固件的选择取决于用户所要控制的驱动轴数量和所需的性能等级，功率单元的选择则必须满足系统的能量要求。

表 5-1 SINAMICS S120 子系列驱动器类型

AC/AC 单轴驱动器		DC/AC 多轴驱动器			
				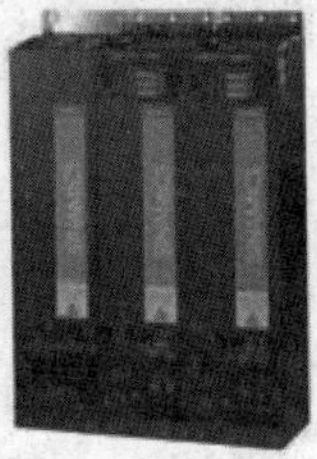	
模块型	装置型	紧凑书本型	书本型	装置型	柜机
进线电压 200～240V 1AC，0.12～0.75kW；进线电压 380～480V 3AC，0.37～90kW	进线电压 380～480V 3AC，110～250kW	进线电压 380～480V 3AC，1.6～ 9.7kW	进线电压 380～480V 3AC，1.6～107kW	进线电压 380～480V 3AC，110～800kW 进线电压 500～690V 3AC，75～1200kW	进线电压 380～480V 3AC，1.6～3000kW 进线电压 500～690V 3AC，75～4500kW

5.2 SINAMICS S120 单轴驱动器

视频讲解

SINAMICS S120 单轴驱动器通常又称为单轴控制的 AC/AC 变频器，其结构形式为电源模块和电动机模块集在一起，只能驱动一台电动机，特别适用于单轴的速度和定位控制，与 CF 卡一起构成了功能强大的单机交流驱动。图 5-1 为采用模块型功率模块的 SINAMICS S120 单轴驱动器。

图 5-1　SINAMICS S120 单轴驱动器

SINAMICS S120 单轴驱动器由控制单元和功率模块两部分组成。

1. 控制单元(CU)

控制单元(CU)有四种形式，分别是 CU310-2PN、CU310-2DP、CUA31 和 CUA32 模块类型。CU310-2PN 和 CU310-2DP 两种模块分别提供 PROFINET(PN)和 PROFIBUS(DP)接口，固件版本都要求为 4.4 或更高，用于现场总线通信，CU310-2DP 通过 PROFIBUS(DP)接口与上位控制器相连，CU310-2PN 通过 PROFINET 接口与上位控制器相连；CUA31 和 CUA32 是单轴控制单元适配器。

2. 功率模块

功率模块是 PM240-2 或 PM340，根据功率大小有模块型和装置型两种类型。CU310-2(CU310-2PN 和 CU310-2DP)、单轴控制单元适配器 CUA31、CUA32 都是通过它们的 PM-IF 接口控制模块型功率模块，可直接安装在该种形式的功率模块上；CU310-2 是通过 DRIVE-CLiQ 接口控制装置型功率模块，在控制柜中安装在功率模块旁边。

借助于控制单元适配器 CUA31 或 CUA32 上的 DRIVE-CLiQ 接口，可以将单轴驱动器的模块型功率模块连接到上级控制单元(如 CU320-2)，接入到 DC/AC 驱动组中。这种应用方式可以使 SINAMICS S120 多轴驱动和单轴驱动组合在一个系统中，从而提高应用的灵活性。因为单轴适配器是由外部装置控制的，所以它始终要求有一个可以控制多根轴的 SINAMICS、SIMOTION 或 SINUMERIK 控制器。

图 5-2 为 SINAMICS S120 单轴驱动和多轴驱动混合系统。注意，在这种混合系统中，CUA31 和 CUA32 必须是 DRIVE-CLiQ 链路上的最后一个设备。

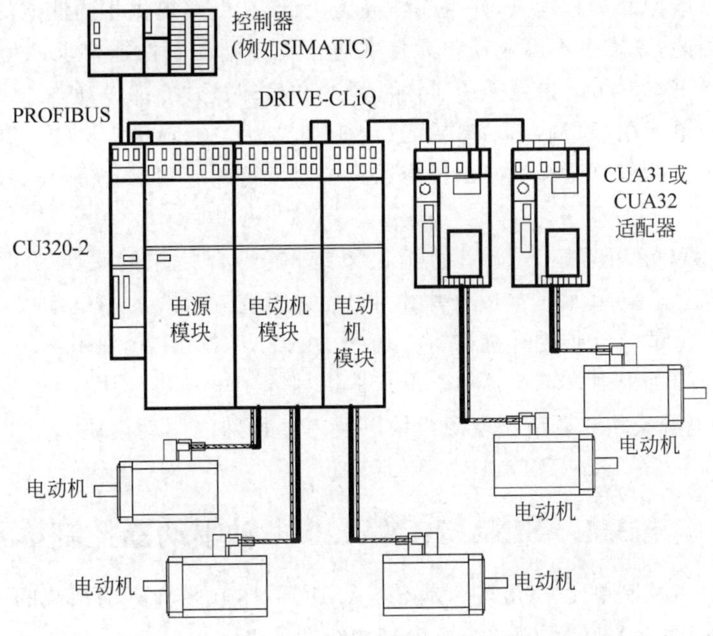

图 5-2 SINAMICS S120 单轴和多轴混合系统

5.3 SINAMICS S120 多轴驱动器

SINAMICS S120 多轴驱动器功率单元的整流部分与逆变部分都是独立模块，控制单元采用 CU320-2PN(固件版本要求为 4.4 或更高)或 CU320-2DP(固件版本要求为 4.3 或更高)模块。控制单元 CU320-2 可以控制的驱动器数量取决于其所插入的 CF 卡内固件，固件版本根据系统所要求的性能、要求的扩展功能和要求的运行方式(伺服、矢量和 V/f)来选择。SINAMICS S120 多轴驱动器功能非常强大，可以同时控制多达 12 个驱动轴(V/f 控制模式)，也可以同时控制一个整流模块、六个矢量轴或者六个伺服轴，但伺服控制与矢量控制不能混用。

根据功率的大小，SINAMICS S120 多轴驱动单元分为书本型、紧凑书本型、装置型(装机装柜型)和柜机型四种形式。

书本型驱动单元经过优化适合多轴应用，可彼此贴近安装，并且还集成了用于共用电压源直流母线的连接。书本型的接线相对比较简单，控制单元接入 24V DC 电源后，依靠 CF 卡内的固件就可以正常运行。整流模块除了接入 24V DC 电源外，还要连接 X21 端子上的使能信号(3+，4−)才能运行，但电动机模块上的使能信号在不启用安全功能时无须连接。书本型驱动单元提供了全面的冷却方式：内部风冷、外部风冷、冷却板式冷却和液冷(某些情况下)。

基于书本型开发的紧凑书本型驱动单元，适用于对驱动紧凑性有极高要求的机床。紧凑书本型具有书本型的所有优点，并且总体高度更低，在能够提供相同性能的同时具有更强的过载能力。因此，紧凑书本型驱动单元特别适合集成到动态性能要求高但安装条件受限的机床中。紧凑书本型驱动单元采用了内部风冷和冷却板式冷却设计。

装置型驱动单元用于高输出功率单元(约 100kW 及 100kW 以上)，包括电源模块和电动机模块。装置型功率单元标配内部风冷回路。对于特殊应用，如挤压设备或船舶应用，可订购液冷设备。

柜机型驱动单元用于工厂应用的柜机系统，其组合使用时最大功率可达 4500kW (6000hp)。柜机型驱动单元非常适合集中供电、共用直流母线的多电动机驱动场合，常用于造纸机、轧钢机、试验台或提升机构等。由于 SINAMICS S120 采用模块化设计，所有组件可以组合在封闭机柜中以满足各种要求。柜机内除了电动机模块外，可包括基本型电源模块、非调节型电源模块和调节型电源模块以及一些特殊的制动模块和辅助模块。该系统的防护等级分为 IP20、IP21、IP23、IP43 和 IP54。

视频讲解

5.3.1 SINAMICS S120 多轴驱动器控制单元 CU320-2

控制单元 CU320-2 是 SINAMICS S120 多轴驱动系统的中央处理器，图 5-3 为控制单元 CU320-2 电气接线图示例。

控制单元 CU320-2 功能包括：

(1) 负责和控制所有的模块，实现各个驱动轴的电流环、速度环以及位置环的控制；

(2) 负责通信，可以控制各个驱动轴之间的数据交换，即任意轴可以读取其他轴的数据，从而可以实现各个轴之间的简单同步；

(3) 负责系统的配置与组态。SINAMICS S120 多轴驱动器控制单元 CU320-2 有 CU320-2PN 和 CU320-2DP 两种模块类型。

CU320-2 标配以下接口及端子。

(1) 4 个 DRIVE-CLiQ 插口(X100～X103)，用于与其他带 DRIVE-CLiQ 的设备通信(如电动机模块、有源电源模块、传感器模块和端子模块等)。

(2) CU320-2PN 集成了一个 PROFINET 接口，带两个端口(RJ45 插座)(X150 P1/P2)，符合 PROFIdrive V4 行规与上位控制系统通信；CU320-2DP 集成了一个 PROFIBUS 接口(X126)，符合 PROFIdrive V4 行规与上位控制系统通信。

(3) 12 路可设定的悬空数字量输入(X122.1～X122.8，X122.1～X122.8)。

(4) 八路可设定的双向非悬空数字量输入/输出(X122.9～X122.14，X132.9～X132.14)。

(5) 一个串行 RS232 接口(X140)。

(6) 一个用于连接 BOP20 基本操作面板的接口，卡入 BOP20 可进行驱动器参数调试及运行期间进行故障诊断。

(7) 一个 CF 卡插槽，无须软件工具便可以方便地更换控制单元(CU320-2PN 要求 CF 卡固件版本不低于 V4.4，CU320-2DP 要求 CF 卡固件版本不低于 V4.3)。

(8) 一个安装选件模块的插槽，用于添加更多端子(如端子板 TB30)或用于通信。

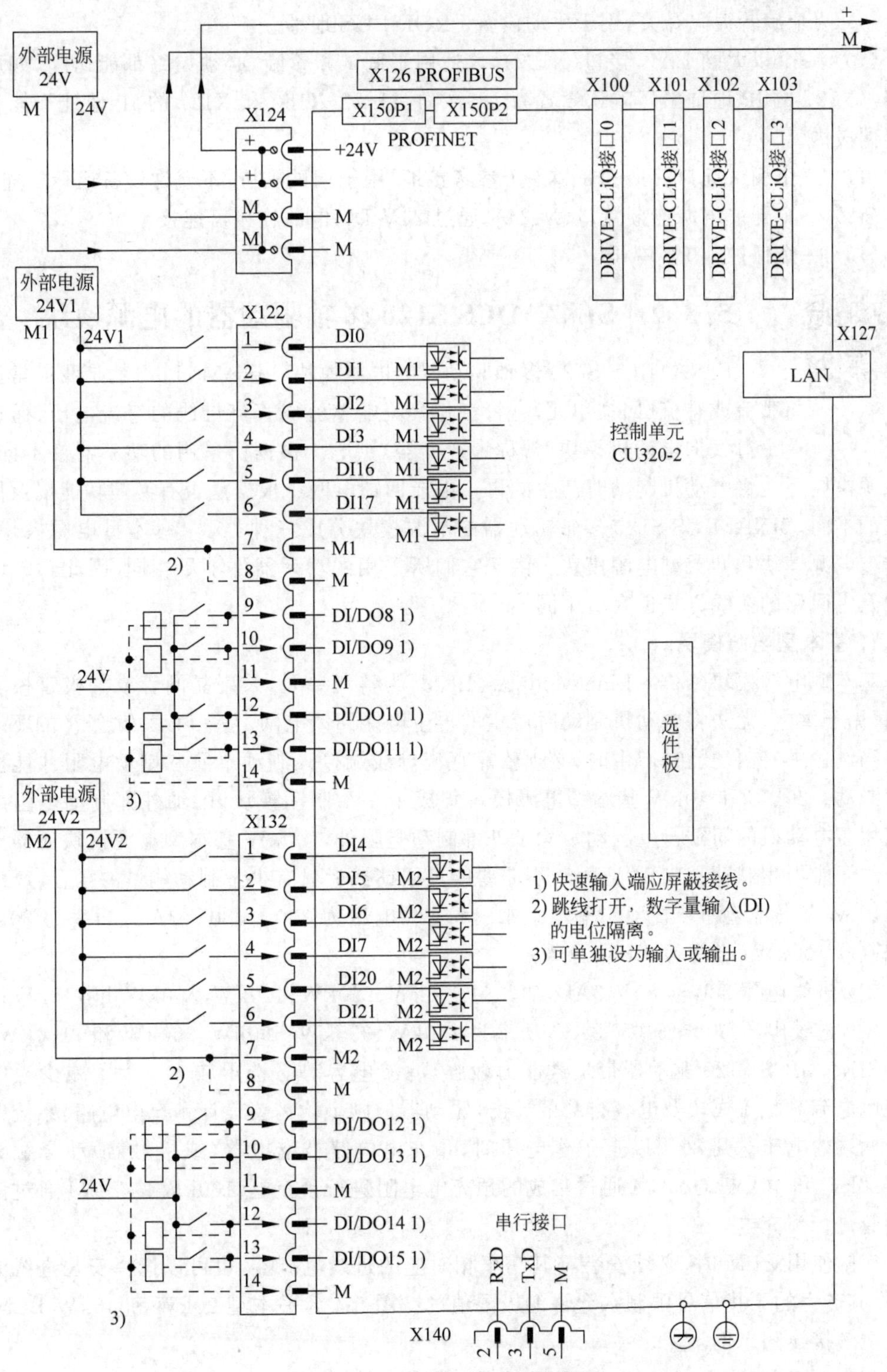

图 5-3　CU320-2 接口及接线图

(9) 两个旋转编码开关,用于手动设置 PROFIBUS 地址。

(10) 一个以太网 LAN 接口(X127),仅适用于调试和诊断,必须始终都能访问,如用于维修。X127 的 IP 地址出厂默认设置为 169.254.11.22,X150 和 X127 的 IP 地址不能在同一个网段内。

(11) 三个测试插口 T1~T3 和一个参考接地,用于调试支持,不允许设备运行时连接。

(12) 一个开关电源连接接口(X124),通过 24V DC 电源连接器连接。

(13) 一个保护地 PE 端子。

视频讲解

5.3.2 SINAMICS S120 多轴驱动器的电源模块

SINAMICS S120 多轴驱动器的电源模块(Line Module)就是我们常说的整流或整流/回馈单元,它将三相交流电整流成直流母线的直流电压,通过直流母线向电动机模块(常称为逆变器)供电。根据所采用的功率器件不同,有的电源模块还能将电动机制动时产生的再生电能回馈电网。根据是否有回馈功能以及回馈方式的不同,SINAMICS S120 多轴驱动器的电源模块分成三种类型:基本型电源模块、非调节型电源模块和调节型电源模块。由于它们所采用的功率器件不尽相同,因此预充电回路以及主回路的接线方式也有所不同。

1. 基本型电源模块

基本型电源模块(Basic Line Modules,BLM)为整流单元,采用晶闸管或二极管模块整流,仅用于供电,无法将电动机制动时产生的再生电能回馈电网,是一种紧凑、经济的驱动方案。当设备中有制动能量产生时,必须依靠直流母线端接入制动单元和制动电阻才能实现快速制动。20kW 和 40kW 基本型电源模块集成了一个制动模块,附加外部制动电阻后可直接用于电动机的间歇再生制动。除了外部制动电阻外,100kW 基本型电源模块还需要制动模块才能再生制动。BLM 适用于不需要能量回馈或者只有少量制动能量的场合。

BLM 有书本型和装置型。书本型 BLM 进线电压为 380~480V 3AC,功率为 20kW、40kW、和 100kW;装置型 BLM 分为:

(1) 进线电压 380~480V 3AC,功率为 200kW、250kW、400kW、560kW 和 710kW;

(2) 进线电压 500~690V 3AC,功率为 250kW、355kW、560kW、900kW 和 1100kW。

SINAMICS S120 驱动器带负载能力较强,滤波电容势必选得较大。为了减少通电瞬间充电电流对整流模块及电容自身的冲击,驱动器原则上均需要设计预充电电路,系统监测电容两端的电压达到 80%以上工作电压时,预充电电路被继电器(或接触器)动合触头短接。20kW 和 40kW 的 BLM 通过集成的预充电电阻进行预充电,100kW 的 BLM 通过激活晶闸管进行预充电。

实际使用 BLM 时,必须安装与其功率相对应的进线电抗器,也可以选择安装进线滤波器,将其产生的干扰信号限制在允许的极限值内。图 5-4 为书本型 20kW 和 40kW BLM 接口及电气接线图示例。

书本型 20kW 和 40kW BLM 配置接口和端子如下:

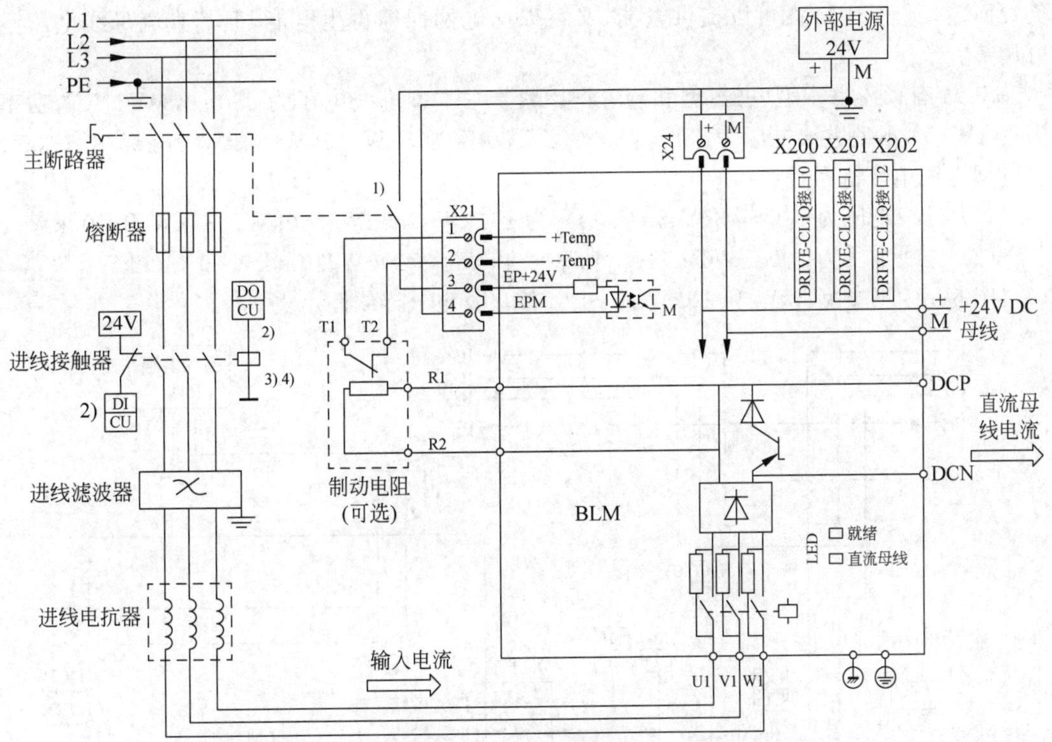

1) 需要正常运行，必须在"+24V DC"和"EPM"两个端子之间施加24V DC电压。
2) 数字量输入(DI)或数字量输出(DO)，由控制单元加以控制。
3) 进线接触器下游不允许附加负载。
4) 必须考虑数字量输出(DO)的载流能力；可能需要使用一个输出接口元件。

图 5-4 书本型 20kW 和 40kW BLM 接口及电气接线图

(1) 一个电源接口 X1(U1/V1/W1/PE);
(2) 一个制动电阻接口 X2(R1/R2);
(3) 一路脉冲使能 EP 端子(X21.3 和 X21.4);
(4) 一路制动电阻温度传感器端子(X21.1 和 X21.2);
(5) 一个 24V DC 端子适配器接口 X24(24V DC 电源正极端子+,接地端子 M);
(6) 三个 DRIVE-CLiQ 接口(X200～X202);
(7) 开关电源接口,通过集成的 24V DC 母排连接;
(8) 直流母线接口(DCP/DCN),通过集成的直流母线母排连接。

若图 5-4 中的温度输入端子 X21.1 和 X21.2 连接了制动电阻温度传感器(带常闭触点的双金属开关),一旦制动电阻过热,1min 后便输出警告和故障,并禁用 BLM。如果没有制动电阻,必须短接端子 X21.1 和 X21.2。

2. 非调节型电源模块

非调节型电源模块(Smart Line Modules,SLM)为整流/回馈单元,又称为智能型电源模块或回馈型电源模块。整流桥由二极管与 IGBT 组成,二极管整流桥负责整流,IGBT 桥负责回馈，所以 SLM 既可以提供电能，又可以向电网回馈再生电能，但其直流母线电压不可调节。

SLM 有紧凑书本型、书本型和装置型。紧凑书本型进线电压为 380～480V 3AC，功率为 16kW；书本型进线电压为 380～480V 3AC，功率为 5kW、10kW、16kW、36kW 和 55kW；装置型进线电压有两种：

(1) 进线电压为 380～480V 3AC，功率为 250kW、355kW、500kW、630kW 和 800kW；

(2) 进线电压为 500～690V 3AC，功率为 450kW、710kW、1000kW 和 1400kW。

图 5-5 为书本型 5kW 和 10kW 的 SLM 接口及电气连线图示例。

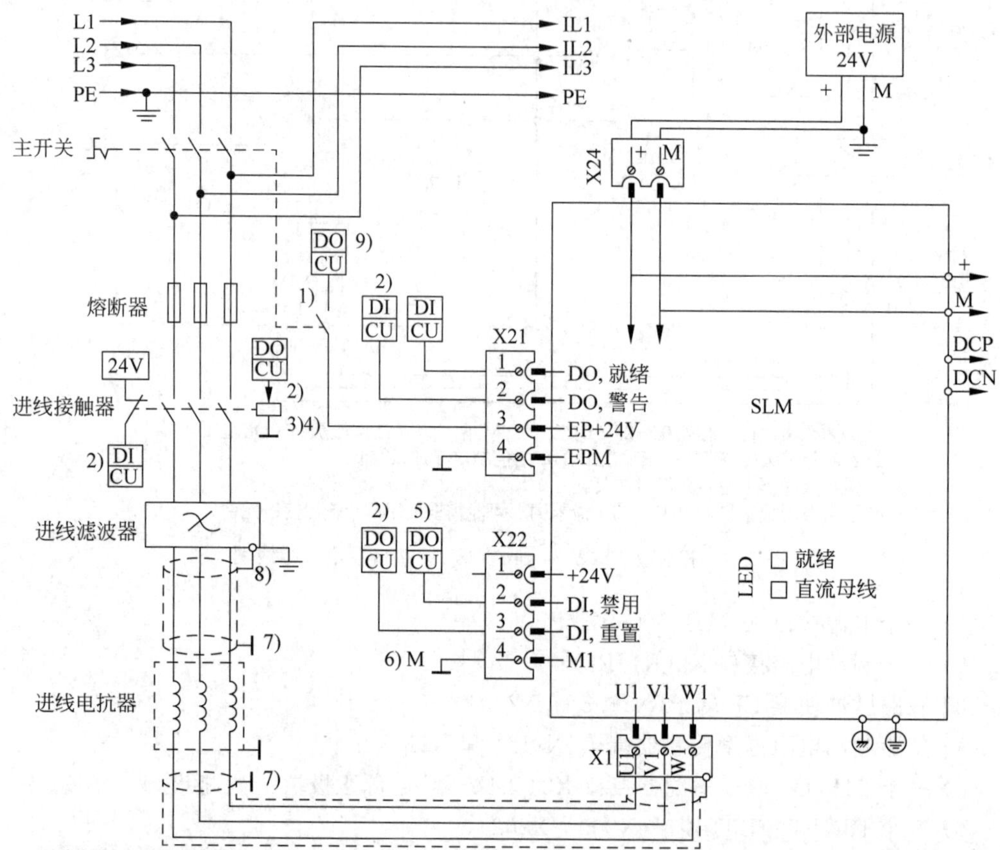

图 5-5 书本型 5kW 和 10kW SLM 接口及电气接线图

书本型 5kW 和 10kW 的 SLM 配置接口和端子如下。

(1) 一个电源接口 X1(U1/V1/W1/PE)。

(2) 一路脉冲使能 EP 端子 X21.3 和 X21.4。

(3) 一个准备就绪端子 X21.1。

(4) 一个报警端子 X21.2。

(5) 一个 24V DC 端子适配器接口 X24(24V DC 电源正极端子+,接地端子 M)。

(6) 一个数字量输入接口 X22:

① 数字输入控制的电源正极端子 X22.1;

② 禁止回馈功能端子 X22.2,高电平有效;

③ 故障复位端子 X22.3,下降沿有效;

④ 24V DC 电源接地端子 X22.4。

(7) 开关电源接口,通过集成的 24V DC 母排连接。

(8) 直流母线接口(DCP/DCN),通过集成的直流母线母排连接。

对于 5kW 和 10kW 的 SLM,可通过数字量输入端子 X22.2 来选择是否禁用再生回馈功能;对于 16kW 及以上的 SLM,可通过 DRIVE-CLiQ 接口参数设定来取消/激活模块的再生回馈功能。SLM 的工作状态通过两个多色 LED 来显示。

SLM 适用于设备存在大量制动能量的场合,制动产生的能量可以回馈电网。只有在有目的地对传动进行制动时,才需要使用制动模块和制动电阻,也能在电网断电或电网故障时无法回馈电能使系统能有效制动。

实际使用 SLM 时,在电网和 SLM 之间必须安装与其功率相配套的进线电抗器。

3. 调节型电源模块

调节型电源模块(Active Line Modules,ALM)是一个自换向整流/回馈单元,又称为主动型电源模块或有源型电源模块。IGBT 桥负责馈入和再生回馈,既可以从电网吸收能量,又能向电网回馈电能,同时还能进行无功补偿,用于有大量制动能量的场合。与 BLM 与 SLM 相比,ALM 生成的直流母线电压可以调节,能产生稳定的直流电压,即使进线电压出现波动时,仍能保持直流电压恒定,但此时的进线电压必须在允许的容差范围内。

和 SLM 一样,只有在有目的地对传动进行制动时,才需要使用制动模块和制动电阻,当在电网掉电后电能无法回馈电网时,使系统能有效制动。

ALM 有书本型和装置型。书本型的进线电压为 380～480V 3AC,功率为 16kW、36kW、55kW、80kW 和 120kW;装置型的进线电压有两种:

(1) 进线电压为 380～480V 3AC,功率为 160kW、235kW、300kW、380kW、450kW、500kW、630kW、800kW 和 900kW;

(2) 进线电压为 500～690V 3AC,功率为 560kW、800kW、1100kW 和 1400kW。

图 5-6 为书本型 ALM+AIM 模块电气接线图示例。图中的 AIM(Active Interface Module)为调节型接口模块,是 ALM 进线侧的开关组件,安装在电网和 ALM 之间。AIM 中包含正弦波滤波器,或称为电网净化器,一般和 ALM 模块配合在一起使用。它们除了整流/回馈功能以外,还具备一个显著的功能,那就是功率因数可调。既可以作为电网感性负载和容性负载,也可以作为电网阻性负载,将 ALM 的馈电整成正弦波回送电网,可以缓解其对电网电源品质的影响,使 ALM 电源模块对进线电源(电网)的影响大大减小。

书本型 ALM 配置的接口和端子如下。

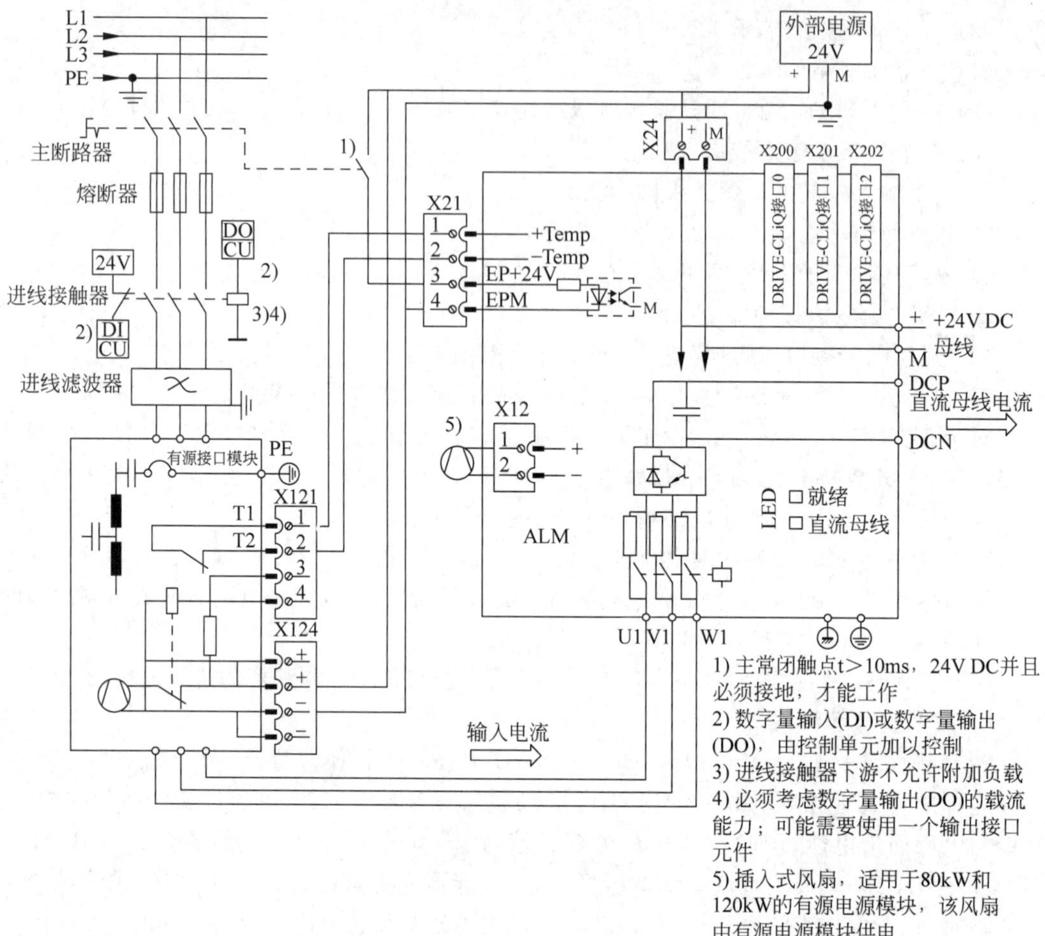

图 5-6　书本型 ALM+AIM 电气接线图

(1) 一个电源接口 X1(U1/V1/W1/PE)。

(2) 一路脉冲使能 EP 端子 X21.3 和 X21.4。

(3) 一路温度传感器端子(X21.1 和 X21.2)。

(4) 24V DC 端子适配器接口 X24(24V DC 电源正极端子+,接地端子 M)。

(5) 三个 DRIVE-CLiQ 接口(X200～X202)。

(6) 开关电源接口,通过集成的 24V DC 母排连接。

(7) 直流母线接口(DCP/DCN),通过集成的直流母线母排连接。

(8) 一个风扇接口 X12,调节型电源模块 80kW 和 120kW 配备了一个用于连接底部风扇的接口,此接口位于电源模块的底侧。

使用 ALM 时,温度输入端子 X21.1 和 X21.2 必须连接调节型接口模块 AIM 传感器(带常闭触点的双金属开关)的温度输出端。

控制单元 CU320-2 通过集成在 ALM 上的 DRIVE-CLiQ 接口对其进行控制。ALM 能降低谐波,限制任何有害谐波,在电源中产生一个近似正弦波形的电流,功率因数可调,且可达到 cosφ=1。在实际应用中,在电网和 ALM 之间必须安装与其功率相对应的电抗器。对于大于或等于 36kW 的 ALM,必须使用与其相配的滤波器。

BLM、SLM 和 ALM 三种电源模块在运行时,必须将 EP 端子 X21.3 连接 24V DC,并将端子 X21.4 接地,而电动机模块的 EP 端子 X21.3 和 X21.4 之间一般不必连接 24V DC。

小功率的 SLM 电源模块三相整流桥不需控制,因此没有 DRIVE_CLiQ 接口。但无论采用 ALM、BLM 还是 16kW 以上(包括 16kW)的 SLM 电源模块,在电动机运行前,要先激活电源模块,需要通过参数 P840 置 1 启动,否则不能建立直流母线电压或可能导致预充电回路过载而损坏。另外需要注意,电源模块与电动机模块不能连接在同一条 DRIVE-CLiQ 网络上。

表 5-2 从五个方面以及优点和适用场合对 SINAMICS S120 的三种电源模块进行了性能比较。

表 5-2 SINAMICS S120 的电源模块性能比较

性　能	基本型电源模块	非调节型电源模块	调节型电源模块
工作方式	不受控	不受控	可控(正弦波)
电网波动	不补偿	不补偿	补偿
能量回馈	无	有	有
谐波	高	高	低
无功补偿	无	无	有
优点和适用场合	• 节省空间 • 高能效 • 用在不需要能量回馈或者只有少量制动能量的场合	• 节省空间 • 高能效 • 用于有大量制动能量的场合	• 低谐波,近似于正弦波的电流波形 • 母线电压可控,即使在电网电压波动时,也能保证母线的稳定,通常用于高速的场合,比如轮切等应用 • 用于有大量制动能量的场合 • 功率因数可调 cosφ=1

5.3.3 SINAMICS S120 多轴驱动器的电动机模块

视频讲解

电动机模块即逆变模块,也称为功率模块,作为多轴驱动器的功率部件,向电动机提供不同的电压和频率。电动机模块有紧凑书本型、书本型和装置型,分为单轴型和双轴型。不同类型的电动机模块可以工作在同一条直流母线上。紧凑书本型和书本型电动机模块直流母线电压为 510~690V,装置型电动机模块直流母线电压有 510~690V 和 675~1035V 两种。原则上,所有单轴/双轴电动机模块都可以使用相应电压范围的三种电源模块(基本型、非调节型或调节型)供电运行。

单轴型电动机模块的额定输出电流和额定功率如下:

(1) 紧凑书本型为 3~18A,1.6~9.7kW;

(2) 书本型为 3~200A,1.6~107kW;

(3) 装置型为 210~1405A,110~800kW(直流母线电压为 510~690V),85~1270A,75~1200kW(直流母线电压为 675~1035V)。

双轴电动机模块的额度输出电流和额定功率如下:

(1) 紧凑书本型为 2×1.7～2×5A,2×0.9～2×2.7kW;

(2) 书本型为 2×3～2×18A,2×1.6～2×9.7kW。

1. 单轴电动机模块

图 5-7 为 3～30A 书本型单轴电动机模块接口及电气接线图示例。

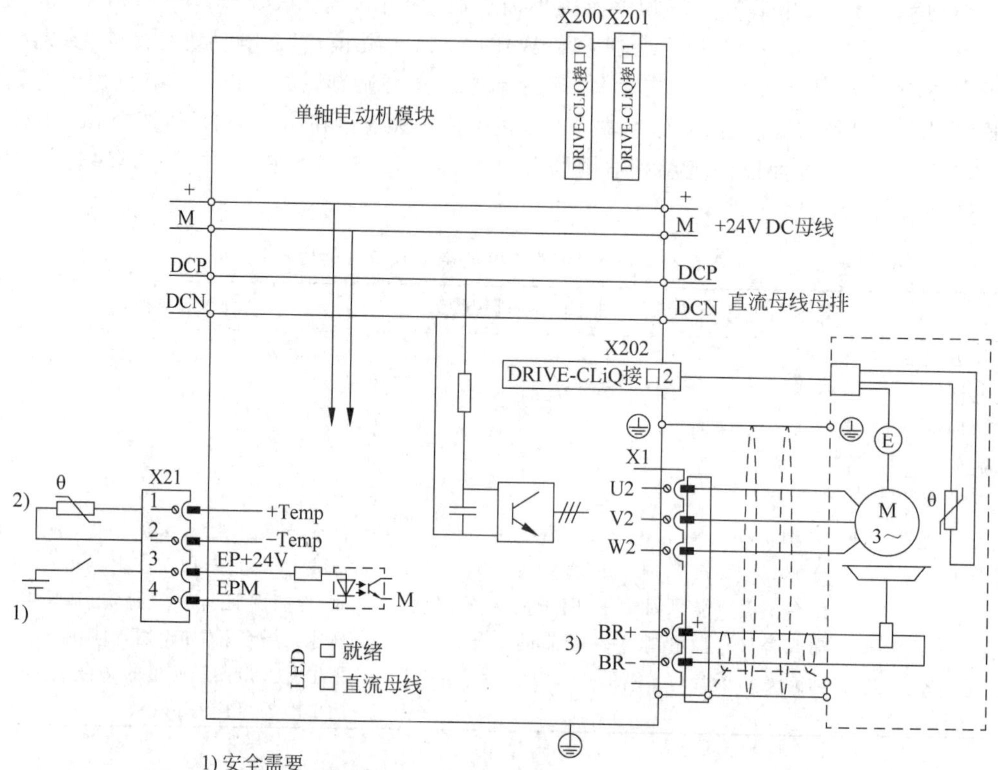

图 5-7　3～30A 书本型单轴电动机模块的接口及电气接线图

3～30A 书本型单轴电动机模块标配了以下接口及端子。

(1) 一个电动机接口 X1(U2\V2\W2\PE),通过连接器连接。

(2) 一路"安全停车"输入脉冲使能 EP 输入端子(X21.3 和 X21.4)。

(3) 安全电动机抱闸控制器端子(BR+、BR−)。

(4) 一路温度传感器输入端子(X21.1 和 X21.2),可连接 KTY84-130 或 PTC 温度传感器。

(5) 三个 DRIVE-CLiQ 接口的 RJ45 插座(X200～X202)。

(6) 两个开关电源接口,通过集成的 24V DC 母排连接。

(7) 两个直流母线接口(DCP/DCN),通过集成的直流母线母排连接。

2. 双轴电动机模块

图 5-8 为 2×3～2×18A 书本型双轴电动机模块接口及电气接线图示例。

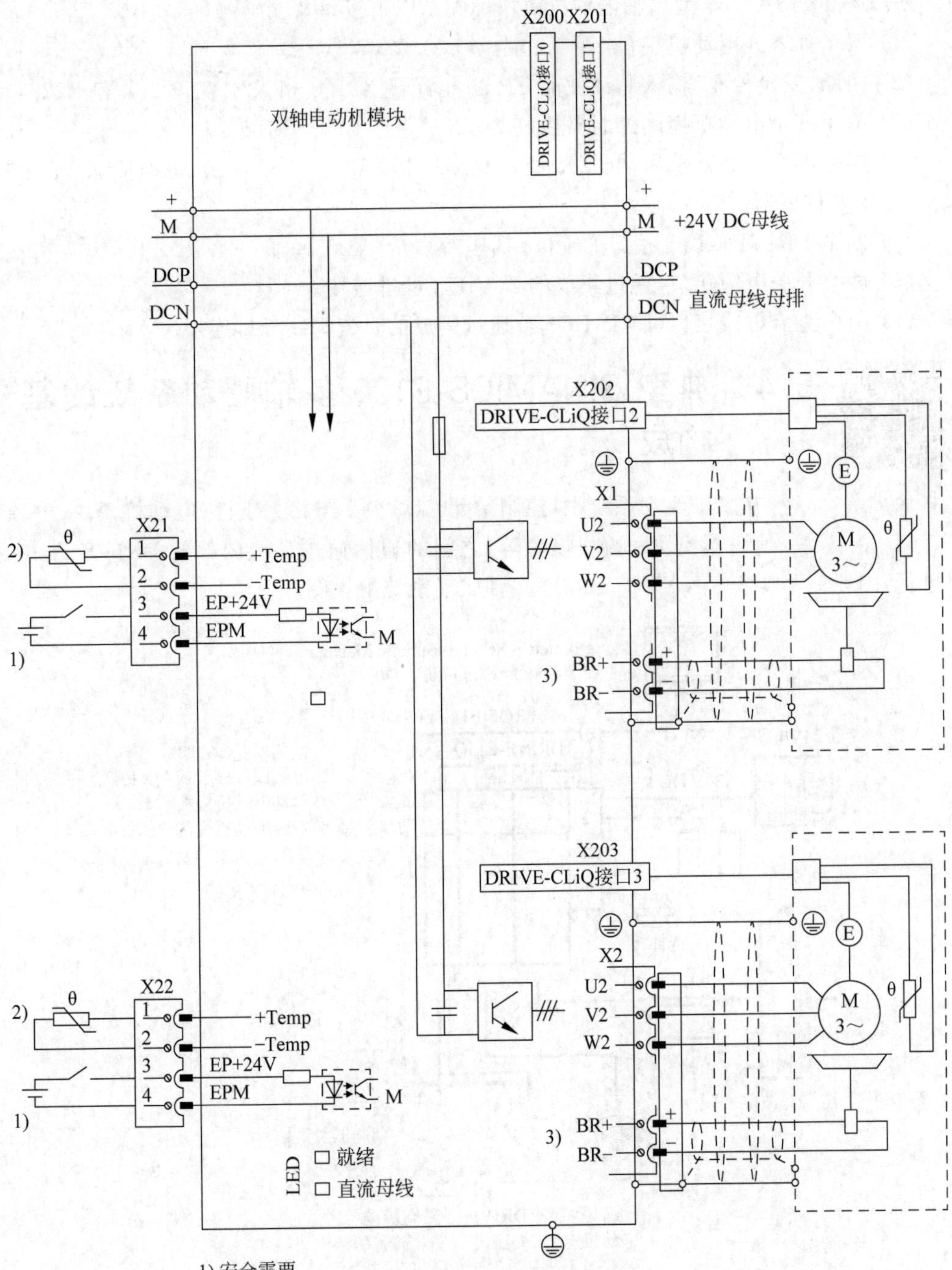

1) 安全需要
2) 不带DRIVE-CLiQ接口的电动机温度传感器端子
3) 制动信号已经集成过压保护，抱闸不需要外部电路

图 5-8　2×3～2×18A 书本型双轴电动机模块接口及电气接线图

2×3～2×18A 书本型双轴电动机模块标配了以下接口及端子。

(1) 两个插入式电动机接口 X1/X2 端子(U2\V2\W2\PE)。

(2) 两路"安全停车"输入脉冲使能 EP 输入端子(X21.3 和 X21.4,X22.3 和 X22.4)。

(3) 两个安全电动机抱闸控制器接口 X1/X2 端子(BR＋、BR－)。

(4) 两路温度传感器输入端子(X21.1 和 X21.2,X22.1 和 X22.2),可连接 KTY84-130 或 PTC 温度传感器。

(5) 四个 DRIVE-CLiQ 接口的 RJ45 插座(X200～X203)。

(6) 两个开关电源接口,通过集成的 24V DC 母排连接。

(7) 两个直流母线接口(DCP\DCN),通过集成的直流母线母排连接。

视频讲解

5.4 典型 SINAMICS S120 多轴驱动系统的基本构成

在多轴驱动系统中,控制单元 CU320-2 与相关组件(电动机模块、电源模块、编码器模块和端子模块等)之间的通信通过系统内部的 DRIVE-CLiQ 接口进行,图 5-9 为典型 SINAMICS S120 多轴驱动系统配置图。

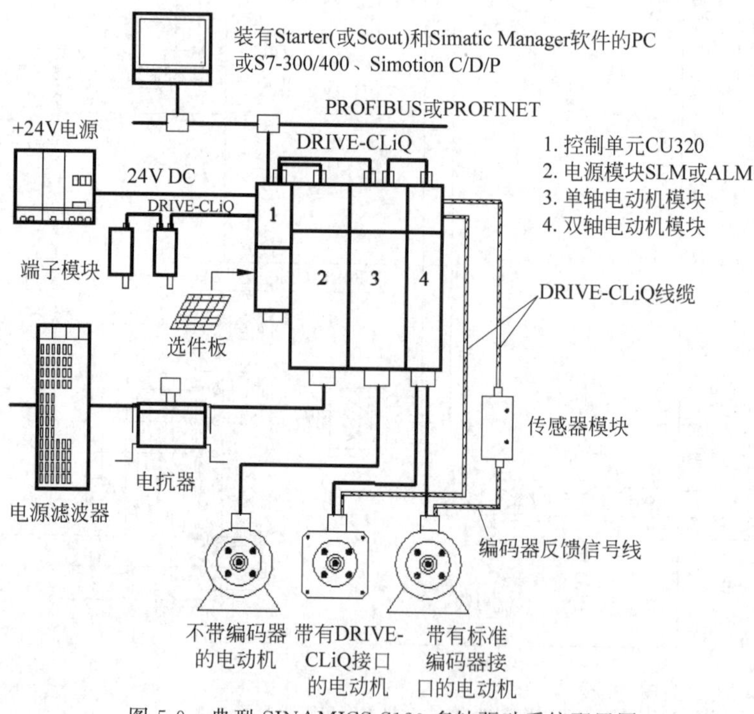

图 5-9 典型 SINAMICS S120 多轴驱动系统配置图

图 5-9 中的典型 SINAMICS S120 多轴驱动系统的构成包括:

(1) 控制单元 CU320-2;

(2) 电源模块 SLM 或 ALM;

(3) 电动机模块(单轴与双轴模块);

(4) 24V DC 开关电源;

(5) 端子模块及其他选件板;

(6) 进线电抗器与滤波器;

(7) 电动机;

(8) 编码器;

(9) 编码器转换模块(传感器模块);

(10) DRIVE-CLiQ 连接电缆;

(11) 动力电缆;

(12) 上位监控或者控制系统。

DRIVE-CLiQ(Drive Component Link with IQ)是西门子 SINAMICS 驱动系统组件之间通信专用的内部通信协议,不对外开放,是基于 RJ45 接口开发的协议。通过 DRIVE-CLiQ 接口,将控制单元与 SINAMICS 的组件(如电源模块、电动机模块、电动机和编码器及编码器转换模块等)连接在一起,通过带 DRIVE-CLiQ 接口的控制单元(CU320)可同时控制多台电动机传动。

对于电源模块来说,小功率的 SLM 不需要控制,因此模块上没有 DRIVE-CLiQ 接口,在采用调试工具软件 STARTER 进行项目配置时也不需要进行配置。而对于 16kW 以上的 SLM,以及 BLM 和 ALM 都需要通过 DRIVE-CLiQ 接口对其进行控制,才能启动。

具有 DRIVE-CLiQ 接口的组件内部有电子铭牌(SMI)功能,电子铭牌中包括组件的以下数据:

(1) 组件类型,例如,SMC20;

(2) 订货号,例如,6SL3055-0AA0-5BA0;

(3) 制造商,例如,SIEMENS;

(4) 硬件版本,例如,A;

(5) 序列号,例如,T-PD3005049;

(6) 技术数据,例如,额定数据等。

控制单元通过 DRIVE-CLiQ 接口能自动识别组件,从而读取驱动系统的拓扑结构。同时,电子铭牌的使用,使组件技术数据也自动装载到控制单元中,从而实现 SINAMICS 驱动系统的自动配置,简化了调试步骤,并且可对组件进行诊断。

DRIVE-CLiQ 通信有以下优点:使得配置可以自动进行,简单;诊断信息清晰易懂;100M 带宽的扩展;Hub 的使用可以有效减少系统连线;DRIVE-CLiQ 允许节点与节点间的最大电缆长度为 100m。

DRIVE-CLiQ 通信电缆有两种:

(1) 不带 24V DC 电源的电缆,比如用于控制单元(CU)与电源模块、电动机模块等之间的数据交换;

(2) 带 24V DC 电源的电缆，比如用于电动机模块与编码器转换模块(SMC)之间的数据交换，SMC 需要为编码器提供工作电源。

DRIVE-CLiQ 接线有一定的规则，如图 5-10 所示。一般规则如下：

(1) 在 CU320 上，一条 DRIVE-CLiQ 总线上最多能连接 16 个节点；

(2) 每排最多有 8 个节点；

(3) 不能有环形连接；

(4) 节点之间不能重复连接；

(5) 电源模块与电动机模块不连接在一根 DRIVE-CLiQ 总线上；

(6) 所有在同一 DRIVE-CLiQ 总线上的模块必须有相同的采样周期。

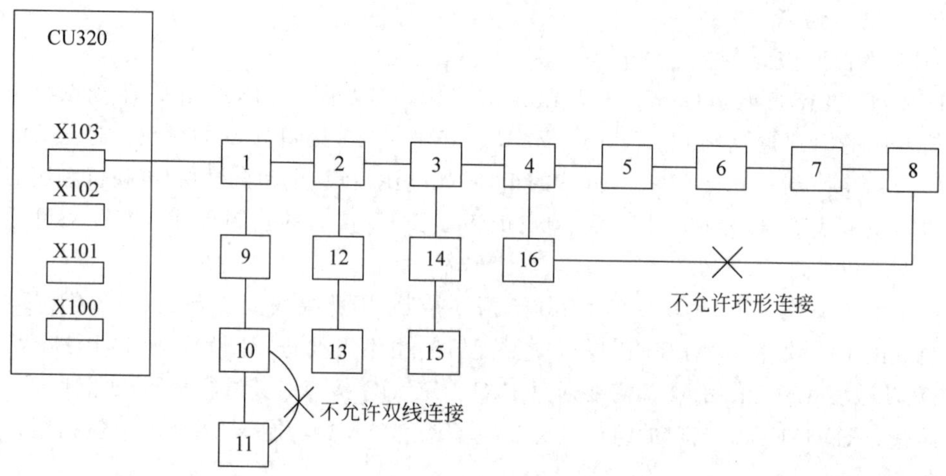

图 5-10 DRIVE-CLiQ 接线一般规则

一般推荐从控制单元出来的 DRIVE-CLiQ 电缆要连接到书本型功率模块的 X200 上，或者是装置型功率模块的 X400 上，功率模块向其他模块之间的连线要接到 X201 或者 X401 上，如图 5-11 所示。

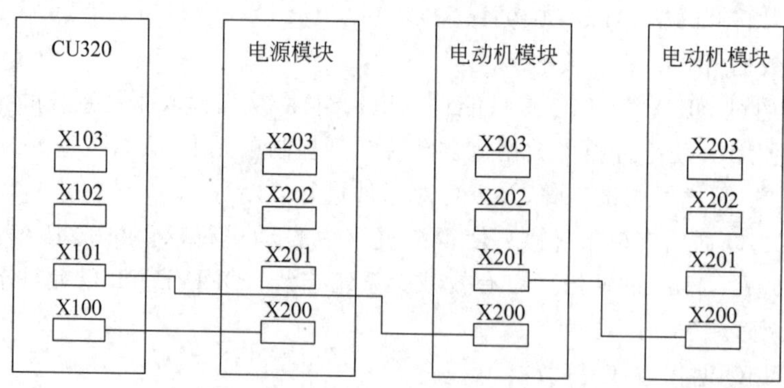

图 5-11 推荐的 DRIVE-CLiQ 接线

另外,需要注意对于双轴电动机模块,如果电动机模块输出侧端子 X1 连接电动机 1,X2 连接电动机 2,那么电动机 1 默认对应的编码器 DRIVE-CLiQ 接口是 X202,电动机 2 的是 X203,参见图 5-8。如果接反了,就可能报错误 F07900。

视频讲解

5.5 SINAMICS S120 驱动器主要的附加系统组件

SINAMICS S120 的控制单元(CU)用于控制整个驱动系统,除了对电源模块和电动机模块的控制之外,控制单元(CU)还可以连接其他的附加系统组件,包括操作面板、通信扩展板、端子扩展模块和编码器转换模块等,用于控制功能的扩展。

5.5.1 操作面板

SINAMICS S120 的操作面板有高级操作面板 AOP30 和基本操作面板 BOP20,如图 5-12 所示。

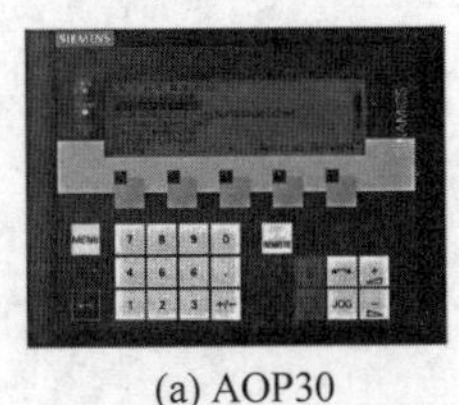

(a) AOP30

(b) BOP20

图 5-12 SINAMICS S120 操作面板

AOP30 是 SINAMICS 系列驱动器带有图形显示和薄膜键盘的操作面板,可以以纯文本格式和状态条显示过程变量,用于调试、操作和诊断。V2.5 版本以上的驱动器,支持中文界面显示。

AOP30 与控制单元 CU320-2 之间通过串行接口 RS232 进行 PPI 协议通信。该操作面板适合安装在厚度为 2~4mm 的控制柜柜门上。

基本操作面板 BOP20 是一款简易的操作面板,有六个按键和一个带有背光的屏幕。

基本操作面板 BOP20 可以通过背面集成的插入式连接器安装在控制单元 CU310-2 或 CU320-2 上,由控制单元为 BOP20 供电。

利用 BOP20 可以实现下列功能:

(1) 改变驱动对象,实现对 SINAMICS S120 驱动轴的控制,包括启动/停止驱动轴和改变驱动器输出频率;

(2) 方便地修改和显示驱动器参数;

(3) 显示故障信息并进行复位故障。

有关 BOP20 的操作方法将在第 6 章介绍。

5.5.2 I/O端子插板和端子模块

在 SINAMICS S120 驱动系统中，可以通过 I/O 端子插板或端子模块扩展 I/O 端子的数量，图 5-13 所示的是扩展 I/O 端子插板和端子模块。

1. 端子插板 TB30

TB30 是可以插入到控制单元选件槽中扩展 I/O 端子插板，如图 5-13(a)所示。端子板 TB30 可用于扩展控制单元 CU320-2 数字量和模拟量 I/O 端子的数量。

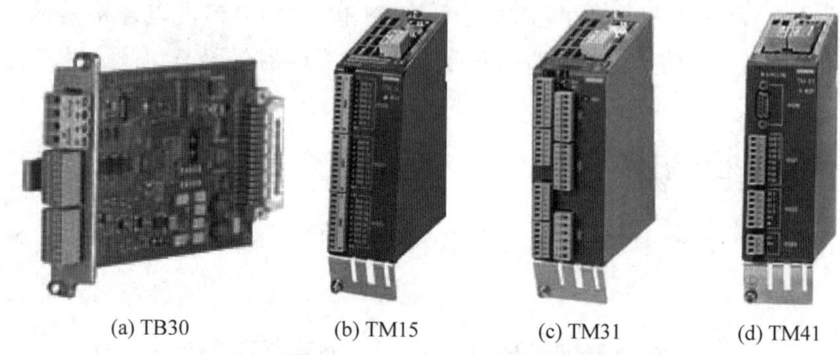

(a) TB30　(b) TM15　(c) TM31　(d) TM41

图 5-13　扩展 I/O 端子插板和端子模块

端子板 TB30 上的接口及可扩展功能有：

(1) 用于数字量输入/数字量输出的 24V DC 开关电源接口；

(2) 四路数字量输入；

(3) 四路数字量输出；

(4) 二路模拟量输入；

(5) 二路模拟量输出。

2. 端子模块

SINAMICS S120 驱动器有端子扩展模块 TM15、TM31、TM41，其安装方式都是卡紧在安装导轨上。根据需要扩展数字量输入/输出、模拟量输入/输出的数量可进行选择。端子扩展模块通过 DRIVE-CLiQ 与控制单元 CU310-2、CU320-2 通信。另外，SINAMICS S120 驱动器还有 TM54F、TM120 和 TM150 扩展 I/O 端子模块。

5.5.3 通信板

1. CAN 通信板 CBC10

CAN 通信板 CBC10 是控制单元 CU320-2 用于连接 CAN 总线的通信模块。CBC10 通信板的 CAN 接口有两个 D 型接头，用于输入和输出，如图 5-14(a)所示。采用 CBC10 通信板时，将其插入到控制单元 CU320-2 的选件插槽中，

只能通过控制单元 CU320-2DP 上的两个地址开关设置 CAN 地址。控制单元 CU320-2PN 上不提供该地址开关，只能通过参数设置地址。

2. 以太网通信板 CBE20

借助 CBE20 接口模块，SINAMICS S120 系统可以接入 PROFINET 网络。该通信板支持具有等时同步实时以太网属性（Ethernet IRT）和实时以太网属性（Ethernet RT）的 PROFINET IO 通信。

该通信板有四个 RJ45 以太网接口，如图 5-14（b）所示。采用通信板 CBE20 通信时，应将其插入到控制单元 CU320-2 的选件插槽中。

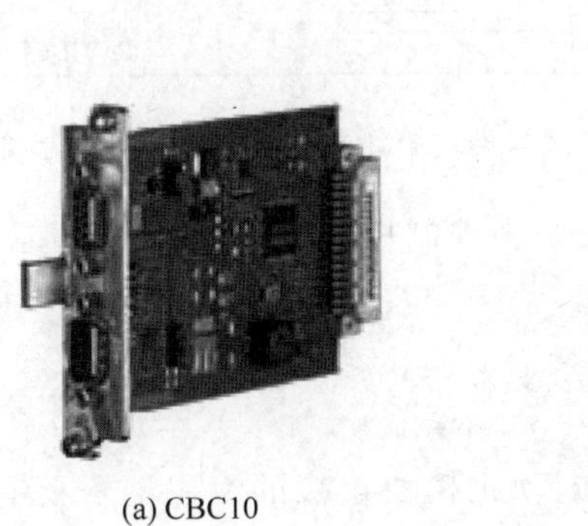

(a) CBC10

(b) CEB20

图 5-14　SINAMICS S120 通信板

5.5.4　DRIVE-CLiQ 集线器模块

DRIVE-CLiQ 集线器模块 DMC20 和 DME20 用于 DRIVE-CLiQ 网络支路的星形布线，如图 5-15 所示。DMC20 和 DME20 上都有六个 DRIVE-CLiQ 接口 RJ45 插座，可以在已有驱动组的基础上增加五个 DRIVE-CLiQ 插口，用于连接五个 DRIVE-CLiQ 节点，连接更多驱动器，连接示例如图 5-16 所示。两个 DRIVE-CLiQ 集线器模块 DMC20 可以串联（级联）在一起。

(a) DMC20

(b) DME20

图 5-15　DRIVE-CLiQ 集线器模块

使用 DRIVE-CLiQ 集线器模块时，可以拔出单个的 DRIVE-CLiQ 设备，而不会中断其余 DRIVE-CLiQ 设备的数据交换。安装时，图 5-15（a）所示的 DMC20 卡紧在安装导轨上，

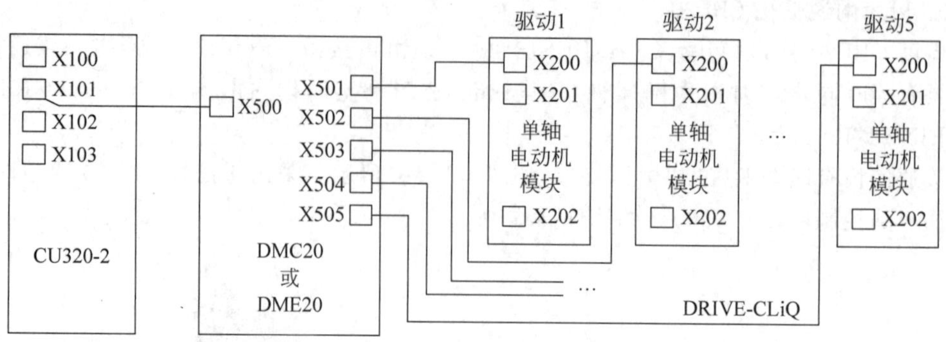

图 5-16 DRIVE-CLiQ 集线器模块 DMC20 和 DME20 使用示例

DMC20 模块的防护等级为 IP20,适合安装在控制柜中；图 5-15(b)所示的 DME20 模块的防护等级为 IP67,适合安装在控制柜外。

5.5.5 编码器转换模块

在 SINAMICS S120 驱动系统中,电动机模块连接的编码器需要有 DRIVE-CLiQ 接口,为此西门子公司设计了配备有 DRIVE-CLiQ 接口的电动机,如 1FT7 和 1FK7 系列同步伺服电动机、1PH7 和 1PH8 系列异步伺服电动机,以及 1FW3 系列转矩电动机,控制单元(CU)能够自动识别这些电动机及集成的编码器类型,因而大大简化了调试和诊断工作。如果电动机未配备 DRIVE-CLiQ 通信接口或除电动机集成的编码器外还需要外部编码器时,则需要将电动机编码器连接到编码器转换模块 SMC(防护等级 IP20)或 SME(护等级 IP67)上,也称为传感器模块,将转换后的信号连接到电动机模块。图 5-17 为 SMC 和 SME20/SME25 编码器转换模块。

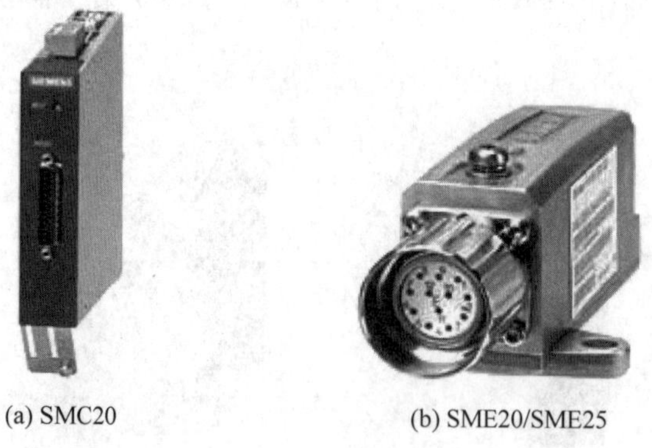

(a) SMC20　　(b) SME20/SME25

图 5-17 编码器转换模块

5.5.6 CF 卡

SINAMICS 驱动器的主要功能是通过软件实现的,CF 卡是软件的存储设备,也是

SINAMICS S120 的控制单元(CU)工作时必需的存储设备，图 5-18 所示为 CF 卡及卡槽。这种“嵌入式”软件用于实现产品功能，是整个产品的重要组成部分，因其软件固定地与特定硬件协同工作，所以这种“嵌入式”软件又称固件。在 SINAMICS 驱动中，固件划分为硬件驱动程序的操作系统(OS)，以及“运行实时功能(RT)”的驱动器功能，如基本驱动功能、标准工艺功能和通信功能等。

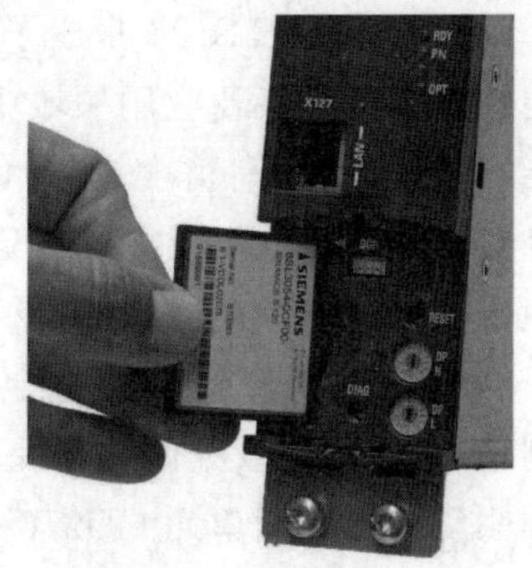

图 5-18 CF 卡及卡槽

在 CF 卡的标签上包含固件版本、序列号等基本信息，卡上以项目形式存储着所有驱动的固件(Firmware)、参数设置和授权等信息。在断电情况下，CF 卡上数据能够永久保存。在使用 CF 卡时，需要注意其只能在 SINAMICS 驱动系统断电情况下进行插拔。利用调试软件 STARTER 中的“Copy RAM to ROM”操作可将控制单元工作存储器 RAM 中的项目数据存储到 CF 卡的 ROM 中。

SINAMICS S120 控制单元 CU310-2 和 CU320-2 所使用的 CF 卡是通用的，CU310-2 需 V4.4 版本及以上版本固件的 CF 卡，CU320-2DP 需 V4.3 以上版本固件的 CF 卡，CU320-2PN 需 V4.4 以上版本固件的 CF 卡。同一张 CF 卡可以在不同的 CU 上使用，但用户数据不通用。

SINAMICS S120 CF 卡的选型需要注意以下三个方面：一是固件版本(由 CF 卡上的订货号两位表示)；二是否带性能扩展；三是否带集成安全功能。在购买 CF 卡后，卡内即带有了 SINAMICS S120 的固件。

西门子变频器 SINAMICS S120 系列的 CF 卡具有性能扩展，通常所说的最大控制轴数，是指带性能扩展的 CF 卡，但使用时需要授权。如控制单元 CU320-2 按照轴数来确定授权，通常当控制四个或更多伺服轴时，都需要性能扩展，否则会出现报警甚至无法使用。控制单元 CU310-2 不需要带性能扩展的 CF 卡。

SINAMICS S120 系列的 CF 卡带有安全集成功能的授权，这个授权与使用安全功能的轴数有关，若在驱动系统中使用安全集成功能，则 CF 卡要配置有这个功能的授权才能正常使用。

小结

SINAMICS 系列驱动器根据使用领域的不同，分为基础型(V 系列)、通用型(G 系列)和高性能型(S 系列)。V 系列驱动器主要用于系统集成度要求不高的场合，V 系列的伺服产品，只有基本的伺服控制功能；G 系列驱动器主要用于驱动普通异步电动机，拖动对象所需的动态特性和精度要求相对比较低；S 系列驱动器主要用于驱动高性能的异步伺服电动机与同步伺服电动机，满足伺服控制所需要的高动态特性与高精度要求，并能满足将复杂的工艺控制功能集成于驱动控制系统的要求。

SINAMICS S120集成了伺服控制与矢量控制模式，是一种高性能、高精度的驱动器，能够胜任各种工业应用领域中要求苛刻的驱动任务。既具有通常的V/f控制、矢量控制功能，又具有实现高精度、高性能的伺服控制的功能；具有速度控制、转矩控制和位置控制多种控制方式；不仅能控制普通异步电动机，还能控制异步伺服电动机、同步伺服电动机、转矩电动机和直线电动机，能够实现进给轴的绝对和相对准确定位。

SINAMICS S120硬件上采用模块化的系统组件设计，包括独立的功率单元模块和控制单元模块，以及编码器模块、端子模块和集线器模块等。有单轴驱动器和多轴驱动器，单轴驱动器由控制单元CU310-2和功率模块PM240-2或PM340构成，多轴驱动器由控制单元CU320-2以及电源模块、电动机模块等构成。采用单轴适配器还可以扩展多轴驱动器控制轴的数量。

SINAMICS S120有多种附加系统组件，包括操作面板、通信扩展板、端子扩展模块、编码器模块等，用于控制功能的扩展。

SINAMICS S120的多数组件通过DRIVE-CLiQ接口相互连接，DRIVE-CLiQ是西门子SINAMICS系统组件之间专用的通信协议。通过DRIVE-CLiQ接口，将控制单元(CU)与SINAMICS驱动组件(如电源模块、电动机模块、电动机和编码器、编码器转换模块等)按一定的规则连接在一起。

习题

1. SINAMICS系列交流驱动产品有哪些类型？
2. SINAMICS G系列和S系列驱动器分别用于哪种类型电动机的驱动？主要用途是什么？
3. SINAMICS S120同一控制单元(CU)的伺服控制模式和矢量控制模式能不能混用？伺服控制模式和矢量控制模式分别用于什么场合。
4. SINAMICS S120伺服控制模式和矢量控制模式一般分别控制什么类型电动机？
5. SINAMICS S120多轴驱动器的电源模块有几种类型？分别有什么特点？
6. 什么是DRIVE-CLiQ？DRIVE-CLiQ接口的一般接线规则有哪些？
7. 编码器转换模块的用途是什么？
8. SINAMICS S120驱动器的附件CF卡的用途是什么？

第 6 章

SINAMICS S120 参数及 BOP20 的基本操作

内容提要：本章首先介绍 SINAMICS S120 驱动器参数，以及采用 BOP20 设置的控制单元与驱动单元基本参数；然后介绍 BOP20 显示与按键功能和 BOP20 基本功能操作，介绍 BOP20 参数访问及修改操作方法；最后介绍 BOP20 控制电动机运行的简单设置。

SINAMICS S120 驱动器的参数非常丰富，与 MM4 系列变频器参数有相似之处，也有不同。本章将介绍 SINAMICS S120 参数，以及利用基本操作面板 BOP20 设置参数的方法。

6.1 SINAMICS S120 系列驱动器参数简介

视频讲解

1. 驱动对象概念

在 SINAMICS S120 系列中，一个驱动组(Drive Group)由若干个驱动对象(Drive Object)组成。所谓驱动对象，是指具有独立的"自包含"软件功能，并具有自己参数的一个组件。在某些情况下，还有自己的故障和警报参数。

驱动对象(Drive Object)，简写为"DO"，在驱动组中驱动对象用驱动号来表示，也称为"装置号"，在首次调试时每个驱动对象都会被指定一个编号(0～63)用于内部识别。以下都是驱动对象。

(1) 控制单元(CU)：CU320-2PN、CU320-2DP 和 CU310-2 等；

(2) 电源模块(Infeeds)：BLM、SLM 和 ALM；

(3) I/O 端子模块(Input/Output component)：TM15 和 TM31 等；

(4) 驱动(Drives)：SERVO 轴和 VECTOR 轴等。

2. 驱动对象参数

同所有变频器一样，SINAMICS S120 驱动器有很多参数，其中每个驱动对象都有自己的参数表，如控制单元、电源模块、矢量轴、伺服轴和端子模块等都有自己的参数。一个参数码(同 MM4 系列变频器一样也简称为参数)可以属于一个、多个或者所有驱动对象或功能模块，在 S120 参数手册，每个参数下列出了该参数适应的有关"驱动对象"和"功能模块"。

如主设定值参数 P1070 既适用于伺服轴（扩展设定值）驱动对象，也适用于矢量轴驱动对象，但在伺服轴中参数 P1070 属于扩展设定值功能模块，所以只有"扩展设定值通道"功能模块被激活时，该参数才存在。而在矢量轴驱动对象上，该参数始终存在。通过调试软件的配置，可以激活/取消激活相应的功能模块，被激活后，对应功能块的可设定参数就可使用调试软件进行修改。

控制单元和电源模块的参数用户一般不用去修改，而电动机轴（矢量轴或者伺服轴）的参数，则需要用户根据设备和工艺要求进行修改调试。表 6-1 所列的是 SINAMICS S120 驱动器所有的参数范围。

表 6-1 SINAMICS S120 驱动器的参数范围

参数范围		参数描述
0000	0099	装置的运行状态及常用只读参数
0100	0199	调试参数，通常不需修改
0200	0299	功率模块参数，一般由 DRIVE-CLiQ 自动读取
0300	0399	电动机参数
0400	0499	编码器参数
0500	0599	工艺应用与单位
0600	0699	电动机温度，最大电流监控等
0700	0799	控制单元的数字量状态
0800	0839	数据组管理与切换
0840	0879	启停控制等命令（ON/OFF）
0880	0899	控制字及状态字
0990	0999	Profibus/Profidrive
1000	1199	设定值通道
1200	1299	功能参数，如自动再启动、抱闸控制等
1300	1399	控制方式及 V/f
1400	1799	闭环控制
1800	1899	脉冲触发控制
1900	1999	电动机识别及优化
2000	2099	通信（Profibus）
2100	2199	故障，报警，监控功能
2200	2399	PID
2900	2930	固定值设定
3400	3699	整流单元控制（ALM）
3800	3899	摩擦特性参数
3900	3999	管理参数
4000	4199	端子板，端子模块参数（TM31）
4200	4399	端子模块（TM15，TM120 等）
6000	6999	中压装置
7000	7499	装置并联参数

续表

参数范围		参数描述
7800	7899	EPROM
8500	8599	数据、宏管理
8600	8799	CAN
8800	8899	通信板参数
9300	9899	安全功能
9900	9949	拓扑比较参数
9950	9999	内部诊断参数
10000	10099	安全功能
11000	11299	自由工艺控制器 1,2,3
20000	20999	自由功能块
21000	25999	DCC
61000	61999	Profinet

3. 参数类型及表示方法

SINAMICS S120 驱动器参数类型也有可设定(写/读)参数和只读参数，即 P 参数和 r 参数，P 参数的数值直接影响驱动器功能特性，r 参数仅用于显示内部数据。P 参数又包括普通可设定参数和 BICO 输入参数(BI，CI)；r 参数也包括普通可读参数和 BICO 输出参数(BO，CO)，图 6-1 所示的是 SINAMICS S120 参数类型。

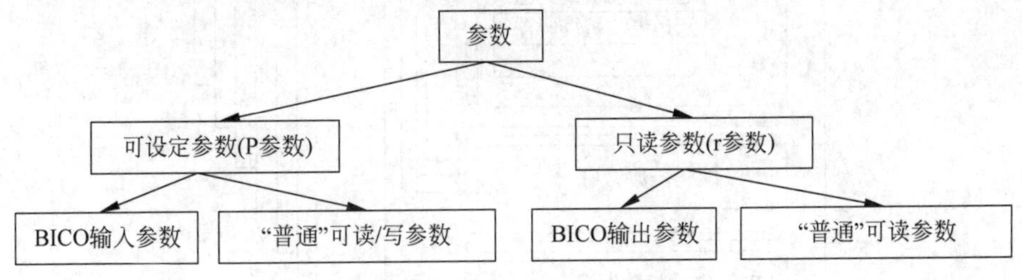

图 6-1　SINAMICS S120 参数类型

在文献中 SINAMICS S120 驱动器参数的表示方法与 MM4 系列变频器的参数表示方法相似，如驱动对象使能参数为 P840，实际位置值参数为 r2521。但 SINAMICS S120 每个驱动对象都有自己的参数，不同的驱动对象之间还可以进行参数互联。在文献中，参数所属的驱动对象通常采用备注的方法表示出来，如 r0945[2](3)表示的是驱动对象 3 的显示参数 945，下标为 2。

4. 驱动对象参数的分组

SINAMICS S120 驱动器各个驱动对象的参数也进行了数据分组，分为“与数据组无关”的参数和“与数据组相关”的参数。与数据组无关的参数在每个驱动对象中只出现一次，即参数无下标；与数据组相关的参数可以多次存在于驱动对象中，即参数有下标，通过参数下标确定地址，用于读写。

与数据组相关的参数又分为命令数据组(Command Data Set,CDS)、驱动数据组(Drive Data Set,DDS)、编码器数据组(Encoder Data Set,EDS)和电动机数据组(Motor Data Set,MDS)。图 6-2 所示的是 SINAMICS S120 驱动对象数据分组情况。

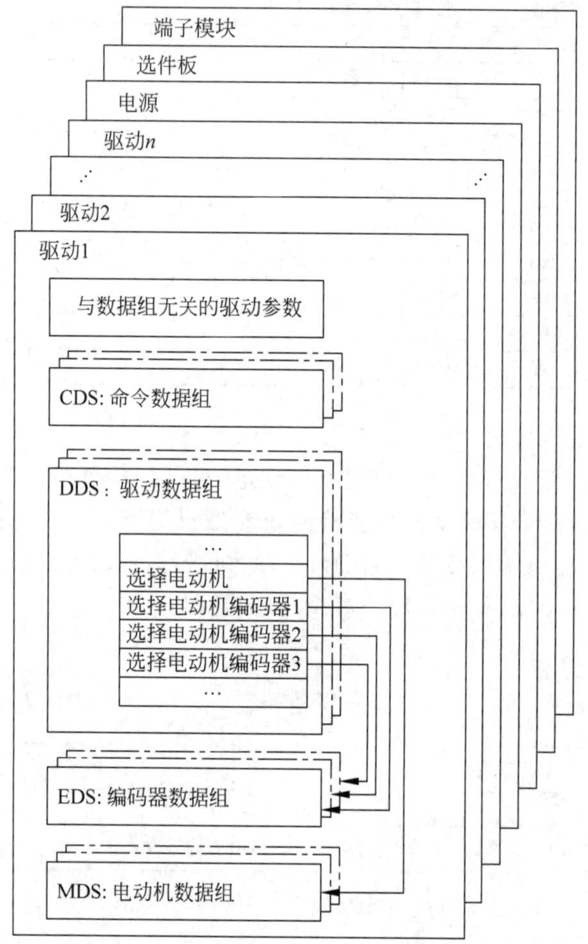

图 6-2　SINAMICS S120 驱动对象的数据组

1) 命令数据组 CDS

通过相应地设置多个命令数据组,在这些命令数据组之间进行切换,就可以使用设置的不同信号源控制驱动器的运行,如设置不同的启动/停止命令源 P0840、点动 1 的命令源 P1055,等。

不同驱动对象可以管理数量不同的命令数据组,由参数 P0170 来设置,伺服轴最多可设置两组,矢量轴最多可设置四组。同 MM440 相似,在矢量模式时,也由二进制互联输入参数(BI)P0810 和 P0811 选择哪个命令数据组。如果选择了不存在的指令数据组,则当前的数据组保持生效。选中的命令数据组存储在参数 r0836 中。

2）驱动数据组 DDS

DDS 包含各种用于驱动轴闭环控制和开环控制可设定的参数。一个驱动对象可以管理最多 32 个驱动数据组 DDS，其数量由参数 P0180 设置，二进制互联输入参数(BI)P0820～P0824 用于选择驱动数据组 DDS。DDS 包括以下参数：

(1) 各种控制参数，如转速固定设定值 P1001～P1015、最低转速 P1080、最高转速 P1082、斜坡函数发生器上升时间参数 P1120、直流母线 Vdc 控制器参数 P1240 等。

(2) 分配的电动机数据组和编码器数据组编号。参数 P0186 用于选择分配的电动机数据组 MDS；一个驱动轴最多可配置三个编码器，参数 P0187～P0189 分别用于选择分配的编码器数据组 EDS。

3）编码器数据组 EDS

EDS 包含驱动器所连接编码器的各种设置参数，用于驱动轴的配置，如编码器类型参数 P0400 等。EDS 数量由参数 P0140 设置，矢量轴和伺服轴最多为 16 个。

4）电动机数据组 MDS

MDS 包含电动机模块所连接电动机的各种可设定参数，用于驱动器的配置，如电动机类型 P0300、电动机额定电压 P0304 等，以及一些显示参数和计算得到的数据，如额定转差率参数 r0330、电动机冷态定子电阻参数 r0370 等。MDS 数量由参数 P0130 设置，矢量轴和伺服轴最多为 16 个。

5. 驱动对象参数的调试状态

SINAMICS S120 驱动器中可设定 P 参数的修改状态可以有不同状态，若在参数手册中某个 P 参数的可修改处标注是“-”，则表示该 P 参数可以在任何状态下均可修改，且修改立即有效。若可修改处标注的是 C1(x)、C2(x)、T、U，则表示该参数只能在设备所标注的状态下修改，并且只有在离开该状态时才会生效。C1(x)、C2(x)中的 C(Commissioning)表示调试状态，T(Ready to run)表示准备运行状态，U(Run)表示运行状态。有的参数可能只在一种状态下可修改，有的参数可在上面多种状态下均可修改。具体各个调试状态所处情况如下。

1）C1(x)状态

C1(x)表示调试状态 1，为设备调试状态，用于设备和驱动的基本调试。P0009＞0，执行设备调试。参数 P0009 是控制单元(CU)专用参数，起设备调试参数过滤器作用，设置该参数，可以筛选出不同调试阶段中可写入的参数。若可修改处只写 C1，则表示 P0009＞0 时该参数都可修改。若可修改处写的是 C1(x)，则表示该参数只有在 P0009＝x 时才可修改。通过设置 P0009＞0，可以筛选出不同调试阶段中可写入的参数。参数的修改只能在 P0009＞0 时进行。只有 P0009＝0 退出设备调试状态后，被修改的参数值才会有效。

2）C2(x)状态

C2(x)表示调试状态 2，为驱动对象调试状态，在 P0009＝0 和 P0010＞0 时执行驱动对象调试。P0010 是驱动对象专用的参数，各驱动对象均有，起驱动对象调试参数过滤器作用。通过相应设置，可筛选出在不同调试阶段可修改的参数。同样，若可修改处只写 C2，则表示 P0010＞0 时该参数都可修改。若可修改处写的是 C2(x)，则表示只有在 P0010＝x 时该参数才可修改。通过设置该参数 P0010＞0，可以筛选出不同调试阶段中可写入的参数。只有在使 P0010＝0 退出驱动对象调试状态后，被修改的参数值才会有效。

在 C1(x)或 C2(x)状态下，驱动器脉冲无法被释放。

3) T 状态

T 表示运行已准备就绪，但驱动器脉冲并未被释放，且状态 C1(x)或者 C2(x)也未被激活。

4) U 状态

U 表示驱动对象已运行，驱动器脉冲被释放。

参数 r0002 用来存储各个驱动对象的运行状态。

在 SINAMICS S120 参数手册中，"参数码"下的 P 组指的是仅当通过操作面板访问参数时，用来表明该参数属于哪个功能组。可以通过 P0004 来设置所需的参数组，是控制单元特有的参数。

6.2 BOP20 设置的基本参数

BOP20 是 SINAMICS S120 驱动器的基本操作面板，用 BOP20 设置驱动器基本参数是最经济的方法。

6.2.1 控制单元参数的设置

1. 恢复出厂设置

P0976 用于复位控制单元所有参数，复位步骤：P0009＝30 恢复出厂设置；P0976＝1 开始恢复出厂设置。

在执行完毕后自动恢复成 P0976＝0 和 P0009＝1(设备配置)。

2. 选择驱动对象类型

P0097 用于驱动对象类型的选择：

＝1，伺服驱动对象；

＝2，矢量驱动对象。

3. BOP20 访问级

P0003 参数同 MM4 系列变频器功能一样，也用于设置在基本操作面板上读写参数的访问级：

＝1，标准级；

＝2，扩展级；

＝3，专家级；

＝4，维修级。

4. BOP20 显示参数过滤

P0004 参数也是用于 BOP20 显示参数的过滤。

6.2.2 驱动单元参数的设置

1. 选择调试模式

P0010 用于选择驱动单元的调试模式：

=0,就绪(运行模式)；

=1,进入快速调试模式；

=2,功率单元调试模式；

=3,电动机单元调试模式；

=4,编码器单元调试模式；

=17,简单定位调试模式；

=30,参数复位,等等。

2. 电动机标准设置

P0100 用来选择电动机标准：

=0,IEC 国际标准电动机(50Hz,kW)；

=1,美国 NEMA 标准电动机(60Hz,hp)。

3. 选择电动机类型

P0300 用来选择驱动的电动机类型：

=1,感应异步电动机；

=2,永磁同步电动机；

=5,励磁同步电动机；

=107,SIEMENS 1PH7 电动机,等等。

4. 电动机额定参数设置

P0304 电动机额定电压(V)；

P0305 电动机额定电流(A)；

P0307 电动机额定功率(kW)；

P0308 电动机功率因数($\cos\phi$)；

P0310 电动机额定频率(Hz)；

P0311 电动机额定转速(r/min)。

5. 自动计算电动机电磁参数的设置

将 P0340 设置为 1,则根据电动机额定数据计算电动机的全部电磁参数,包括：

P350 电动机定子电阻(Ω)；

P354 电动机转子电阻(Ω)；

P356 电动机定子漏感(mH)；

P358 电动机转子漏感(mH)；

P360 电动机主电感(mH)。

6. 控制模式选择

P1300 用来选择电动机控制模式：

=0,线性特性的 V/f 控制；

=1,带磁通电流控制的线性 V/f 控制；

=2,抛物线特性的 V/f 控制；

=20,无编码器的矢量控制；

=21,带编码器的矢量控制；

=22,无编码器的转矩控制；

=23,带编码器的转矩控制,等等。

7. 选择控制命令源

P0840 是启动/停止(ON/OFF)控制命令源：

=19.0,命令来自 BOP20；

=722.0,命令来自控制单元端子的数字量输入通道 0；

=722.1,命令来自控制单元端子的数字量输入通道 1；

=2090.0,命令来自 DP 通信的控制字位 0,等等。

8. 频率设定值通道选择

P1070 用来设置主设定值的信号源：

=1050,BOP20 电动电位计输出值；

=1024,转速固定设定值；

=755,模拟量输入设定值。

选择电动电位计上升/下降命令源：

P1035=19.0013,选择 BOP20 键盘向上键；

P1036=19.0014,选择 BOP20 键盘向下键。

9. 斜坡上升/下降斜率时间

斜坡函数发生器上升和下降时间参数为 P1120 和 P1121。

10. 最低/最高转速

最低转速和最高转速参数为 P1080 和 P1082。

11. BOP20 运行显示模式

P0006 用于设置基本操作面板 BOP 在“准备就绪”和“运行”中的运行显示模式：

P0006=4,显示 P0005 所设定的显示变量的值；

P0006=2,交替显示 P0005 设定的显示变量的值和转速设定值(r0020)。

12. 驱动对象复位参数

P0970=1,用于触发当前驱动对象参数复位到出厂设置值,完成后 P0970 自动恢复为 0。但与 MM4 相同,当前驱动对象复位步骤：

P0010=30,恢复出厂设置；

P0970=1,开始恢复出厂设置。

6.3 BOP20的基本操作

BOP20作为SINAMICS S120驱动器的基本操作面板,其功能包括:

(1) 改变驱动对象,对驱动轴进行启动、停止、改变驱动器输出频率等控制;

(2) 方便地实现驱动器参数的修改和显示;

(3) 显示故障信息并进行复位故障。

BOP20与MM4系列变频器的基本操作面板BOP操作按键和显示有区别,又由于SINAMICS S120每个驱动对象有自己的参数,所以BOP20与BOP的一些基本操作有所区别,本节介绍BOP20的基本操作方法。对于SINANMICS S120驱动器简单应用的场合,用BOP20控制驱动轴是经济有效的选择。

6.3.1 BOP20显示与按键功能

图6-3显示了BOP20可能出现的符号,具体含义见表6-2。

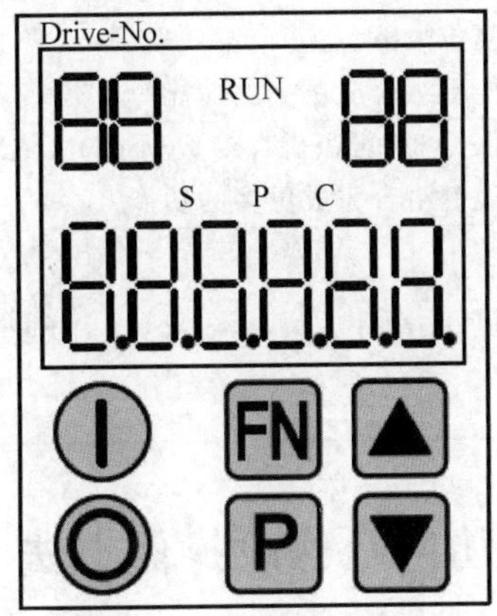

图6-3 BOP20简图

表6-2 BOP20的LED显示内容描述

显　示	表示的含义
左上角两位字符	被激活的驱动对象
RUN	电动机模块运行时出现此字符,RUN状态来自于驱动轴的位r0899.2
右上角两位字符	这两个字符在不同情形下有不同的含义: ① 表示下面的数据显示区多于六个字符,没有完全显示出来。如显示“r2”,表示在参数值的右侧还有两位数字没有显示出来;若显示“L2”,表示在参数值的左侧还有两位数字没有显示出来。 ② 显示发生故障的驱动对象 ③ 当前参数的BICO类型(BI、CI、BO、CO) ④ 内部互联BICO参数来自哪个驱动对象

续表

显　示	表示的含义
S	当有参数值改动且没有保存到 ROM 中时，将出现此符号
P	修改有效的参数值时，出现此符号
C	数据改变后还没有初始化时出现此符号
底部 6 位数字	显示参数、故障、下标、报警等信息

BOP20 按键功能见表 6-3。

表 6-3　BOP20 按键功能

按　键	名称	功　能
(I)	ON	BOP20 启动驱动轴命令，但是需要将驱动轴的命令源 ON/OFF1 设置成来源于 BOP20，即来源于控制单元(驱动对象 1，DO1)的参数 r0019.0000
(O)	OFF	BOP20 停止驱动轴命令，但是需要将驱动轴的命令源 ON/OFF1、OFF2、OFF3 设置成来源于 BOP20，即来源于控制单元的 r0019.0、.1、.2 当按下此键，r0019.0、.1、.2 同时复位。当释放此键，r0019.1、.2 被设置成 1
FN	功能键	① 可以复位故障 ② 与其他键组合成更多的功能
P	参数键	① 按住保持 3s，可以保存参数到 ROM，S 显示消失 ② 与其他键组合完成更多的功能
▲	增加	根据参数显示的状态，一般来说，是用来增加或减少值
▼	减小	

6.3.2　BOP20 参数访问及修改操作方法

1. 参数值的修改

BOP20 与 MM4 系列变频器基本操作面板 BOP 一样，可以利用 P 键访问当前参数的参数值，并用 P 键确认参数的修改及返回；利用 FN 键可以快速移动到所需修改的参数位进行修改，如图 6-4 所示。

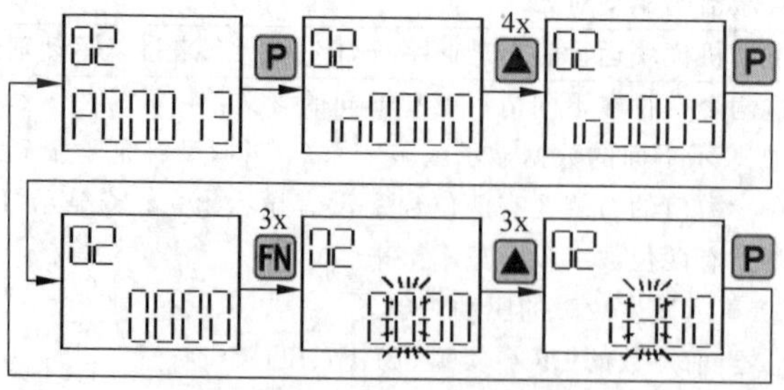

图 6-4　BOP20 参数值的修改操作

2. 不同驱动对象间的切换

用基本操作面板调试 SINAMICS S120 时不同于 MM4 变频器那样直接调试参数即可。SINAMICS S120 控制单元(CU)和驱动对象各自有自己的参数,在 BOP20 操作面板的左上角有驱动对象号“Drive-No.”进行标识,即当前参数属于哪个驱动对象。当访问其他驱动对象的参数时,需要先通过按键组合切换到要访问的对象,所以采用 BOP20 调试 SINAMICS S120 参数时,需要在不同对象间进行切换操作。

当 BOP20 显示参数时,同时按 FN 键+▲键,操作面板左上方的两位数字将不停地闪动。此时如果按 P 键,则可以取消此次操作。可以按▲键找到所要的对象号,再按 P 键确认,此时显示参数即为所选择驱动对象下的参数,如图 6-5 所示。

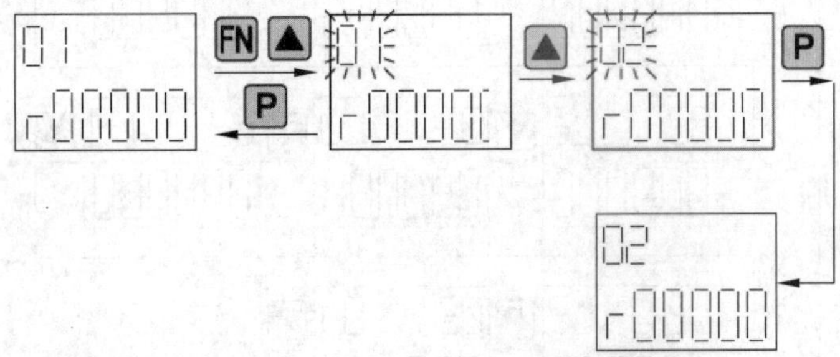

图 6-5 BOP20 驱动对象切换的操作

3. 大于 6 位数参数值的读取

右上角的数字在特定的参数才会出现,如图 6-6 所示。如果显示的数字 r2,表示在当前显示数字的右边还有两位没有显示,若要查看右边的两位数字可通过同时按 P 键+▼键显示;如果在右上角显示 L2,表示当前所显示数字的左边有两位数字没有显示,此时可通过同时按 P 键+▲键进行显示。

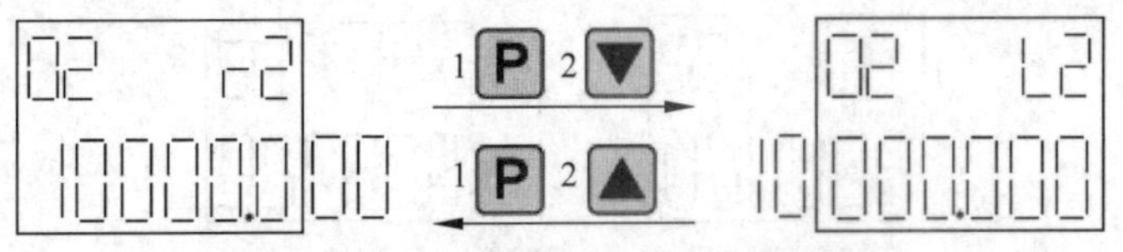

图 6-6 BOP20 大于六位数参数值的读取

4. 起始参数与目标参数切换

参数切换可通过▲键和▼键一步一步调整,如果要快速在起始参数与当前参数之间切换,与 MM4 系列变频器的基本操作面板 BOP 一样,可以通过按 FN 键完成,操作如图 6-7 所示。在此期间如果参数调整过,那么只能在被调整过的参数和起始参数之间切换。

图 6-7 BOP20 上起始参数与目标参数切换的操作

5. 修改参数 BICO 连接值

例如，r0019 是控制单元（驱动对象号为 DO1）的一个控制字，如将 r0019.0 与驱动对象（驱动对象号如为 DO2）参数 P0840 互联，就可通过操作面板控制驱动对象启动/停止（ON/OFF1），具体参数互联操作如图 6-8 所示。

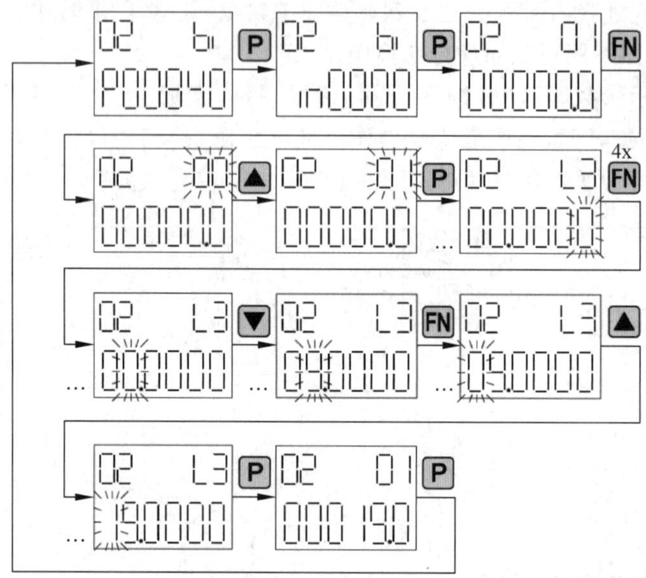

图 6-8　BOP20 修改参数 BICO 连接值操作

6.3.3　BOP20 故障与报警显示

BOP20 用字符 F 表示故障，用字符 A 表示报警，如图 6-9 所示。

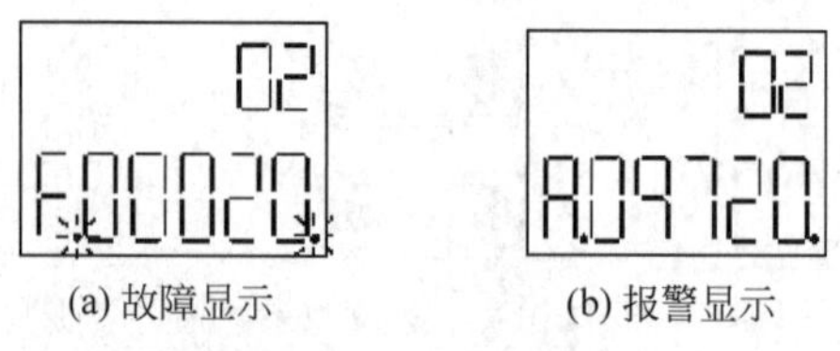

(a) 故障显示　　(b) 报警显示

图 6-9　BOP20 故障与报警显示示例

图 6-9(a)中紧跟字符 F 后出现的点表示该驱动对象（本图例为 DO2）发生了一个以上的故障，图 6-9(b)中紧跟字符 A 后出现的点表示该驱动对象（本图例为 DO2）发生了一个以上的报警；图 6-9(a)中字符 F 后最右侧出现的点表示其他驱动对象出现了故障，图 6-9(b)中字符 A 后最右侧出现的点表示其他驱动对象也出现了报警。

同样，通过同时按 FN 键＋▲键可以更换驱动对象，通过▲键和▼键查看上一个和下一个故障，按 FN 键可以复位所有故障。报警信息在无任何按键操作的情况下，可以自动轮流显示。

6.3.4　BOP20基本功能操作

1. 工厂复位

通过BOP20设置P0009和P0976两个参数，可以完成控制单元工作存储器中的全部参数恢复到工厂出厂值。

参数复位操作时，需在BOP20左上角显示为1(驱动对象号为1)的情况下进行操作，设置如下：

```
P0009 = 30
P0976 = 1
```

开始恢复出厂设置时，BOP20将显示“busy”，经过数分钟后，BOP20重新显示“P0976”，表示恢复出厂设置完成。

按住P键3s，将所有新数据存入ROM中。

2. 复制RAM到ROM

通过BOP20操作面板调试的参数都存储在控制单元的工作存储器RAM中，若未进行保存操作，断电后将丢失，所以断电前要进行保存参数的操作。有两种方法可以将控制单元RAM中的参数保存到非易失性内存ROM(CF卡)中。

方法一：改完参数后BOP20操作面板上出现“S”字样时，按住P键3s，面板将出现闪烁，表示参数开始存储。存储完成后，屏幕上的“S”将消除。

方法二：通过设置下面两个参数就可完成全部参数的保存。

```
P0009 = 0
P0977 = 1
```

6.3.5　采用BOP20控制电动机运行时参数的简单设置

若用操作面板BOP20控制电动机运行时，可将控制单元的BOP20控制字r0019连接到电动机模块的二进制互联参数进行控制，如表6-4所示。

表6-4　控制字r0019与电动机模块二进制互联参数

位(r0019)	名　称	互联参数
0	ON/OFF1	P0840
1	OFF2	P0844
2	OFF3	P0848
7	复位故障	P2103
13	电动电位计，上升	P1035
14	电动电位计，下降	P1036

当仅简单调试时，只需将r0019的位0互联。若r0019的位0、位1和位2都进行了互联，系统停机时，会按OFF2、OFF3、OFF1的优先级顺序执行。

小结

在 SINAMICS S120 驱动器中，一个驱动组（Drive Group）由若干个驱动对象（Drive Object）组成。驱动对象是一个独立的“自包含”软件功能，并具有自己参数的组件。如控制单元（CU）、电源模块（Infeeds）、I/O 端子模块（Input/Output component）和驱动轴（Drives）等都为驱动对象，为了区分每个驱动对象用不同的驱动号表示。

SINAMICS S120 驱动器有很多参数，每个驱动对象都拥有自己的参数表，如控制单元、电源模块、矢量轴、伺服轴和端子模块等都有自己的参数。一个参数码（简称为参数）可以属于一个、多个或者所有驱动对象和功能模块。SINAMICS S120 参数类型与 MM4 系列变频器一样也分为可设定（可写/读）参数和只读参数，即 P 参数和 r 参数，P 参数的数值直接影响驱动器的功能特性，r 参数仅用于显示内部数据和状态。P 参数包括有普通可设定参数和 BICO 输入参数（BI，CI）；r 参数包括普通可读参数和 BICO 输出参数（BO，CO）。各个驱动对象的参数又分成“与数据组无关”的参数和“与数据组相关”的参数。与数据组无关的参数在每个驱动对象中只出现一次，即参数无下标；与数据组相关的参数可以多次存储在驱动对象中，即参数有下标，通过参数下标确定地址，用于读写。与数据组相关的参数又分为命令数据组、驱动数据组、编码器数据组和电动机数据组。

SINAMICS S120 驱动器中可设定的 P 参数可修改状态有不同状态，包括 C1（x）、C2（x）、T、U 状态。BOP20 是 SINAMICS S120 驱动器的基本操作面板，其功能包括：

（1）改变驱动对象，对驱动轴进行启动、停止、改变驱动器输出频率等控制；

（2）方便地实现驱动器参数的修改和显示；

（3）显示故障信息并进行复位故障。通过 BOP20 可以修改设置驱动对象的一些基本参数，即可完成 S120 的基本参数调试，实现 SINAMICS S120 驱动器的简单应用。

习题

1. SINAMICS S120 驱动器的驱动对象指的是什么？典型的 S120 多轴驱动系统包括哪些驱动对象？
2. 在一个驱动组中如何识别驱动对象？一个驱动组中最多有多少个驱动对象？
3. SINAMICS S120 驱动器与数据组相关的参数分成哪些数据组？
4. SINAMICS S120 驱动器的基本操作面板有哪些功能？
5. 如何操作 BOP20 实现所有驱动对象参数的复位？
6. 如何操作 BOP20 将 SINAMICS S120 参数从 RAM 复制到 ROM 中？

第 7 章 STARTER 软件介绍及项目组态和基本调试功能

内容提要：STARTER 是西门子公司为其驱动器产品开发的调试工具软件，本章首先介绍 STARTER 软件功能，以 SINAMICS S120 为例介绍工程项目的创建方法、项目组态以及驱动对象的配置；并且介绍编程器(PG/PC)通信接口地址的设置、以太网通信访问点的创建；然后介绍 STARTER 软件对驱动对象的参数设置功能；接着介绍 STARTER 软件的调试功能，包括控制面板、设备跟踪记录和函数发生器；最后介绍采用 STARTER 软件进行电动机静态辨识与系统动态优化方法。

SINAMICS S120 驱动器除了支持用基本操作面板 BOP20 和高级操作面板 AOP30 进行调试外，西门子公司更推荐使用调试工具软件 STARTER 进行调试。

采用 STARTER 软件调试时，一般按照以下步骤进行驱动器的调试：

(1) 创建项目；

(2) 配置驱动设备；

(3) 保存项目；

(4) 在线联机目标设备；

(5) 将项目下载到目标设备中；

(6) 控制电动机运转。

本章首先介绍 STARTER 调试工具软件基本环境、主要功能及安装环境，然后讲解项目的创建、通信接口的设置、项目的配置以及调试方法。

7.1 SINAMICS S120 调试软件介绍

视频讲解

STARTER 或 SCOUT 是 SINAMICS S120 驱动器的调试工具软件，SCOUT 软件是西门子公司 Simotion 运动控制器调试工具软件，其内部集成了 STARTER 软件。STARTER 和 SCOUT 软件二者不能同时安装。使用 SCOUT 软件需要授权，而使用 STARTER 软件不需要授权。STARTER 软件是西门子公司提供给其传动系统用户的大型免费调试软件，具有丰富的功能与友好的操作界面，即支持 SINAMICS

系列驱动器也支持 MM4 系列变频器的调试,最新版本为 V5.3(时至 2019 年 6 月),本书以目前常用的 V4.5 SP1 为背景编写。

1. STARTER 软件主要功能

STARTER 软件的功能十分强大,主要功能有:硬件组态和识别(电子铭牌);参数的设置;动态性能的调试;故障诊断;程序下载和上传。

STARTER 调试软件的用户界面如图 7-1 所示。软件的功能可以通过菜单或工具栏进入操作,如硬件配置、程序的下载和上传等。

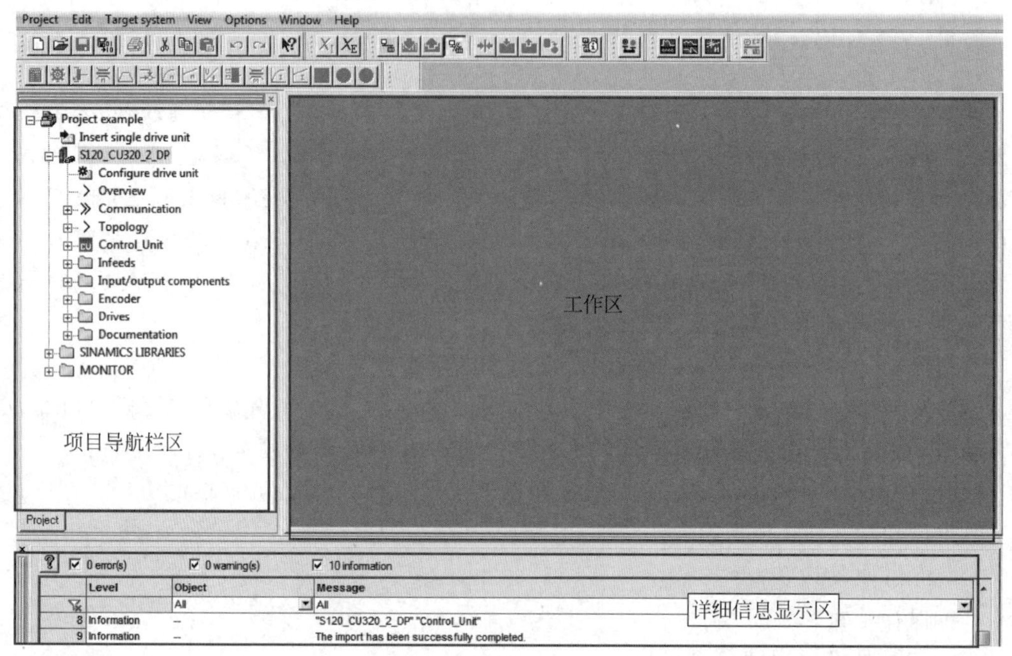

图 7-1 STARTER 调试软件的用户界面

用户界面被分成三个重要的功能区。

(1) 项目导航栏区,位于用户界面的左侧,完整地概述了整个项目,项目中所有定义的对象以树状结构显示。

(2) 工作区,位于用户界面的右侧,所有功能的操作和显示都在工作区完成,如参数设置、数据跟踪记录等。

(3) 详细信息显示区,位于用户界面的底部,用于显示诊断、警报、上传/下载信息和驱动控制面板等。

2. 系统要求

(1) 硬件最低要求:

- 奔腾Ⅲ处理器,主频 1GHz(建议大于 1GHz)
- 1GB 主内存(建议 2GB)

- 屏幕分辨率 1024×768 像素，16 位色深
- 可用磁盘空间大于 3GB

(2) 软件最低要求：

Microsoft Internet Explorer V6.0 或更高

32 位操作系统：

- Microsoft Windows XP Professional SP3
- Microsoft Windows 7 Professional SP1
- Microsoft Windows 7 Ultimate SP1
- Microsoft Windows 7 Enterprise SP1

64 位操作系统：

- Microsoft Windows 7 Professional SP1
- Microsoft Windows 7 Ultimate SP1
- Microsoft Windows 7 Enterprise SP1

3. 软件安装注意事项

在编程器(PG/PC)上安装工具软件时，建议用户在控制面板中将 Windows 操作系统的默认语言切换到英文，否则在安装过程中可能会出现错误而退出安装。

在安装 STARTER 或 SCOUT 之前，需要安装 STEP 7 软件对应最新版本，如 STARTER V4.5 在 Windows 7 下需要先安装 STEP 7 V5.5。

采用 STARTER 软件调试 SINAMICS S120 驱动项目时，需要经过创建项目、配置驱动和调试过程。

7.2 SINAMICS S120 项目的创建及组态

视频讲解

在 SINAMICS S120 驱动系统中，控制单元(CU)能实现驱动器的开环控制、闭环控制以及定位控制，承担 V/f 控制、矢量控制或伺服控制，实现所有驱动轴的转速控制、转矩控制，以及驱动器其他工艺功能方面的控制。各驱动轴之间的互联可在一个控制单元内实现。要实现这些功能，首先需要进行驱动项目组态。在调试工具软件 STARTER 中只需通过单击鼠标即可完成项目组态过程。

采用调试工具 STARTER 调试 SINAMICS S120 项目，在编程器（PG/PC）与 SINAMICS S120 驱动器之间的数据交换既可以通过 S120 控制单元集成的以太网接口 LAN，也可以通过控制单元上集成的 PROFINET 接口或集成的 PROFIBUS 接口进行。若采用 PROFIBUS 接口，编程器上必须插有 DP 接口的板卡(CP5511/5512/5611/5613 等)。采用控制单元上集成的以太网接口 LAN(X127)、PROFIBUS 接口或 PROFINET 接口进行调试的过程类似。

7.2.1 设置通信接口

1. 设置编程器(PG/PC)通信接口地址

PG 是 Programmer 的缩写,指编程器或者是西门子编程计算机;PC 是 Personal Computer 的缩写,指个人计算机。在西门子软件中经常出现 PG/PC,指的就是自己正在使用的编程计算机。

设置编程器接口(Set PG/PC Interface),就是设置自己所使用的计算机通信接口,用什么通信接口与设备连接。

本书以 Windows 7 操作系统为例,介绍设置编程器(PG/PC)通信接口的步骤。

(1) 打开编程器(PG/PC)的控制面板。

(2) 在控制面板中,单击“网络和共享中心”。

(3) 单击“更新适配器设置”,右击“本地连接”,单击“属性”,弹出“本地连接属性”窗口。

(4) 选中“互联网协议 4 (TCP/IPv4)”,并双击“属性”按钮,弹出“Internet 协议版本 4 (TCP/IPv4)属性”窗口。

(5) 手动设置编程器(PG/PC)IP 地址,与 SINAMICS S120 驱动器在一个网段上。若采用 SINAMICS S120 集成以太网接口 X127(默认地址是 169.254.11.22)调试,则可按图 7-2 设置编程器(PG/PC)IP 地址及子网掩码,然后单击 OK 按钮。

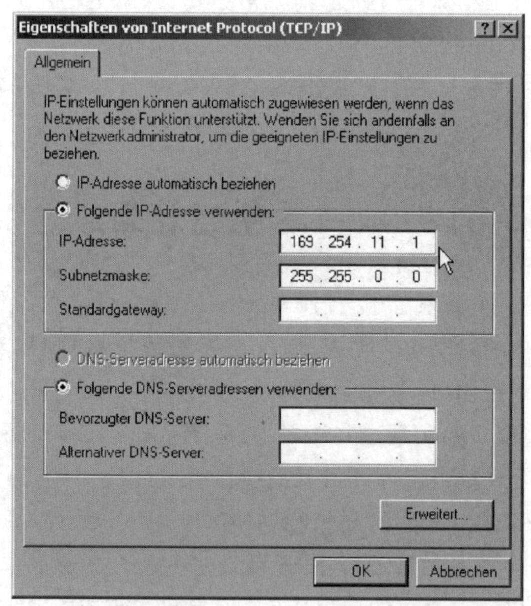

图 7-2 编程器(PG/PC)IP4 地址设置示例

2. 创建工程项目以太网通信访问点

进入 STARTER 软件环境平台后,创建以太网通信访问点的步骤如下。

（1）选择菜单 Options→Set PG/PC Interface，打开 Set PG/PC Interface 窗口。

（2）检查应用的访问点，此处设置为“DEVICE（STARTER，SCOUT）…”，如图 7-3 所示。必要时通过下拉列表 Access Point of the Application 修改访问点。

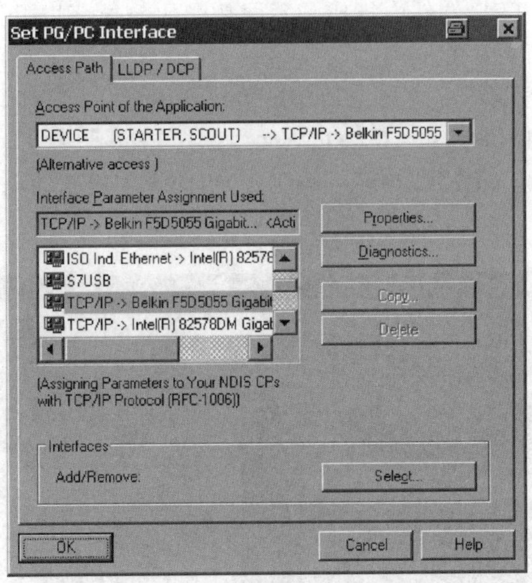

图 7-3　创建通信访问点示例

（3）如果下拉列表中已有所需适配器，则直接执行第（5）步。如果下拉列表中没有所需的适配器，则必须进行添加。单击 Select 按钮。在 Install/Uninstall Interfaces 窗口的右侧会显示已经安装好的网卡，如图 7-4 所示。如果其中没有所需网卡，则必须自行安装。

（4）在左侧选中所需的网卡，单击 Install，将会被安装到右侧。

（5）选中所需的网卡，本示例为“TCP/IP－＞Belkin F5D5055 Gigabit…”，单击 Close 按钮关闭窗口。

（6）单击图 7-3 中的 OK 按钮，关闭 Set PG/PC Interface 窗口。

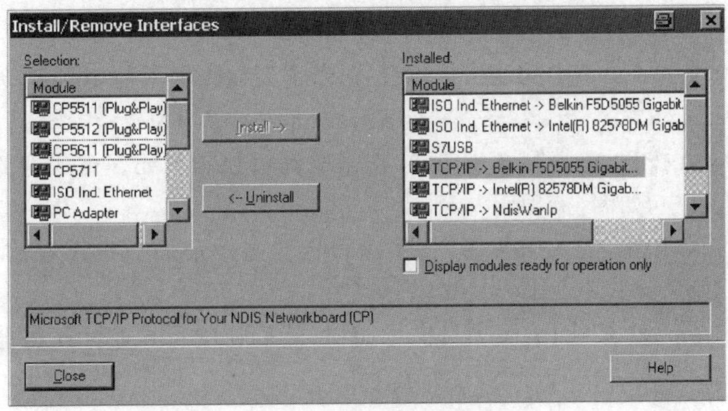

图 7-4　选择以太网网卡

7.2.2 创建驱动项目

在 STARTER 软件中创建驱动项目可以采用两种方法：一是直接创建项目；二是利用向导创建项目。STARTER 软件中集成了不同功能的向导，引导用户创建驱动项目，向导中包含创建驱动项目所必要的步骤。

1. 利用向导创建项目

通过向导创建项目时，在 STARTER 软件中选择 Project→New with wizard 菜单项，打开项目向导的引导窗口，如图 7-5 所示。可见，利用向导创建驱动项目有两种方法：在线创建和离线创建。

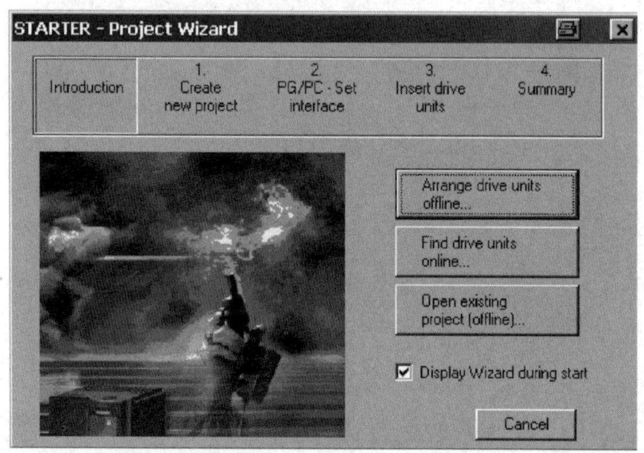

图 7-5 创建项目向导窗口

如果采用在线创建项目，首先必须保证编程器通信接口已设置正确，并已完成项目中的设备连线，然后经过在线搜索驱动器控制单元并将其配置上传到编程器中。

在线创建项目步骤如下：

(1) 单击 Find drive units online...按钮，将进入第 1 步向导，打开项目向导窗口 Create new project，在项目输入栏中输入项目名称，例如 Project example，如图 7-6 所示。

(2) 单击 Next 按钮，进入第 2 步向导，打开窗口 PG/PC-Set interface，如图 7-7 所示。在这个窗口中检查 7.2.1 节中的通信接口设置，若需要以太网通信访问点，则无须改变窗口中的任何内容。

(3) 单击 Next 按钮，进入第 3 步向导，搜索驱动器控制单元。被找到的驱动器控制单元显示在 Preview 中，如图 7-8 所示。

(4) 单击 Next 按钮，进入向导第 4 步，项目向导显示前面所选设置的概要，如图 7-9 所示。

(5) 单击 Complete 按钮，关闭项目向导窗口，然后在项目导航栏区将能找到驱动器控制单元 S120_CU320_2_DP，如图 7-10 所示。

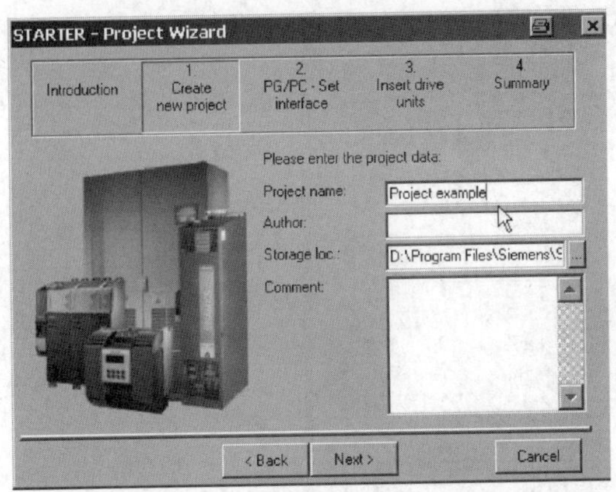

图 7-6　在线创建新项目窗口

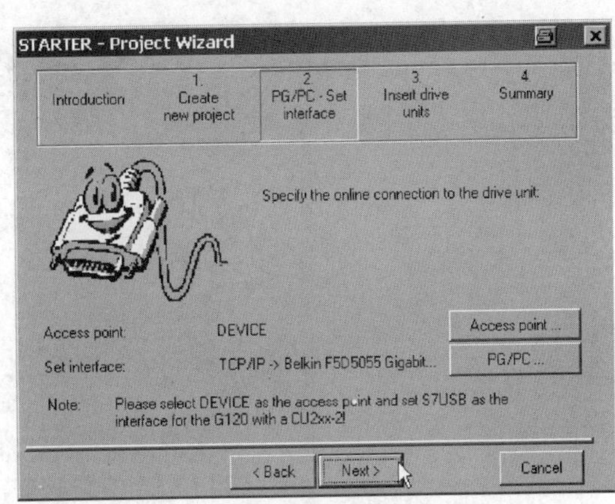

图 7-7　在线创建项目设置 PG/PC 接口

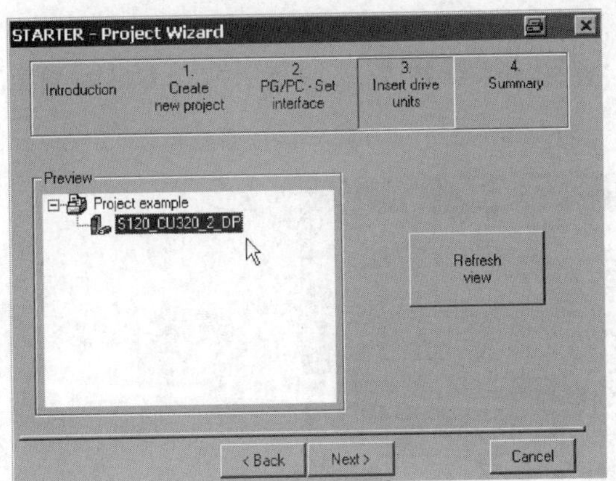

图 7-8　在线搜索到的驱动器控制单元窗口

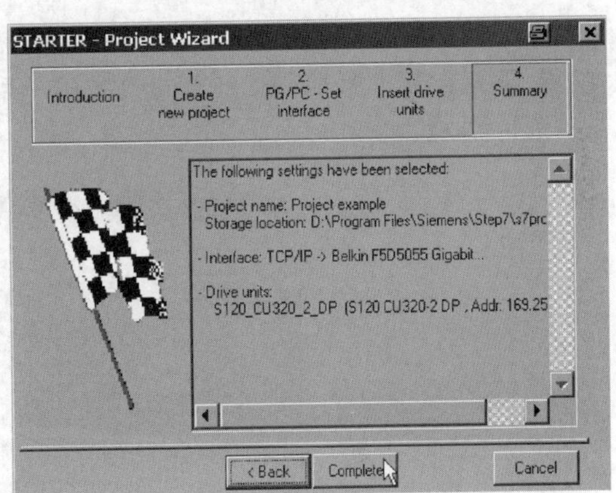

图 7-9　在线创建项目概要窗口

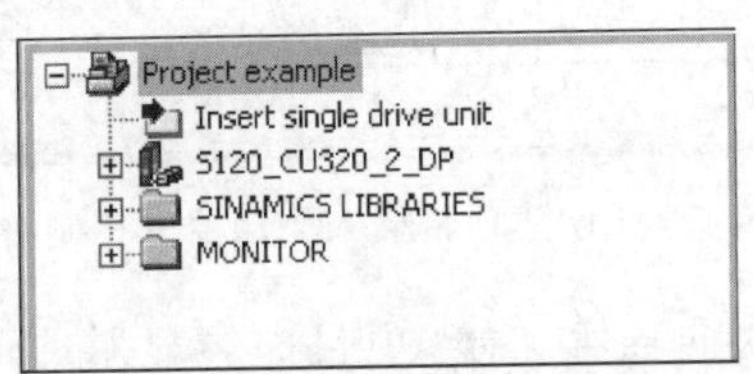

图 7-10　创建的项目导航栏

离线创建驱动项目步骤如下：

(1) 单击图 7-5 中的 Arrange drive units offline...按钮，将进入第 1 步向导，打开项目向导窗口 Create new project，在项目输入栏中输入名称，与图 7-6 相同。

(2) 单击 Next 按钮，进入第 2 步向导，打开窗口 PG/PC-Set interface，选择应用的访问点，如图 7-11 所示。

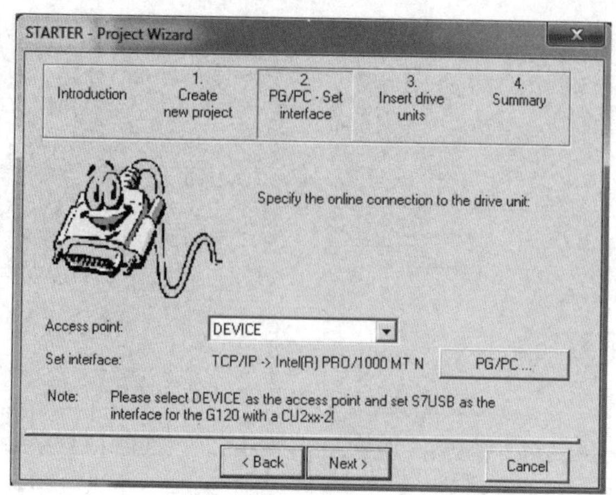

图 7-11　离线创建项目设置 PG/PC 接口窗口

(3) 单击 Next 按钮，进入第 3 步向导，在 Insert drive units 窗口中选择驱动器类型和版本，注意此版本号要与 CF 卡的版本相一致。单击 Insert 按钮后，将插入驱动器的控制单元，如图 7-12 所示。

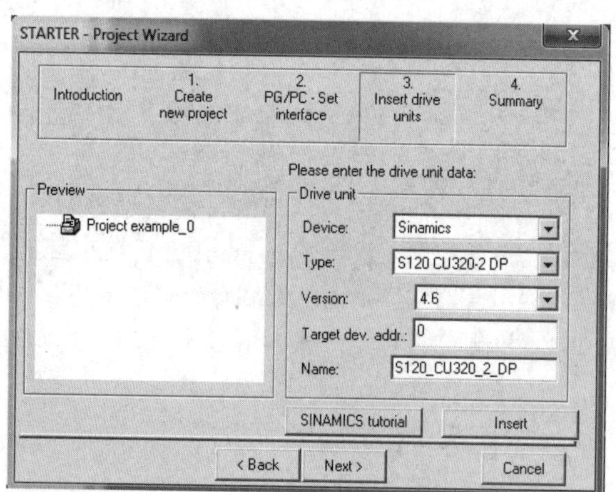

图 7-12　离线创建项目插入驱动器的控制单元窗口

(4) 单击 Next 按钮，进入向导第 4 步，项目向导显示前面所选设置的概要，如图 7-13 所示。

(5) 单击 Complete 按钮，关闭项目向导窗口，与图 7-10 一样，在项目导航栏区将显示项目的驱动设备 S120_CU320_2_DP。

2. 直接创建项目

也可以不用项目向导直接创建新的工程项目。下面以图 7-14 所示 SINAMICS S120 驱动系统的配置为背景介绍直接创建项目的操作步骤。

在图 7-14 所示的驱动系统中，采用 PROFINET 接口调试 SINAMICS S120，在

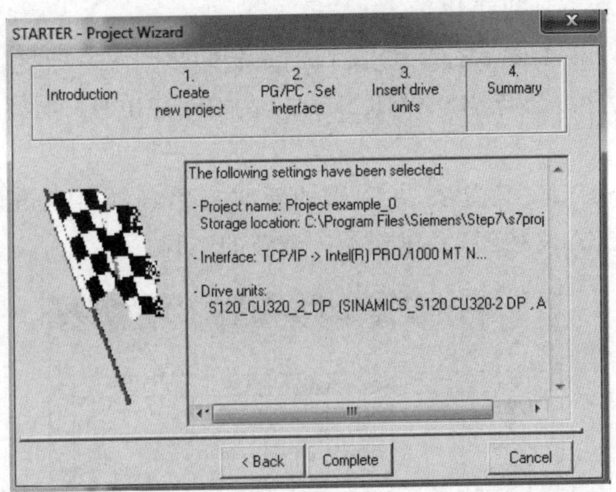

图 7-13　离线创建项目概要窗口

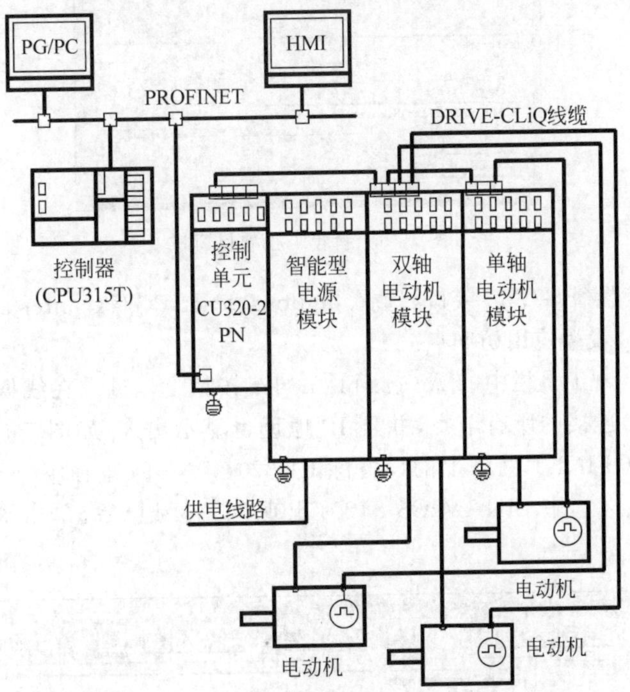

图 7-14　S120 驱动系统配置电气图示例

PROFINET 网络上还有 PLC 控制器 CPU 315T-3 PN/DP 和触摸屏(HMI)，驱动系统主要包括以下组件：

(1) 控制单元 CU320-2 PN；

(2) 一个 5kW 非调节型电源模块(SLM)；

(3) 一个 2×3 A 双轴电动机模块；

(4) 一个 3 A 单轴电动机模块;

(5) 三台 0.38kW 带 DRIVE-CLiQ 接口的永磁同步伺服电动机。

假如编程器(PG/PC)已与 SINAMICS S120 的 PROFINET 接口连线正常,创建工程项目的步骤如下:

(1) 选择 Project→New 菜单项,在弹出的新建工程窗口的 Name 中输入文件名字,如图 7-15 所示,然后单击 OK 按钮,将建立了一个新的工程。

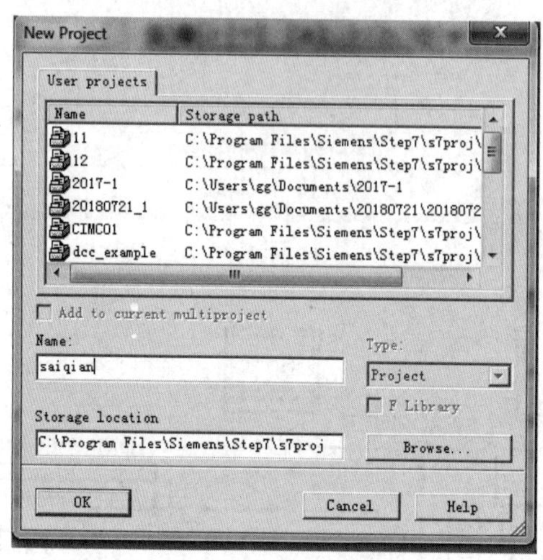

图 7-15 新建工程项目窗口

(2) 设置编程器(PG/PC)接口,选择 Options→Set PG/PC interface 菜单项,弹出如图 7-3 所示的窗口,设置应用访问点。

(3) 单击图 7-16 工具栏中的 Accessible nodes 按钮,进入在线搜索节点,将搜索到与编程器(PG/PC)连接的所有节点,并且 IP 地址也显示出来,如图 7-16 所示。在图 7-16 中所搜索到的 PROFINET 网络上的设备除 CU320 2PN 外,还有西门子 HMI 和 S7-300。选择搜索到的节点,选中 SINAMICS S120(出现"√"标记)后,单击该窗口中的 Accept 按钮。

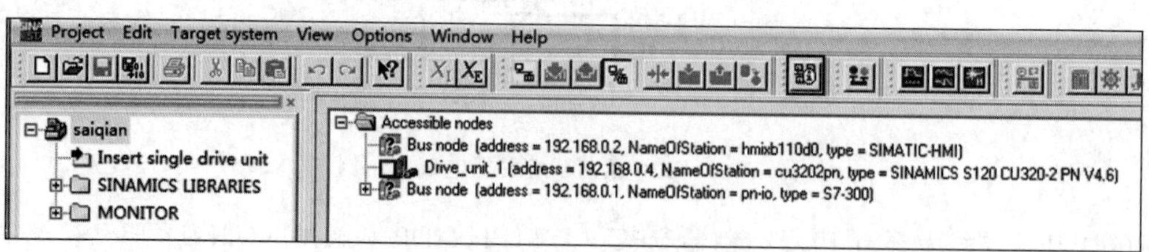

图 7-16 在线搜索到的可访问节点

(4) 设置编程器(PG/PC)接口的 IP 地址与 SINAMICS S120 驱动器的 IP 地址在同一网段。

若第(3)步中总线节点 SINAMICS S120 驱动器显示的 IP 地址是 0.0.0.0,可以右击节点 Edit Ethernet node,在弹出的窗口中输入 IP 地址和子网掩码,如 192.168.0.4 和子网掩码 255.255.255.0,然后单击 Assign IP configuration 按钮,分配给 SINAMICS S120 驱动器 IP 地址。

7.2.3 配置驱动对象

创建项目后,一般首先进行工厂复位,恢复驱动器的出厂设置,也就是将控制单元 RAM 中原来的用户数据清除,然后再进行自动配置,具体步骤如下:

(1) 选择 Project→Connect to selected target devices 菜单项,或单击工具栏按钮,切换到在线模式。首次连接目标设备时会打开目标设备选择窗口,此时将会显示出所有连接到此网络的设备,如图 7-17 所示。

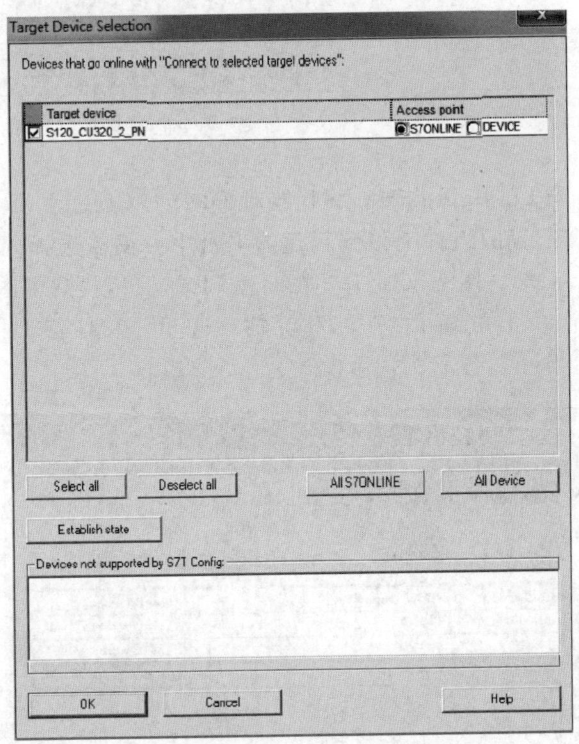

图 7-17 自动配置目标设备的选择

(2) 选择目标设备,然后单击 OK 按钮,目标设备选择窗口关闭,在线模式被激活,软件平台界面右下角将显示 Online mode 状态。

(3) 选中左侧项目导航栏区中的 S120_CU320_2_PN,单击 Restore factory setting 工具按钮,进行工厂复位操作,开始将控制单元工作存储器 RAM 中的全部参数恢复为出厂设置值。

(4) 单击左侧项目导航栏区中 S120_CU320_2_PN 前的"+"号,将驱动对象列表打开,如图 7-18 所示。

(5) 单击图 7-18 项目导航栏 Drives 前的"+"号,发现还没有配置任何电动机模块。双击图 7-18 中的自动配置 Automatic Configuration,将出现图 7-19 所示的自动配置窗口。当然也可以离线手动组态。

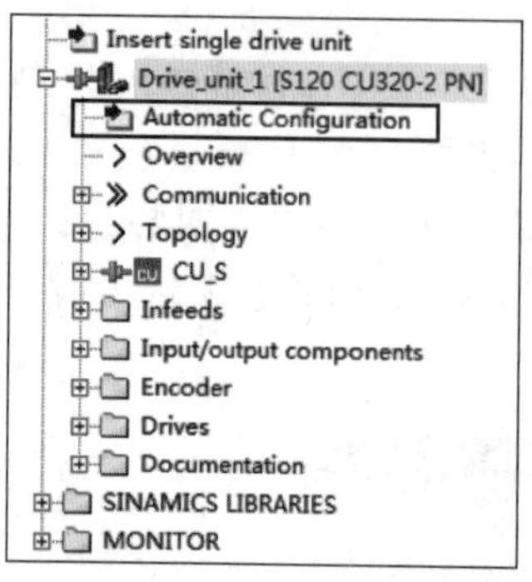

图 7-18 驱动对象列表

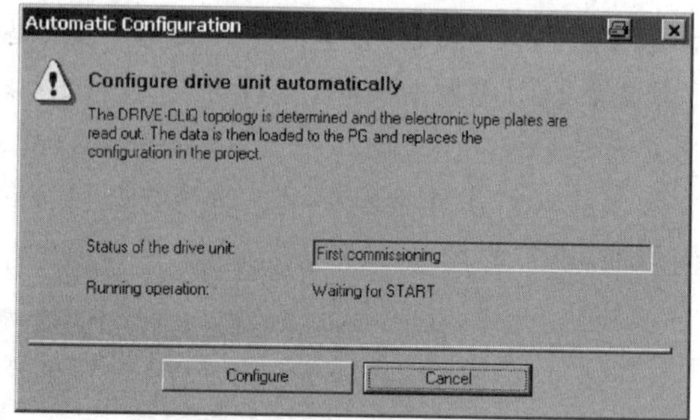

图 7-19 自动配置显示窗口

(6) 单击图 7-19 中 Configure 按钮,编程器对 DRIVE-CLiQ 总线上节点所连接的组件进行查找,就可将节点配置的组件上传到新建的项目中。仅需选择伺服控制模式(r107=11)或矢量模式(r107=12)。图 7-20 是弹出的自动调试窗口,找到了图 7-14 所示的驱动系统在 DRIVE-CLiQ 总线上配置的三个驱动轴。这里,在列表 Default setting for all components 中选择了 Servo,设置为伺服模式。

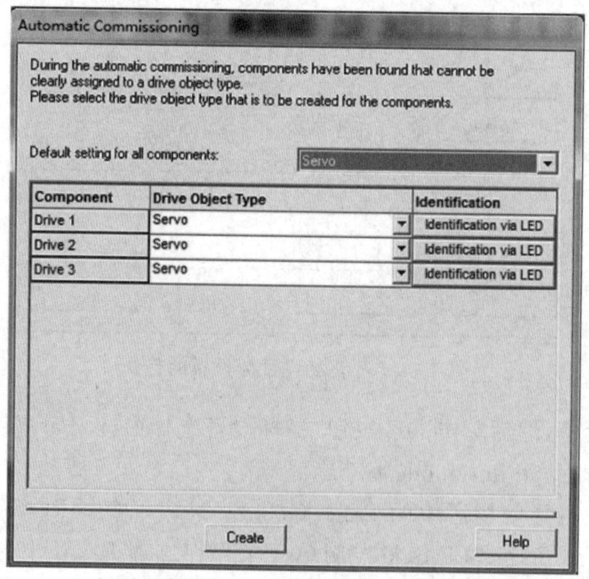

图 7-20 在线自动配置所搜索到的驱动对象

(7) 单击 Create 按钮，开始自动配置过程，也就是组态过程。自动组态通常花费 1min 左右，如果在组态过程中要进行固件(FirmWare)升级，则需要更长时间，并且在升级完毕之后系统要求重新上电。过程结束后会显示信息窗口 Automatic configuration completed，如图 7-21 所示。

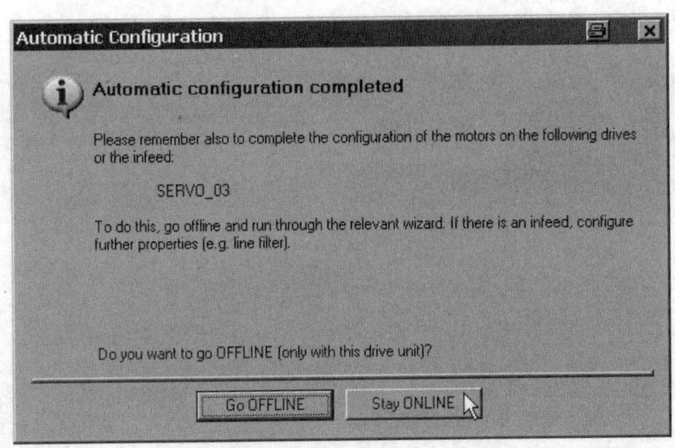

图 7-21　自动配置完成显示窗口

上述自动配置过程完成了以下工作：

(1) 选择控制方式；

(2) 识别电源模块、电动机模块等组件及数据；

(3) 填写电动机的铭牌参数；

(4) 填写编码器的相关数据(若有编码器)；

(5) 填写加减速时间，最高转速，最大电流等参数；

(6) 选择电动机是否优化，若优化，则选择优化的类型。

自动配置其实就是确定整个驱动系统硬件，为电动机优化做准备。通过自动配置，编程器读出电源模块、电动机模块、带 DRIVE-CLiQ 接口电动机和编码器数据，并上传到控制单元，控制单元自动将正确的设备数据记录在其运行参数中，如图 7-22 所示。

对于未集成 DRIVE-CLiQ 接口的电动机，电动机数据与编码器数据都为空，必须手动配置数据。手动配置数据时，需要将项目处于离线状态。在项目导航区双击配置轴下的条目 Configuration，在弹出的窗口中单击 Configure DDS 按钮，将弹出配置窗口，见图 7-23。

由图 7-23 可见，手动配置的数据包括控制结构、功率单元(电动机模块)、电动机、电动机是否带抱闸、编码器和通信报文等的设定。

7.2.4　项目配置的保存与下载

项目离线配置完成后，要编译保存。在线后 STARTER 软件将自动进行编程器中的参数(OffLine)与 SINAMICS S120 中的参数(OnLine)进行比较，若控制单元前面的符号是半红半绿状态，则表示离线项目与在线实际项目不符，需要将离线项目下载到 SINAMICS S120 控制单元 RAM 中。下载步骤按图 7-24 所示的顺序进行：

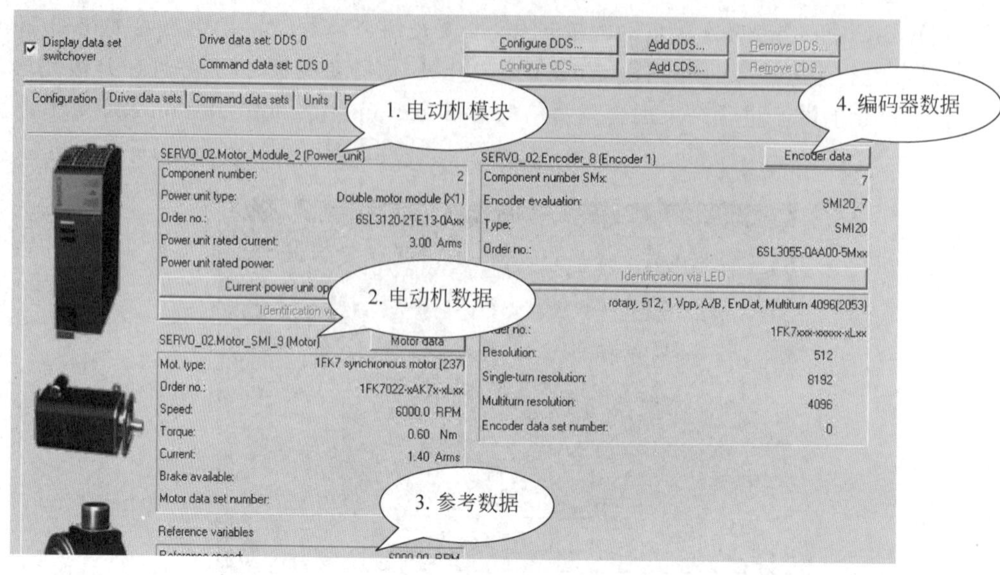

图 7-22 自动识别的 SERVO_02 轴数据

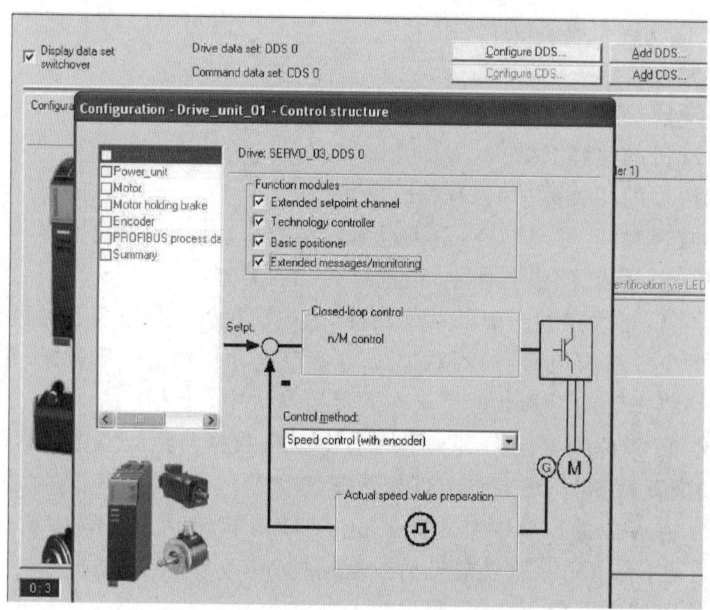

图 7-23 手动配置驱动轴数据窗口

(1) 单击在线按钮；

(2) 选择控制单元；

(3) 单击下载工具栏按钮；

(4) 在弹出窗口可以选择下载的同时将控制单元的 RAM 数据复制到 CF 卡的 ROM 中。

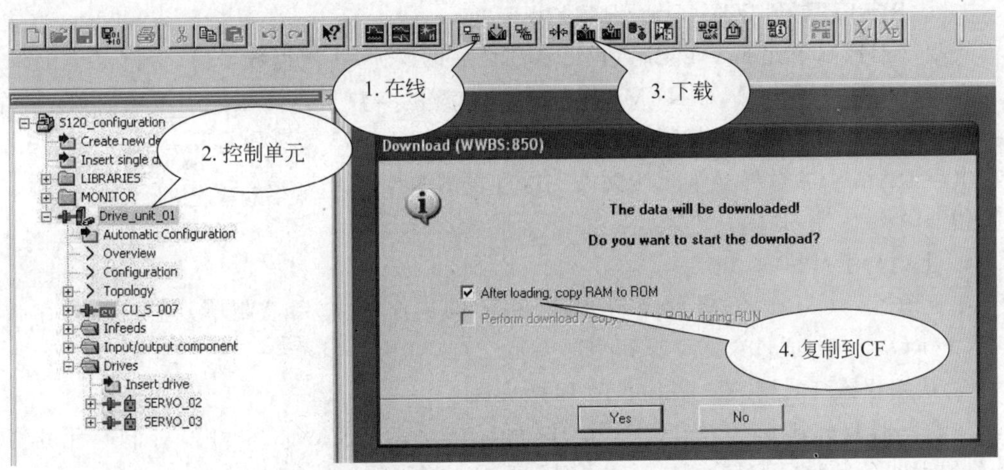

图 7-24 项目配置的下载与 RAM 到 ROM 的复制

SINAMICS S120 工程项目中的数据可以存储在三个地方：一是控制单元的 RAM；二是 CF 卡的 ROM；三是编程器(PG/PC)的 STARTER 项目中。驱动数据的上传和下载就是在这三个位置之间进行，图 7-25 所示为可进行的操作，分成五种情况。

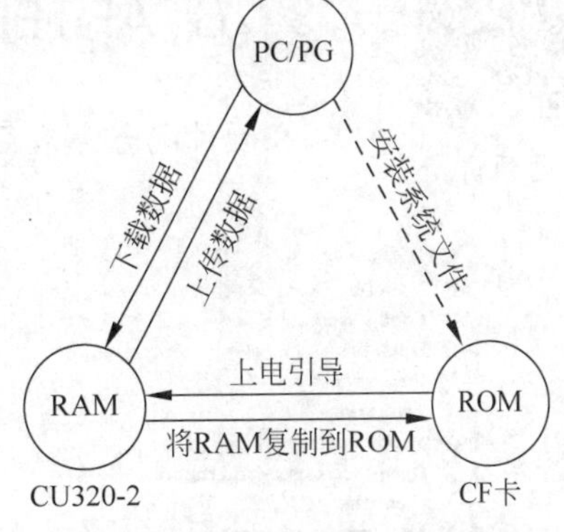

图 7-25 项目中数据存储与传输操作

1. 下载(Download)

从编程器(PG/PC)项目到控制单元 RAM(Download CPU/drive unit to target device)的操作，通过在线执行下载操作，将编程器中项目的数据设置传送到驱动器的控制单元 RAM 中。

STARTER 工具栏上有两个下载按钮，如图 7-26 所示。左边的下载按钮是对该项目里所有在线设备的全部数据进行下载。右边的下载按钮是对所选在线设备的数据进行下载，一般选择右边的下载按钮。

2. 上传(Upload)

从驱动器控制单元 RAM 到编程器(PG/PC)项目(Load CPU/drive unit to PG)的操作，通过在线执行上传操作，将驱动器控制单元 RAM 中的数据设置上传到编程器(PG/PC)项目中，上传操作按钮如图 7-27 所示。

图 7-26 对所选的在线设备所有数据的下载操作

图 7-27 将控制单元 RAM 所有数据的上传 PG/PC 操作

3. 从 RAM 复制到 ROM(Copy RAM to ROM)

从驱动器控制单元 RAM 复制到 CF 卡 ROM 的操作,将项目数据保存到 CF 卡上。

在线(OnLine)状态下,SINAMICS S120 中修改的参数是存储在控制单元的 RAM 中,必须随时将 RAM 中的数据复制到 CF 卡的 ROM 中,否则断电后 RAM 中的数据会永久性丢失。执行复制的操作按钮如图 7-28 所示。

图 7-28　RAM 到 ROM 的复制操作

4. 上电导引(Power up)

从驱动器中 CF 卡 ROM 到控制单元 RAM 的操作,上电后控制单元会自动将存储在 CF 卡上 ROM 中的项目数据引导到控制单元的 RAM 中。

5. 从编程器装载到 ROM(Load to file system)

从编程器装载到 CF 卡 ROM 的操作,可以在没有 SINAMICS S120 控制单元的情况下,将编程器项目数据下载到 CF 卡中,但需要有一个 CF 卡读卡器。

视频讲解

7.3 STARTER 软件对驱动对象参数的设置功能

在硬件组态完成后,需要对驱动对象进一步进行组态(参数设置)和优化。单击驱动对象(DO)前面"+"号,如 CU 单元、SERVO 轴等,展开驱动对象可操作选项,图 7-29 中展开了伺服轴 SERVO_02 的可操作选项。通过选择各种选项,可以完成驱动对象组态和优化。

SERVO_02
Insert DCC chart
Configuration
Expert list
Drive navigator
Control logic
Setpoint channel
Open-loop/closed-loop control
Functions
Messages and monitoring
Commissioning
Communication
Diagnostics

图 7-29　驱动对象下的操作选项

1. 专家列表(Expert list)

双击驱动对象(DO)可操作选项下的 Expert list,则专家列表被打开,即驱动对象的参数表,如图 7-30 所示。如果对驱动轴的功能及参数比较熟悉,则可以进入驱动轴的专家列表。对于驱动轴对象,可以通过直接修改 P10 参数(驱动调试参数过滤)进入不同的参数调试状态,如快速调试、功率单元调试、电动机调试和基本定位调试等。

在图 7-30 中的参数(Parameter)列表中,用不同的背景颜色表示不同类型的参数以方便查看,背景颜色分别表示*:

(1) 黄色为只读参数;

(2) 绿色为可设定的参数;

(3) 浅蓝色为二进制互联输入 BICO 参数;

(4) 深蓝色为内部互联输入 BICO 参数。

图 7-30 的专家列表工具栏中提供了用户参数列表的自定义、存储和打开功能,也提供

* 图书非彩色印刷,具体颜色以操作时实际显示为准。

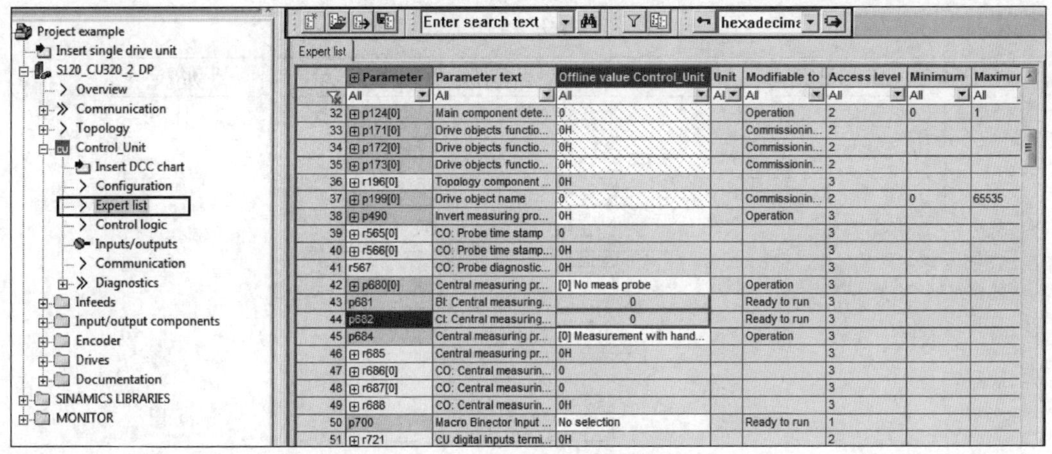

图 7-30　专家列表(Expert list)

了参数查找、过滤和比较等功能。

2. 驱动导航(Drive Navigator)

除了专家列表，还可以通过驱动导航对控制通道上的各个环节进行参数设定以及监控，如图 7-31 所示。通过设定外围接口，如端子命令或者是通信指令等，这些指令直接进入到速度设定点，进行矢量轴或者伺服轴的控制。

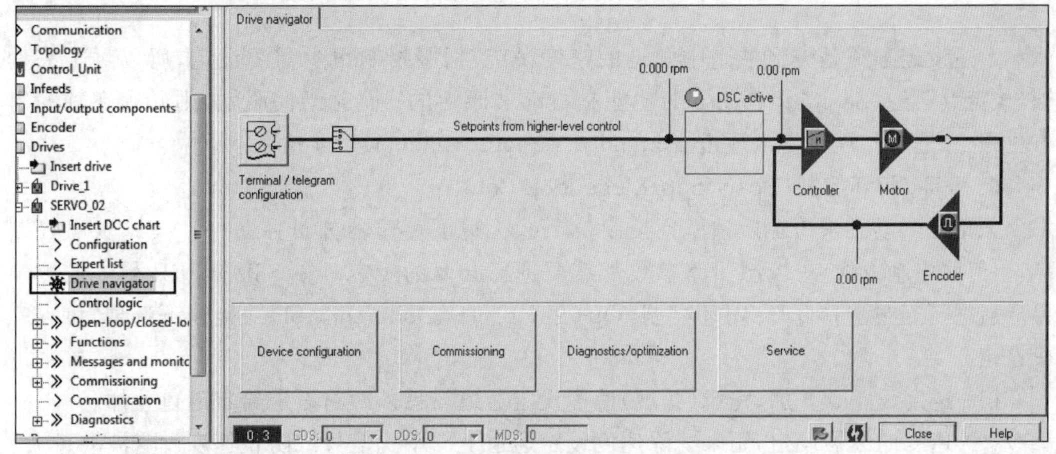

图 7-31　驱动导航(Drive Navigator)

3. 设定(给定)通道(Setpoint Channel)

SINAMICS S120 的速度设定源可来自于电动电位计(Motorized potentiometer)、外部模拟量输入(Analog inputs)、固定速度输入(Fixed speed setpoints)、现场通信总线(Fieldbus)和点动输入(Jog)等，如图 7-32 所示。在左侧项目导航栏下打开设定通道(Setpoint Channel)选项，可以选择主速度设定、辅助速度设定以及设定值比例，还可设定速度限制、斜坡函数发生器参数等。

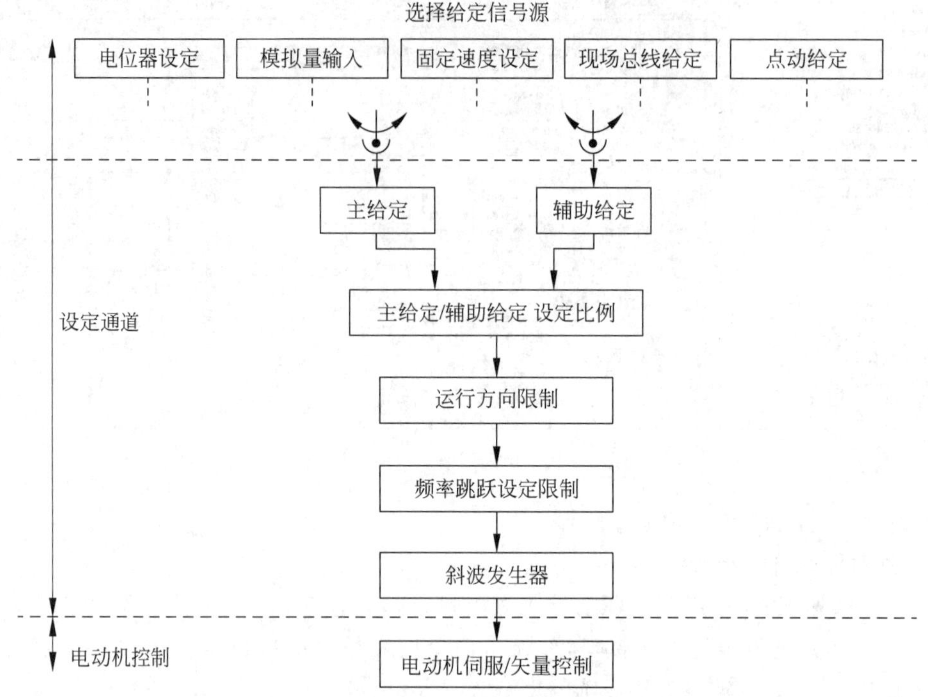

图 7-32 设定(给定)点通道(Setpoint Channel)

上述设定通道是矢量控制中常见的速度设定,伺服控制很少需要设定,所以对于矢量轴,设定点通道(Setpoint Channel)功能是自动被激活的;而对于伺服轴,则必须在轴的组态过程中,选择扩展设定点通道(Extended setpoint channel)后才被激活。

4. 开环/闭环控制(Open-loop/Close-loop Control)

无论是驱动轴采用恒压频率比控制(V/f)、无速度传感器矢量控制(SLVC)、矢量控制(VC)何种控制方式,对控制回路参数都需要进行必要的设定。在 STARTER 软件左侧项目导航栏下通过选择开环/闭环控制(Open-loop/close-loop control)功能以下选项,可以完成设定。

(1) 速度设定点叠加,完成(扩展)速度设定通道与另外两路设定给定通道叠加。

(2) 速度滤波器设定,用来滤除速度设定通道上的干扰信号或防止速度设定波动过大。

(3) 速度控制器设定,用来选择三种类型的控制器(不带编码器、带编码器和转矩控制)和参数设定,包括比例增益参数 P1460、积分时间参数 P1462。根据电动机实际运行状况手动修改速度控制器参数,以达到优良的控制性能。

对于矢量轴,可以通过参数 P1960 对电动机和负载进行动态识别来自动确定速度控制器的参数;对于伺服轴,也可以通过自动优化功能自动确定速度环控制器的参数。

(4) V/f 控制设定,SINAMICS S120 驱动器很少使用,但有时用于测试或者控制特殊电动机。在 V/f 控制设定中,可以对滑差补偿、直流电压控制器、电流控制器、压频比的参数进行设定。

(5) 转矩设定，用来设定附加转矩以及速度控制到转矩控制的切换功能。

(6) 转矩限制，指定电动机最大允许转矩，可以在电动机实际运行过程中实时修改，是比较常用的功能之一。

(7) 电流滤波器设定，用来设定电流控制器之前的串联滤波器，可以选择低通滤波、带阻滤波等类型，并进行参数设定及激活。

(8) 电流控制器，电流控制器的参数根据电动机参数计算生成，因此在组态过程中要正确输入电动机参数，在调试过程中无须修改。

(9) 功率单元(显示)，用于显示电动机运行时转矩电流分量、励磁电流分量和电流绝对值，以及输出频率等。

(10) 电动机(显示)，用于电动机运行过程中的状态，包括转速、转矩等物理量的显示。

(11) 电动机编码器，用于监控编码器实际值，从而判断电动机运行是否平稳，还可以设置编码器信号的平滑滤波时间。

5. 功能(Functions)

功能选项主要用于设定和激活主接触器控制、电动机抱闸控制、安全功能、捕捉再启动、自动再启动、摩擦补偿和直流电压控制器的参数。

7.4 STARTER 软件的调试功能

视频讲解

在硬件组态后，STARTER 软件的调试功能(Commissioning)，也就是调试工具，常被用来完成硬件组态后的系统功性能测试。打开驱动轴的调试功能，主要有以下功能选项：

(1) 控制面板(Control panel)。

(2) 设备(数据)跟踪(Device trace)。

(3) 函数发生器(Function generator)。

(4) 测量功能(Measuring function)。

(5) 自动控制器设置(Automatic controller setting)。

(6) 静态/旋转识别功能(Stationary/turning measurement)。

测量功能和自动控制器设置选项是用于伺服轴的功能，测量功能用来测量速度环或者电流环的伯德图，从而判断系统的动态响应能力，自动控制器设置是完成控制器的自动优化，具体使用方法可参考 SINAMICS S120 调试手册。静态/旋转识别功能将在 7.5 节驱动系统优化中介绍。

7.4.1 控制面板

在完成 SINAMICS S120 驱动项目基本配置后，可以利用 Commissioning 下的控制面板来操作、监控和测试驱动器。控制面板也称为软面板，使用按钮 START、STOP、TIP 或 JOG，控制电动机转动，用来测试项目中驱动轴与电动机的对应关系，以及测试电动机与编码器实际运动方向是否与设计一致。

在项目在线情况下，双击 STARTER 项目导航栏中驱动对象下 Commissioning 中的控制面板，控制面板将显示在 STARTER 窗口下方，如图 7-33 所示。

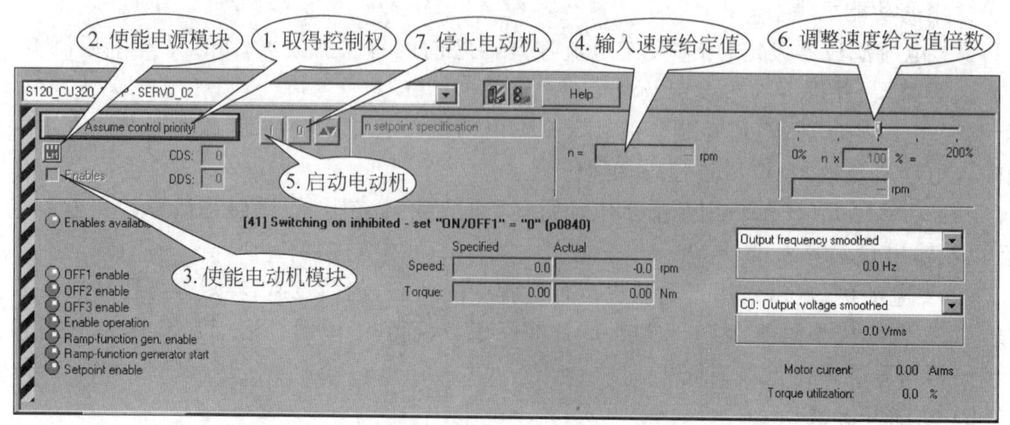

图 7-33　STARTER 软件的控制面板窗口及操作功能

具体测试步骤如下。

(1) 单击 Assume control priority，灰色选项 Assume control priority 将变成黄色选项 Give up control priority，表示编程器首先已获取对驱动装置的控制权限，引导框跳转到 Enables 状态，这时驱动器使能还未被激活。

(2) 使能电源模块(小功率的 SLM 电源模块不需要控制)。

(3) 勾选复选框 Enables，使能电动机模块，同时启动、停止和点动控制电动机按钮被激活。

(4) 在输入栏"n="中输入电动机速度给定值。

(5) 单击启动电动机按钮，启动电动机。

(6) 调整电动机给定值倍率，改变电动机速度。

(7) 单击停止电动机按钮，电动机停止运行。

7.4.2　设备跟踪记录

STARTER 调试软件提供了强大的设备跟踪记录功能，能跟踪驱动器以及电动机各种状态下某些重要的参数(例如，转速、输入输出电流和直流母线电压等)，并以曲线形式记录下来，以便调试人员进行性能分析及故障诊断。

使用设备跟踪记录功能时，双击 STARTER 导航中驱动对象下 Commissioning 中的 Device trace 或在工具栏单击 Trace function generator 按钮，设备跟踪界面被打开，如图 7-34 所示。

使用设备跟踪记录功能的步骤如下。

(1) 选择要跟踪记录的信号参数，最多可以选择跟踪记录八条曲线。

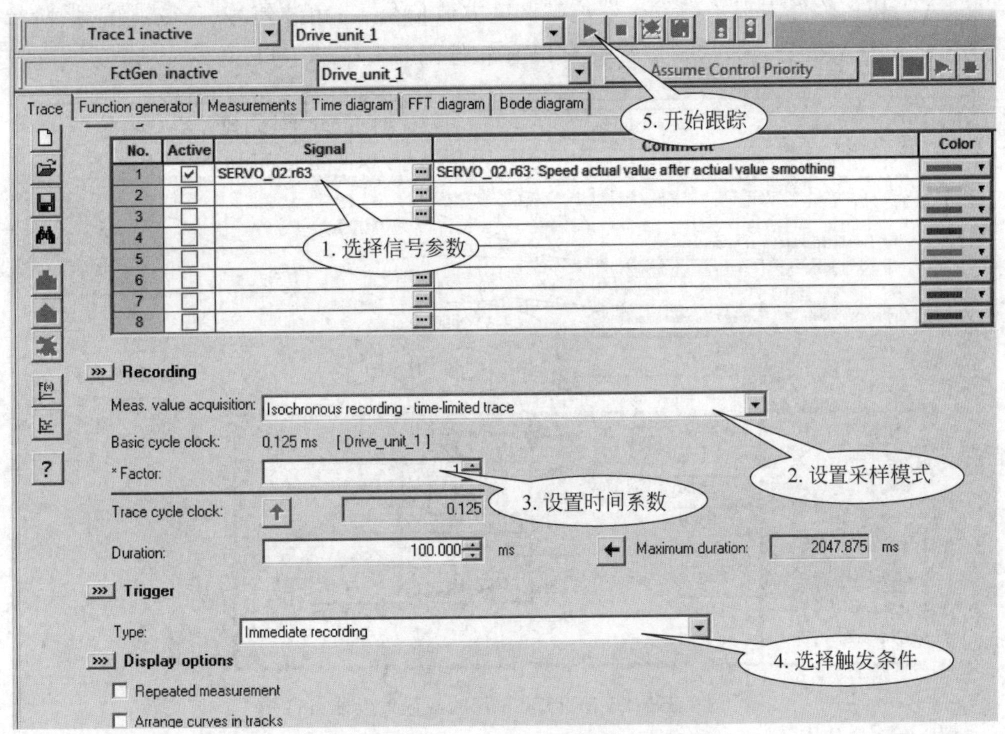

图 7-34　STARTER 软件的跟踪记录窗口

(2) 设置跟踪记录数据的模式，可以选择“无时间限制模式”和“时间限制模式”。

(3) 设置采样时间系数。在“时间限制模式”下，通过设置采样时间系数决定总时间长度。总时间长度＝基本循环时间(0.25ms)×采样时间系数。

(4) 选择跟踪的触发条件。

(5) 单击开始按钮，开始跟踪记录。

跟踪记录功能停止后，单击 Time diagram 可以看到所选择参数的时域运行曲线，由这些曲线就可判断出系统的动态性能，如超调量、过渡过程时间等。在触发条件里也可以选择沿触发、位触发或故障触发等，这样就可记录从事件发生时刻开始各个变量的变化过程。

需要注意，各条曲线的 Y 轴坐标尺度均会自动设定，因此各曲线不是统一的坐标，如选择转速设定值与转速实际值二条曲线时，可能由于 Y 轴坐标尺度不统一，造成读图困难，甚至错误认为设定值与实际值偏离很大。为了读图方便，在曲线录制完成后，同一单位的变量尽量调整 Y 轴为统一坐标尺度。

7.4.3　函数发生器

在驱动系统调试阶段，STARTER 软件调试中的函数发生器可以有选择性地在控制回路的不同位置人为加入信号，来测量系统的动态响应特性，从而优化系统性能。

STARTER 软件内部函数发生器能够产生方波信号、三角波信号、正弦波信号、阶梯信号、伪随机二进制信号，图 7-35 是 STARTER 软件函数发生器窗口。

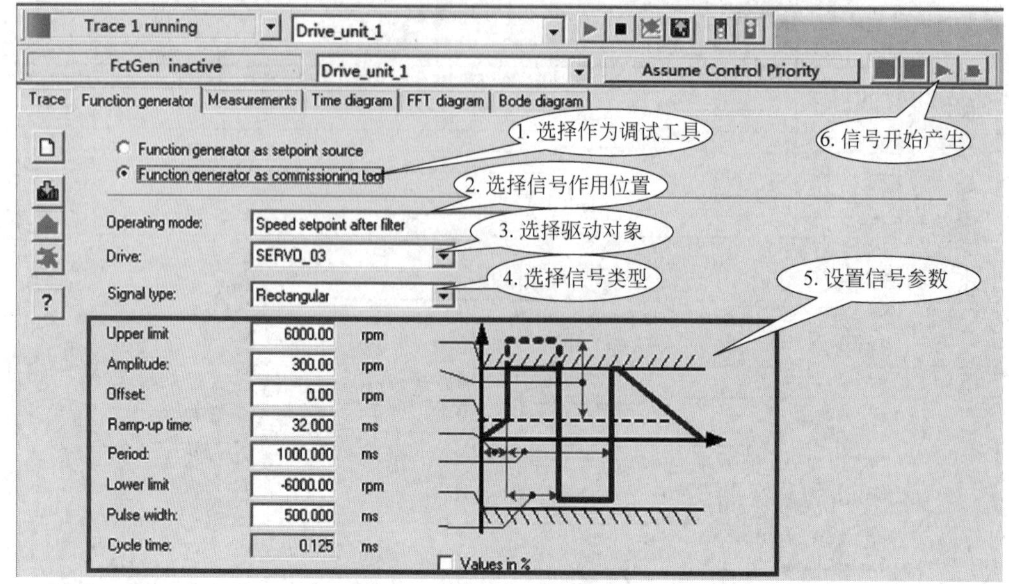

图 7-35　STARTER 软件的函数发生器窗口

函数发生器使用步骤如下：

(1) 选择函数发生器作为调试工具，并获取控制权限；

(2) 选择信号作用位置；

(3) 选择驱动对象；

(4) 选择信号类型；

(5) 设置信号参数；

(6) 函数发生器开始产生信号，参与到调试中。

视频讲解

7.5　电动机数据辨识与驱动系统数据动态优化

当采用 SINAMICS S120 驱动普通异步电动机和同步伺服电动机（西门子电动机或第三方电动机）时，都支持系统优化，使其达到最优的控制性能。本书仅介绍普通异步电动机的优化过程。

系统优化的前提条件是电动机处于冷态并且抱闸没有闭合。

当普通异步电动机由 SINANMICS S120 驱动，采用矢量方式（VC）或无编码器矢量方式（SLVC）时，系统优化前都要对电动机额定数据进行准确输入。如果知道相关机械数据也要输入，如电动机转动惯量 P341、系统转动惯量与电动机转动惯量比值 P342 和电动机重量 P344。

SINAMICS S120 驱动普通异步电动机的优化过程分三个阶段：一是电动机数据计算；二是电动机数据静态辨识；三是系统数据动态辨识。

1. 电动机数据计算

矢量控制系统和伺服控制系统的性能与电动机数学模型有关，SINAMICS S120 驱动器可以根据输入的电动机额定数据以及其他机械数据计算出电动机等值电路参数（定/转子阻抗、感抗等）。通过设定参数 P340 自动进行电动机数据计算，该过程不必使能驱动器。P340 可以设定为 1～5，当 P340＝2 时，仅计算电动机等值电路参数，计算完成后 P340 会自动恢复为 0。

2. 电动机数据静态辨识

参数 P1910 用于电动机数据的静态辨识，辨识过程将识别出定/转子冷态阻抗、定/转子漏感、主电感、IGBT 的通态压降和 IGBT 的死区时间等参数。对需要工作在弱磁区、带编码器的矢量控制电动机，可选择 P1910＝3，对电动机磁化曲线的磁通和励磁电流进行静态辨识，能更精确地计算出电动机弱磁区励磁电流，以提高转矩控制精度。

执行电动机数据静态辨识时需要使能驱动器，即驱动器有输出电压、输出电流，电动机可能最大转动 90°，轴端无转矩输出。一般操作步骤如下。

(1) 设定 P1910＝1（所有参数都自动检测，并改写参数数值），驱动器将产生报警信息 A07991。

(2) 使能电动机模块并保持，也可以单击 STARTER 软件中的控制面板的启动按钮▣，使电动机进入自动辨识过程（电动机有电磁响声、微转）。数分钟之后，辨识自动结束，P1910 自动恢复为 0。

3. 系统数据动态辨识

参数 P1960 用于系统数据动态辨识，辨识过程将进行编码器测试（VC 方式下），能计算出电动机磁化曲线的磁通和励磁电流、加速度预控参数，优化速度调节器比例系数和积分时间，以及系统转动惯量与电动机转动惯量之比。

P1960 可选择动态辨识模式有：

＝0，禁止辨识；

＝1，无编码器矢量控制模式 SLVC；

＝2，带编码器矢量控制模式 VC；

＝3，无编码器矢量控制模式的速度环优化；

＝4，带编码器矢量控制模式的速度环优化。

执行系统数据动态辨识时同样需要使能驱动器，一般操作步骤如下。

(1) 电动机空载，设定 P1960＝1/2（VC/SLVC）。

(2) 使能电动机模块并保持，也可以利用 STARTER 软件中的控制面板的启动按钮▣，使驱动器自动执行动态优化过程，电动机旋转，优化结束后 P1960 自动恢复为 0；

(3) 若可能电动机带载(一般采用带齿轮箱和辊子)下优化，则系统转动惯量等会发生变化，设定 P1960=3/4；

(4) 同样，使能电动机模块并保持，或利用 STARTER 软件中的控制面板启动按钮，使驱动器自动执行动态优化过程，电动机旋转，优化结束后 P1960 自动恢复为 0。

系统数据自动辨识后，可使用 STARTER 软件中设备跟踪功能根据实际工艺要求对速度环参数微调。

注意：优化完成后一定要执行 copy RAM to ROM 操作。

小结

在调试 SINAMICS S120 驱动系统时，西门子公司推荐使用调试工具软件 STARTER 进行。STARTER 软件是西门子公司提供给其传动系统用户的大型免费调试软件，具有丰富的功能与友好的操作界面，可以进行硬件组态和识别(电子铭牌)、参数的设定、动态性能的调试、故障诊断、程序下载和上传等。采用 STARTER 调试 SINAMICS S120 项目，编程器可以通过 SINAMICS S120 控制单元集成的以太网接口 LAN、集成的 PROFINET 接口或集成的 PROFIBUS 接口进行。采用以太网调试项目时，首先要设置编程器通信接口的 IP 地址，以及工程项目以太网通信访问点。新建工程项目可以采用项目向导或直接创建项目的方法。一般创建项目后，首先在线进行工厂参数复位，将控制单元工作存储器 RAM 中原来的用户数据清除，然后进行自动组态，即编程器首先对 DRIVE-CLiQ 总线上节点所连接的对象进行查找，建立伺服轴或矢量轴，然后编程器读出电源模块、电动机模块和带 DRIVE-CLiQ 接口的电动机和编码器数据，并传输到控制单元。自动配置这一步其实就是确定整个传动系统硬件，为电动机优化做准备。对不带 DRIVE-CLiQ 接口的电动机和编码器数据需要离线手动配置。SINAMICS S120 驱动项目中的参数可以存储在三个地方：一是控制单元的工作存储器 RAM；二是 CF 卡的 ROM；三是编程器的 STARTER 项目。驱动参数可在这三个地方上传和下载。

驱动轴参数的设定可以通过专家列表、驱动导航等进行，调试面板、设备(数据)跟踪和函数发生器等作为调试工具用来调试驱动系统的动态性能。采用 SINAMICS S120 驱动普通异步电动机或同步伺服电动机(西门子电动机或第三方电动机)的系统，可以采用电动机参数静态辨识和系统动态优化，使其达到最优的控制性能。

习题

1. 采用编程器调试 SINAMICS S120 驱动器时，可以通过控制单元的什么接口进行？
2. 简述直接创建 SINAMICS S120 工程项目的一般步骤。
3. 自动配置可以完成哪些组件数据的读取？

4. SINAMICS S120 驱动项目参数可以存储在哪些地方？采用 STARTER 在线调试时，参数存储在什么地方？S120 控制单元上电时，驱动器参数进行了什么操作？

5. 驱动对象的专家列表中不同背景色分别对应着什么类型参数？

6. 电动机数据静态辨识时可以辨识出哪些参数？是否需要电动机模块使能？系统动态辨识的作用是什么？电动机是否旋转？

第 8 章 SINAMICS S120 基本定位功能

内容提要：SINAMICS S120 内部具有基本定位器和位置控制器，本章首先介绍 S120 基本定位器(EPOS)的激活方法，介绍 EPOS 的组成及作用；然后介绍 SINAMICS S120 驱动器的长度单位 LU，介绍线性轴与模态轴概念；主要介绍基本定位的极限功能、回零、点动、程序步和直接设定值输入/MDI 功能，接着介绍采用 STARTER 软件调试基本定位功能的方法及监视功能；最后介绍位置控制器的组成及采用 STARTER 软件调试方法。

在自动化生产和机械加工中，机械设备移动的距离经常是根据加工工件的尺寸准确计算得到，依靠拖动系统完成准确定位控制，如数控机床切削加工前刀具的定位、仓储系统中传送带的定位控制以及机械手的轴定位控制等。

什么是定位功能？定位功能就是使被控对象以设定的速度和运行轨迹运行到指定的位置。

要实现准确定位，需要进行位置闭环控制。定位系统通常由以下部分构成：控制器、驱动器、电动机、机械设备和位置与速度反馈等，如图 8-1 所示。根据驱动器的情况，反馈可以采用直接反馈到驱动器或控制器上。

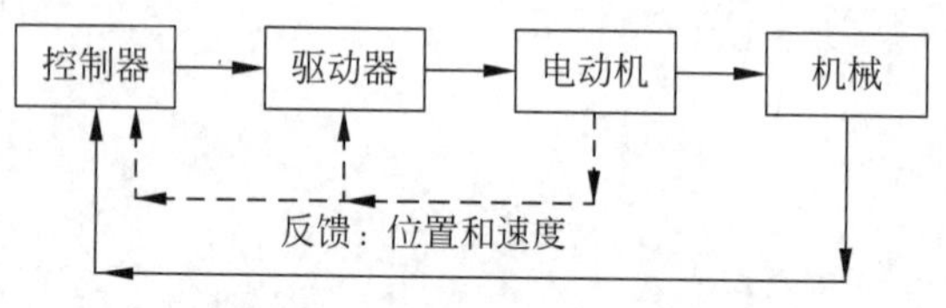

图 8-1　定位系统的构成

SINAMICS S120 内部具有基本定位器和位置控制器，可计算出轴的运行特性，使轴以最佳时间的方式准确地移动到目标位置。可以实现的基本定位功能包括点动、回零、限位、程序步和直接设定值输入/手动设定值输入，非常适合简便、快速、精确地对机械轴进行定位，适用于进给装置、换刀装置、搬运设备、堆放装置、装配机器、输送设备、跟踪系统、太阳能电池板、医疗设备和实验室自动化上的应用。

8.1 SINAMICS S120 基本定位功能的激活

视频讲解

图 8-2 中所示的顺序是 SINAMICS S120 基本定位功能的激活步骤。

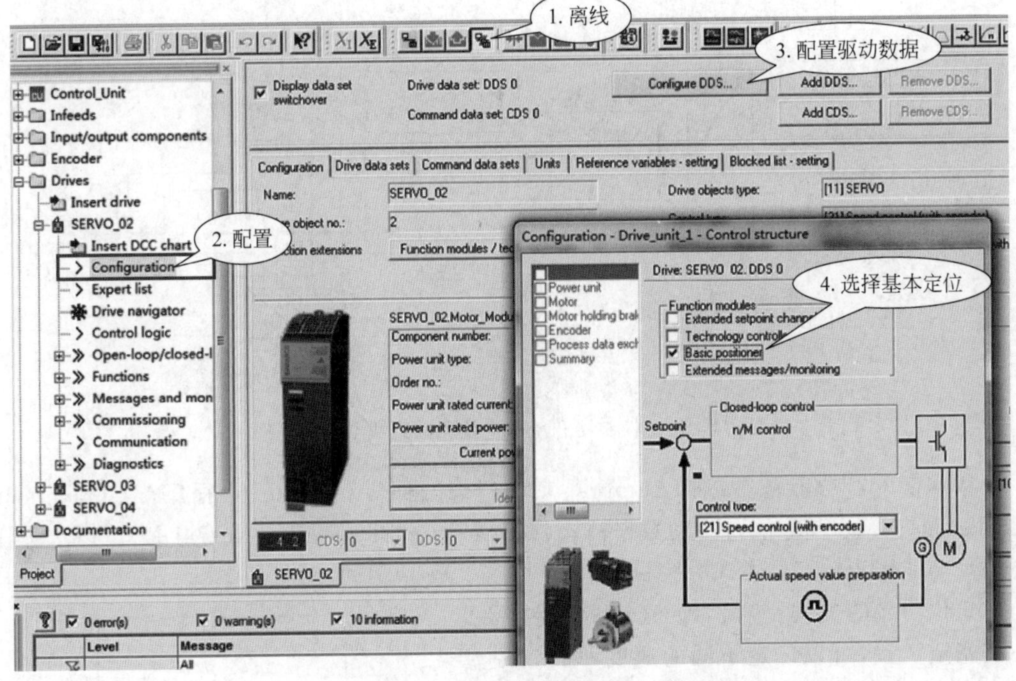

图 8-2　激活 SINAMICS S120 基本定位功能的步骤

(1) 单击工具栏的离线按钮，使 SINAMICS S120 处于离线状态；

(2) 双击左侧项目导航栏中驱动轴(如 Servo_02)下的配置 Configuration；

(3) 在配置页面单击配置驱动数据组按钮 Configure DDS；

(4) 在弹出的配置窗口下选择基本定位器 Basic positioner。

这样，在完成驱动轴配置后，左边的项目导航栏中将出现 Technology，并在其下出现基本定位器(Basic positioner)和位置控制(Position control)可操作选项，如图 8-3 所示。

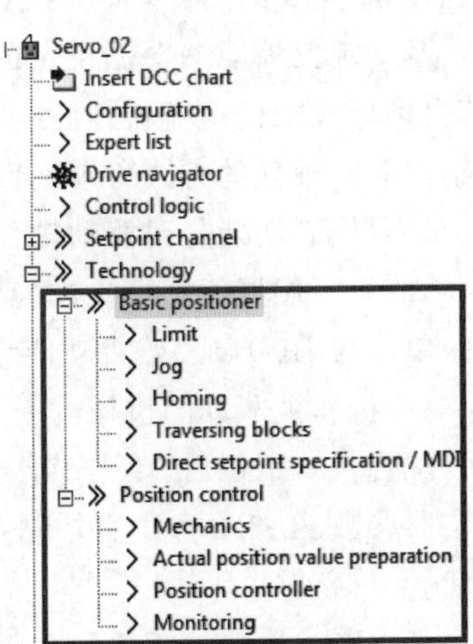

图 8-3　导航栏中基本定位和位置控制功能

基本定位器的缩写为 EPOS，来源于德语 Einfach positionierer。本书将 SINAMICS S120 驱动器基本定位器功能简称为基本定位功能。

位置控制器和基本定位器的组成及功能框图可用图 8-4 表示。

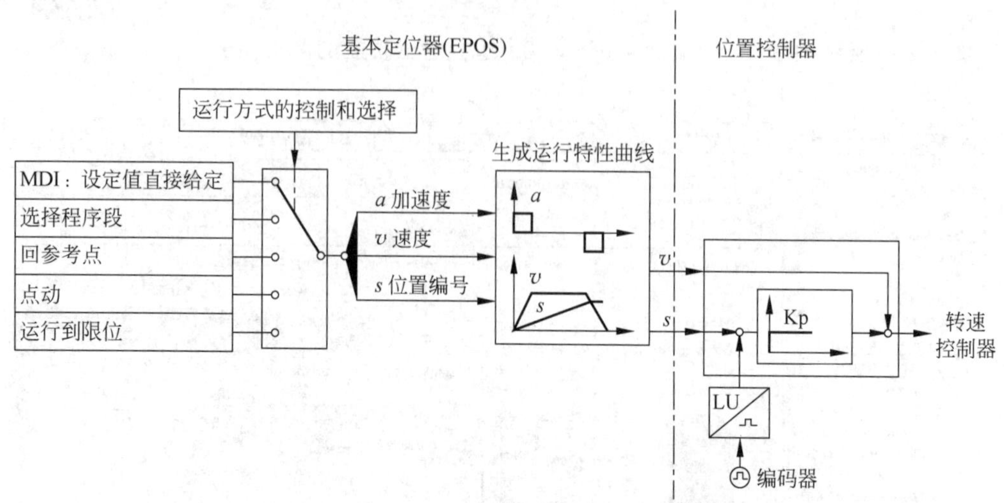

图 8-4 位置控制器和基本定位器的组成及功能框图

基本定位器功能包括极限（Limit）、点动（Jog）、回零（Homing）、程序步（Traversing blocks）和直接设定值输入/手动数据输入（Direct setpoint specification/MDI），可以选择任意一种功能作为轴定位方式的控制。

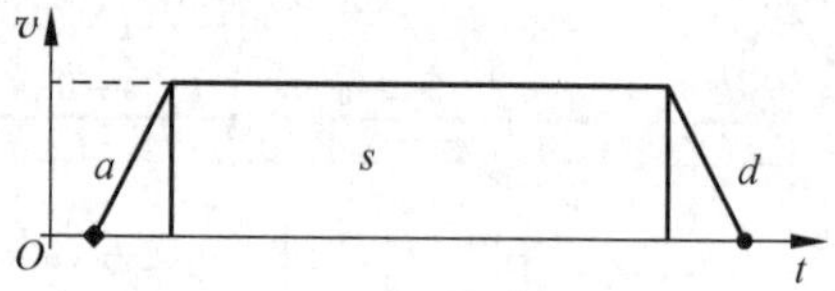

定位功能的关键是对位置、速度的控制，要运行到指定位置，可以设定不同的速度和加/减速度等。图 8-5 表明了位置与速度的关系，图中 a 代表加速度，d 代表减速度，面积 s 代表运行的距离。

图 8-5 位置与速度的关系

基本定位器能够根据设定的加速度、速度和位置，自动生成轴的运行特性曲线，生成的结果作为位置控制器的位置设定值和速度设定值，使轴以时间最佳的方式移动到目标位置。

位置控制功能是对驱动轴位置的闭环控制，包括位置控制器参数的设定、机械参数配置、轴的实际位置值计算（位置实际值是将编码器反馈的脉冲信号转换为实际位置，实际位置的单位为 LU）以及监视功能参数的配置。这里驱动轴是指包括被激活的位置控制驱动器、电动机和被驱动的机械的一个整体。

配置基本定位后，单击工具栏的在线按钮，编程器与驱动器连接。打开专家列表，基本定位器参数 r108.3 和位置控制参数 r108.4 的值都变为 activated，表示基本定位功能已被激活。

基本定位功能被激活后，可使用 STARTER 调试功能（Commissioning）选项下的控制面板或专家列表进行基本定位功能的操作。

使用控制面板进行基本定位功能测试时，一般按如图 8-6 所示的操作顺序进行。首先选择基本定位，然后编程器(PG/PC)取得控制权。取得控制权后，控制面板中基本定位功能的按钮将出现并被激活，如图 8-7 所示。图中 I 0 分别为启动、停止和点动运行按钮；为点动、相对/绝对定位或程序步、回零功能选择按钮。

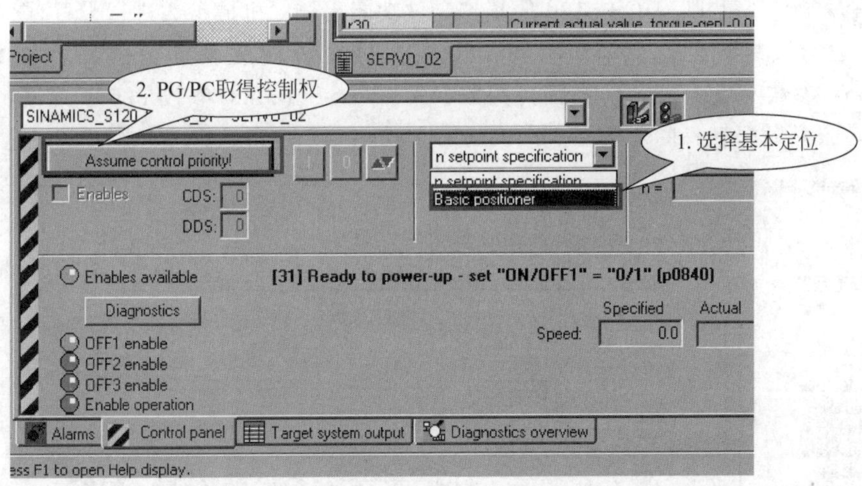

图 8-6 控制面板的基本定位功能测试操作界面

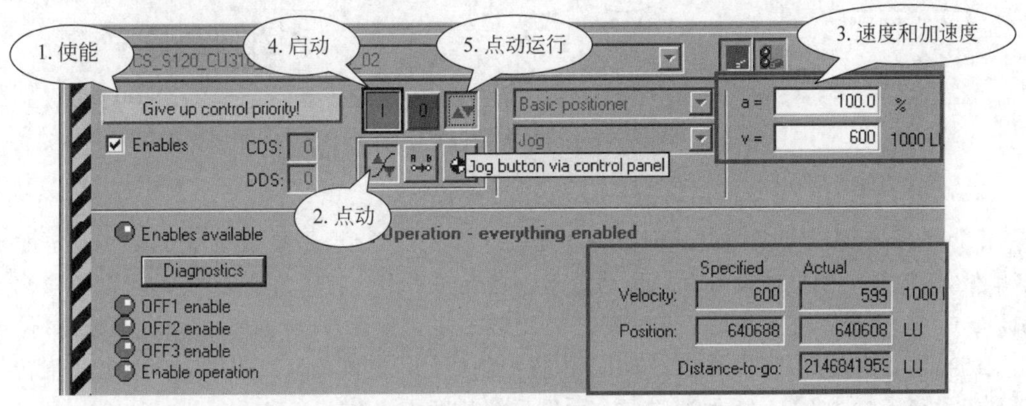

图 8-7 获得控制权的基本定位功能控制面板

下面参照图 8-7，以点动运行为例，说明采用控制面板进行基本定位功能的操作步骤。

(1) 使能电动机模块，斜坡函数发生器、速度给定等被激活；

(2) 选择点动功能；

(3) 设置点动速度和加速度；

(4) 单击启动按钮；

(5) 单击点动运行按钮。

运行时的设定值和实际值在控制面板的右下角显示出来，便于监视。

视频讲解

8.2 SINAMICS S120 位置控制中的长度单位 LU

SINAMICS S120 的基本定位功能需要对机械参数进行设置，图 8-8 为机械参数设置窗口。在窗口中根据机械传动比设置负载旋转圈数（Load revolutions）参数 P2505 与电动机旋转圈数（Motor revolutions）参数 P2504 之间的对应关系，以及定义负载每转一圈对应多少个 LU（LU per load revolution）参数 P2506。

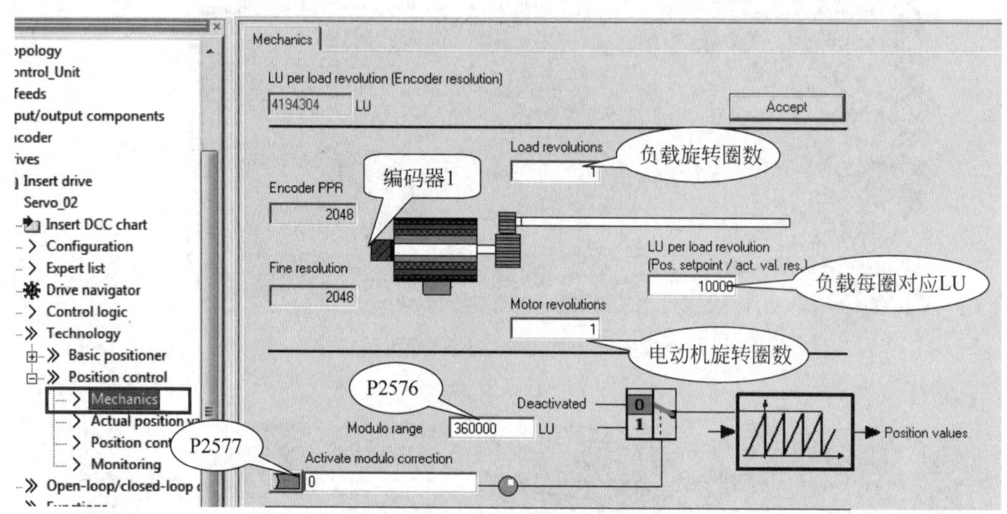

图 8-8　机械参数设置窗口

什么是 LU？

LU（Length Unit）是西门子伺服驱动器的中性长度单位，是参数设置中需要设定的基本单位，不论是驱动机械设备直线移动距离还是旋转工作台旋转角度，采用的长度单位都为 LU。一个 LU 表示机械移动了多少距离或旋转了多少角度，即分辨率。分辨率越高，位置控制的精度也就越高，SINAMICS S120 位置控制的分辨率高低取决于图 8-8 中负载每转一圈对应设定多少个 LU。下面通过两个示例理解长度单位 LU。

【例 8-1】 某台伺服电动机轴端直接与丝杠连接，即无齿轮减速箱传动。当负载转一圈时，丝杠移动了 10mm（10 000μm）。若设定图 8-8 中负载每转一圈为 10 000LU，则 LU 单位所表示的精度为多少？若要产生 20mm 位移，位置设定应为多少？

根据负载每转一圈为 10 000LU，对应丝杠移动了 10mm（10 000μm），则 LU 单位所表示的精度为：

10mm÷10 000 LU=0.001mm/LU=1μm/LU，即 1LU 对应丝杠移动了 1μm。

20mm 位移对应的 LU 为：

20mm×1000×1LU/μm=20 000LU，则位置设定为 20 000LU。

【例 8-2】 某台伺服电动机驱动圆盘旋转，若电动机旋转 10 圈，圆盘转 1 圈。如果设定

图 8-8 中负载每转一圈为 3600LU,则 LU 单位所表示的精度为多少?若位置设定为 300LU,则圆盘将旋转多少角度?电动机将旋转多少角度?

根据电动机旋转 10 圈,圆盘转 1 圈,圆盘每转一圈为 3600LU,则 LU 单位所表示的精度为:

$$360°/圈 \div 3600LU/圈 = 0.1°/LU$$,即 1LU 对应圆盘转动 0.1°。

如果位置设定为 300LU,则圆盘将旋转角度为:

$$300LU \times 0.1°/LU = 30°$$

电动机将旋转角度为:

$$30° \times 10 = 300°$$

8.3 SINAMICS S120 驱动系统中机械轴的分类

视频讲解

SINAMICS S120 驱动系统将机械轴分为两类:线性轴和模态轴。

线性轴是指电动机在正向或反向旋转时,运行范围受到机械装置限制的轴,如图 8-9(a)中滑块移动范围受轴的长度限制。轴的整个运行范围对应着一个个位置实际值,如图 8-9(b)所示。货架操作设备、门驱动、起重机和翻转工作台等机械都属于线性轴。

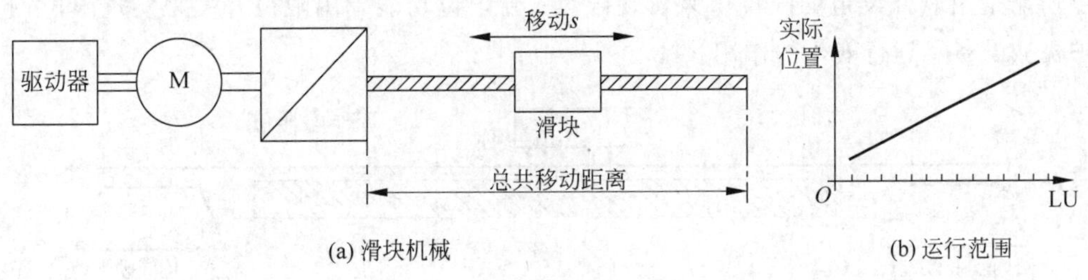

图 8-9 线性轴图例

模态轴是指运行范围不受限制、循环往复的轴,对应位置实际值是周期变化的,也可以理解为没有限位开关的无穷轴,如图 8-10(a)所示。旋转工作台、循环输送带和辊道等都属于模态轴。模态轴的运行范围由许多模数范围(Modulo range)组成,一个模数范围对应着一个个位置实际值,一旦轴位置越过一个模数范围便归零,重新开始一个模数范围的位置计数,如图 8-10(b)所示。例如完成一次旋转 360°后再重新归为 0°,再次回到位置的取值范围计数。

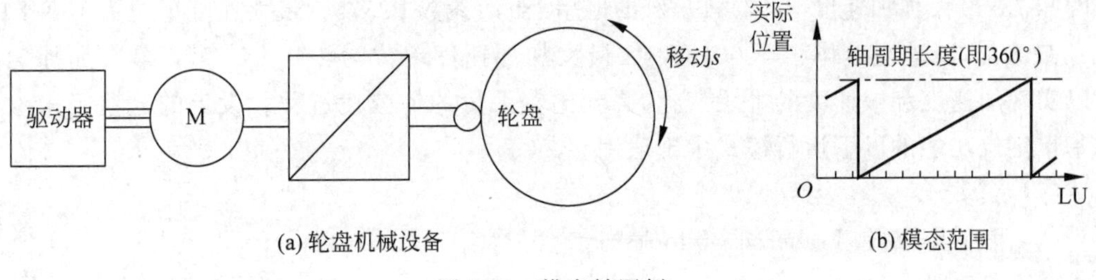

图 8-10 模态轴图例

在图 8-8 机械参数设置窗口中的参数 P2576 用来设置模数范围，单位为 LU，参数 P2577 设置为 1 时，激活模态轴。

【例 8-3】 若某传送带的驱动电动机每转 100 圈，就完成一次生产周期。如果电动机每转一圈轴设定为 3600 个 LU，问模数范围应设为多少？

根据电动机每转 100 圈完成一个生产周期和电动机每转一圈轴为 3600LU，则模数范围为 100 圈×3600LU/圈=360 000LU。

视频讲解

8.4 SINAMICS S120 的基本定位器(EPOS)

8.4.1 SINAMICS S120 基本定位中的极限功能

SINAMICS S120 的极限(Limit)功能包括限位功能和极限值设定功能。限位功能用来设定线性轴的运行范围，极限值设定功能用来设定轴在进行定位运行时的最大运行速度、最大加/减速度和最大加加速度。

1. 基本定位的限位功能

SINAMICS S120 驱动器的限位功能包含两种：软限位和硬限位，如图 8-11 所示。软限位功能是由软件设定的限位值来实现限位；硬限位功能是用限位开关来实现限位，起到保护机械设备和运行安全的作用。

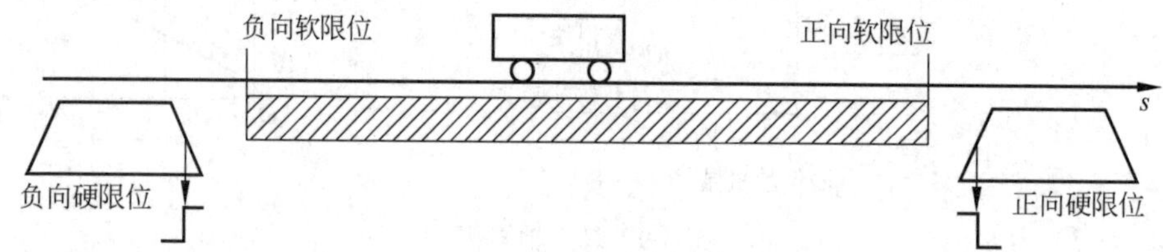

图 8-11 线性轴定位范围的限制

双击项目导航栏中的 Limit，则打开限位功能参数的设定界面，如图 8-12 所示。

2. 基本定位中轴运行极限值设置功能

选择图 8-12 中限位功能选项卡 Traversing profile limitation，就可进入设定轴运行极限值参数界面(见图 8-13)，设定参数包括最大运行速度 P2571、最大加速度 P2572、最大减速度 2573、最大加加速度 P2574，以及加加速度激活参数 P2575。最大速度单位为 1000LU/min，最大加/减速度单位为 1000LU/s^2，最大加加速度单位为 1000LU/s^3。最大加加速度可以实现加速度和减速度的平缓变化，得到比较平滑的加减速过程。设定的这些极限参数在基本定位功能的以下运行模式中都适用。

(1) 点动(Jog)。

(2) 程序步执行(Traversing blocks)。

(3) 主动回零(Active referencing)。

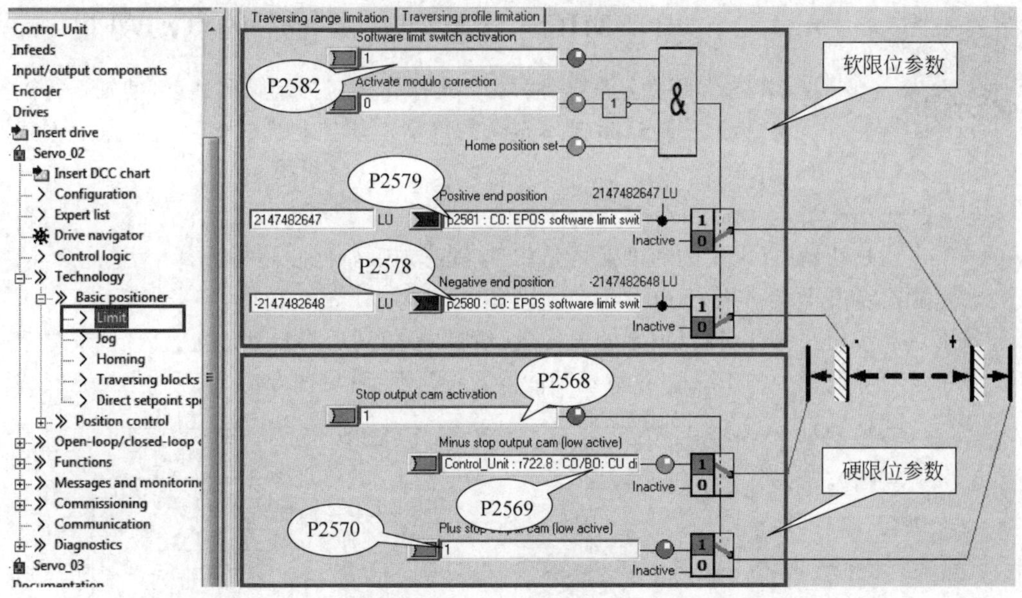

图 8-12 限位功能参数设置界面

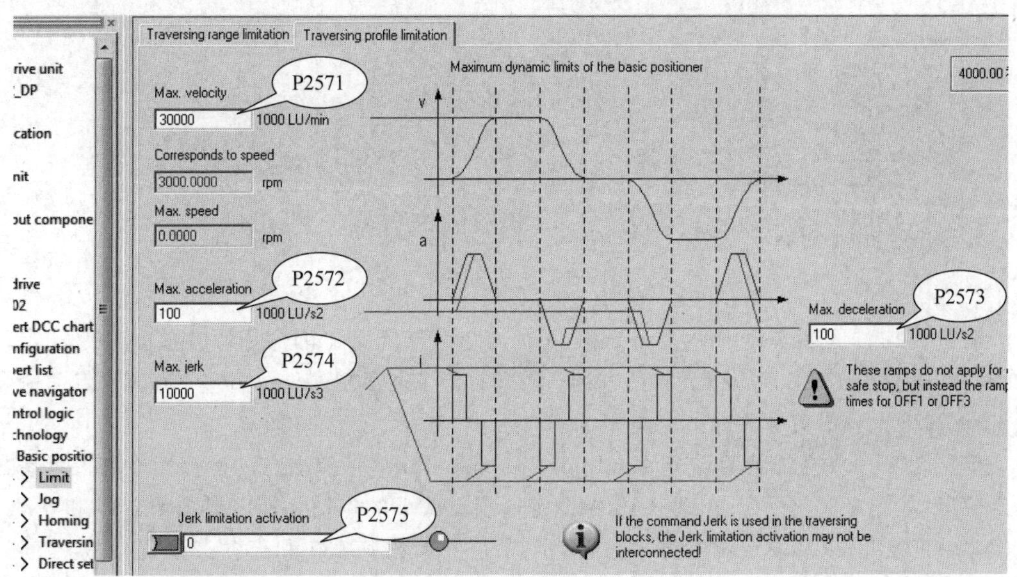

图 8-13 运行极限值参数设置界面

(4) 直接设定值输入/手动设定值输入 MDI(Manual data input)。

但当出现故障采用相应 OFF1/OFF2/OFF3 停车时，所设定的最大加速度、最大减速度和最大加加速度极限参数失效。

视频讲解

8.4.2 SINAMICS S120 基本定位中的点动功能

点动(Jog)功能就是采用手动方式操作按钮控制轴的移动,使轴运行到目标点。SINAMICS S120 基本定位的点动功能控制方式有两种:速度方式和位置方式。

(1) 速度方式(travel endless)。

按下点动按钮,轴以设定的速度运行,直至按钮释放后轴停止运行。

(2) 位置方式(travel incremental)。

按下点动按钮并保持,轴以设定的速度运行到目标位置后将自动停止。

双击项目导航栏中的 Jog,打开点动功能参数设定界面(见图 8-14)。

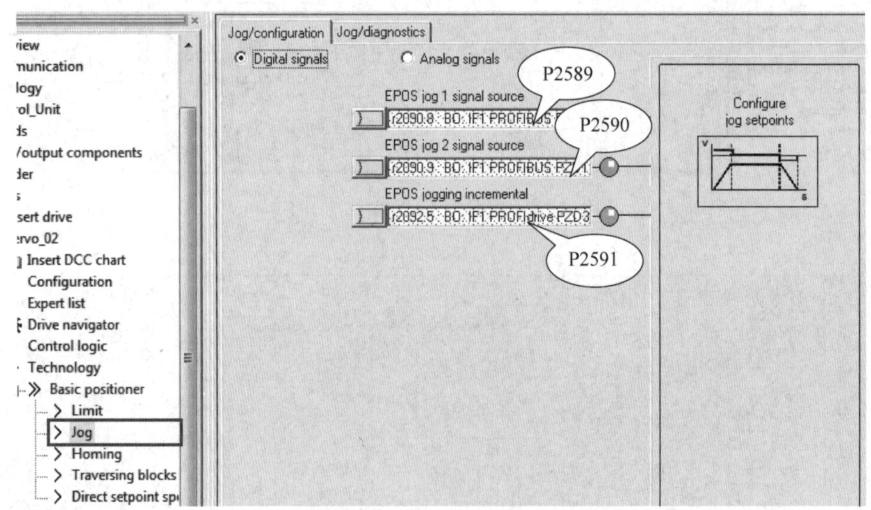

图 8-14　点动功能参数设置界面

在图 8-14 中可见点动有两个命令源,可以分别设定点动 1 的命令源参数 P2589 和点动 2 的命令源参数 P2590,以及点动方式参数 P2591(=0 速度方式/=1 位置方式)。点动命令为 1 有效,即上升沿有效并保持高电平。

单击图 8-14 中配置点动设定 Configure jog setpoints,将弹出点动运行速度和位置参数设定窗口,如图 8-15 所示。在图 8-15 中设定速度方式下的点动 1 速度参数 P2585 和点动 2 速度参数 P2586,以及设定位置方式下的点动 1 位置参数 P2587 和点动 2 位置参数 P2588。在点动位置方式下,不仅需要设定点动位置量,还要设置点动速度。选择图 8-14 中 Analog signals,将打开速度倍率(Override)设定界面,以便设定速度的百分比参数 P2646。注意速度倍率不能为零,否则点动无法运行。

需要说明的是,使用控制面板仅能操作速度方式下点动功能的执行,位置方式下的点动功能,需通过专家列表设定参数来实现。

执行点动功能前,应先使能驱动器 ON/OFF1(P0840=1),即驱动器脉冲输出被释放。

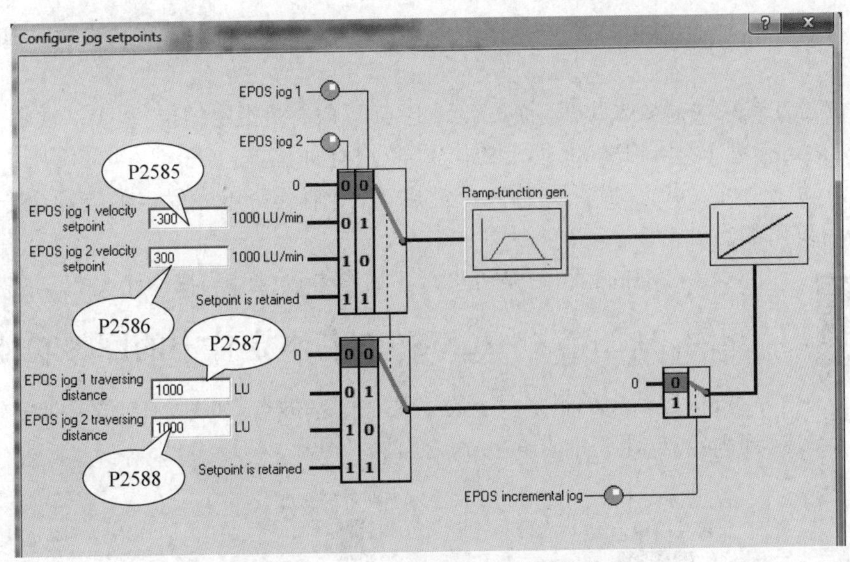

图 8-15　点动速度和位置参数设置窗口

图 8-16(a)是点动速度方式控制下的时序图。从图中可见，当点动 1 和点动 2 都发出点动命令时，先发出命令的点动 1 起作用，只有先发出的点动命令消失并且轴停止后，后发出的点动命令 2 才能起作用。图 8-16(b)是点动位置方式控制下的时序图。从图中可见，点动命令发出后并保持，则运行到设定位置后位置不再增加，再发出点动命令后，在原有位置基础上变化。点动运行中的最大速度、最大加速度和最大减速度等参数取决于极限功能中所设定的极限值。

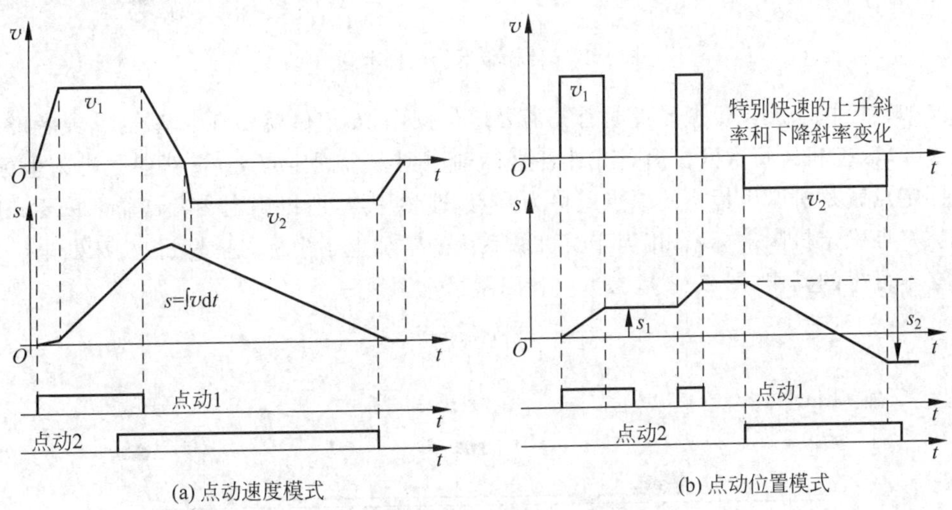

图 8-16　点动控制时序图

从图 8-16 可见，点动有以下特点。

(1) 不论是速度方式和位置方式，当点动命令取消后，轴即停止。

(2) 速度方式按照 P2585/P2586 设定的速度以及极限功能中设定的最大加/减速度运行。

(3) 位置方式点动命令发出后，轴运行到 P2587/P2588 指定的位置，下一次再发出点动命令，轴仍然运行到 P2587/P2588 指定的位置，依次叠加位置。

(4) 点动命令可以设置为两个，若两个都启动，则轴受命于先发出的点动命令，轴停止后才执行后发出的点动命令。

视频讲解

(5) 点动的运行与是否进行了回参考点(回零)操作无关。

8.4.3 SINAMICS S120 基本定位中的回零功能

机械运动中的很多设备常需要一个基准点，如图 8-17 传输带要将物品运送到固定点(距基准点 500mm 处)。

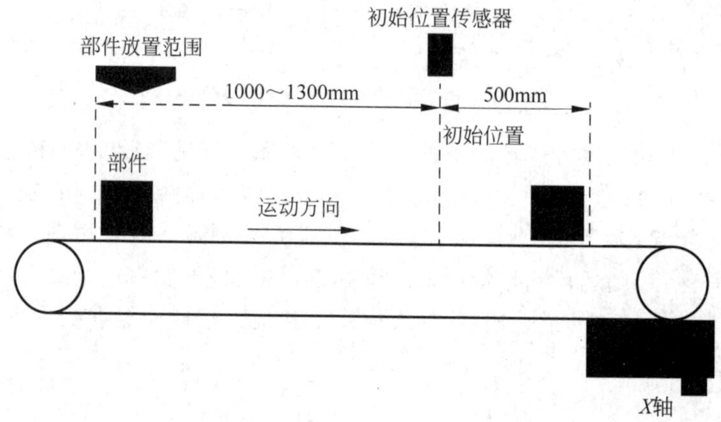

图 8-17 传输带运行定位示意图

又如数控机床加工机械零件时首先需要定位操作，要定位就要有个基准点，或者说是参考点，所以数控机床每次开机后首先让各坐标轴回到一个固定点上，重新建立机床坐标系。这一固定点就是机床坐标系的原点或称为零点，即参考点，所以确定参考点非常重要。通过回机械零点确定机床坐标系，相当于给机械系统的轴加上了坐标，这是数控机床断电后每次开机必不可少的操作，图 8-18 是参考点和回零示意图。

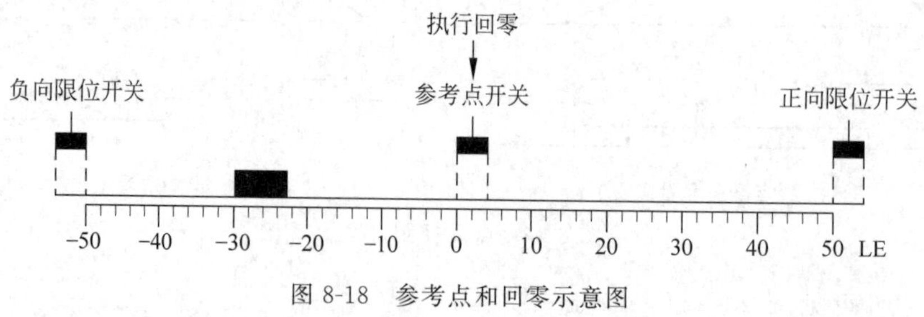

图 8-18 参考点和回零示意图

在每次上电时，由于增量式编码器（旋转编码器 Resolver、sin/cos 编码器或脉冲编码器）与轴的机械位置之间没有任何确定的关系，因此增量式编码器每次上电后轴都必须被移至预先定义好的零点位置，即执行回零（Homing）操作。由于绝对值编码器可以记住轴的位置，所以只需要进行一次编码器校准即可，以后断电再上电也不需要重新回零。

SINAMICS S120 基本定位中的回零功能用于定义轴的参考点或运行中的回零，是定位中的关键一步。如果轴没有回零，则无法实现绝对定位。回零的准确性对于从任意点开始进行的绝对定位至关重要，如果回零不准确，那么定位工作将失败。

SINAMICS S120 回零有以下方式：

(1) 直接设定参考点（Setting reference point），适用于对任意类型编码器的回零；

(2) 主动回零（Active referencing），适用于增量式编码器的回零；

(3) 被动回零（Passive referencing），适用于任意类型编码器的回零；

(4) 校准绝对值式编码器，仅限绝对值式编码器，其通过执行编码器校准进行回零。

1. 直接设置参考点

通常只有系统既无接近开关又无编码器零脉冲的情况下，或者当轴需要被设置一个不同的位置为参考点时才使用这种回零方式。可设置任意位置为参考点，即坐标原点。需要设定参数包括参考点位置坐标值 P2599 和启动设定参考点命令源 P2596。直接设置参考点（Setting Reference Point）是回零功能中最简单的方式。

双击项目导航栏中的 Homing，将显示回零设置界面（见图 8-19）。

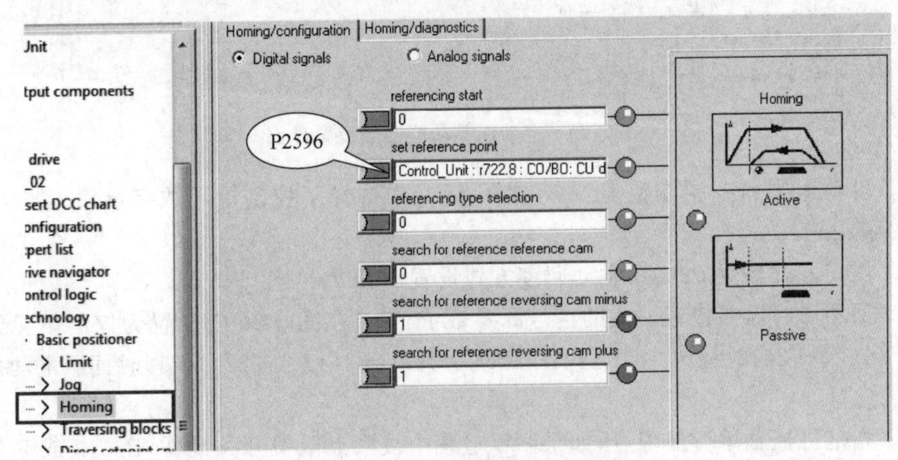

图 8-19 回零功能参数设置界面

进入回零界面后，应按下述步骤进行直接设置参考点方式回零操作。

(1) 设定直接设置参考点命令源参数 P2596，如连接某一个数字量输入点，在图 8-19 中连接了控制单元的数字输入 DI8，即 P2596＝r722.8。

(2) 在专家列表中设定参考点位置坐标值参数 P2599，如为 0。

(3) 激活轴的运行命令 P840（上升沿有效，并保持高电平）。

(4) 激活轴的“直接设置参考点”的命令源 P2596(上升沿有效,并保持高电平),于是该轴当前位置 r2521 立即被置为 P2599 中设定的值。参数 P2599 在设定值范围内可以设置为任意值,默认值为 0。

2. 主动回零

主动回零(Active referencing)适用于增量式编码器,是设置第一个加工起始点常用的方式,能使机械轴自动移动到定义的参考点。常用于数控机床钻孔、切割等加工时移动到加工起点。

在回零功能参数设置界面需设置以下参数,如图 8-20 所示。

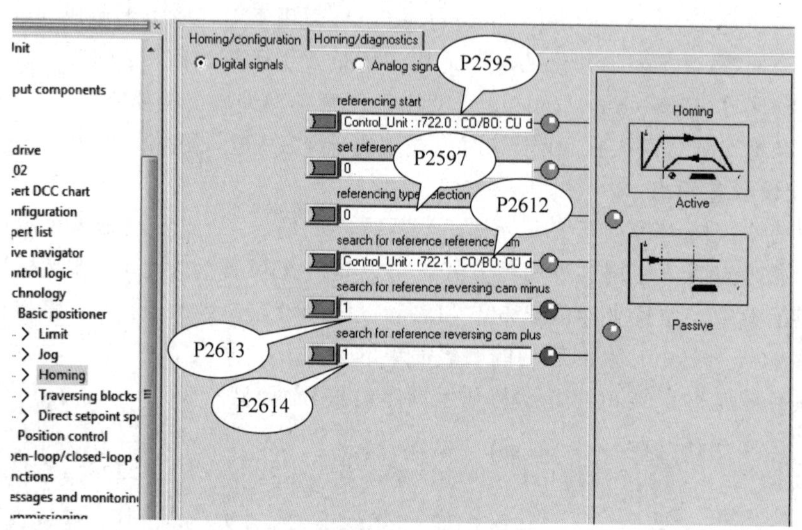

图 8-20 主动回零功能参数设置界面

(1) 启动回零命令源参数 P2595,在图 8-20 中选择了控制单元数字量输入点 DI0,即 P2595=r722.0。

(2) 回零方式参数 P2597,主动回零方式设置 P2597=0。

(3) 回零点时需要接近开关的信号源参数 P2612,在图 8-20 中设置为控制单元数字量输入点 DI1,即 P2612=r722.1。当 DI1 出现上升沿(P2612=r722.1=1)时伺服电动机减速停车。

(4) 指定机械轴运行极限点,如果回零过程中极限点限位开关动作,P2613 或 P2614 变为 0,则轴反向运行。

(5) 单击图 8-20 中的 Homing,打开详细的回零配置画面,默认情况打开的是主动回零界面。增量编码器主动回零可以选择三种模式(Homing mode),并进行相应参数配置。主动回零三种模式为:

① 使用接近开关+编码器零标志位(Homing output cam and encoder zero mark)回零;

② 仅用编码器零标志位(Encoder zero mark)回零;

③ 仅用外部零标志(External zero mark)回零。

1) 使用接近开关＋编码器零标志位回零模式

图 8-21 为使用接近开关＋编码器零标志位(Homing output cam and encoder zero mark)主动回零模式参数设置界面,表 8-1 为图 8-21 中参数的注释。

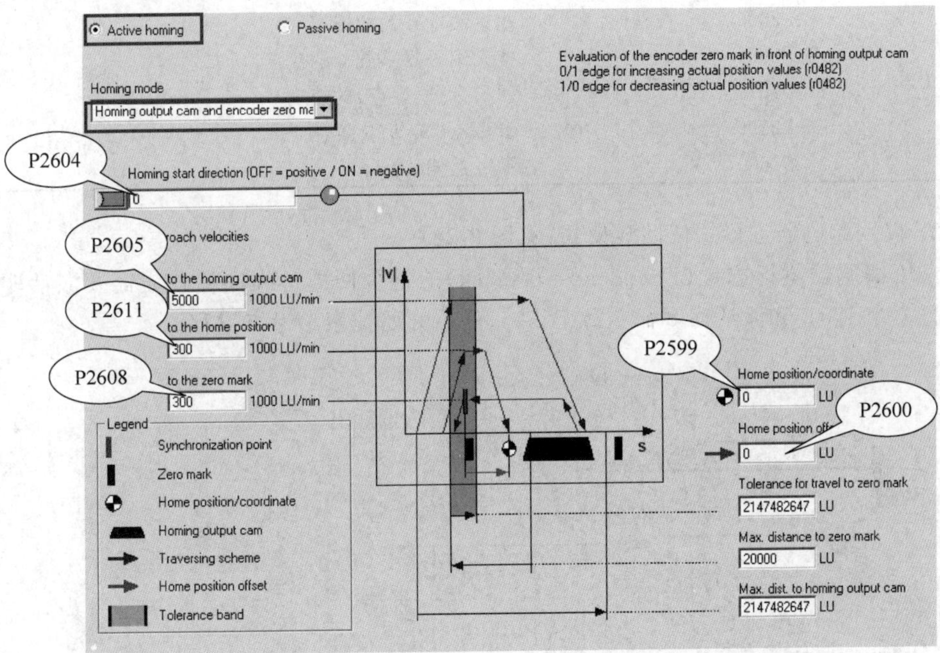

图 8-21 使用接近开关＋编码器零标志位主动回零模式的参数设置界面

使用接近开关＋编码器零标志位主动回零模式的操作步骤：

(1) 激活驱动轴的运行命令 P840(上升沿有效,并保持高电平)；

(2) 激活回零命令源参数 P2595,图 8-20 中数字量输入点 DI0 闭合(并在整个回零过程中保持闭合),然后开始搜索参考点过程。

搜索过程分三步进行：

步骤一,搜索接近开关。按 P2604 所设定的方向加速,以最大加速度 P2572 加速至设定的搜索接近开关速度 P2605 开始搜索接近开关。搜索到接近开关信号 P2612(图 8-20 中数字量输入点 DI1 闭合)后,以最大减速度 P2573 减速停止。参数 P2572 和 P2573 是图 8-13 极限功能中已设定的极限值。

步骤二,搜索编码器零脉冲。

轴反向加速至参数所设定的搜索编码器零脉冲速度 P2611,寻找编码器零脉冲。当离开接近开关后(DI1 断开)后,遇到的编码器的第一个零脉冲则轴停止。

步骤三,回参考点。

轴再反向加速至所设定的回参考点(零点)速度 P2611,运行偏置距离 P2600 后停止在参考点，完成主动回零过程，并将 P2599 设置为参考点的位置值。

表 8-1 使用接近开关＋编码器零标志位主动回零模式参数及注释

参　数	注　释
P2604	回零方向：0＝正方向移动，1＝反方向移动回零
P2605	搜索接近开关的速度
P2608	搜索编码器零脉冲的速度
P2611	回参考点(零点)的速度
P2599	参考点(零点)位置/坐标
P2600	参考点偏移量

2) 仅用编码器零标志位回零模式(见图 8-22)

仅用编码器零标志位(Encoder zero mark)的整个回零过程同样首先需要激活驱动轴的运行命令 P840 和激活回零命令源 P2595，然后开始搜索参考点过程。

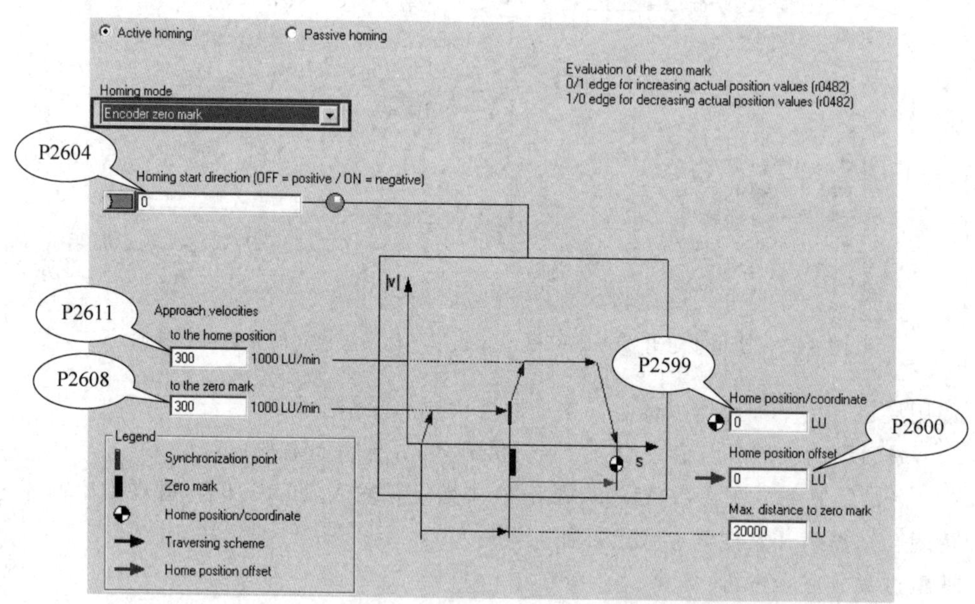

图 8-22 仅用编码器零标志位回零模式的参数设置界面

搜索过程分两步进行：

步骤 1，轴首先按照参数 P2604 定义的寻找方向，以最大加速度 P2572 加速至搜索速度 P2608，搜索编码器零脉冲。

步骤 2，搜索到编码器零脉冲后，轴以速度 P2611 运行偏置距离 P2600 后停止在参考点，完成回零过程，并将 P2599 设置为参考点的位置值。

3) 仅用外部零标志回零模式(见图 8-23)

仅用外部零标志(External zero mark)回零模式与通过编码器零脉冲回零的唯一区别

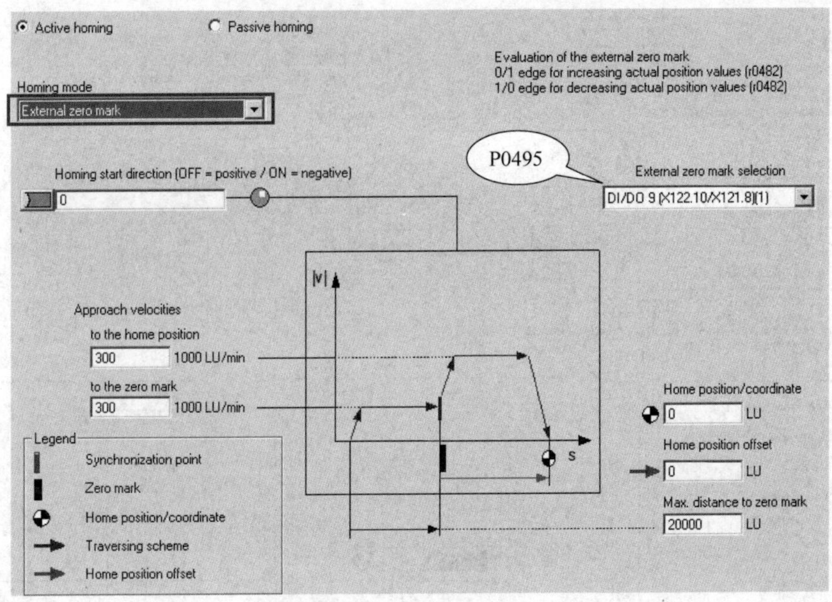

图 8-23　仅用外部零标志回零模式的参数设置界面

就是需要选择外部零标志的信号源 P0495，整个回零过程与编码器零脉冲的回零方式相同。

3. 被动回零

被动回零(Passive referencing)又称为动态回零(Flying referencing)，主要用于当轴处于点动运行、执行程序步运行和 MDI 运行过程中，将运行到任意位置的轴当前位置值动态修改为零。执行动态回零后并不影响轴当前的运行状态，轴也并不是真正的回到零点，而只是将当前位置值修正为 0，并重新开始计算位置。如前面图 8-17 中传送带上的加工工件，传感器用于检测工件是否到达位置。将传感器位置设定为参考点，当传感器检测到工件时，设定当前位置为 0，并以此为起点进行定位，以实现下一道工序的动作。

若采用被动回零，应将图 8-20 中的参数 P2597 选择为 1，即选择被动回零方式，并在图 8-21 中选择被动回零选项，则界面变为被动回零参数设置界面，如图 8-24 所示。被动回零命令源可来自于两个信号源：一个是参数 P0488 所选择的快速数字量 I/O 端子，另一个是参数 P0489 所选择的快速数字量 I/O 端子。具体哪个信号源有效，由参数 P2510 决定。参数 P2511 用来设置信号源触发被动回零的有效沿(=0，上升沿有效；=1，下降沿有效)。

被动回零过程如下：

激活驱动轴运行 P840=1(使能 ON/OFF1)，并激活任意一种基本定位命令(如点动，程序步、MDI 等)，使轴按照所选择的定位方式运行。激活轴的回零命令 P2595(上升沿有效，并保持高电平)，当快速 I/O 的输入(由 P2510 选择的 P0488 或 P0489)信号发生跳变后，则轴的当前位置被设置为 0，完成被动回零过程。

4. 绝对值编码器的校准回零

当项目中电动机配置的是绝对值编码器时，双击如图 8-19 所示回零窗口的 Homing 图

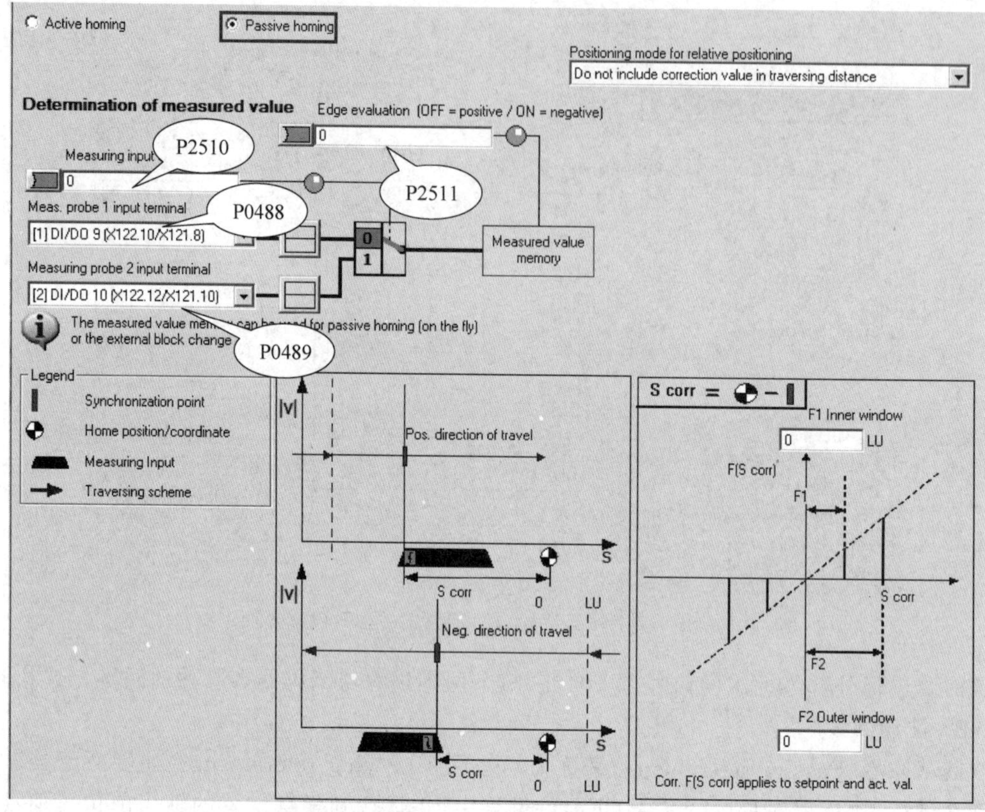

图 8-24　被动回零参数设置窗口

标，则弹出绝对值编码器的校准窗口(见图 8-25)，只需在 Home position coordinate 设置零点坐标值，然后单击执行绝对值校准按钮 Perform absolute value calibration 作编码器校准即可。

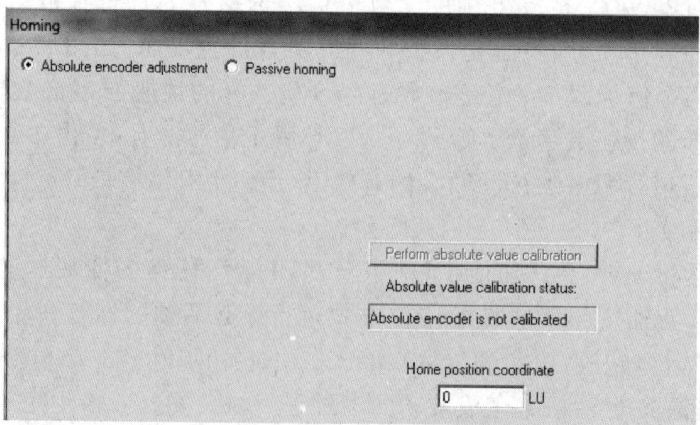

图 8-25　绝对型编码器回零校准设置窗口

本节对 SINAMICS S120 驱动器基本定位的回零功能进行了讲解，现归纳总结如下。

(1) 绝对值编码器只需要一次编码器校准即可，重新上电后会记录当前位置，而增量式编码器上电后与轴的机械位置之间没有任何确定的关系，即回零不能掉电保存。

(2) 任意编码器均可直接设定参考点，可设置任意位置为坐标原点。

(3) 采用增量式编码器时有三种主动回零模式：使用接近开关＋编码器零标志位回零、仅用编码器零标志位回零和仅用外部零标志回零。

(4) 被动回零用于处于定位工作中的轴处于任意位置时动态将当前位置值修改为零点。

8.4.4 SINAMICS S120 基本定位中的程序步功能

视频讲解

SINAMICS S120 驱动器基本定位中的程序步(Traversing blocks)功能，也称为程序块功能，是指按电动机要运行的轨迹，编写一段自动执行的完整定位程序(其实用户只需在程序步中配置电动机运行轨迹参数)，就可以控制电动机按预先设定轨迹一步一步执行的功能。SINAMICS S120 驱动器提供了最多 64 步程序(任务)可使用，各步程序通常按任务号顺序依次执行，也可以通过数字量输入信号切换(二进制编码)触发，跳过一些程序步从任意程序步开始执行。但需要注意，只有当前程序步执行完后下一程序步才能执行。

双击项目导航栏中的 Traversing blocks，将打开程序步参数设置界面，如图 8-26 所示。图 8-26 中参数设置注释见表 8-2。

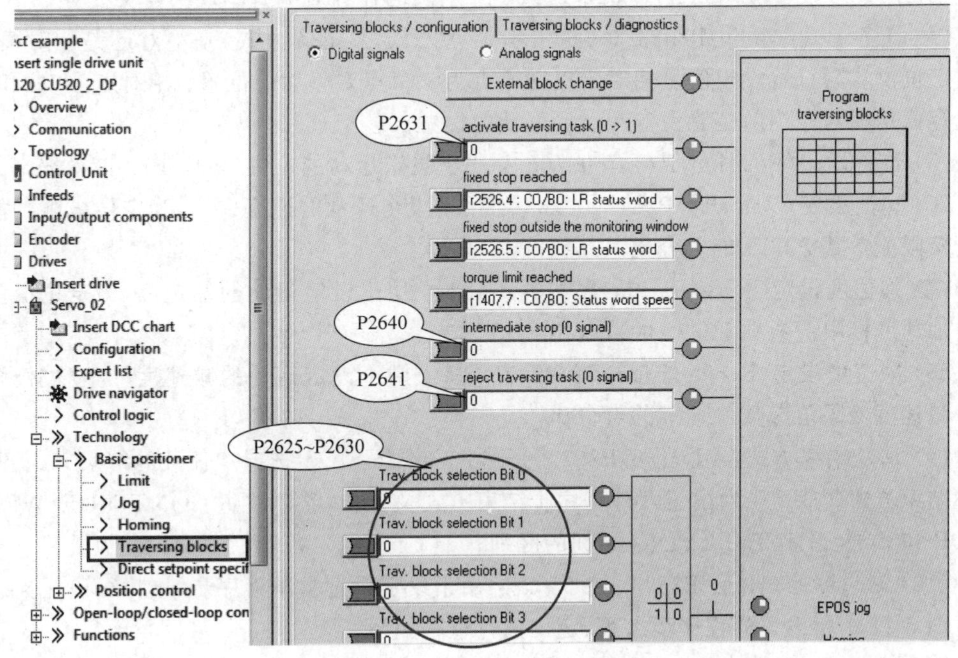

图 8-26 程序步参数设置窗口

表 8-2 程序步参数及注释

参　　数	注　　释
P2631	激活程序步功能：上升沿激活
P2641	取消任务运行：=1 不取消运行任务；P2641=0 取消运行任务。若 P2641=0，则轴以最大减速度 P2573 进行制动停车。该信号从 0 变为 1 时，轴继续移动，重新执行当前选中的运行程序段
P2640	暂停任务命令：=1 不暂停；=0 暂停。若 P2640=0，并且未取消任务运行时，则轴以减速度 P2620 或 P2645 减速暂时停车，该信号从 0 变为 1 时，继续执行暂停前的运行命令，轴继续移动
P2625～P2630	设定六个数字量输入点，根据六个数字量输入的二进制编码结果，决定程序步的起点

只有在程序步或 MDI(手动数据输入，见 8.4.5 节)运行方式时，取消任务命令和暂停任务命令才有效。若要执行程序步中的命令，则参数 P2640 和 P2641 必须先处于 1 的状态。

单击图 8-26 的 Program traversing blocks，打开程序步设计窗口，如图 8-27 所示。按工艺需要设定各个程序步中的参数，完成程序步的设置。

图 8-27 中每步程序有它固定的数据结构，具体介绍如下。

(1) 任务号(No.)P2616[0..63]：每个程序步都要有一个任务号，决定程序的执行顺序。代号为－1 表示该步不执行(初始代号全部为－1)。

(2) 任务(Job)P2621[0..63]：表示该程序步的任务。有九种任务供选择，表 8-3 列出了九种任务以及含义，常用的任务有 POSITIONING、WAITING 和 GOTO。

(3) 任务参数(Parameter)P2622[0..63]：不同的任务对应有不同的含义。

(4) 任务模式(Mode)P2623[0..63].8/9：用于定义定位方式，是绝对还是相对模式。绝对定位模式时位置设定值是相对于机械零点为参考点要移动的位置；相对定位模式时位置设定值是相对于当前位置为参考点要移动的位置。

(5) 位置设定(Position)P2617[0..63]：用于设定运动的位置(单位 1000LU/min)。

(6) 速度设定(Velocity)P2618[0..63]：用于设定运动的速度(%)，为定位极限功能中速度极限值参数 P2571 的百分比。

(7) 加速度设定(Acceleration)P2619[0..63]：用于设定运动的加速度，为定位极限功能中加速度极限值参数 P2572 的百分比。

(8) 减速度设定(Deceleration)P2620[0..63]：用于设定运动的减速度，为定位极限功能中减速度极限值参数 P2573 的百分比。

(9) 命令结束方式(Advance)P2623[0..63].4/5/6：用于选择本任务的结束方式，共有六种结束方式。表 8-4 列出了六种程序步结束方式及含义，需要注意 CONTINUE_WITH_STOP 和 CONTINUE_FLYING 之间的区别。

(10) 跳过命令(Hide)P2623[0..63].0：用于设定跳过本条程序步，不执行该任务。

图 8-27 中所设置的程序步参数，定位执行过程如下。

第 0 步任务：以速度 600×1000LU/min、加/减速为 100%，运行相对位置 50 000LU 后

减速停止。

第 1 步任务：等待 30ms。

第 3 步任务：以速度 500×1000LU/min，加/减速为 100%，运行相对位置 10 000LU 后减速停止。

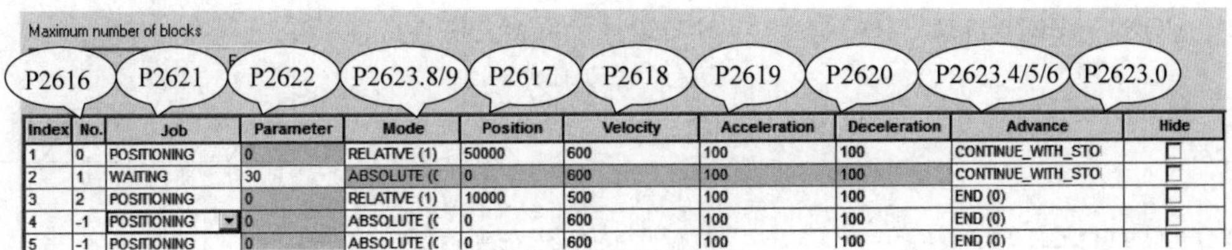

图 8-27　程序步设置窗口

表 8-3　程序步任务及含义

序号	任务(Job)	命令名称	含　义
1	POSITIONING	定位	相对/绝对定位模式选择由 P2623.8/9 设定，位置设定值由 P2617 设定
2	FIXED STOP	达到扭力[N]或转矩[0.01Nm]时停止	用于当一个机器部件向另一个固定部件移动时，设定扭力或转矩将这两个部件夹在一起。即当轴移动到一个固定挡块时，线性轴用低扭力夹紧，回转轴用低转矩夹紧
3	ENDLESS_POS	正向速度模式运行	正向加速到设定速度 P2618 后一直运行，直到发生限位/停止命令/程序步切换命令
4	ENDLESS_NEG	反向速度模式运行	反向加速到设定速度 P2618 后一直运行，直到发生限位/停止命令/程序步切换命令
5	WAITING	等待	等待时间由参数 P2622 设定(单位 ms)，并修正到 P0115[5] 的整数倍(往大靠)
6	GOTO	跳转	跳转到参数 P2622 指定的任务号
7	SET_O	置位输出	置位输出(r2683.10 & r2683.11)，r2683 为 EPOS 的状态字 1 P2622[x]=0x1：置位输出 1； P2622[x]=0x2：置位输出 2； P2622[x]=0x3：置位输出 1 和 2
8	RESET_O	复位输出	复位输出(r2683.10 & r2683.11)： P2622[x]=0x1：复位输出 1； P2622[x]=0x2：复位输出 2； P2622[x]=0x3：复位输出 1 和 2
9	JERK	激活或取消加加速度限制(Jerk limit)	P2622[x]=0 取消加加速度； P2622[x]=1 激活加加速度，此时图 8-13 中参数 P2575"Active jerk limitation"必须设为 0，P2574 设定"Jerk limit"值

表 8-4 程序步命令结束方式及含义

序号	命令结束方式	含 义	图 示
1	END	结束当前任务,不再继续执行下一步任务,可以通过参数P2631重新激活程序步功能	
2	CONTINUE_WITH_STOP	轴到达目标位置且停止后再执行下一步任务	v O 块0 块1 块2 t
3	CONTINUE_FLYING	执行此步任务,在到达制动点直接执行下一步任务。如果运行方向需要改变,则先达到停止状态再执行下一步任务	v O 块0 块1 块2 t
4	CONTINUE_EXTERNAL	与CONTINUE_FLYING命令基本相同,但收到外部信号则直接切换到下一步任务	
5	CONTINUE_EXTERNAL_WAIT	与CONTINUE_EXTERNAL命令基本相同,但如果到达目标位置后仍没有外部信号触发,则会保持在目标位置等待外部信号,只有在外部信号触发以后,才会执行下一步任务	
6	CONTINUE_EXTERNAL_ALARM	与CONTINUE_EXTERNAL_WAIT命令基本相同,但如果到达目标位置后仍没有外部触发,将输出报警信号A07463,此时如果触发外部信号,会继续执行下一步任务,同时报警信号消失	

下面再通过例8-4进一步说明程序步功能参数设定方法。

【例 8-4】 某台机械设备按图8-28所示速度曲线循环运行,若采用SINAMICS S120的基本定位的程序步功能实现,试完成程序步参数设置。

根据速度曲线,可分成五个程序步实现。若程序步初始步设为第0步,并在极限功能中设定加速度极限值P2572=20(1000 LU/s^2),减速度极限值P2573=20(1000 LU/s^2),则各程序步设定的参数如下。

第0步(0~10s)参数:

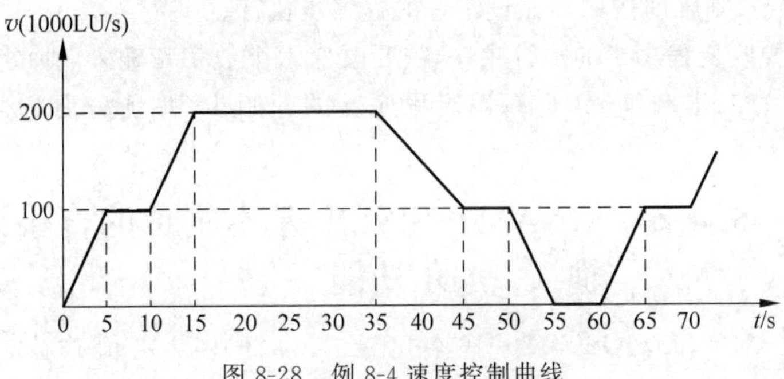

图 8-28 例 8-4 速度控制曲线

速度=100 000LU/s=6 000 000 LU/min

加速度=20 000 LU/s^2,无减速度

位置=750 000 LU

第 1 步(10～45s)参数:

速度=200 000LU/s=12 000 000 LU/min

加速度=20 000 LU/s^2,减速度=10 000 LU/s^2

位置=6 250 000 LU

第 2 步(45～55s)参数:

速度=100 000LU/s=6 000 000 LU/min

无加速度,减速度=20 000 LU/s^2

位置=750 000 LU

第 3 步(55～60s)参数:

等待 5000ms

第 4 步(55～60s)参数:

返回第 0 步

图 8-29 为例 8-4 在软件 STATER 中程序步参数设定截图。

Index	No.	Job	Parameter	Mode	Position	Velocity	Acceleration	Deceleration	Advance	Hide
1	0	POSITIONING	0	ABSOLUTE ((	750000	6000	100	100	CONTINUE_FLYING (2)	☐
2	1	POSITIONING	0	RELATIVE (1)	6250000	12000	100	50	CONTINUE_FLYING (2)	☐
3	2	POSITIONING	0	RELATIVE (1)	750000	600	100	100	CONTINUE_WITH_STO	☐
4	3	WAITING	5000	ABSOLUTE ((	0	600	100	100	CONTINUE_WITH_STO	☐
5	4	GOTO	0	ABSOLUTE ((	0	600	100	100		☐
6	-1	POSITIONING	0	ABSOLUTE ((	0	600	100	100	END (0)	☐
7	-1	POSITIONING	0	ABSOLUTE ((	0	600	100	100	END (0)	☐

图 8-29 例 8-4 程序步设定窗口截图

程序步的执行步骤可以归纳如下。

(1) 执行程序步程序之前,首先通过六个数字量输入设定参数 P2625～P2630 的值,这六个参数值形成的二进制编码决定程序步的起始步。

(2) 激活驱动轴的运行命令(P0840=1)。

(3) 激活程序步运行命令(P2631 由 0 变为 1),并且未激活暂停(P2640=1)和未取消运行任务(P2641=1),则轴即按照预先设定好的程序步执行。

(4) 如果需要改变程序步的执行顺序,需要改变六个数字量输入,即改变参数 P2625～P2630 的值形成的二进制编码,重新设定程序步的起始步,并且需重新激活程序步功能(P2631 由 0 到 1)。

视频讲解

8.4.5 SINAMICS S120 基本定位的直接设定值输入/MDI 功能

SINAMICS S120 基本定位中的直接设定值输入(Direct setpoint specification)功能,也就是手动数据输入(Manual data input,MDI)功能,可以用来直接设定绝对定位或相对定位的给定值。

双击项目导航栏中的 Direct Setpoint specification/MDI,打开 MDI 参数设置界面(见图 8-30),表 8-5 为图 8-30 中的参数及注释。

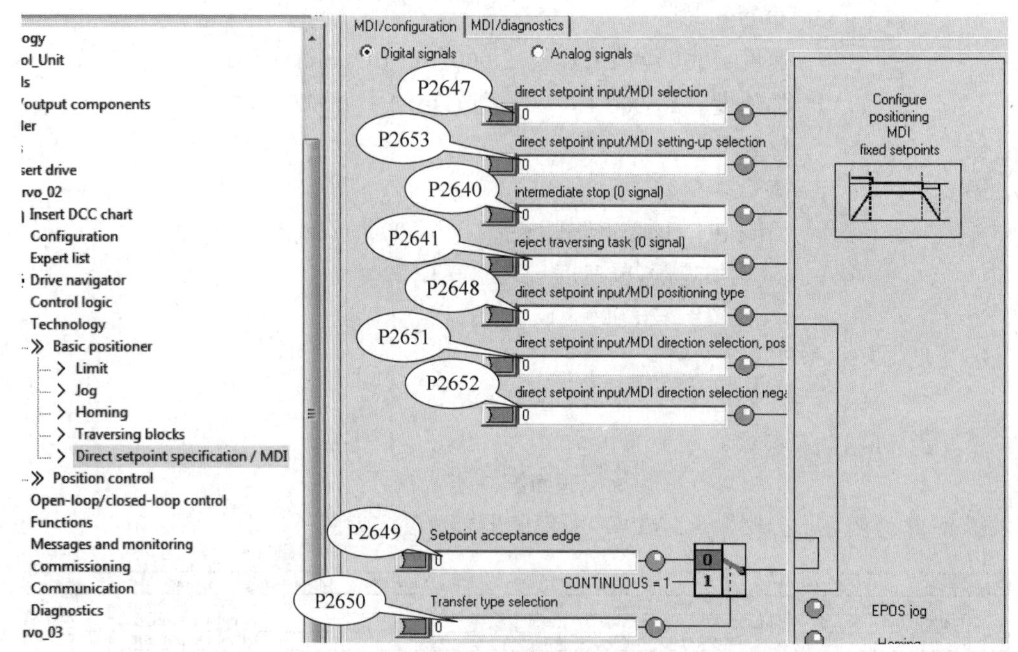

图 8-30 MDI 功能参数设置界面

表 8-5 MDI 参数及注释

参数	注释
P2647	激活 MDI 功能的信号源:=1 激活 MDI,=0 未激活
P2653	选择 MDI 模式:=1 速度模式,=0 位置模式
P2640	暂停命令:=1 不暂停,=0 暂停
P2641	停止 MDI 命令:=1 不停止,=0 停止
P2648	定位模式:=1 绝对位置模式;=0 相对位置模式

续表

参　数	注　释
P2651/P2652	选择模态轴的定位方式： P2651/P2652＝1/0，正向 P2651/P2652＝0/1，正向 P2651/P2652＝0/0 或 P2651/P2652＝1/1，以最短距离绝对定位 在速度模式情况下，必须选择方向，P2651 和 P2652 的设置不能相同
P2649	数据传输方式：＝1 连续数据传输方式；＝0 单步沿触发数据传输方式
P2650	单步沿触发数据传输方式时命令源，上升沿触发新的位置及速度设定值生效

单击图 8-30 中的 Configure positioning MDI fixed setpoints，弹出 MDI 运行参数设定窗口(见图 8-31)，包括位置设定 P2690、速度设定 P2691、加速度倍率设定 P2692 和减速度倍率设定 P2693，其中加/减速度倍率是基本定位功能中极限功能加/减速度极限值参数 P2572/P2573 的百分比。

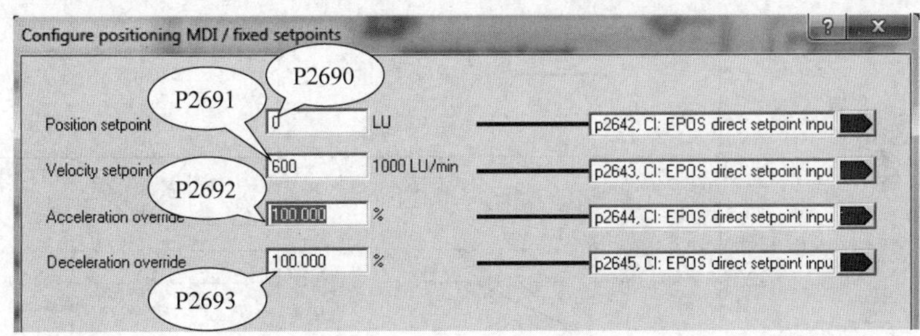

图 8-31　MDI 运行参数设定界面

1. MDI 模式

MDI 有两种不同模式：速度模式和位置模式，由图 8-30 中参数 P2653 的设定值来选择。

(1) 速度模式(Setting-up)：P2653＝1，轴按照设定的速度及加/减速度运行，不考虑轴的实际位置。

(2) 位置模式(Positioning)：P2653＝0，轴按照设定的位置、速度、加/减速度运行。位置模式又分为绝对定位和相对定位两种不同模式，由图 8-30 中参数 P2648 的设定值来选择：

① P2648＝1，绝对位置模式；

② P2648＝0，相对位置模式。

图 8-32 是线性轴的绝对定位与相对定位的示意图，图 8-33 是模态轴的绝对定位示意图。仅当 MDI 为绝对位置模式时，模态轴可以选择两个方向到达绝对位置。

2. MDI 的数据传输方式

MDI 的数据传输方式分为单步沿触发数据传输和连续数据传输两种方式，由图 8-30 中

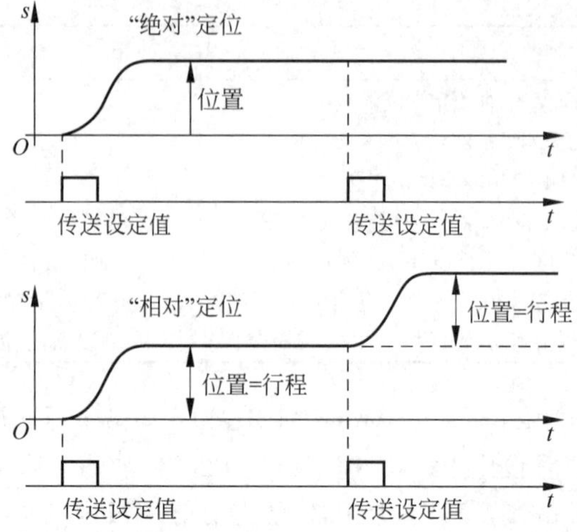

图 8-32 线性轴的绝对定位与相对定位示意图

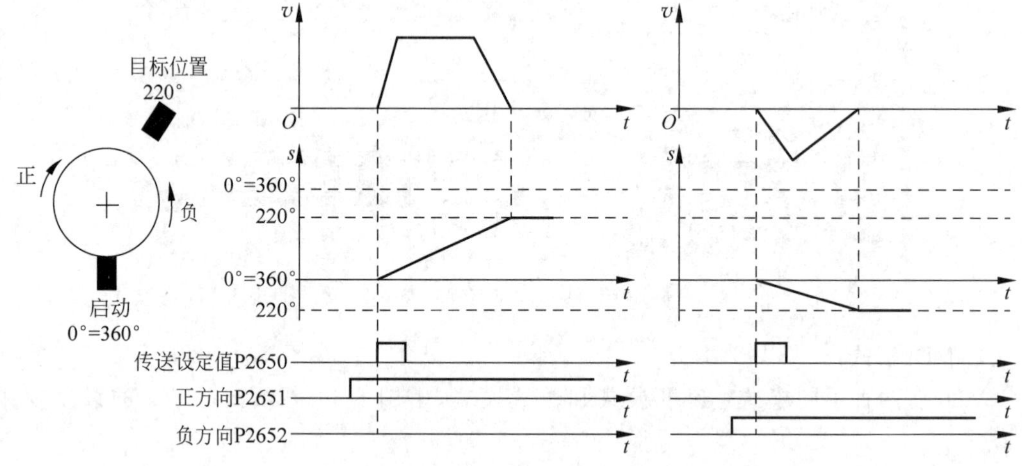

图 8-33 模态轴的绝对定位示意图

的参数 P2649 设定值来选择：

(1) P2649＝0,单步沿触发数据传输方式；

(2) P2649＝1,连续数据传输方式。

1) 单步沿触发数据传输方式

MDI 单步沿触发数据传输方式指数据的传输取决于图 8-30 中参数 P2650 中所选择的数字量输入信号,该信号为"沿"有效,每次执行完一次数据传输后,需要再次施加上升沿,MDI 新设定的速度、位置、加/减速度才能生效。

2) 连续数据传输方式

与单步沿触发数据传输方式不同,MDI 一旦激活连续数据传输方式,位置、速度、加/减速度可连续修改并且立即生效，无须数字量输入信号上升沿，这样就可以通过上位机实时地调整目标位置以及轴的运行速度、加/减速度。但需要注意，在位置模式下，连续数据传输方式仅适用于绝对定位方式，不适用于相对定位模式。

3. 速度模式下的数据传输

MDI 速度模式既可以采用连续数据传输方式，也可以采用单步沿触发数据传输方式。

(1) 连续数据传输方式参数配置。

P2653=1(速度模式)；

P2648 任意；

P2649=1(连续数据传输方式)。

(2) 单步沿触发数据传输方式参数配置。

P2653=1(速度模式)；

P2648 任意；

P2649=0(单步沿触发数据传输方式)；

P2650 由 0 变为 1 时，即上升沿触发新的速度给定值。

4. 位置模式下的数据传输

1) 绝对位置模式

绝对位置模式下的数据传输既可以采用连续数据传输方式，也可以采用单步沿触发数据传输方式。

连续数据传输方式参数配置：

P2653=0(位置模式)；

P2648=1(绝对定位方式)；

P2649=1(连续数据传输方式)。

单步沿触发数据传输方式参数配置：

P2653=0(位置模式)；

P2648=1(绝对定位方式)；

P2649=0(单步沿触发数据传输方式)；

P2650 由 0 变为 1 时，上升沿触发新的数据传输。

2) 相对位置模式

相对位置模式只能采用单步沿触发数据传输方式，不能采用连续数据传输方式。

参数配置：

P2653=0(位置模式)；

P2648=0(相对定位方式)；

P2649=0(单步沿触发数据传输方式)；

P2650 由 0 变为 1 时，上升沿触发新的数据传输。

5. MDI 的执行步骤

MDI 功能设置完成后，将按下面步骤执行定位过程。

(1) 激活轴运行命令 P840=1；

(2) 若 P2641=1(无 MDI 停止命令)和 P2640=1(无 MDI 暂停命令)，P2649=0/1 且 P2650 由 0 变为 1(单步沿触发数据传输方式确认命令)，激活 MDI 命令源 P2647=1，轴将按设定值运行。

注意，基本定位中的程序步和 MDI 功能必须有参考点，否则轴不会运行。

视频讲解

8.5 SINAMICS S120 中的位置控制器

当采用位置闭环控制实现轴的准确定位时，需要知道轴的当前实际位置 r2521，即需要位置反馈量。双击项目导航栏中的 Position control→Actual position value preparation，打开实际位置值计算参数设置界面(见图 8-34)。实际位置值取决于增量编码器反馈信号，以及位置校正 P2513、位置实际设定值 P2515 和位置偏置 P2516 等参数的设定。

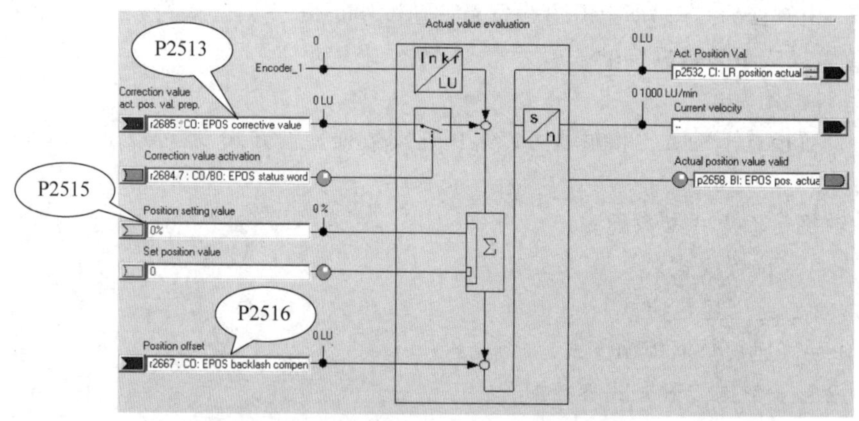

图 8-34 实际位置值计算参数设置界面

双击项目导航栏中 Position controller，将打开位置控制器设定值 Setpoint position controller 参数设置界面(见图 8-35)。可以设定速度设定值 P2531、位置设定值 P2530 及实际位置值的关联参数，以及位置设定值滤波器时间常数 P2533。速度设定值和位置设定值经过插补、滤波后，分别对速度控制器和转矩控制器进行预控，这将有助于轴的稳定和快速响应。同时对位置控制器的预控平衡用来模拟速度环反馈的时间特性，实现与速度反馈的平衡。

选择图 8-35 的 Position controller 选项卡，切换到位置控制器参数设定界面(见图 8-36)。在图中可设置控制器的比例和积分时间常数，默认情况下位置控制器是比例控制，比例增益由位置控制适配器参数 P2537 和比例系数(Kp)P2538 乘积决定，积分时间由参数 P2539 设定，位置控制器以及预控的激活取决于由二进制互联输入参数 P2549 和 P2550 与运算结果。位置控制器输出 P2541 与速度控制器预控叠加是速度控制器总设定值。

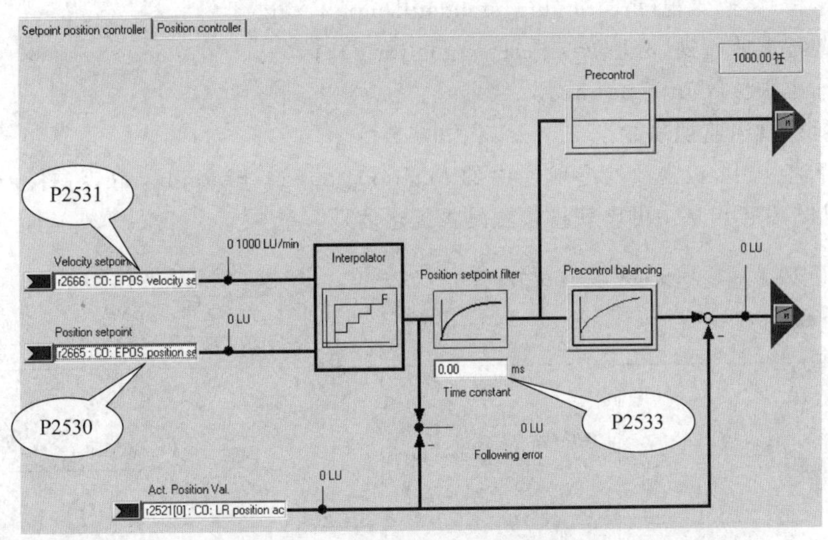

图 8-35 位置控制器设定值参数设定界面

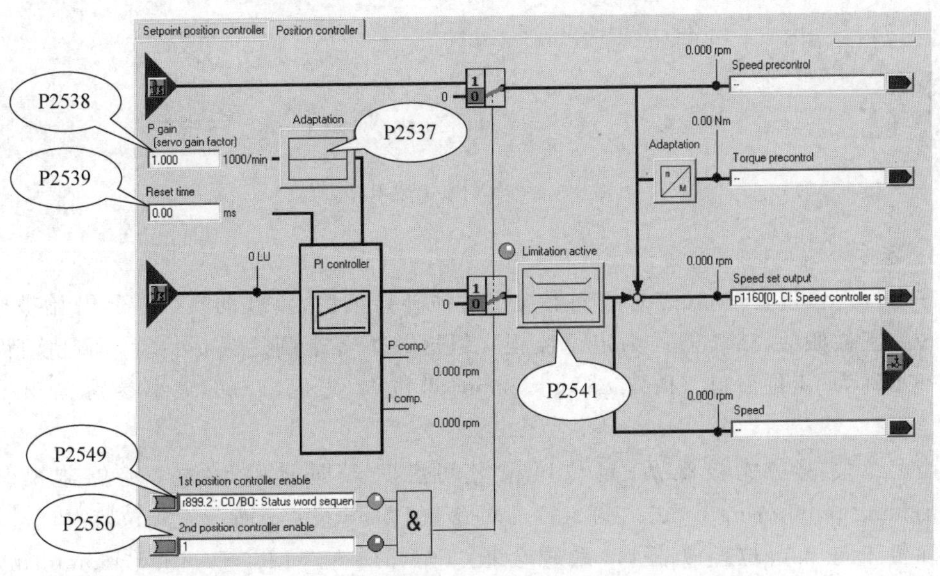

图 8-36 位置控制器参数设定界面

8.6 SINAMICS S120 基本定位中的监视功能

视频讲解

SINAMICS S120 在使用基本定位功能时,系统提供了一系列监视功能用来对驱动器运行状态进行监视,这些监视功能包括:

(1) 定位/零速监视(Positioning/standstill monitoring);

(2) 跟随误差监视(Following error monitoring);

(3) 输出限位(Output cam)。

1. 定位/零速监视功能

在位置控制中,双击项目导航栏中的 Position control→Monitoring,将打开位/零速监视界面(见图 8-37),从中可以获得位置是否到达信号。

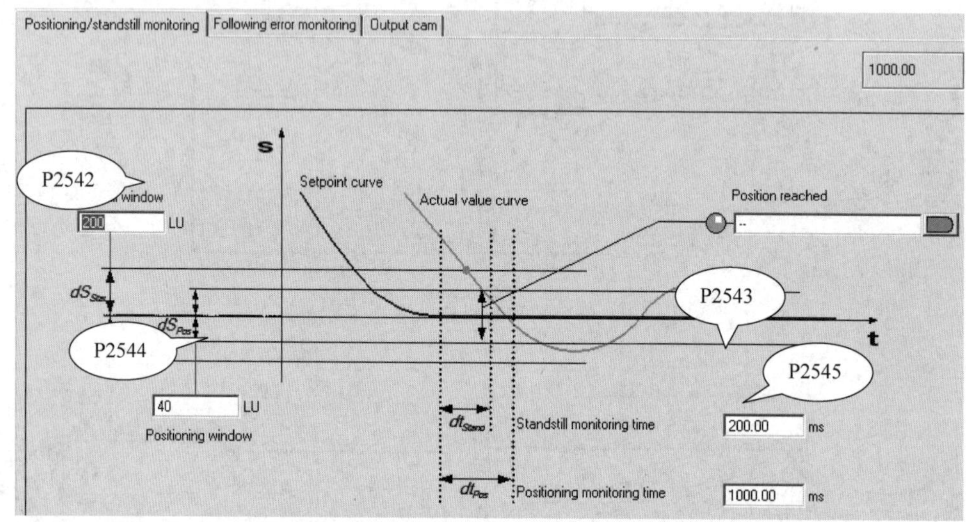

图 8-37 定位/零速监视界面

1) 定位监视功能

在进行定位过程中,在位置控制器设定值插补结束后,负载的实际位置开始被监视,即定位监视被激活,该功能称为定位监视。但这并不等于到达目标位置,而是实际位置进入一个称为"定位窗口"(Positioning window)范围内,定位窗口的大小参数 P2544 设定大小。

当定位监视功能被激活,定位监视时间定时器即开始计时,"定位监视时间"(Positioning monitoring time)由图 8-37 中的参数 P2545 设定。如果在定位监视时间内,位置实际值未进入定位监视窗口,系统会报"F07451(A),LR: Position monitoring has responded"错误(LR 是德语 Lageregler,为位置控制器),驱动器的默认响应按 OFF1 方式停车,定位监视功能也随之结束。反之则定位完成。

在实际应用中,可以根据实际情况调整参数 P2544 和 P2545 的值,以充分发挥定位监视功能。如果定位监视窗口 P2544 设为 0,那么定位监视功能被禁用。

2) 零速监视功能

图 8-37 中参数 P2542 为零速监视窗口,P2543 为零速监视时间。

与定位监视类似,在进行定位过程中,在位置控制器设定值插补结束后,当零速监视功能被激活，零速监视时间定时器也开始计时，负载的实际位置开始被监视。如果在零速监视时间内，位置实际值未进入零速监视窗口，则触发零速监视错误“F07450（A），LR：Standstill monitoring has responded”，驱动器的默认响应按OFF1方式停车。

在实际应用中，可以根据实际情况调整P2542和P2543，以充分发挥零速监视功能。如果监视窗口P2542设为0，那么零速监视功能被禁用。

2. 跟随误差监视功能

在图8-37中选择Following error monitoring，则打开跟随误差监视界面（见图8-38），参数P2546用来设定最大允许误差范围。

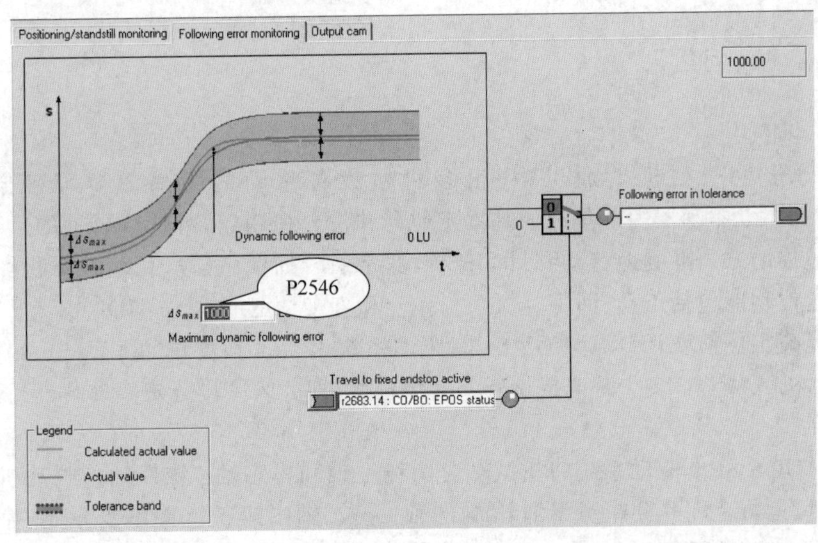

图8-38　动态跟随误差监视界面

在进行定位的过程中，负载的实际位置r2521必然滞后于设定位置，参数r2563为两者之间的偏差。跟随误差监视功能对这个偏差进行监视，如果偏差超过了最大允许误差范围，那么系统会报“F07452（A），LR：Following error too high”错误，驱动器的默认响应按OFF1方式停车。

在实际应用中，可以根据实际情况调整P2546，以充分发挥动态跟随误差监视功能。如果最大允许误差P2546设为0，那么跟随误差监视功能被禁用。

3. 输出软开关监视

输出软开关监视功能用于监视轴的位置是否到达已设定的位置范围内，或超出设定的位置范围，如图8-39所示。采用两个输出软开关模拟实际的机械限位挡块，通过输出软开关1参数P2547和软开关2参数P2548设置限位位置。当实际位置未超过软限位开关设定值时，状态字r2683.8/9为1，当实际位置超过达到软开关设定的位置时，状态字r2683.8/9由1变为0。

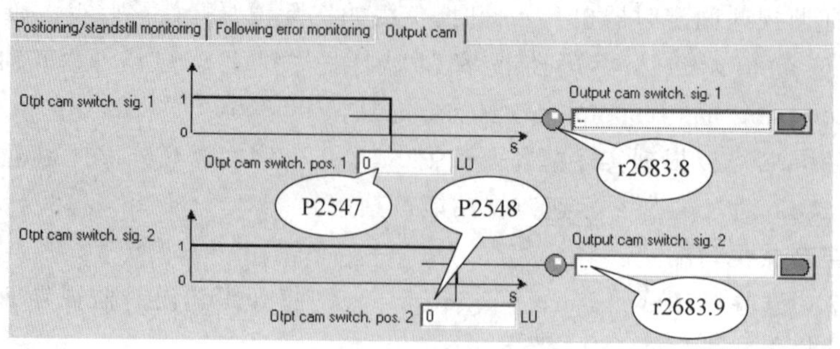

图 8-39 输出软开关监视界面

小结

在自动化生产和机械加工中,很多机械设备移动的距离需要准确定位控制。SINAMICS S120 驱动器内部集成的基本定位器和位置控制器,可计算出轴的运行特性,使轴以时间最佳的方式准确地移动到目标位置,非常适合简便、快速、精确地对机械轴进行定位。基本定位功能包括点动、回零、限位、程序步和直接设定值输入/MDI。

为了提高定位精度,SINAMICS S120 驱动系统引入了长度单位 LU(Length Unit),1 个 LU 表示机械移动了多少距离或旋转了多少角度,即分辨率。分辨率越高,位置控制的精度也就越高。

SINAMICS S120 驱动系统将机械轴分为线性轴和模态轴:线性轴指电动机在正向或反向旋转时,运行范围受到机械装置限制的轴;模态轴指运行范围不受限制、循环往复的轴,对应位置实际值周期变化。

SINAMICS S120 驱动器的限位功能用来设定线性轴的运行范围,包括软限位和硬限位,软限位由软件设定限位值来实现,硬限位用限位开关来实现。基本定位中的点动功能有速度方式和位置方式两种:速度方式是按下点动按钮轴后以设定的速度运行直至按钮释放;位置方式是按下点动按钮并保持,轴以设定的速度运行到目标位置后将自动停止。基本定位功能中的回零功能用于定义轴的参考点或运行中的回零,如果没有回零,则无法实现绝对定位。SINAMICS S120 回零方式包括直接设定参考点、主动回零、被动回零和校准绝对值式编码器回零。基本定位中的程序步功能指编写一段自动执行的完整定位程序,用户只要在程序中配置好电动机运行的轨迹,就可以控制电动机按预先设定的步骤执行,最多可编写 64 步程序(任务),各步程序通常按任务号顺序依次执行,也可通过六个数字量输入信号的二进制编码结果切换到从任意程序步开始。基本定位中的直接设定值输入/MDI 功能采用手动直接设定给定值方法进行定位,有速度模式和位置模式,位置模式又包括绝对定位和相对定位,修改后的设定值的数据传输方式有连续数据传输方式和单步沿触发数据传输方式。

位置控制器包含比例控制和积分控制,默认是比例控制,并为了提高轴的稳定和快速响应，具有预控和预控平衡功能。

在使用基本定位功能时，SINAMICS S120 驱动器还提供了定位/零速监视、跟随误差监视和输出限位监视功能。

习题

1. 基本定位器的作用是什么？

2. 基本定位器有哪些功能？

3. 什么是 LU？LU 有什么作用？

4. 什么是线性轴？什么是模态轴？

5. 某台伺服电动机轴端直接与丝杠连接，当负载转一圈时，丝杠移动了 10mm，设定负载每转一圈为 36 000LU，则 LU 单位所表示的精度是多少？若要产生 20mm 位移，位置设定是多少？

6. 某台伺服电动机驱动圆盘旋转，若电动机旋转 5 圈，圆盘转 1 圈，圆盘每转 1 圈设定为 36 000LU，则 LU 单位所表示的精度是多少？若位置设定为 500LU，则圆盘旋转的角度是多少？电动机旋转的角度是多少？

7. 什么是基本定位中的软限位和硬限位？触发限位时，SINAMICS S120 驱动器如何处理？

8. SINAMICS S120 驱动器的基本定位中点动有哪些方式？有几个点动信号源？

9. SINAMICS S120 驱动器基本定位功能中的回零功能是什么？有几种回零方式？各种回零方式适合什么类型的编码器？

10. SINAMICS S120 驱动器基本定位中的程序步功能是什么？最多可编写多少步程序？如果想从某步程序开始执行，如何实现？

11. SINAMICS S120 驱动器基本定位中 MDI 的功能是什么？MDI 有几种模式？

12. MDI 直接设定的参数有哪些数据传输方式？

13. SINAMICS S120 驱动器中的位置控制器可实现什么运算？默认情况下是什么运算？

第9章 SINAMICS 驱动器的编程工具 DCC

内容提要：DCC 是西门子公司专为 SINAMICS 驱动器和 SIMOTION 运动控制器提供的一种可编程的环境。本章首先介绍 DCC 组件的组成、DCC 功能库及装载驱动器的方法，以及 DCC 功能库导入 DCC 编辑器的方法；然后介绍 DCC 编程及基本规则、DCC 图表的种类以及功能块互连方法；接着介绍自定义参数种类及声明格式；最后介绍 DCC 执行组分配以及采样时间设置。

DCC 是驱动控制图表（Drive Control Chart）的英文缩写，是西门子公司专为 SINAMICS 驱动器和 SIMOTION 运动控制器提供的一种可编程的环境。虽然 SINAMICS S120 没有给用户提供像 MM4 系列变频器那样丰富的自由功能块，但 DCC 的引入，使得 SINAMICS 驱动器具有了编程的能力。

DCC 是 SINAMICS 特有的一种编程方式，简单来说就是内置在 S120 中的一个小 PLC，采用的是 SIMATIC 图形化编程语言 CFC(Continuous Function Chart)，编程简单、易学。DCC 可以和 SINAMICS S120 的 BICO 参数系统无缝集成，从而得到控制所需的各种数据，并把控制指令发送给驱动系统，实现与驱动系统相关的功能。如果驱动系统的逻辑运算和数学运算要求不是很高，驱动器本身就可以胜任，而不需要 PLC 参与实现。用户仅通过驱动器编程即能实现比较复杂的实际特殊工艺需求，如卷曲机械的收卷、放卷等。

DCC 程序执行组运行周期最短是 1ms，与驱动对象的数据交换在 S120 内部完成。如果对驱动器的控制的实时性要求很高，DCC 是很有效的解决方案。DCC 还可以通过在线修改参数提高系统的动态性能及响应，并且监视变量的动态变化，以图形形式显示记录和导出。

DCC 是调试工具软件 STARTER 的一个附加组件，由两部分组成：DCC 编辑器；免费为用户开放的驱动控制块(Drive Control Blocks)库，简称 DCB 库。DCC 编辑器提供了一个基于 CFC 的编程编辑平台。在这个平台上，可以自由组合各种功能块，实现所要求的控制。DCB 库提供了与驱动系统相关的强大功能块，既能实现常用的逻辑运算、定时、算术运算、数据类型转换等基本功能，又能实现 P、PI、积分器、斜坡函数发生器、闭环控制和直径计算等工艺功能。DCB 库包括 SINAMICS 库和 SIMOTION 库两种不同的库文件。

由于DCC是基于CFC的编程工具，因此使用DCC前需要安装CFC。在STARTER V4.5 SP1中已经集成了其安装文件，只需要在STARTER或SCOUT安装过程中选中CFC选项，即可自动安装CFC和DCB功能库。但DCC仅提供了14天临时使用授权，供使用者学习和测试，到期后，若继续使用则需要购买正式授权。

DCC程序的编写，需要下面几个基本步骤：

(1) 在线将工艺包，即DCB库装载到CF中，然后导入SINAMICS S120控制单元的RAM中；

(2) 将DCB库导入DCC编辑器；

(3) 参数声明并编写程序；

(4) 分配执行组并设置采样时间；

(5) 编译保存选择；

(6) 运行调试。

9.1 工艺包装载到驱动器

视频讲解

SINAMICS S120驱动器要使用DCB库中的功能块，首先需要将工艺包(DCB库)装载到驱动器CF卡中，然后再由CF卡导入到驱动器控制单元的RAM中，即激活DCC功能。一般按以下步骤激活。

1. 将工艺包装载到CF卡中

若CF卡中未装载工艺包，或未装载所需新版本的工艺包，则需要装载。装载过程需在线(online)进行，具体步骤如下。

(1) 单击工具栏在线按钮，联机驱动设备。

(2) 右击设备名，在弹出的快捷菜单中选择Select technology package选项，如图9-1所示。

(3) 在弹出的选择工艺包窗口中选择所需的工艺包，并在Action下选择装载到目标驱动器(Load into target device)，如图9-2所示。

(4) 单击图9-2中的Perform action按钮，则执行工艺包装载到CF卡，控制单元的RDY绿灯闪烁。

(5) 经过10min左右，工艺包装载结束。

(6) 单击OK按钮，结束工艺包装载到CF卡过程。

2. CF卡内容导入到驱动器的RAM

驱动器要使用工艺包，即使用DCB库中的功能块，必须将DCB库装载到其驱动器控制单元RAM中。具体方法是，将工艺包装载到CF卡后，需要对SINAMICS S120驱动器执行断电再上电操作。7.2.4节已经介绍，上电时SINAMICS S120的CF卡ROM中的存储数据会被自动引导到控制单元RAM中，这样已经存储在CF卡ROM中的DCB库也会自动装载到RAM中，这样就可以被使用了。

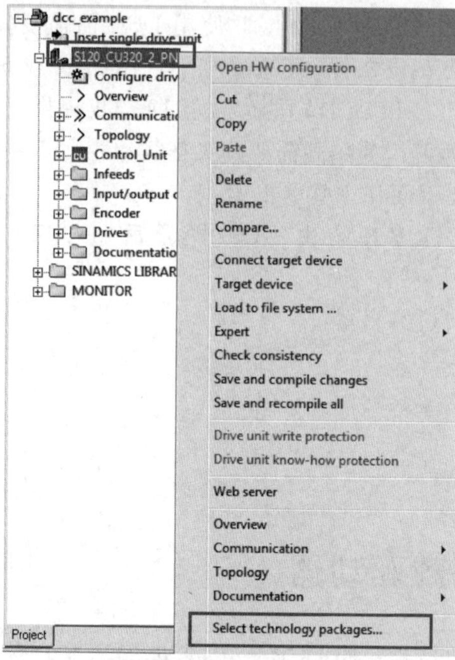

图 9-1　选择工艺包的操作

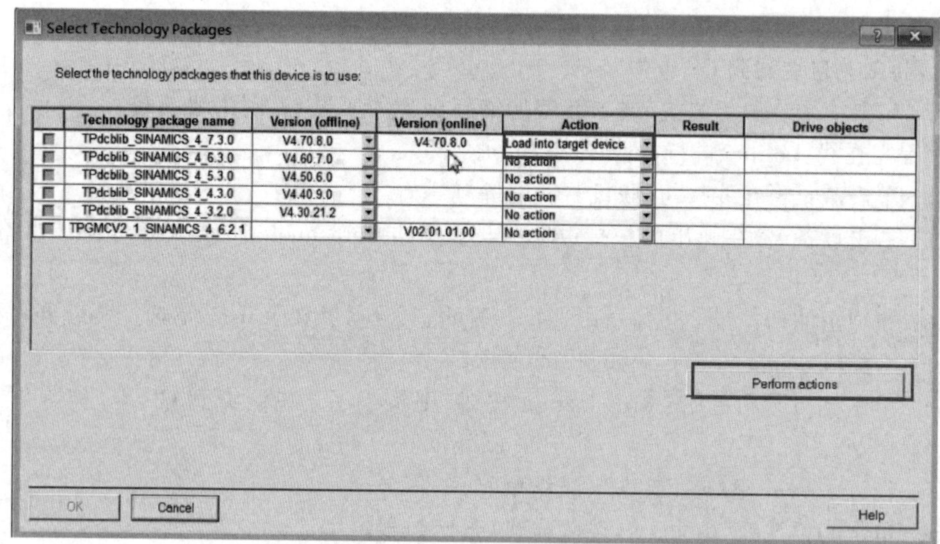

图 9-2　选择工艺包窗口

9.2　DCB 库文件导入到 DDC 编辑器

要在 DCC 编辑器上编程，首先需要将与设备相关的 DCB 库中的功能块通过调试工具软件 SCOUT 或 STARTER 导入 DCC 编辑器中。

在 STARTER 或 SCOUT 中建立的工程项目中，每台设备第一次使用 DCC 时都需要导入 DCB 库文件，否则打开后没有任何功能块。这里的设备是指控制单元及其驱动对象，若同一项目下有多个控制单元，每个控制单元及其驱动对象为一台设备。若一个项目中有两台设备，则每台设备都需要导入一次 DCB 库文件。

导入 DCB 库文件的操作需要在离线(offline)状态下进行，具体步骤如下。

(1) 单击工具栏的离线按钮。

(2) 双击项目导航栏的插入 DCC 图表(Insert DCC chart)选项，在弹出的窗口中单击 Yes 按钮，如图 9-3 所示。

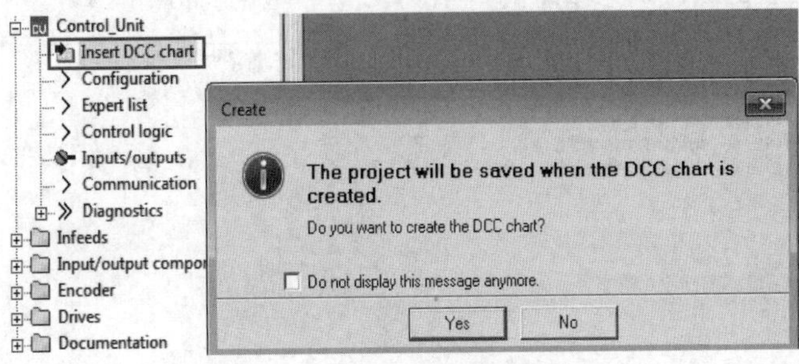

图 9-3 插入 DCC 图表操作

(3) 在弹出的插入 DCC 图表窗口输入要创建的图表文件名，然后单击 OK 按钮，如图 9-4 所示。

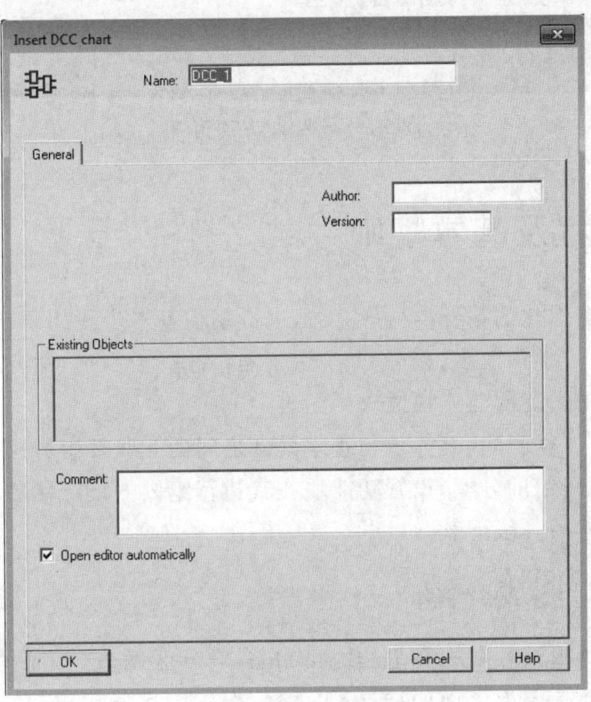

图 9-4 插入图表窗口

(4) 项目中的每台设备首次打开 DCC 图时，会自动弹出导入 DCB 库窗口，在窗口中选择功能库，单击 Accept 按钮后，进行导入过程，如图 9-5 所示。

导入 DCB 库文件后，在项目导航栏中就会出现程序的一个图表 DCC_1(默认情况)。通常在离线状态下，双击图表 DCC_1，就可进入 DCC 编辑器进行编写程序。导入的 DCB 库的功能块以树状显示在 DCC 编码器的导航栏中。在 DCC 编辑器中完成程序的编写，并进行图表执行组的分配和采样周期设置等操作。

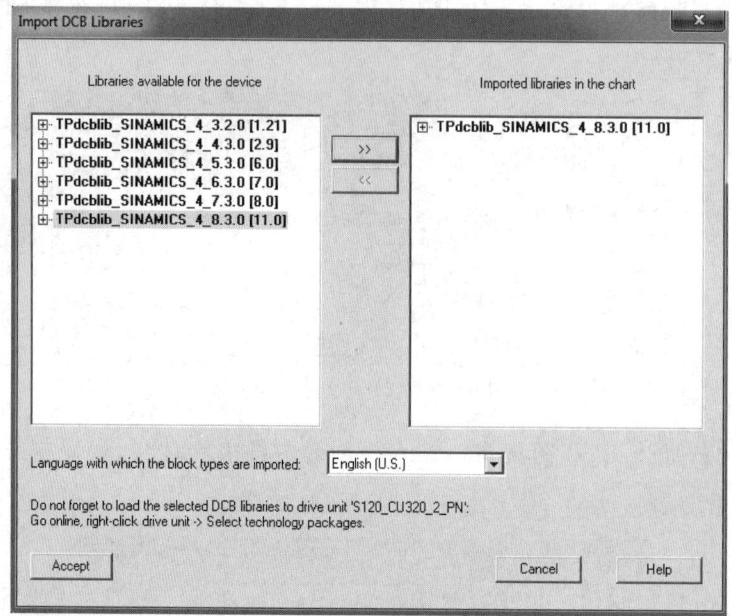

图 9-5 导入 DCB 库窗口

9.3 DCC 编程及基本规则

DDC 编程采用图形化的编程语言(CFC)，进行编程基本步骤如下：

(1) 在离线状态下插入图表，打开 CFC 编辑器；

(2) 将 DCB 库中所需的功能块插入到图表中；

(3) 进行功能块之间互联、功能块与基本设备之间的互联及参数声明；

(4) 进行图表执行组的分配，设置功能块在其执行组内的运行顺序；

(5) 编辑保存，然后在线下载。

9.3.1 DCC 图表介绍

DCC 图表有三种形式：基本图表(Basic chart)、分区图表(Chart partition)和子图表(Sub chart)。DCC 图表具有下面的特点：

(1) 每个驱动对象只能插入一个基本图表；

(2) 每个基本图表有 26 个分区图表(以字母 A～Z 命名)；

(3) 每个分区图表有六页；

(4) 每页都可使用子图表；

(5) 每个子图表都可有自己的分区图表和子图表、最多可以嵌套七层子图表，加上基本图表共八层，如图 9-6 所示。

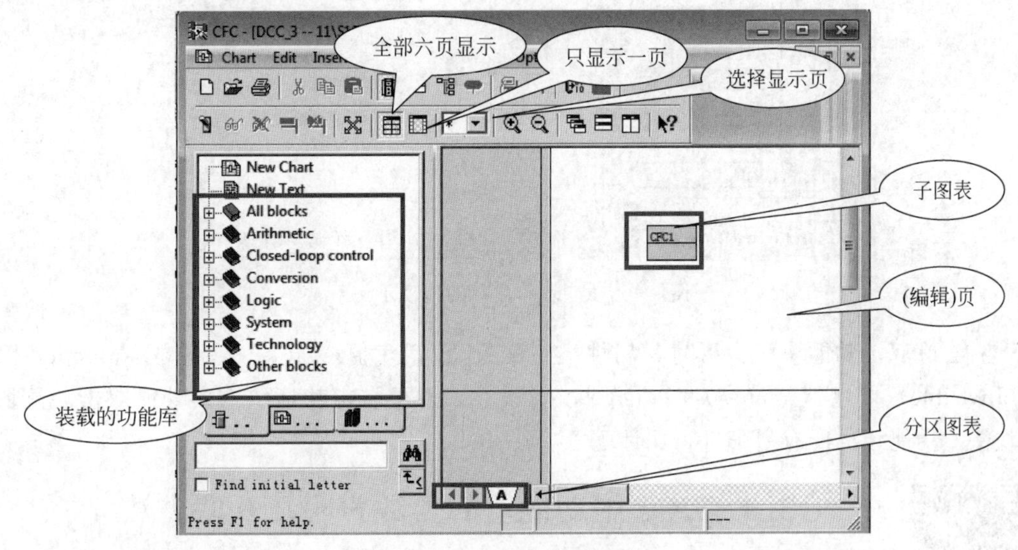

图 9-6　DCC 编辑器窗口

9.3.2　DCC 编辑器中图表和功能块的插入

1. 图表的插入

前面 9.2 节中已建好的 DCC 图表(Chart)是基本图表，双击该图表会自动打开 DCC 编辑器，默认的基本图表中只有一个分区图表 A。

在主菜单中单击 Insert，选择 Chart Partition→Before Active Partition/After Last Partition 菜单项，就可在当前图表前或后插入新的分区图表。

在每个分区图表中，可以插入子图表。选择主菜单中的 Insert→New Chart 菜单项，也可在每个编辑页中右击，选择 Insert New Chart 菜单项。

注意，不同驱动对象的 DCC 图表名字不能相同。

在 DCC 编辑器中，每个分区图表可以选择单页显示或多页显示，只需选择对应工具栏按钮即可，参见图 9-6。

2. 功能块的插入

在 DCB 库中选择需要的功能块，选中并将之拖动到右侧页面，可拖动导航栏中的 New Text 至任意位置添加注释，如图 9-7 所示。

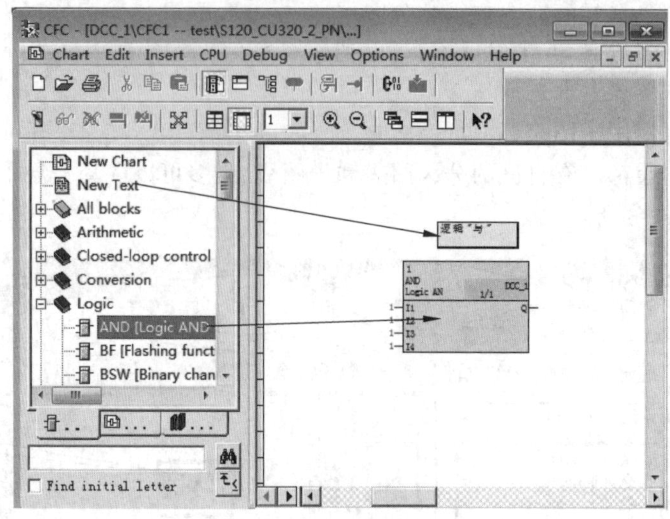

图 9-7 功能块和注释的拖动示例

右击或双击功能块引脚可对其属性进行配置，包括赋值(Value)、注释(Comment)、隐藏(Invisible)、监视(Watched)和单位(Unit)属性。也可右击功能块空白处或双击功能块的块头对功能块的所有引脚进行属性配置。

视频讲解

9.3.3 DCC中功能块的参数声明及互联方法

在SINAMIC驱动器中，DCC编辑器中功能块的输入/输出引脚在下面三种情况下都需要参数声明：

(1) 需要互联到基本装置(控制单元、驱动轴和端子模块等)；

(2) 在DCC测试功能下对功能块输入/输出引脚的变化要进行监视；

(3) 需要在STARTER的专家列表中显示出来。

参数声明是在驱动对象的图表中，用户自己给DCC编辑器中功能块的输入/输出赋予唯一的参数号、参数名，即用户自定义参数，该参数将在STARTER中相应驱动对象的专家列表中生成P参数或r参数。

1. 自定义参数声明的格式

自定义参数可分为两种：直接赋值型参数和BICO型参数。直接赋值型参数只能用于监视、记录波形；BICO型参数除监视、记录波形外还可用于参数互联。

1) DCC编辑器中自定义直接赋值型参数的格式

DCC编辑器中自定义直接赋值型参数由四部分组成，格式如下：

参数定义符@	自定义参数号	空格	参数名

示例：

```
@101 in1
@102 out1
```

2）DCC 中 BICO 型参数自定义的格式

DCC 中 BICO 型参数自定义比直接赋值型多一个 BICO 符号“＊”，格式如下：

参数定义符@	BICO 符号＊	自定义参数号	空格	参数名

示例：

```
@＊101 in1
@＊102 in2
@＊104 ON/OFF1
```

如在驱动轴的 DCC_1 图表中插入一个 NOP1_B 功能块，输入引脚互联控制单元的 r722.0，输出引脚互联到驱动轴的 P840，则通过控制单元数字量输入 DI0 即可控制驱动轴的启停。由于这里功能块需要互联到驱动对象，所以用于互联功能块的输入/输出引脚必须声明为 BICO 型参数，进行参数自定义。

2. 自定义参数的建立方法

自定义参数的建立方法是在引脚属性窗口的注释(Comment)中声明，参见图 9-8。双击 NOP1_B 引脚 I，或右击该引脚，选择 Object Properties，将弹出输入/输出属性设置窗口，在 Comment 中输入引脚的参数声明“@＊101 DI0”。同理，双击 NOP1_B 引脚 Q，在弹出的输入/输出属性设置窗口的 Comment 中输入引脚的参数声明“@＊102 ON/OFF1”。

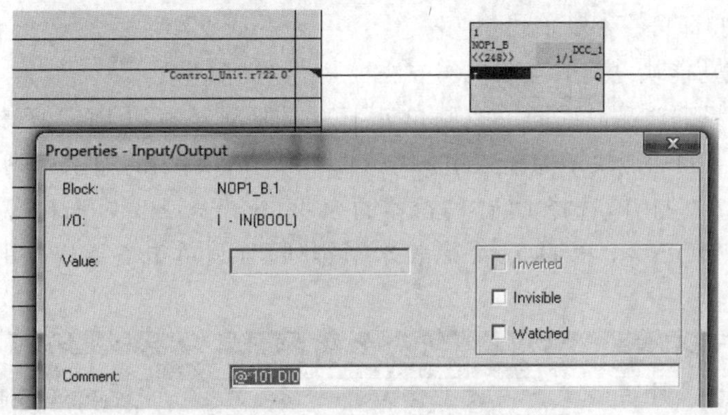

图 9-8 DCC 中自定义参数的声明

编译后，在驱动对象的专家列表中将出现自定义参数，如图 9-9 中的 p21601 和 r21602。

3. 自定义参数声明的原则

自定义参数的声明包括以下原则。

(1) 每个参数号只能用一次，编程时 DCC 不会监测是否有参数号被重复使用，但编译

1367	r21002	Basis sampling time, har...	0.00000	ms			1
1368	r21003	Basis sampling time, soft...	0.00000	ms			1
1369	⊞ r21005[0]	Computing time load of th...	0.0	%			3
1370	⊞ r21008[0]	Hardware sampling time...	0.000	ms			3
1371	p21601	DI0	Control_Unit : r722.0			Operation	1
1372	⊞ r21602	ON/OFF1	0H				1

图 9-9 专家列表中的自定义参数

时会有错误提示。

(2) 参数号范围为 0～4499，基值(默认为 0)可由用户自己定义。

(3) 每个驱动对象中专为自定义参数保留有一个参数段，从参数号 21500 开始，用户自定义参数在该驱动对象中对应的参数号＝21500＋自定义的参数号，如图 9-9 中的自定义参数 DI0，在 STARTER 的专家列表中的参数号为 21500＋101＝21601。自定义的输出变量作为 STARTER 中的只读参数，也可以用跟踪记录(trace)功能记录变量的波形。

(4) 两个相互联结的功能块，若接收端被自定义为 BICO 型参数，则发送端也必须被自定义为 BICO 型参数。

4. DCC 功能块之间的互联操作方法

在 DCC 中功能块之间的互联类型包括：一个图表(Chart)内部功能块互联；不同图表(Chart)功能块之间互联；图表功能块与基本装置之间互联。

在功能块之间的互联引脚不必参数声明，但功能块引脚与基本装置之间的互联必须进行参数声明，否则编译将出现错误。

1) 一个图表内部功能块引脚之间的互联操作方法

在一个图表中每页内的功能块之间互联，只需分别单击两个功能块的引脚，即可完成功能块引脚之间互联；一个图表中页与页之间功能块互联，只需选择多页显示，再分别单击要互联的功能块引脚即可。

2) 不同图表功能块之间的互联操作方法

SINAMICS 系列产品允许同一控制单元下不同驱动对象的 DCC 图表功能块之间互联，如要将 DDC_2 的功能块 1 的输入引脚与 DDC_1 功能块 2 的输出引脚 1 互联，则需将 DDC_1 和 DDC_2 都打开，选择 DCC 编辑器的 Window→Arrange→Horizontally 菜单项，如图 9-10 所示，将 DCC_1 和 DCC_2 图表水平排列，分别单击需要连接的引脚即可完成互联。

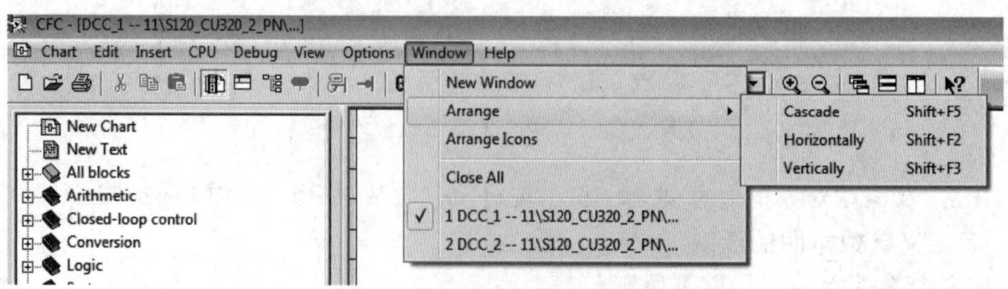

图 9-10 两图表水平排列操作方法

3）图表功能块引脚与基本装置之间的互联操作方法

右击功能块引脚，出现如图 9-11 所示的快捷菜单，选择互联到的地址（Interconnection to Address），将弹出 DCC 信号选择（DCC Signal Selection）窗口，如图 9-12 所示。选择基本装置的参数即可完成互联。

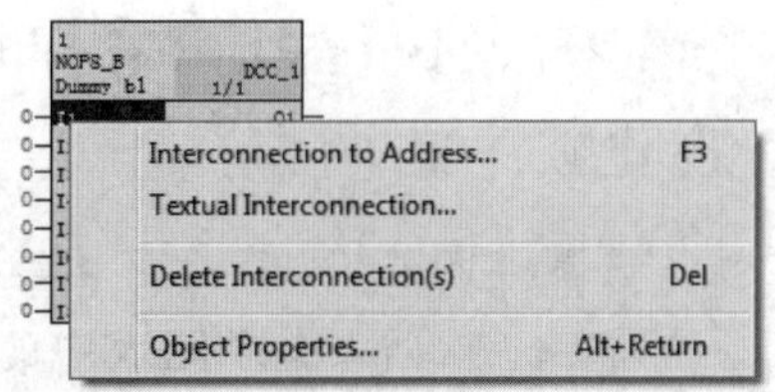

图 9-11 功能块与基本装置之间的互联

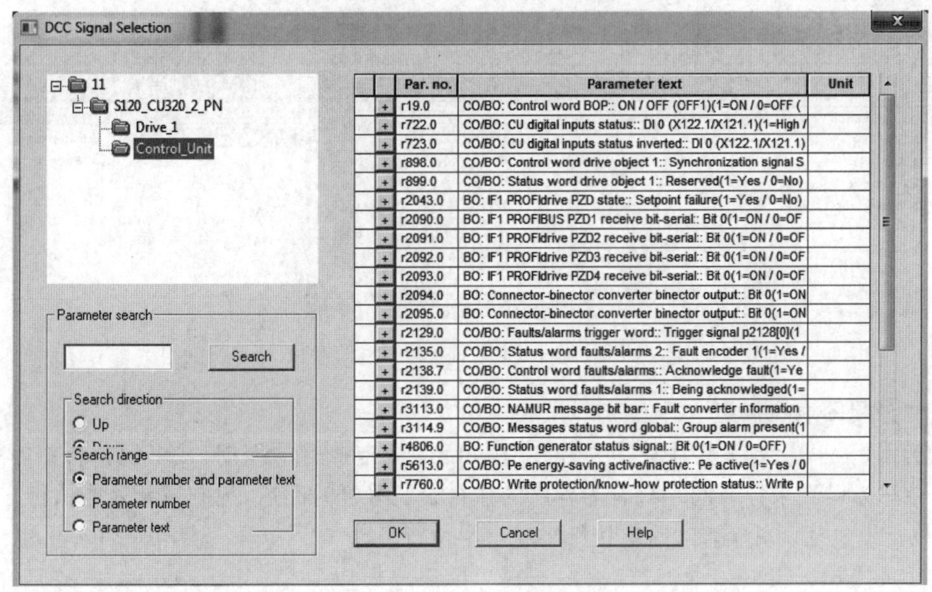

图 9-12 DCC 信号选择窗口

注意，对于 SINAMICS 驱动器，只允许处于同一控制单元下不同驱动对象的 DCC 图表功能块之间互联。

9.3.4 DCC 中图表的复制

DCC 不支持用户创建 DCB 库。为编程方便，可编写某些特殊工艺功能的子图表，当需要时可用复制/粘贴图表来完成复制。

图表的复制可以支持以下情况：

（1）在同一控制单元下的驱动对象之间；

（2）同一项目下不同控制单元的驱动对象之间；

(3) 不同项目驱动对象之间,若需要将图表从一个项目复制到另一项目,必须打开两个调试工具软件 STARTER。

复制结束后,DCC 不会自动识别变量互联关系是否合理,所以必须检查是否需要调整图表副本中的互联关系,使其适应新的驱动对象。

视频讲解

9.3.5 分配图表执行组和采样时间及 DCC 功能块处理顺序的调整

每新建一个 DCC 基本图表,系统会自动建立一个与图表同名的执行组(runtime group),如 DDC_1,插入这个图表中的所有块都自动被分配到该执行组。当然还可以在编辑器中插入多个执行组,如图 9-13 所示。每个驱动对象只有一个 DCC 基本图表(chart),每个 DCC 基本图表最多可分配 10 个执行组。

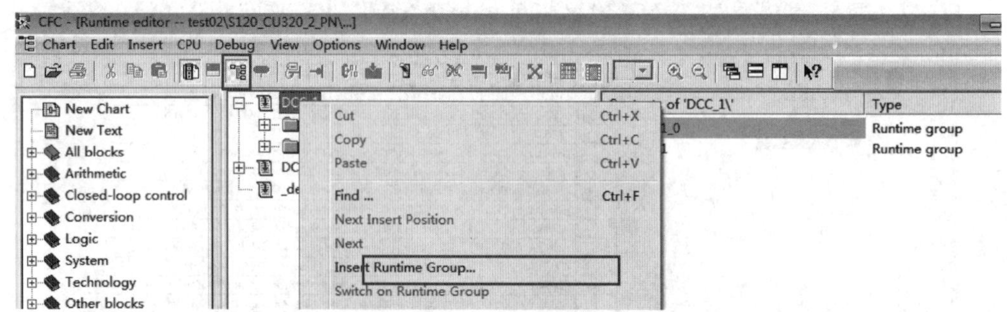

图 9-13 DCC 中插入执行组的操作

1. 分配图表执行组

分配图表执行组就是对编写的 DCC 图表程序规定执行的周期,或者说执行的时机,在 DCC 中称为设置采样时间。只有为程序的执行设定采样时间后,控制单元才能执行。

执行组包括两种类型:固定执行组和自由执行组。

1) 固定执行组

固定执行组的采样时间与系统功能绑定,可以选择在位置环之前、速度环之前和开关量输入之前等,见图 9-14。假设某段功能块程序用于速度环给定的参数变换和计算,那么其必须先于速度环执行,则可以将其安排在速度环之前(BEFORE speed ctrl)执行组。

2) 自由执行组

若某段 DCC 功能块程序与系统功能没有关系,可以将其分配到自由执行组。自由执行组的采样时间可设定为硬件采样时间(r21002)或软件采样时间 (r21003)的整数倍。

若设为硬件采样时间的整数倍,则采样时间 T=P21000×r21002=(1~256)r21002,此时最小有效采样周期为 1ms,最大有效采样周期为 r21003。若小于 1ms,则自动设为 1ms;若大于 r21003,则报故障信息 F51004。

若设为软件采样时间的整数倍,则 P21000 = (P21000 − 1000) × r21003 = (1 ~ 96) r21003。

执行组的采样时间为参数P21000[0..9],r21001[0..9]为各组实际采样周期。

2. 采样周期的设置

采样时间设置方法如下。

(1) 离线状态下,右击项目导航栏下的DCC图表,选择Set Execution Groups菜单项,弹出设置程序执行组窗口,如图9-14所示。

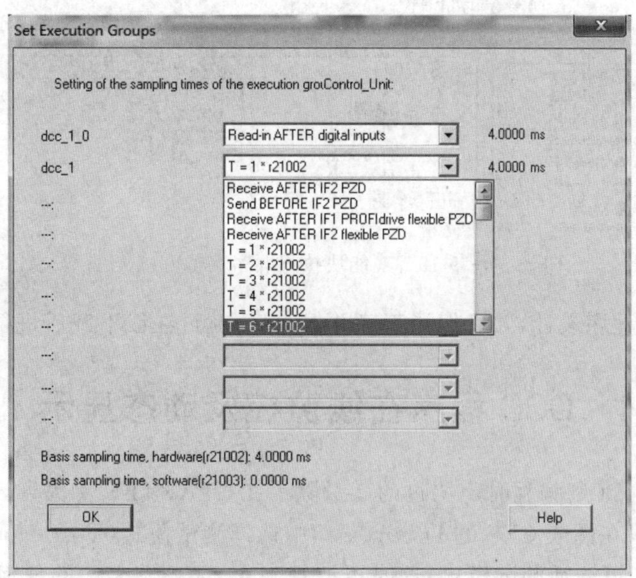

图9-14 设置程序执行组窗口

(2) 选择适当的采样周期。

(3) 编译保存。

DCC的运算处理会加重控制单元的负荷,影响控制单元的运算能力。为降低控制单元负荷,可能需要在一个DCC程序下设置多个执行组,将对驱动系统动态性能影响不大的功能块放在采样时间较长的执行组。

在线状态下可以从控制单元的参数r9976中获得当前配置下系统的负荷情况,在运行过程中,系统负荷平均值r9976[1]和最大值r9976[5]都应低于85%,超过90%会发出报警信息A50512,甚至产生故障信息F01205(CU: Time-slice overflow);负荷率低于88%后报警会自动复位。

在实际选择过程中,可以先为执行组设定一个较长的采样时间,这样扫描计算该执行组程序的时间较长,如设为96×r21003,再检查r9976,若负荷较低,则逐渐减少采样时间,确保控制单元的负载能力在规定的范围内。

3. 设置执行组内的DCC功能块运行顺序

在新建一个DCC基本图表时,系统将自动建立一个与之同名的执行组。通常情况下,功能块插入这个图表中的顺序即为其在该执行组内的执行顺序。

若想修改功能块在执行组内的运算顺序，在离线状态下，可以在CFC窗口中，选择菜单Edit→Open Run Sequence，或直接单击工具栏按钮，进入功能块运行顺序编辑窗口(Runtime editor)，通过拖动即可调整功能块执行顺序，如图9-15所示。

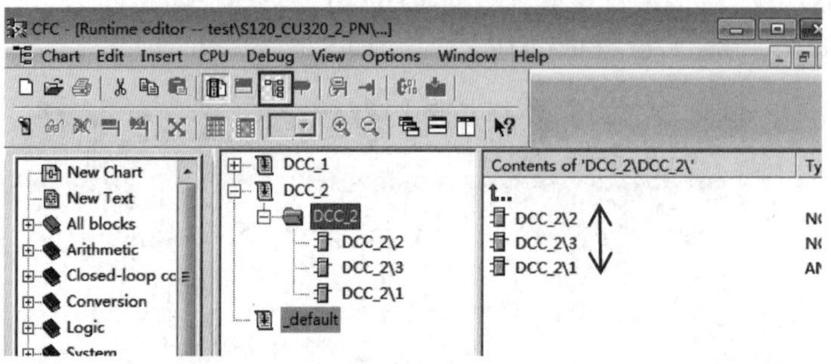

图9-15 功能块执行顺序编辑窗口

在完成DCC程序设计，并且编译正确并保存后，就可在线下载后进行调试。

视频讲解

9.4 DCC程序在线监控及动态显示

DCC编程时声明过的变量除了在STARTER专家列表中可以监控外，还可以在图表CFC的Debug菜单中选择测试模式(Test Mode)，或按下工具栏中测试按钮，即可激活测试模式，这时可监视整个DCC图表中的任何功能块及其引脚，如图9-16所示。另外，也可在DCC编辑器中建立动态变量表，进行变量动态监视，并具有趋势图记录及导出功能。

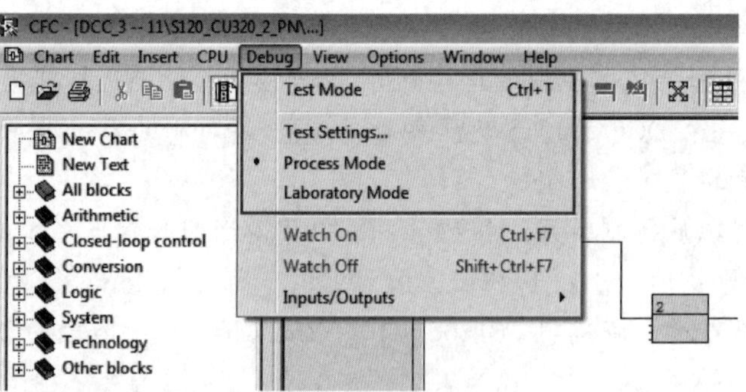

图9-16 测试模式的激活

1. DCC中的测试模式种类及选择

按激活测试模式后可以动态显示变量，在DCC编辑器调试(Debug)菜单下有两种测试模式(Test Mode)供选择：实验室模式(Laboratory Mode)和过程模式(Process Mode)，见图9-16。

(1) 在实验室模式下，所有功能块均处于动态显示状态。

(2) 在过程模式下,系统自动关闭所有功能块的动态显示,需手动选择需要监视的功能块引脚,右击,选择 Add I/O,则选择对该引脚进行动态监视。

测试模式的选择只能在离线状态下进行,并且不能在在线状态下切换。

2. DCC 编辑器的动态监视变量方法

进入测试模式后,所有功能块的任何变量不论是否进行了参数声明均可在线监视。在过程测试模式下,仅有鼠标所在位置的功能块引脚显示当前值。若为实验室测试模式,则对所有功能块在编辑时勾选了 Watched 的变量都将显示当前值。变量的值也可以以列表的形式进行动态显示。在 DCC 编辑器中选择 View→Dynamic Display 菜单项,弹出一个空白的动态显示表窗口。在图表窗口,右击所要监视的变量,选择 Insert Dynamic Display 菜单项将其插入动态显示列表,就可以以列表形式对选择的动态变量进行动态监视。

3. 趋势图记录及导出

变量的值也可以以趋势图的形式动态显示并导出,类似于 STARTER 中的 Trace 功能。在 DCC 编辑器中选择 View→Trend Display 菜单项,弹出一个空白的趋势图记录窗口。在图表窗口,右击所要记录的变量,选择 Insert Trend Display 菜单项将其插入趋势图窗口的通道中。在趋势图窗口,左边通道 Channel 栏中显示所有插入的变量,单击右侧的 Start 按钮就开始记录,单击 Hold 按钮结束后,单击 Export 按钮就可以将记录结果导出为 .csv 文件。

小结

DCC 是西门子公司专为 SINAMICS 驱动器和 SIMOTION 运动控制器提供的一种可编程的环境。简单来说,就是内置在 S120 中的一个小 PLC,使得 SINAMICS 驱动器具有编程的能力。DCC 采用 SIMATIC 图形化编程语言 CFC(Continuous Function Chart)来实现与驱动系统相关的功能。在控制逻辑及工艺要求不是很高的情况下,直接用驱动器 DCC 编程功能即可实现系统控制,而不需要 PLC 参与实现。DCC 程序执行组运行周期最短是 1ms,与驱动部分的数据交换在 S120 内部完成,实时性很高。DCC 由编辑器和 DCB(Drive Control Blocks)库组成。DCC 编辑器提供了一个基于 CFC 的编程编辑平台,在这个平台上,可以自由组合各种功能块完成运算,实现所要求的控制;DCB 库提供了与驱动系统相关的强大功能块,既能实现常用的逻辑运算、定时、算术运算、数据类型转换等基本功能,又能实现 P、PI、积分器、斜坡函数发生器、闭环控制和直径计算等工艺功能。

SINAMICS 驱动器要使用 DCB 库中的功能块编程,需要激活 DCB 库,先要将 DCC 的工艺包(DCB 库)装载到驱动器 CF 卡中,然后再由 CF 卡导入到驱动器控制单元 RAM 中。同样 STARTER 要使用 DCC 功能,也要将 DCB 库文件导入编辑器中。采用 DDC 编程的基本步骤如下:

(1) 在离线状态下插入图表,打开 CFC 编辑器;

(2) 选择 DCC 库中的功能块(DCB)将其插入到图表中;

(3) 自定义参数声明,进行功能块之间互联、功能块与基本设备之间的互联;

(4) 分配图表执行组和设定采样时间,设置功能块在其执行组内的运行顺序;

(5) 编辑保存,然后在线下载。

DCC自定义参数有直接赋值型和BICO型,直接赋值型参数只能用于监视、记录波形;BICO型参数除监视、记录波形外还可用于参数互联。

DCC编程时自定义参数声明过的变量在STARTER专家列表中可以监控,在DCC中处于测试模式(Test mode)时,也可监视整个DCC图表中的任何功能块及其引脚。另外,也可在DCC编辑器中建立动态变量表,进行变量的动态监视,以及趋势图的记录及导出。

习题

1. 什么是DCC?

2. DCC由哪些部分组成?

3. SINAMICS S120驱动器要使用DCC必须加载什么?怎么操作?

4. 自定义参数有哪些类型?自定义参数声明的格式如何规定?不同类型自定义参数各有哪些用途?

5. 若图表中功能块需要互联到驱动对象,需要进行什么操作?

6. 在专家列表中,自定义类型参数的参数号是多少?

7. 图表执行组分为哪些种类?图表执行组要运行的前提条件是什么?

8. 自由执行组的采样时间可以怎样设置?

第 10 章

SINAMICS S120 驱动器的通信功能

内容提要：通信技术已广泛应用到自动控制领域，作用也越来越重要。SINAMICS S120 系列驱动器具有多种通信功能，其集成有 RS232 接口、以太网 LAN 接口、PROFIBUS DP 接口或 PROFINET 接口，并提供有通信扩展模块供用户选择，可以满足各种通信需求。本章以西门子高性能数据传输网络 PROFINET 为背景，分别介绍 SINAMICS S120 驱动器与 HMI 的直接通信，以及 SINAMICS S120 与 SIMATIC S7-300 PLC 之间通信技术。当 SINAMICS S120 驱动器与 SIMATIC S7-300 PLC 通过 PROFIBUS 和 PROFINET 网络通信时，采用 PROFIdrive 通信协议。本章在简介 PROFIdrive 通信协议基础上，介绍 SINAMICS S120 驱动器的多种报文形式，包括标准报文和制造商专用报文。最后介绍基于 PROFINET 网络的 SINAMICS S120 驱动器与 S7-300 PLC 之间的周期性通信与非周期通信技术。

典型的运动控制系统通常由可编程控制器(PLC)、触摸屏(HMI)和驱动器构成，通常 PLC 作为伺服控制或矢量控制的控制器，HMI 作为监控设备，驱动器作为能量转换设备，为电动机运行提供所需能量。图 7-14 是采用 PROFINET 网络构成的驱动控制系统，PLC 采用西门子公司生产的 CPU 315T-3PN/DP、HMI 采用 KTP 700 BASIC PN，驱动器采用 SINAMICS S120，通过 PROFINET 通信网络实现自动控制。图 7-14 中各种设备分配的 PROFINET IP 地址如下。

(1) CPU 315T-3PN/DP，IP 地址 192.168.0.1；

(2) KTP 700 BASIC PN，IP 地址为 192.168.0.2；

(3) SINAMICS S120 控制单元 CU320-2PN，IP 地址为 192.168.0.4；

(4) 编程器 PG/PC，IP 地址为 192.168.0.10。

在系统组态调试前，先要设置编程器 PG/PC 的本地连接 IP 地址与 CPU 315T-3PN/DP、KTP 700 BASIC PN 和 SINAMICS S120 在一个网段上，并且所使用的工具软件要设置应用访问点。如在 SIMATIC Manager 软件中，选择 TOOL →Set PG/PC Interface 菜单项，弹出应用访问点设置窗口，在应用访问点(Access Point of the Application)中正确地选择 PG/PC 的 TCP/IP 网卡，具体方法与 7.2.1 节的 STARTER 软件类似。

视频讲解

10.1 SINAMICS S120 驱动器与 HMI 的直接通信

在工业应用中，一般情况下 HMI 都是与 PLC 连接，PLC 作为控制器控制驱动器，HMI 起监控作用。但是 SINAMICS S120 驱动器可以与 HMI 直接连接，利用 SINAMICS S120 驱动器中的位置控制器、转速控制器实现运动控制，无须增加 PLC 等其他控制器，节约了系统成本。本节主要介绍 SINAMICS S120 驱动器与 HMI 的直接通信。

HMI 可以通过 PROFIBUS DP 或 PROFINET 网络直接与 SINAMICS S120 驱动器通信，实现对 SINAMICS S120 驱动器的控制以及读取和修改参数，如 HMI 上用于模拟开关量信号的按钮，可实现 S120 驱动器启/停、点动等操作，在 IO 域中修改目标位置、运行速度、加/减速度等参数。本书以 PROFINET 网络为例，讲解 SINAMICS S120 驱动器与 HMI 之间的通信。如果 PROFINET 总线上连接有 SINAMICS S7 PLC 控制器，如图 7-14 所示的系统，也可以进行 HMI 与 SINAMICS S120 之间的直接通信。

实现 HMI 直接启/停 SINAMICS S120 驱动器等操作，以及读取和修改驱动器目标位置、运行速度、加/减速度等参数，需要完成以下操作：

(1) HMI 与 SINAMICS S120 驱动器的通信配置；

(2) 根据规则建立访问驱动器的 HMI 变量表；

(3) 组态画面的建立及工艺功能的实现。

通过 WinCC 可以实现 HMI 与 SINAMICS S120 驱动器的通信配置。本书仅介绍采用博图 V13/V14 的组态方法，组态步骤如下。

1. 添加 HMI 设备

在“添加新设备”窗口，根据系统的硬件设备选择所需要添加的 HMI 设备，如图 10-1 所示。

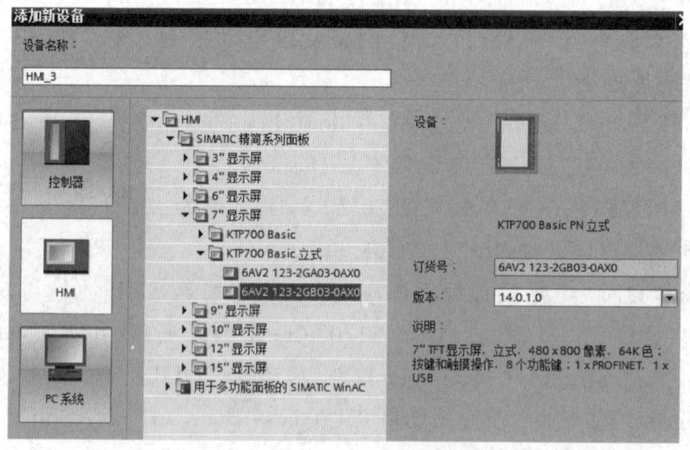

图 10-1　添加 HMI 设备窗口

2. 创建 HMI 与 SINAMICS S120 驱动器的通信连接

单击 HMI 的 PROFINET 接口，添加新的子网，输入 HMI 的 IP 地址，建立一个新的连接。在“通信驱动程序”对象中必须选择 SIMATIC S7 300/400，并根据扫描得到的 HMI 与 SINAMICS S120 驱动器的 IP 地址，进行 HMI 和 PLC 设备的 IP 地址设置。注意，一定要保证 HMI 与 PLC 的 IP 地址在同一网段上。图 10-2 为通信连接设置窗口，HMI 与 PLC 之间新建了一个连接 Connection_1。

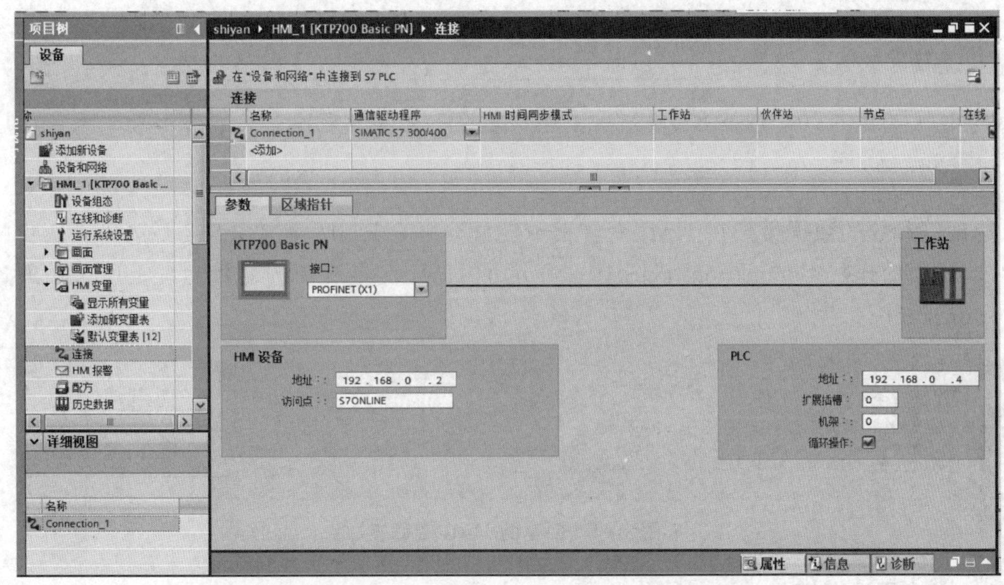

图 10-2　新建 HMI 与 SINAMICS S120 驱动器的通信连接

3. 创建访问驱动器的 HMI 变量表

需在 HMI 变量表中建立变量用来访问 SINAMICS S120 驱动器参数，变量地址设定规则为

DB	参数号	.	DBX	1024×装置号+参数下标

X 具体是 B、W 还是 D 取决于 SINAMICS S120 驱动器参数的数据类型。若参数类型为 Integer8 或 Unsigned8，则为 B；若参数类型为 Integer16 或 Unsigned16 则为 W；若参数类型为 Unsigned32 或 Floating Point32，则为 D。装置号即驱动对象号，可通过 STARTER 的 Communication 或 Overview 界面查看到，如图 10-3 所示。

依据图 10-3 中的装置号，若要建立与 CU 参数 r722 的 HMI 变量，则变量地址为 DB722. DBW1024，数据类型为 Word 型。若要建立 SINAMICS S120 驱动器自定义参数的 HMI 变量，一定要在 DCC 中采用直接赋值型参数，如@110 enabale；而不能是 BICO 型参数，如@ * 110 enable。另外，DCC 中 Bool 型变量在 HMI 中的变量类型要选择为 Word 型，在 HMI 画面中添加的按钮、开关等对象要关联到对应 Word 型变量的最低位实现控制；位

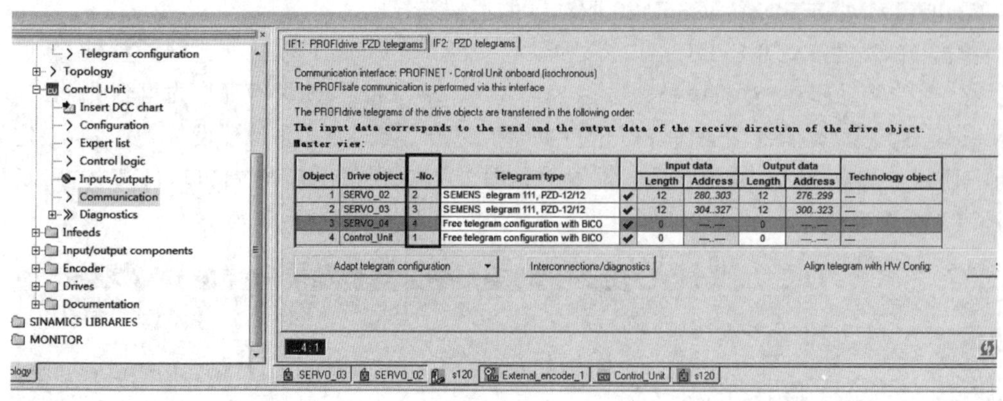

图 10-3　SINAMICS S120 驱动器的 Communication 界面

置、速度等参数的数据类型在 HMI 变量表中变量类型为 Real。注意，连接要选择第 2 步中所建立的新的连接 Connection_1，图 10-4 显示了 HMI 变量表中的变量地址及所采用的连接 Connection_1。

默认变量表

名称	数据类型	连接	PLC 名称	PLC 变量	地址
大盘位置显示md160	Real	Connection_1		<未定义>	%DB21610.DBD2048
大盘电机速度显示md200	Real	Connection_1		<未定义>	%DB21612.DBD2048
小盘位置显示md180	Real	Connection_1		<未定义>	%DB21611.DBD3072
小盘电机速度显示md220	Real	Connection_1		<未定义>	%DB21614.DBD3072
<添加>					

图 10-4　创建的 HMI 变量表

4. 组态画面的建立

在 HMI 创建的画面中，根据工艺控制要求添加一些按钮、开关和 IO 域等对象，并关联到对应的 HMI 变量，即可完成 HMI 与 SINAMICS S120 之间的通信连接，实现 HMI 对 S120 驱动器的操作以及参数的读取与修改。

10.2　PROFIdrive 通信协议

PROFIdrive 是应用在驱动技术上 PROFIBUS 和 PROFINET 的一种通信协议框架，也称作“行规”，它使得用户能更快捷方便地实现对驱动设备的控制，已被广泛地应用在生产和过程自动化领域。PROFIdrive 不受使用的网络是 PROFIBUS 还是 PROFINET 的影响，即 PROFIBUS 和 PROFINET 都遵循 PROFIdrive 通信协议。

PROFIdrive 主要由三种类型的设备构成。

(1) 运动控制器(Controller)，包括一类 PROFIBUS 主站和 PROFINET I/O 控制器，如上位控制器、SIMATIC S7 PLC 或 SIMOTION 控制器；

(2) 监视器(Supervisor)，包括二类 PROFIBUS 主站和 PROFINET I/O 监视器，如编程装置、操作和显示装置；

(3) 执行器(Driver unit),包括 PROFIBUS 从站和 PROFINET I/O 装置,如驱动设备,CU320-2。

在生产和过程自动化领域,PROFINET IO 是应用非常广泛的开放式工业以太网标准。其以工业以太网为基础,且支持 TCP/IP 和 IT 标准。PROFINET IO 可以满足工业网络中的信号处理实时性和确定性要求,最适合应用于时间紧迫的现场数据快速传输。

PROFIdrive 支持通过循环数据通道进行周期性数据交换,用于运动控制系统运行中开环和闭环控制需要的数据循环更新,通常对此类数据的传输有苛刻的时间要求。这些数据作为设定值发送至驱动设备,或作为驱动设备的实际值传输给控制器。PROFIdrive 还提供了一个非循环数据通道以进行控制器或监视器与驱动设备之间的非周期数据交换,用于对时间无苛刻要求的数据传输,其仅能在执行了相应读/写请求后才进行数据传输,读取或写入驱动器参数。

10.3　SINAMICS S120 驱动器的报文类型

视频讲解

SINAMICS S120 驱动器预设的报文分为两大类:标准通信报文和西门子自定义的制造商专用报文。不同的驱动对象支持的报文也不相同,如矢量轴支持报文 1、2、3、4、20、220、352 和 999,基本定位器支持报文 7、9、110、111 和 999,编码器支持报文 81、82、83 和 999。各种报文可以发送和接收不同数量的过程数据(PZD),PZD 为一个字字长。控制单元的最大发送 PZD 数量为 25,接收数量为 20;矢量控制(电动机模块)最大发送和接收的 PZD 数量都为 32;伺服控制(电动机模块)最大发送的 PZD 数量为 28,接收的 PZD 数量为 20;编码器最大发送的 PZD 数量为 12,接收的 PZD 数量为 4。报文的选择由 CU 参数 p0922 设定,或在采用 STARTER 组态驱动过程中选择。

10.3.1　标准报文

SINAMICS S120 驱动器的标准报文是基于 PROFIdrive 行规下定义的常规报文。根据设置的报文编号,驱动对象内部过程数据(PZD)参数会自动进行互联。SINAMICS S120 驱动器支持的标准报文包括标准报文 1~7、标准报文 9、标准报文 20、标准报文 81~83。表 10-1 列出了常用标准报文结构,表 10-2 列出了编码器常用标准报文结构。

表 10-1　SINAMICS S120 常用标准通信结构

<table>
<tr><th rowspan="2">报文</th><th colspan="2">1</th><th colspan="2">2</th><th colspan="2">3</th><th colspan="2">5</th></tr>
<tr><th>接收</th><th>发送</th><th>接收</th><th>发送</th><th>接收</th><th>发送</th><th>接收</th><th>发送</th></tr>
<tr><td>PZD1</td><td>STW1</td><td>ZSW1</td><td>STW1</td><td>ZSW1</td><td>STW1</td><td>ZSW1</td><td>STW1</td><td>ZSW1</td></tr>
<tr><td>PZD2</td><td>NSOLL_A</td><td>NIST_A</td><td rowspan="2">NSOLL_B</td><td rowspan="2">NIST_B</td><td rowspan="2">NSOLL_B</td><td rowspan="2">NIST_B</td><td rowspan="2">NSOLL_B</td><td rowspan="2">NIST_B</td></tr>
<tr><td>PZD3</td><td></td><td></td></tr>
<tr><td>PZD4</td><td></td><td></td><td>STW2</td><td>ZSW2</td><td>STW2</td><td>ZSW2</td><td>STW2</td><td>ZSW2</td></tr>
</table>

续表

报文	1		2		3		5	
	接收	发送	接收	发送	接收	发送	接收	发送
PZD5					G1_STW	G1_ZSW	G1_STW	G1_ZSW
PZD6						G1_XIST1	XERR	G1_XIST1
PZD7								
PZD8						G1_XIST2	KPC	G1_XIST2
PZD9								

表 10-2　SINAMICS S120 编码器常用标准报文结构

报文	81		83	
	接收	发送	接收	发送
PZD1	STW2_ENC	ZSW2_ENC	STW2_ENC	ZSW1
PZD2	G1_STW	G1_ZSW	G1_STW	G1_ZSW
PZD3		G1_XIST1		G1_XIST1
PZD4				
PZD5		G1_XIST2		G1_XIST2
PZD6				
PZD7				NIST_B
PZD8				

各种常用标准报文有以下特点。

(1) 标准报文 1,包括一个控制字 STW1 和 16 位的转速给定值 NSOLL_A,用于最基本的速度控制,如水泵和风扇的简易控制。

(2) 标准报文 2,包含两个控制字 STW1 和 STW2,以及 32 位的转速设定值 NSOLL_B,用于基本的速度控制。

(3) 标准报文 3,带位置编码器 1 的速度控制,包括含两个控制字 STW1 和 STW2,32 位的转速设定值 NSOLL_B,以及编码器 1 控制字 G1_STW,支持等时模式的速度或者位置控制。通过通信报文获得位置编码器 1 的返回值 G1_XIST1 与 G1_XIST2。G1_XIST1 是位置实际值,G1_XIST2 根据不同的功能,返回不同的值,编码器 1 控制字 G1_STW 用于控制 G1_XIST2 返回内容。

(4) 标准报文 5,带位置编码器 1 的动态伺服控制(Dynamic Servo Control,DSC),及转矩限幅功能。XERR 为位置偏差,KPC 为比例增益,支持等时模式的位置控制。

DSC 功能通过特定的报文将位置环及插补计算移到了驱动器中,利用驱动器速度控制时钟,克服了系统的通信延时,这样,转矩或电流脉动变小,提高了系统的动态响应性能,特别适合电梯和复杂运动等重要设备的伺服控制。如果没有 DSC 功能,位置控制器位于上位机中,上位机在完成位置控制的闭环运算后,将得到的速度给定值通过时钟同步的方式传递给驱动器，由于较长的位置控制周期会导致速度给定值出现阶跃变化，从而导致转矩或电流出现较大的脉动。

通常情况下，含有 DSC 定位功能的报文除了传输控制字 STW1 和 STW2 与速度给定 NSOLL_B 之外，还含有位置偏差 XERR 与位置控制器的比例增益 KPC，而不带 DSC 功能的报文，无须传输 XERR 与 KPC。

SINAMICS S120 标准报文中接收的主设定值 NSOLL_A 或 NSOLL_B 为速度设定值，以及发送的实际值 NIST_A 或 NIST_B 都要经过标准化，0x4000 或 0x40000000 对应于 100%，发送的最高速度(最大值)为 0x7FFF 或 0x7FFFFFFF，对应于 200%，参数 P2000 中设置 100%对应的参考转速。

(5) 标准报文 81，编码器报文，用于一个编码器通道信息传输。

(6) 标准报文 83，扩展编码器报文，除了标准报文 81 所包含的一个编码器通道信息传输外，还有 32 位的转速实际值 NIST_B 信息传输。

10.3.2　制造商专用报文

制造商专用报文是西门子公司根据内部产品自定义创建的报文，简称专用报文，也有多种报文结构。相比之下，自由报文 999 可根据用户需求自己定义，为用户提供了灵活和开发的结构。当选择自由报文 999 后，驱动器中所有的报文互联需要手动互联。但在从 p0922≠999 更改为 p0922=999 时，之前的报文互联会保留，然后可在原报文基础上修改报文互联，为用户提供了方便。本节仅介绍常用专用报文 105 和 111，表 10-3 列出了专用报文 105 和 111 的结构。

表 10-3　SINAMICS S120 制造商专用报文 105 和 111 结构

<table>
<tr><th rowspan="2">报文</th><th colspan="2">105</th><th colspan="2">111</th></tr>
<tr><th>接收</th><th>发送</th><th>接收</th><th>发送</th></tr>
<tr><td>PZD1</td><td>STW1</td><td>ZSW1</td><td>STW1</td><td>ZSW1</td></tr>
<tr><td>PZD2</td><td rowspan="2">NSOLL_B</td><td rowspan="2">NIST_B</td><td>POS-STW1</td><td>POS-ZSW1</td></tr>
<tr><td>PZD3</td><td>POS-STW2</td><td>POS-ZSW2</td></tr>
<tr><td>PZD4</td><td>STW2</td><td>ZSW2</td><td>STW2</td><td>ZSW2</td></tr>
<tr><td>PZD5</td><td>MOMRED</td><td>MELDW</td><td>OVERRIDE</td><td>MELDW</td></tr>
<tr><td>PZD6</td><td>G1_STW</td><td>G1_ZSW</td><td rowspan="2">MDI_TARPOS</td><td rowspan="2">XIST_A</td></tr>
<tr><td>PZD7</td><td rowspan="2">XERR</td><td rowspan="2">G1_XIST1</td></tr>
<tr><td>PZD8</td><td rowspan="2">MDI_VELOCITY</td><td rowspan="2">NIST_B</td></tr>
<tr><td>PZD9</td><td rowspan="2">KPC</td><td rowspan="2">G1_XIST2</td></tr>
<tr><td>PZD10</td><td>MDI_ACC</td><td>FAULT_CODE</td></tr>
<tr><td>PZD11</td><td></td><td></td><td>MDI_DEC</td><td>WARN_CODE</td></tr>
<tr><td>PZD12</td><td></td><td></td><td>user</td><td>user</td></tr>
</table>

专用报文 105 和 111 有以下特点。

(1) 专用报文 105，带一个位置编码器、转矩限幅和 DSC，采用 32 位转速设定值。MOMRED(Torque reduction)为转矩限幅，MELDW(Message word)为消息字，在进行高动态性能伺服控制时经常采用报文 105，T-CPU 和 SIMOTION 运动控制器支持报文 105。

(2) 专用报文 111，基本定位器报文，含设定值直接给定(MDI)、倍率、位置实际值和转速实际值。表 10-3 中报文 111 的 MDI_TARPOS 为 MDI 位置给定量，MDI_VELOCITY 为 MDI 速度给定量，MDI_ACC 为 MDI 加速度给定量，MDI_DEC 为 MDI 减速度给定量，user 为用户自定义互联。

10.4 SINAMICS S120 驱动器与 SIMATIC S7-300 PLC 之间通信

基于 PROFINET 网络进行通信时，SINAMICS S120 驱动器可采用以下通信接口。

(1) 控制单元 CU320-2 和 CU310-2 集成的以太网接口 X127；

(2) 控制单元 CU320-2PN 和 CU310-2PN 的 PROFINET 接口 X150 的两个集成端口 P1 和 P2；

(3) 在控制单元 CU320-2 PN/DP 中可插入一块通信板(选件)CBE20 接口 X1400。

本节选择 CU320-2PN 的 PROFINET 接口(X150)的端口 P1 讨论通信技术。

根据不同的驱动对象和应用来选择相应的报文，SINAMICS S120 驱动器通常选择的报文如下。

(1) 电源模块常选用报文 370 或 999；

(2) 控制单元模块常选择 390 或 999；

(3) 电动机模块报文选择：

① 借助于上位机实现位置控制，常选用报文 102 和 105。如需要 DSC，则选用报文 105；

② 由集成的位置控制器实现位置控制，常选用报文 139；

③ 由集成的基本定位器实现伺服轴的定位，常选用报文 111 或 999；速度控制，常选用报文 1、2 或 999。

采用 PLC 控制 SINAMICS S120 驱动器，发送的第一个字控制字 STW1 的第 10 位必须为 1，即 SINAMICS S120 驱动器选择由 PLC 进行控制。

SINAMICS S120 驱动器与 SIMATIC S7 PLC 之间的 PROFINET 通信，使用标准 S7 功能块 SFC14/SFC15，可以实现周期性数据交换，用于交换过程数据；使用标准 S7 功能块 SFB52/SFB53，可以实现非周期性数据交换，用于读取或写入 SINAMICS S120 驱动器的参数。本书以 SIMATIC CPU 315T-3PN/DP 为例介绍基于 PROFINET 网络的 SINAMICS S120 驱动器与 PLC 通信过程。

10.4.1　运动控制工程项目的硬件组态

视频讲解

1. 组态工具

STEP 7 是用于对 SIMATIC 可编程逻辑控制器进行组态和编程的标准软件包，可用于组态 S7-300 PLC 和编程，所有的组态工具都在 STEP 7 的 SIMATIC Manager（SIMATIC 管理器）中。SIMATIC S7-Technology 是一个选件包，用于组态 T-CPU 的运动控制功能，其被安装后将完全集成到 STEP 7 中。安装后将包括三个工具：工艺对象管理、S7-Tech 库和 S7T Config，其内含 SINAMICS S120 驱动器的调试工具 STARTER 软件。

S7-Technology 采用了计算机编程技术的面向对象概念，将运动控制中的轴、外部编码器和凸轮等都抽象成工艺对象（Technology Object），用于简化轴的控制和处理，以及附加的运动控制功能。对这些工艺对象的可用功能进行了封装，提供给用户程序使用。用户编程时只要对工艺对象进行了正确配置，就可以对工艺对象进行控制，比如使能轴、使轴回零、绝对定位和相对定位等。工艺对象配置方便，程序结构清晰，易于理解。

"工艺对象管理"工具用于创建和删除工艺数据块（DB），以及设置其参数，也可以重命名工艺 DB 或分配不同的块编号；S7-Tech 库与符合 PLCopen 标准的工艺功能兼容，库中含有运动控制的各种功能块供用户在程序中调用，如 FB401（MC_Power S7T）、FB402（MC_Reset S7T）和 FB403（MC_Home S7T）等；S7T Config 用于创建运动控制任务所需的轴、凸轮盘和凸轮等工艺对象，并设置其参数。调试工具 STARTER 软件已集成到 S7T Config 中，同样具有组态和调试 SINAMICS S120 驱动器的功能。

2. 组态过程

运动控制工程项目的建立需要如下步骤。

(1) 采用 STEP 7 的 SIMATIC Manager 创建工程项目；

(2) 采用 HW Config 工具组态 T-CPU 站和驱动器；

(3) 采用 S7T Config 工具组态轴和工艺对象；

(4) 采用 Technology Objects Management 工具创建和管理工艺 DB；

(5) 采用 LAD/FBD/STL 进行对功能块进行编程；

(6) 在 SIMATIC Manager 中将用户 PLC 程序和系统数据下载到存储卡。

1) 创建 STEP 7 工程项目

启动 SIMATIC Manager 软件，并选择 File→New 菜单项来创建一个新项目。然后选择 Insert→Station→SIMATIC T station 菜单项添加新的 S7 300 站，在弹出窗口中选择 CPU 类型为 CPU 315T-3PN/DP，在创建了一个新的 STEP 7 工程项目后，软件界面如图 10-5 所示。

2) 在 HW Config 中进行硬件组态

双击新建工程项目界面下的 Hardware，使用 HW Config 工具组态 SIMATIC 300 站的硬件。

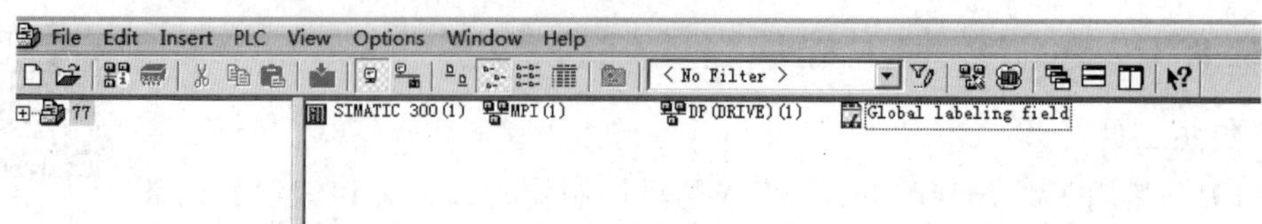

图 10-5　新创建的 STEP 7 工程项目界面

(1) 组态安装导轨上硬件。

根据实际 CPU 315T-3PN/DP 外部扩展模块，在硬件列表中找到对应模块，将其拖动至安装导轨对应的槽位处，这里扩展了数字量输入/输出模块 SM 323，模拟量输入/输出模块 SM 334。

(2) 组态 PROFINET 网络。

在组态 PROFINET 网络之前，需要知道 PROFINET 总线上的设备名称和以太网的 IP 地址，可以通过 HW Config 工具搜索获得。在 HW Config 中也可对 PROFINET 总线上的设备重新分配设备名称和以太网的 IP 地址。

搜索、分配设备名称和 IP 地址方法如下。

单击 HW Config 工具的 PLC→Ethernet→Edit Ethernet Node 菜单项，将弹出编辑以太网节点(Edit Ethernet Node)窗口，如图 10-6 所示。单击 Browse 按钮，将开始搜索以太网中的节点。如果要更改搜索到 PROFINET 总线上节点设备的名称和 IP 地址，如 S7-300 的设备名称 PN-IO，则单击 Assign Name，进行设备名称分配，然后再分配 IP 地址，如将地址

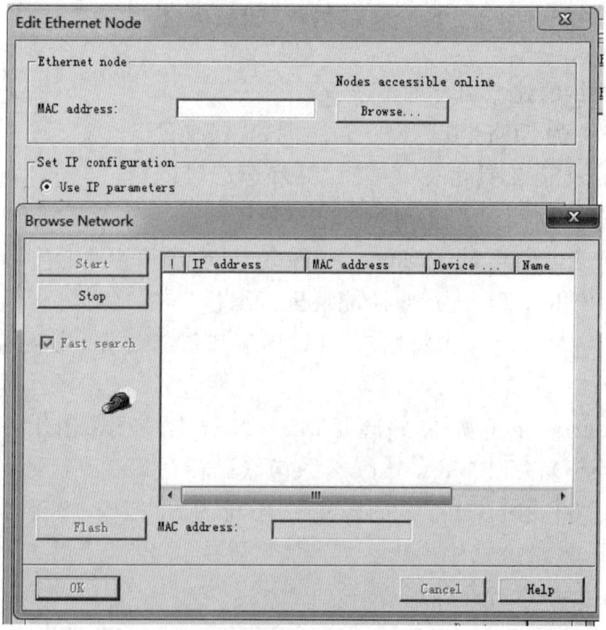

图 10-6　搜索以太网中的节点

改为 102.168.0.1,单击 Assign IP Configuration,将完成 S7-300 设备以太网属性的分配。然后编译保存,选择项目导航栏中的 SIMATIC S7-300 站,然后将组态下载到 PLC 中。

同样可将 SINAMICS S120 的设备名称改为 cu3202pn,地址分配为 102.168.0.4,编译保存。选择新建立的 SINAMICS 驱动系统对象 cu3202pn,在展开的界面中双击 Commissioning,打开 S7T Config 工具,单击在线按钮,将组态下载到 S120 中。

依据 PROFINET 总线上的设备名称和以太网的 IP 地址,可建立 PROFINET 网络,具体步骤如下。

① 在 CPU 315T-3PN/DP 的 PN-IO 接口处右击,在下拉菜单中单击 Insert PROFINET IO System,将弹出以太网接口属性窗口,如图 10-7 所示。单击 New 按钮将新建以太网总线,在弹出的属性窗口中输入 CPU 315T-3PN/DP 的 IP 地址 192.168.0.2。

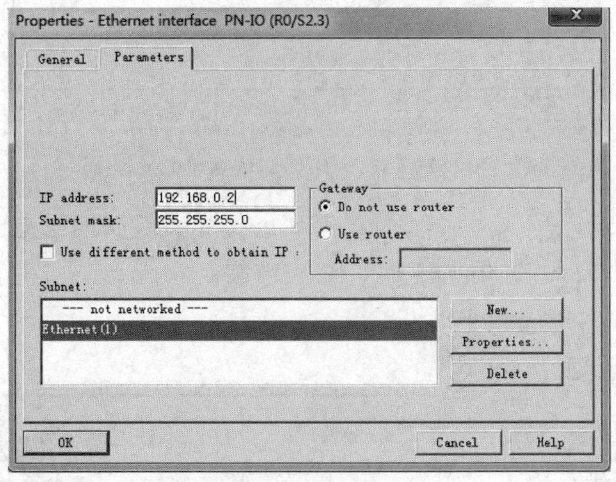

图 10-7　新建以太网的操作界面

图 10-8 所示的是新建的以太网总线 PROFINET-IO-System(100)。

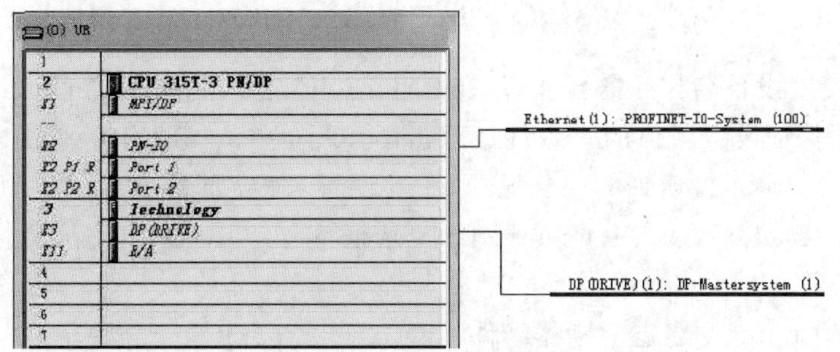

图 10-8　新建的以太网总线

② 在硬件列表 Drive 下的 SINAMICS 中找到 S120 CU320-2 PN 模块,将其拖动至图 10-8 的 PROFINET-IO-System(100)总线处,同时在弹出的 SINAMICS S120 以太网属性

设置窗口中设置 S120 的 IP 地址，如图 10-9 所示。需要注意，一定要与实际系统 SINAMICS S120 设备的 IP 相同。

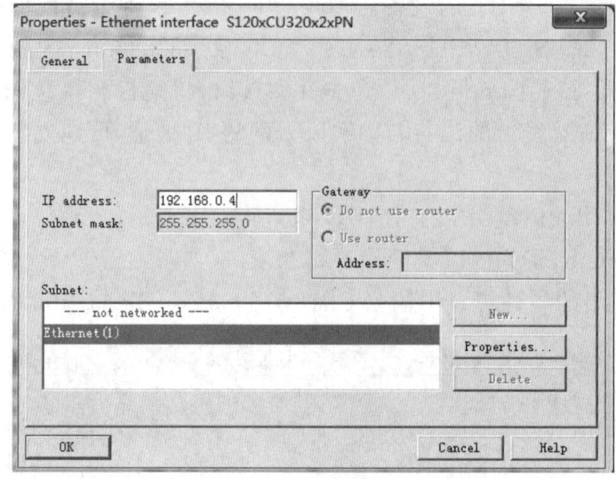

图 10-9 SINAMICS S120 以太网属性设置窗口

③ 单击图 10-9 中的 OK 按钮，则在硬件组态界面看到刚组态到 PROFINET-IO-System(100)总线上的 S120 驱动器，如图 10-10 所示。

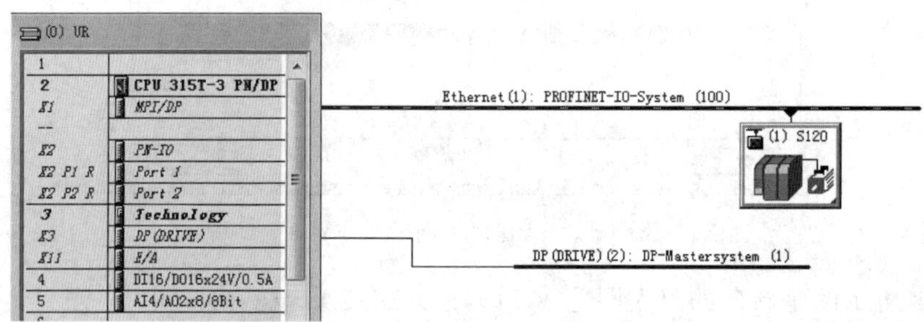

图 10-10 SINAMICS S120 驱动器连接到 PROFINET 网络

④ 修改 S120 设备名称。需要注意，在 PROFINET 网络中设备之间通过设备名称进行通信，因此需要保证设备名称的一致性。双击图 10-10 中的 S120，将弹出 S120 属性窗口。在 Device name 中输入搜索到的或分配的 S120 设备名称，如图 10-11 所示的 cu3202pn，并且选中 Assign IP address via IO controller 复选框，单击 OK 按钮，完成属性的修改。这是通信成功的重要一步。

3）在 S7T Config 中组态驱动器组件

在 S7T Config 中，在菜单栏中单击 Target system→Select target devices. 菜单项，在弹出的窗口中，选择需要连接的设备和连接该设备所使用的 Access point（接入点），单击 OK 按钮，如图 10-12 所示。

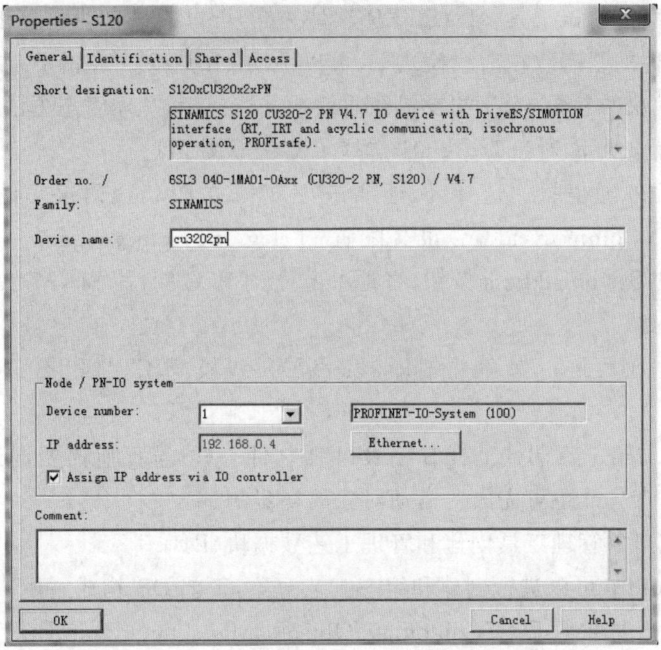

图 10-11　SINAMICS S120 属性设置窗口

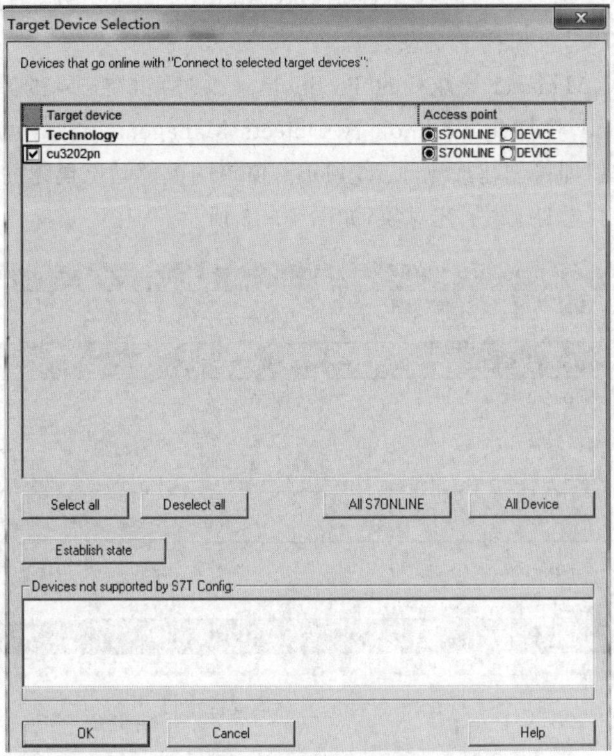

图 10-12　目标设备选择窗口

与第7章介绍的调试工具STARTER软件一样，可以通过自动配置和手动配置两种方式完成驱动器组件的组态。在离线模式下，可以手动配置驱动对象的驱动数据，包括功能模块的选择、电源模块的参数p864的设置和通信报文选择等，具体组态方法可参见7.2.3节，如图10-10中配置的驱动对象Drive_01选择了专用报文111。

除了进行S120通信报文选择外，还要进行S7-300 PLC通信报文设置。选择导航栏CU320下的通信(Communication)报文配置(Telegram Configuration)，打开报文配置界面，单击界面中的Set up address按钮，将地址建立到PLC侧，使SINAMICS S120与S7-300 PLC通信报文一致。

S120组态完成后进行保存并编译，然后在在线模式下，将组态下载到SINAMICS S120中。

S7T Config与第7章调试工具STARTER软件一样，选择所需要调试的驱动对象，用控制面板Control panel也可完成对驱动对象的初步测试。

4) 利用工艺对象管理工具创建和管理工艺数据块(DB)

使用S7T Config可以进行创建和组态工艺对象，工艺DB构成了用户程序和工艺对象之间的接口。工艺对象管理(Technology Objects Management)工具用于创建和管理工艺DB。

启动工艺对象管理工具的前提条件是SIMATIC Manager处于打开状态，并用HW Config组态了T-CPU，且保存了组态数据。

单击SIMATIC Manager导航栏的Technology文件夹，在显示的界面中双击工艺对象Technological objects，将打开Technology Objects Management工具窗口，单击窗口中的Create或Delete按钮即可创建或删除工艺DB。窗口的上部是已创建的工艺DB，底部列出的是尚未生成任何工艺DB的工艺对象，如图10-13所示。

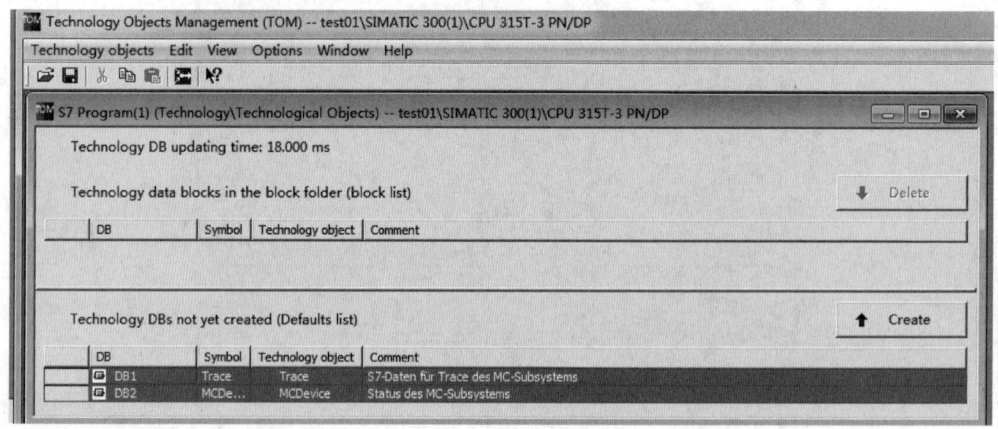

图10-13 工艺对象管理窗口

第一次启动 Technological objects，将在 Technology Objects Management 窗口下部出现工艺数据块 MCDevice 和 Trace，单击 Create 按钮即可完成创建。MCDevice 用于保存实际集成工艺的状态，包含有关运动控制命令的最长作业处理时间和平均作业处理时间的信息、集成工艺的所有错误的信息、集成 I/O 的状态和某些工艺功能完成的消息。S7T Config 拥有图形化的 TraceTool，Trace 用于记录用户程序变量，可以用来分析系统参数和实际值。

10.4.2 周期性通信与非周期性通信

本节以图 10-14 所示的 SINAMICS S120 配置示例说明周期性通信与非周期通信的编程方法。

(1) cu3202pn

Slot	Module ...	Order number	I add...	O address	Di...	C...	A...
0	cu3202pn	6SL3 040-1MA01-0Axx (CU320-2 PN, S120)			2040*		Full
X150	PN IO				2039*		Full
X150 P1 R	Port 1				2042*		Full
X150 P2 R	Port 2				2041*		Full
1	Drive_01				2038*		
1.1	Module access point				2038*		Full
1.2	SIEMENS telegram 111		280...303	280...303			Full
1.3							

图 10-14 SINAMICS S120 配置示例

1. 周期性通信

视频讲解

周期性通信(cyclic communication)可以交换对时间有苛刻要求的过程数据，如控制字和设定值、状态字和实际值。在 PROFIBUS 或 PROFINET 网络中，当 S7-300 与驱动器交换的过程数据大于四字节时，为了保证数据连续性，通常在程序中调用标准 S7 功能块 SFC14 和 SFC15 实现数据传输。功能块 SFC14 和 SFC15 在 STEP 7 的标准库下的系统功能块中，传输数据的连续长度最大为 240 字节。SFC14 的 DPRD_DAT 是数据打包接收功能块，SFC15 的 DPWR_DAT 是数据打包发送功能块，数据类型为字节、字或双字型。图 10-15 是使用功能块 SFC14 和 SFC15 完成 S120 周期性通信的使用示例。

功能块 SFC14 和 SFC15 的输入参数 LADDR 是已组态的 CU320-2PN 驱动对象过程映像输入“I”或“O”区的起始地址，如图 10-14 中驱动对象 Drive_01 输入映像区地址为 280～303，输出映像区地址为 276～299，PLC 将从这些地方读/写过程数据。LADDR 的数据类型为 Word 型，必须以十六进制格式输入地址，如图 10-15 中的“LADDR＝W＃16＃118”，起始地址对应的是 280。输出参数 RET_VAL 数据类型为 Int，如功能块被激活时出现错误，则返回一个错误代码。参数 RECORD 数据类型为 Any，是用户读取或写入数据的存储区地址和长度。参数 RECORD 需要完整格式，如图 10-15 中的 P＃DB12. DBX0. 0 byte 24 和 P＃DB10. DBX0. 0 byte 24。项目中已建立了数据块 DB10 和 DB12，其中 DB12. DBB0～

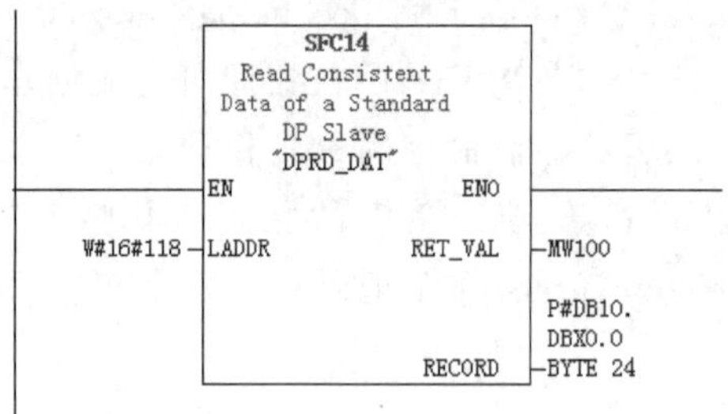

⊟ Network 2: Title:

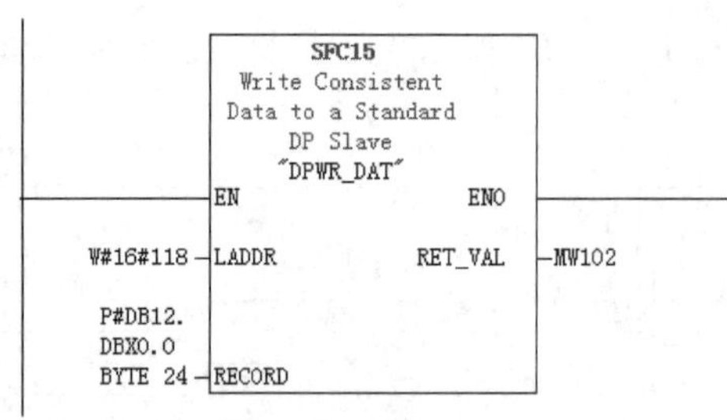

图 10-15 周期性通信程序

DB12.DBB23 共 24 字节是发送控制字和设定值的存储区，DB10.DBB0～DB10.DBB23 共 24 字节是接收状态字和实际值的存储区。

将程序进行编译和保存，然后下载到 PLC，可通过建立变量表，进行监控数据的发送与接收。注意，速度设定值 0x4000 与参数 p2000（参考速度）相对应。如果速度设定值改为 0x2000，则设定速度是参考速度的一半。

下面是 SINAMICS S120 驱动器周期性通信常用的控制字 STW1。

=047E，运行准备；

=047F，正转启动；

=0C7F，反转启动；

=04FE，故障确认。

当控制字 STW1 由 047E 改为 047F 时，电动机将以设定的速度旋转，也可以通过内嵌于 S7T Config 中的 STARTER 控制面板监测电动机的实际速度。

视频讲解

2. 非周期性通信

在 4.3 节中介绍的 MM4 系列变频器 USS 通信报文中既包括 PZD 数据区，也包含 PKW 数据区，但 10.3 节介绍的 SINAMICS S120 标准报文和制造商专用报文中都无 PKW 数据区，即无交换驱动器参数的数据区。PROFIdrive 的非周期性通信（acyclic communication）允许交换大量的用户数据，可用于交换对时间无苛刻要求的驱动器数据，因此 SINAMICS S120 的参数读/写可通过非周期性通信来实现。与周期通信不同，非周期通信可以在有任务需求的时候才进行数据交换，在程序中通过触发方式发出读/写驱动器参数请求。基于 PROFIBUS 和 PROFINET 的非周期性通信传输数据块报文应遵照 PROFIdrive 参数通道(DPV1)数据集 DS47(非周期参数通道结构)。

表 10-4 是非周期性通信读/写参数请求报文结构，包括报文头、参数地址及参数值三部分；表 10-5 是非周期通信读/写参数应答报文结构，包括报文头和参数值两部分。

表 10-4　非周期通信参数请求报文结构

参数请求	字	
	字节 n	字节 $n+1$
请求报文头	请求参考	请求 ID
	装置 ID	参数数量
第 1 个参数地址	属性	下标数量
	参数号	
	第 1 个下标	
…		
第 n 个参数地址	属性	下标数量
	参数号	
	第 1 个下标	
第 1 个参数值 (仅适用于“参数修改”请求)	格式	值的数量
	第 1 个下标的值	
	…	
…		
第 n 个参数值 (仅适用于“参数修改”请求)	格式	值的数量
	第 1 个下标的值	
	…	

表 10-5　非周期通信读/写参数应答报文结构

参数应答	字	
	字节 n	字节 $n+1$
应答报文头	应答参考镜像	应答 ID
	装置 ID 镜像	参数数量
第 1 个参数值	格式	参数值数量
	第 1 个下标的值或错误值	
	…	
…		
第 n 个参数值	格式	参数值数量
	第 1 个下标的值或错误值	
	…	

表 10-6 是非周期通信参数读/写请求与应答值说明。

表 10-6 非周期通信参数读/写请求与应答值说明

数组	数据类型	数值	说明
请求参考/请求参考镜像	Unsigned8	0x01～0xFF	控制器请求/应答的唯一标识符。控制器为每个新的请求修改“请求参考”，装置在它的应答中反映该“请求参考”
请求 ID	Unsigned8	0x01	读请求
		0x02	写请求
应答 ID	Unsigned8	0x01	读请求(＋)
		0x02	写请求(＋)
		0x81	读请求(－)
		0x82	写请求(－)
装置 ID/装置 ID 镜像	Unsigned8	0x01～0xFF	驱动对象号
参数数量	Unsigned8	0x01～0x27	数量 1～39
属性	Unsigned8	0x10	数值型
		0x20	描述型
		0x30	文本型(不可用)
下标数量	Unsigned8	0x00	特殊功能
		0x01～0x75	数量 1～117
参数号	Unsigned16	0x0001～0xFFFF	编号 1～65535
下标	Unsigned16	0x0000～0xFFFF	第 1 个编号 0～65535
格式	Unsigned8	0x02	数据类型 Integer8
		0x03	数据类型 Integer16
		0x04	数据类型 Integer32
		0x05	数据类型 Unsigned8
		0x06	数据类型 Unsigned16
		0x07	数据类型 Unsigned32
		0x08	Floating Point
		其他值	参见 PROFIdrive Profile
		0x41	字节
		0x42	字
		0x43	双字
		0x44	错误
参数值数量	Unsigned8	0x00～0xEA	数量 0～234
数值或错误值	Unsigned16	0x0000～0x00FF	读取/写入参数值或错误值。若字节数量为奇数，则会添加一个零字节，从而保证报文的字结构

在 PROFINET 网络进行非周期通信时，可以在程序的主循环块 OB1 或者其他循环 OB 块中调用标准 STEP 7 功能块 SFB53 和 SFB52 读/写 SINAMICS S120 驱动器参数。这两个功能块在 STEP 7 中 Libraries\Standard Library/System Function Blocks 下。

SFB53"WRREC"是读/写参数请求功能块，输入参数功能如下：REQ 是读/写请求使能信号；ID 是装置的诊断地址，以十六进制格式写入地址，图 10-14 中装置 Drive_01 的诊断地址为 2038，即 0x76F；INDEX 是非周期性通信的数据集 DS47 结构，固定为 47；LEN 数据记录长度(以字节计)，是 RECORD 选定的数据区域长度；RECORD 是发送读/写参数请求的数据区域首地址与数据长度，寻址具有固定格式，如 P#DB[数据块编号]. DBX0. 0 空格 BYTE 空格[数据块字节数]。输出参数功能如下：DONE 为发送请求完成；BUSY 表示发送还在进行；ERROR 用以指示是否发生数据记录传送错误；STATUS 是发送请求执行的状态，如果发生错误，则输出参数 STATUS 包含错误信息。

SFB52"RDREC"是读/写参数应答功能块，输入/输出参数功能与 SFB53 功能块类似。输入参数 MLEN 是要读取的最多字节数，数据区域 RECORD 的选定长度至少应等于 MLEN 字节的长度。若输出参数 VALID 为 TRUE，则表明已将数据记录成功传送到目标数据区域 RECORD 中。此时，输出参数 LEN 包含所取得的数据长度(以字节计)。

1) S7-300 通过 PROFINET 非周期性通信读取 SINAMICS S120 参数

S7-300 读取驱动器参数时必须使用两个功能块 SFB53 和 SFB52。SFB53 用于发送读参数请求；SFB52 用于接收读参数请求应答，读取驱动对象的参数值。图 10-16 和图 10-17 是通过非周期通信读取 SINAMICS S120 驱动对象 Drive_01(装置 ID 为 2)参数 P2900、r2902[2]～r2902[5]参数值的程序示例。

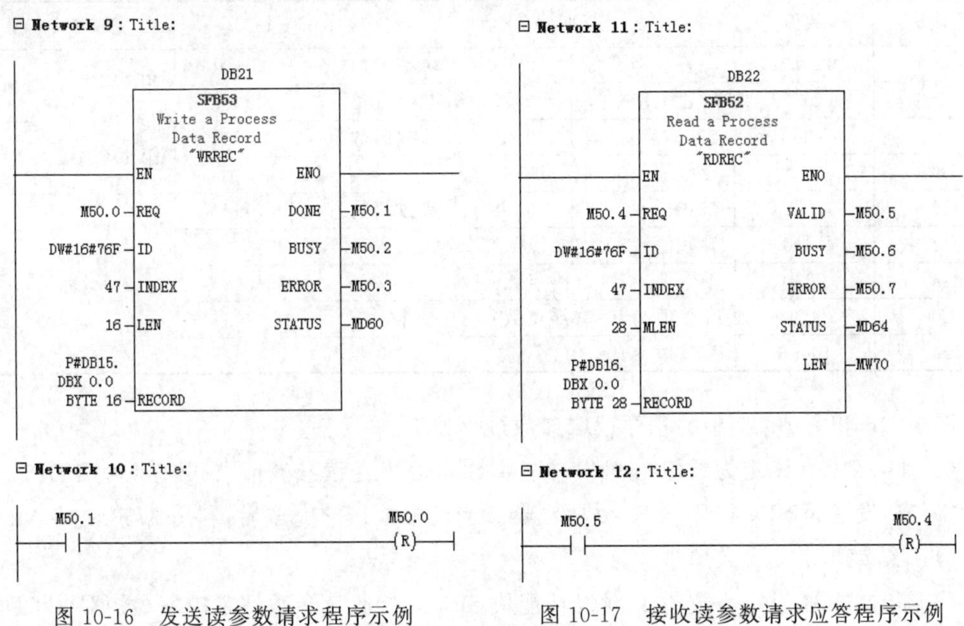

图 10-16 发送读参数请求程序示例　　　图 10-17 接收读参数请求应答程序示例

图 10-16 和图 10-17 程序中功能块 SFB53 和 SFB52 输入/输出参数 RECORD 中的数据是非周期通信读参数请求和读参数请求应答报文，分别存储在 DB15 和 DB16 中。

表 10-7 是读参数请求报文数据块 DB15 的详细定义，共 16 字节。DB15 中数值的具体含义可参见表 10-6 中的说明。

表 10-7 读参数请求报文数据块 DB15 的详细定义

<table>
<tr><th>偏移量</th><th>数值</th><th colspan="2">字节 n</th><th colspan="2">字节 n+1</th><th>参数请求</th></tr>
<tr><td>0</td><td>0x0101</td><td>请求参考</td><td>0x01</td><td>请求 ID</td><td>0x01</td><td rowspan="2">报文头</td></tr>
<tr><td>2</td><td>0x0202</td><td>装置 ID</td><td>0x02</td><td>参数数量</td><td>0x02</td></tr>
<tr><td>4</td><td>0x1001</td><td>属性</td><td>0x10</td><td>下标数量</td><td>0x01</td><td rowspan="3">第 1 个参数地址</td></tr>
<tr><td>6</td><td>0x0B54</td><td colspan="4">参数号=0x0B54</td></tr>
<tr><td>8</td><td>0x0000</td><td colspan="4">第 1 个下标=0x0000</td></tr>
<tr><td>10</td><td>0x1004</td><td>属性</td><td>0x10</td><td>下标数量</td><td>0x04</td><td rowspan="3">第 2 个参数地址</td></tr>
<tr><td>12</td><td>0x0B56</td><td colspan="4">参数号=0x0B56</td></tr>
<tr><td>14</td><td>0x0002</td><td colspan="4">第 1 个下标=0x0002</td></tr>
</table>

表 10-8 是读参数请求应答报文数据块 DB16 的详细定义，共 28 字节。DB16 中数值的具体含义也参见表 10-6 中的说明。当读参数请求应答完成后，S7-300 PLC 将读取到驱动对象 Drive_01 的参数 P2900=0.0，r2902.2=10.0，r2902.3=20.0，r2902.4=50.0，r2902.5=100.0。

表 10-8 读参数请求应答报文数据块 DB16 的详细定义

<table>
<tr><th>偏移量</th><th>数值</th><th colspan="2">字节 n</th><th colspan="2">字节 n+1</th><th>参数请求</th></tr>
<tr><td>0</td><td>0x0101</td><td>应答参考镜像</td><td>0x01</td><td>应答 ID</td><td>0x01</td><td rowspan="2">报文头</td></tr>
<tr><td>2</td><td>0x0202</td><td>装置 ID 镜像</td><td>0x02</td><td>参数数量</td><td>0x02</td></tr>
<tr><td>4</td><td>0x0801</td><td>格式</td><td>0x08</td><td>参数值数量</td><td>0x01</td><td rowspan="2">第 1 个参数</td></tr>
<tr><td>6</td><td>0.0</td><td colspan="4">参数值=0.0(浮点数)</td></tr>
<tr><td>10</td><td>0x0804</td><td>格式</td><td>0x08</td><td>参数值数量</td><td>0x04</td><td rowspan="5">第 2 个参数</td></tr>
<tr><td>12</td><td>10.0</td><td colspan="4">参数值=10.0(浮点数)</td></tr>
<tr><td>16</td><td>20.0</td><td colspan="4">参数值=20.0(浮点数)</td></tr>
<tr><td>20</td><td>50.0</td><td colspan="4">参数值=50.0(浮点数)</td></tr>
<tr><td>24</td><td>100.0</td><td colspan="4">参数值=100.0(浮点数)</td></tr>
</table>

图 10-16 和图 10-17 中的程序读取参数过程如下。

(1) 将 M50.0 设定为数值 1，触发功能块 SFB53 发送读参数请求(数据集为 DB15 开始的 16 字节)发送至 SINAMICS S120 驱动器。当读参数请求完成后，利用 M50.1 将 M50.0 复位为 0，结束本次读参数请求。

(2) 将 M50.4 设定为数值 1，触发功能块 SFB52 接收读参数请求应答(数据集为 DB16 开始的 28 字节) 发送至 SINAMICS S120 驱动器。当读参数请求应答完成后，利用 M50.5

将 M50.4 复位为 0，结束本次读参数请求应答。

需要注意的是，在读取参数时，SFB53 和 SFB52 都需要使用。

2) S7-300 通过 PROFINET 非周期性通信修改 SINAMICS S120 参数

当用 S7-300 修改 SINAMICS S120 参数时可以只使用功能块 SFB53 发送写参数请求至驱动器。当需要从 S7-300 读取写入参数响应时，才需使用功能块 SFB52 接收写参数请求应答。图 10-18 是通过非周期通信写入 SINAMICS S120 驱动对象 Drive_01（装置 ID 为 2）p1200 和 p1211 参数值的程序示例。程序中功能块 SFB53 的 RECORD 数据定义在数据块 DB17 中。

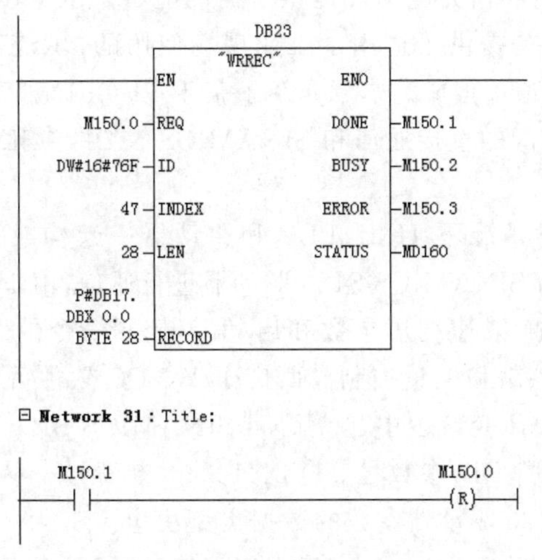

图 10-18　发送写参数请求程序示例

表 10-9 是写参数请求报文数据块 DB17 的详细定义，共 28 字节。

表 10-9　写参数请求报文数据块 DB17 的详细定义

偏移量	数值	字节 n		字节 $n+1$		参数请求
0	0x0202	请求参考	0x02	请求 ID	0x02	报文头
2	0x0202	装置 ID	0x02	参数数量	0x02	
4	0x1001	属性	0x10	下标数量	0x01	第 1 个参数地址
6	0x0460	参数号＝0x0460				
8	0x0000	第 1 个下标＝0x0000				
10	0x1001	属性	0x10	下标数量	0x01	第 2 个参数地址
12	0x0461	参数号＝0x0461				
14	0x0002	第 1 个下标＝0x0000				
16	0x0801	格式	0x08	参数值数量	0x01	第 1 个参数值
18	10.0	参数值＝10.0（浮点数）				
22	0x0801	格式	0x08	参数值数量	0x01	第 2 个参数值
24	15.0	参数值＝15.0（浮点数）				

图 10-18 中的程序写入参数过程如下：将 M150.0 设定为数值 1，触发功能块 SFB53 "WRREC"发送写参数请求(数据集为 DB17 开始的 28 字节)发送至 SINAMICS S120 驱动器。当写参数请求完成后，利用 M150.2 将 M150.0 复位为 0，结束本次写参数请求。

小结

通信技术在自动化控制领域应用越来越广泛，现代运动控制系统通常由 PLC 控制器、触摸屏(HMI)和驱动器构成。PLC 作为伺服控制或矢量控制的控制器，HMI 作为监控设备，驱动器作为能量转换设备，为电动机提供所需的能量。SINAMICS S120 系列驱动器提供了多种通信方式，尤其是提供了适用于工业现场使用的 PROFIBUS DP 或 PROFINET 通信功能，并提供了多种通信报文。本章介绍了基于 PROFINET 网络的 SINAMICS S120 驱动器与西门子 HMI 之间的直接通信和 SINAMICS S120 与 SIMATIC S7-300 PLC 之间的通信。

在工业应用中，通常情况下 HMI、PLC 和驱动器一起构成运动控制系统，但是没有 PLC，HMI 也可以直接与 SINAMICS S120 驱动器进行通信，由 HMI 进行读取和修改驱动器目标位置、运行速度、加/减速度等参数和启/停等控制命令的发出，由 SINAMICS S120 集成的控制器完成伺服控制和矢量控制。西门子 WinCC 软件可实现 HMI 与 SINAMICS S120 的通信配置。在 HMI 变量表中建立访问 SINAMICS S120 驱动器参数的变量时，变量地址的设定有固定规则：DB[参数号].DBX[1024×装置号+参数下标]。X 具体是 B、W 还是 D 由 SINAMICS S120 驱动器参数的数据类型决定。SINAMICS S120 驱动器自定义参数的 HMI 变量，一定是在 DCC 中建立的直接赋值型参数，而不能是 BICO 型参数。DCC 中 Bool 型变量在 HMI 中的变量类型要选择 Word 型，再将 HMI 画面中的按钮、开关等对象关联到 Word 型变量的最低位实现控制；位置、速度等参数的数据类型在 HMI 变量表中变量类型为 Real。

SINAMICS S120 驱动器与 SIMATIC S7-300 PLC 通信采用的是 PROFIdrive 协议，PROFIdrive 作为 PROFIBUS 和 PROFINET 网络中的一种通信协议框架，使得用户能更快捷方便地实现对驱动器的控制，已被广泛地应用在生产和过程自动化领域。SINAMICS S120 在 PROFIdrive 通信协议框架下，有多种标准报文和制造商专用报文供驱动对象选择。有用于最基本的速度控制标准报文 1 和标准报文 2，有带位置编码器 1 的动态伺服控制 DSC 标准报文 5，有用于基本定位的专用报文 111，不同的驱动对象支持的报文也各不相同。

T-CPU 是专用于运动控制的控制器，可采用添加安装 SIMATIC S7-Technology 软件包的 STEP 7 完成组态和编程。在 PROFIBUS 或 PROFINET 中，SIMATIC S7-300 PLC 与 SINAMICS S120 驱动器之间可进行周期性通信(cyclic communication)和非周期通信(acyclic communication)。周期性用于交换对时间有苛刻要求的过程数据，如控制字和设定值、状态字和实际值。非周期性通信用于交换大量的用户数据，用于交换对时间无苛刻要求的驱动器参数的读取和修改。在周期性通信中，当交换的过程数据多于四字节时，通常采用调用标准功能块 SFC14 和 SFC15，SFC14“DPRD_DAT”是数据打包接收功能块，SFC15“DPWR_DAT”是数据打包发送功能块；在非周期性通信中，调用功能块 SFB53 和 SFB52，SFB53“WRREC”是读/写参数请求功能块，SFB52“RDREC”是读/写参数应答功能块。在读取 SINAMICS S120 参数时，SFB53 和 SFB52 功能块必须都要使用。

习题

1. 典型的驱动控制系统由哪些设备构成？各种设备在系统中起的作用是什么？

2. 在驱动控制系统中，是否可以采用 HMI 与 SINAMICS S120 驱动器直接通信，实现对驱动器的控制以及参数读/写？

3. HMI 与 SINAMICS S120 驱动器直接通信时，HMI 用来访问 S120 驱动器参数的变量地址定义规则是什么？

4. SINAMICS S120 什么类型的自定义参数可以被 HMI 直接访问？

5. 什么是 PROFIdrive？

6. SINAMICS S120 有哪些报文类型？简单速度控制通常采用什么报文？基本定位通常采用什么报文？

7. 基于 PROFINET 网络通信时，SINAMICS S120 驱动器可通过哪些通信接口进行？

8. SINAMICS S120 驱动器与 SIMATIC S7-300 PLC 的 PROFINET 通信，周期性数据交换用什么功能块？非周期性数据交换用什么功能块？

9. 周期性通信和非周期性通信分别用于交换什么数据？

10. S7-300 与 SINAMICS S120 进行非周期性通信时，SFB52 和 SFB53 应该怎么使用？

第 11 章 变频调速系统电气设备的选择与安装

内容提要：任何变频拖动系统都是由变频器及外围设备构成的。本章首先介绍变频器的选择，包括变频器类型的选择依据、变频器容量的计算和选择以及变频器的额定数据；然后介绍变频器外围各种电气器件容量的计算及选择方法；最后介绍变频器对安装环境的要求和安装方式。

随着变频器在工业生产中的应用日益广泛，变频器及其外围设备的选择，不但要重视其本身的参数要求，更要讲究系统的最佳效益。应根据实际工况、负载性质、负载功率等方面对变频器进行选择，同时根据变频器外围设备所起的不同作用进行合理的配置和选择。

11.1 变频器的选择

对采用电力拖动的生产机械，在系统设计时，以下情况应考虑采用变频调速。

(1) 根据工艺运行要求，除启动和停止过程外，在运行期间也需要改变电动机转速，或者运行中虽然电动机转速基本不变，但每次运行时对电动机转速的高低要求都不一样。

(2) 不调速虽也能运行，但运行时能耗损失较大，系统效率低，长期运行时若选择调速运行能降低大量能耗，节省设备运行费用，也应采用调速运行，如风机泵类负载。

(3) 有较高静态转速精度要求的机械设备。

变频器的选择主要包括类型选择和容量选择两个方面，其次考虑质量、品牌、价格、型号等。应按照机械设备的类型、负载转矩特性、调速范围、静态速度精度、启动转矩和使用环境的要求，决定选用带何种控制方式和防护结构的变频器最为经济与合理。

11.1.1 根据负载的特性选择变频器

对于多数恒转矩负载，在转速精度及动态性能等方面要求一般并不高，例如挤压机、搅拌机、传送带、厂内运输电车、吊车的平移机构、吊车的提升机构和提升机等机械设备，选型时可选用 V/f 控制方式或无速度传感器矢量控制方式的变频器，但最好还是选用具有恒转矩控制功能的变频器。如果用普通变频器实现恒转矩调速，必须加大电动机和变频器的容量，以提高低速转矩。从理想的角度来说，对于恒转矩类负载或有较高静态转速精度要求的机械，则应采用具有转矩控制功能的高性能变频器。因为这种变频器低速转矩大，稳态运行时机械特性硬度大，不怕负载冲击，具有挖土机特性。三菱公司的 V500、艾默生公司的 TD3000、AB 公司的 PowerFlex700 系列、安川公司的 VS G7 系列、西门子公司的 6SE70 系列变频器都属于此类变频器。

风机泵类平方降转矩负载是工业现场应用最多的设备，变频器应用在这类负载上也最多，其节能效果显著，可达 30%～40%。这类负载对驱动装置过载能力要求较低，因为其负载转矩 $T_L \propto n^2$，低速下 T_L 较小，负载较轻，故选型时通常以价廉为主要原则。一般情况下，具有 V/f 控制方式的通用型变频器基本都能满足这类负载的要求。也可选用风机泵类专用变频器，一般都具有适于这类负载控制所需的工频/变频切换等功能。

对于恒功率负载，可以选用具有 V/f 控制方式的通用型变频器。对于中心卷取类设备，变频器选择应根据空卷直径和满卷直径比来选择变频器的调速范围，如卷取金属片材的卷取机，低速时要求有高转矩输出，必须选择具有矢量控制的变频器。

总之，正确选用变频器的类型，首先要清楚生产机械的类型、负载转矩特性，要清楚其调速范围、静态速度精度、启动转矩等性能方面的要求，然后决定选用哪种控制方式的变频器最为合理，从而既能满足生产工艺的基本要求，系统运行性能良好，同时又经济。

11.1.2　变频器容量的选择

视频讲解

要选择变频器容量，首先应对变频器的额定参数进行了解。

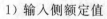

1. 变频器额定值

国家标准 GB/T 12668.2—2003《调速电气传动系统第 2 部分：一般要求　低压交流变频电气传动系统额定值的规定》中规定了有关低压变频器的额定值。变频器的额定值大多标在其铭牌上，包括输入侧额定值及输出侧额定值。

1）输入侧额定值

变频器输入侧的额定值主要是电压和相数。

低压变频器输入电压有 200V 系列（线电压 220V）和 400V 系列（线电压 380V），又分单相输入和三相输入。在我国，小功率变频器可以选三相输入电压 380V，也可以选单相输入电压 220V；大功率变频器一般选三相输入电压 380V；有些进口设备有三相输入电压 220V 变频器，在应用时应特别注意。

变频器输出电压不会超过输入电压，所以，如果选用 200V 系列变频器，请注意变频器与电动机的匹配。

2）输出侧额定值

（1）额定输出电压 U_N。额定输出电压是指变频器输出电压中的最大值。在大多数情况下，它就是输出频率等于电动机额定频率时的输出电压值。通常，额定输出电压总是和输入电压额定值相等。我国低压交流电动机多数为 380V，可选用 400V 系列变频器。

（2）额定输出电流 I_N。额定输出电流是指变频器可以连续输出最大交流电流的有效值，是用户选择变频器的主要依据。

(3) 输出容量 S_N(kVA)。变频器输出容量是指额定输出电流与电压下的三相视在功率。

(4) 适用电动机功率 P_N(kW)。适用电动机功率是以四极标准异步电动机为对象，表示在额定输出电流以内可以驱动的电动机功率。当为原有电动机选配变频器时，不可以仅看 kW 值是否一致，更主要的是考查额定电流。

(5) 瞬时过载能力。变频器瞬时过载能力指其输出电流超过额定电流的允许范围和时间。大多数变频器都规定为 150%I_N、60s 或 120%I_N、60s。与标准异步电动机相比较，变频器的过载能力较小，允许过载时间也很短。

2. 变频器容量选择

大多数变频器容量可从三个角度表述，分别是额定电流、可用电动机功率和额定容量。其中后两项，变频器生产厂家是按本国或本公司生产的标准电动机给出的，随着变频器输出电压的降低，很难确切表示变频器带负载的能力。

为了帮助用户选择容量，变频器厂商在其说明书中有关容量的选择时，都有“配用电动机容量”一栏。然而，这一栏的含义却不够确切，常导致变频器的误选。在各种生产机械设备中，电动机容量主要是根据发热原则来选定的。就是说，在电动机带得动负载的前提下，只要其温升在允许范围内，短时间的过载是允许的。电动机的过载能力一般为额定转矩的 1.8～2.2 倍。所谓“短时间”，对于小容量电动机而言，至少也在十几分钟以上，大容量电动机会更长。而变频器的过载时间最长也就 1min。这么短的时间，对于生产机械运行过程而言，可以看成实际上不允许过载。因此，“配用电动机容量”一栏的准确含义是“配用电动机的实际最大容量”。

选择变频器时，只有变频器额定电流是一个反映电力电子半导体变频装置带负载能力的关键量，所以实际选择变频器容量的基本原则是以最大负载电流不能超过变频器额定电流为准。采用变频器驱动异步电动机调速，在电动机确定后，通常根据异步电动机额定电流来选择变频器，或者根据异步电动机实际运行中的最大电流来选择变频器。对于风机泵类负载，因属于长期运行负载，可直接按“配用电动机容量”来选择。一般情况下，可按照变频器使用说明书中规定的配用电动机容量进行选择，但选择时应注意，变频器过载能力允许电流瞬时过载为 150%I_N、60s 或 120%I_N、60s，和电动机短时过载能力无法比拟，所以要注意电动机启动和制动过程，凡是在工作过程中可能使电动机短时过载的场合，变频器容量都应加大一档，要根据拖动系统不同的驱动场合来选择变频器。

1) 连续运行场合

由于变频器供给电动机的电流是脉动电流，其有效值比工频供电时的电流要大。因此需将变频器容量留有适当的裕量。通常应保证变频器额定输出电流满足

$$I_{CN} \geqslant kI_{MN} \tag{11-1}$$

或

$$I_{CN} \geqslant kI_{max} \tag{11-2}$$

式中，k——裕度系数，取1.05～1.1；

I_{MN}——电动机额定电流（铭牌值）；

I_{max}——电动机实际运行中的最大电流。

2）频繁加减速运行场合

变频器加减速时电流大于工作电流，若变频器工作时频繁加减速，则变频器容量应适当加大，可按下式计算。

$$I_{CN}=k_0[(I_1t_1+I_2t_2+\cdots)/(t_1+t_2+\cdots)] \tag{11-3}$$

式中，I_1、I_2——各运行状态下的平均电流（A）；

t_1、t_2——各运行状态下的时间（s）；

k_0——安全系数（频繁运行时 k_0 取1.2，一般 k_0 取1.1）。

3）电流变化不规则场合

对于不均匀负载或冲击负载，在运行中，电动机中的电流将不规则变化，此时不易获得运行特性曲线，这时，可使电动机在输出最大转矩时将电流限制在变频器额定输出电流范围内。

4）电动机直接启动时变频器的选择

$$I_{CN}\geqslant I_{dbl}/k_g \tag{11-4}$$

式中，I_{dbl}——电动机在额定工频电压下直接启动时的堵转电流（A）；

k_g——变频器允许过载倍数，取1.3～1.5。

5）多台电动机共用一台变频器供电

上述1）～4）条仍适用，但应考虑以下情况。

（1）在电动机总功率相等的情况下，由多台小功率电动机组成的系统比采用功率较大、台数少的电动机系统效率低，所以两者电流总值并不相等，应根据各电动机的电流总值来选择变频器。

（2）要考虑多台电动机启动情况，是否同时软启动（即同时从0Hz开始启动），是否有个别电动机需要直接启动等。

如有一部分电动机直接启动，可按下式进行计算。

$$I_{CN}\geqslant[N_2I_{dbl}+(N_1-N_2)I_{MN}]/k_g \tag{11-5}$$

式中，N_1——电动机总台数；

N_2——直接启动的电动机台数。

在确定变频器容量前，应仔细了解设备的工艺过程以及电动机参数情况。例如潜水电泵、绕线式转子异步电动机额定电流要大于普通鼠笼式异步电动机额定电流，冶金工业中常用的辊道用电动机不仅额定电流大很多，并允许短时处于堵转工作状态。由于辊道传动大多是多电动机传动，要保证在系统正常运行时负载总电流均不出现超过所选用变频器的额定电流。风机泵类变频器容量选择等于电动机容量即可，但空气压缩机、深水泵、泥沙泵、快速变化的音乐喷泉等负载。由于电动机工作时冲击电流很大，所以选择时应留有一定的裕量。

变频器容量选择直接关系到变频调速系统的运行可靠性，同时，合理的容量是系统获得较高效率的前提，因此，还可以从效率和功率角度考虑来确定变频器容量，作为按电流原则选择的补充。

从效率角度来看，系统效率等于变频器效率与电动机效率的乘积，只有系统运行时两者都处在较高的效率下，整个系统才会有较高的效率。所以从效率角度出发，在选用变频器功率时，要注意以下几点：

① 变频器功率值与电动机功率值相当时最合适，以利于变频器在高效率值下运转；

② 在变频器的功率分级与电动机功率分级不相同时，变频器功率要尽可能接近电动机的功率，但应略大于电动机功率；

③ 当电动机属于频繁启动、制动，或重载启动且较频繁工作时，可选取功率大一级的变频器，以利于变频器长期、安全地运行；

④ 经过测试，电动机实际功率确实有富余，可以考虑选用功率小于电动机功率的变频器，但要注意瞬时峰值电流是否会引起过电流造成变频器保护功能动作；

⑤ 当变频器与电动机功率不相同时，相应调整节能功能的设置，以达到较好的节能效果。

从功率角度来看，连续运行的变频器，其功率必须满足负载功率要求和电动机容量，即

$$P_{CN} \geqslant P_{MN}/\eta \tag{11-6}$$

$$P_{CN} \geqslant \sqrt{3}kU_{MN}I_{MN}\cos\varphi \times 10^{-3} \tag{11-7}$$

式中，P_{CN}——变频器容量(kW)；

P_{MN}——负载要求的电动机轴输出功率(kW)；

η——电动机效率(通常约为 0.85)；

U_{MN}——电动机额定电压(V)；

I_{MN}——电动机额定电流(A)；

$\cos\varphi$——电动机功率因数(通常约为 0.75)；

k——电流波形补偿系数(由于变频器输出波形并不是完全的正弦波，而含有高次谐波成分，其电流应有所增加，通常 k 为 1.05～1.1)。

11.1.3 变频器箱体结构选用

变频器的箱体结构要与环境条件相适应，要考虑温度、湿度、粉尘、酸碱度、腐蚀性气体等因素，这对变频器能否长期、安全、可靠运行有很大影响。变频器常见有下列四种箱体结构类型可供用户选用。

(1) 敞开 IP00 型，这种结构变频器本身无机箱，适用装在电控箱内或电气室内的屏、盘、架上，尤其是多台变频器集中使用时，选用这种类型较好，但环境条件要求较高。

(2) 封闭 IP20 型，适用一般用途，可有少量粉尘或温度稍高、湿度稍大的场合。

(3) 密封 IP45 型，适用工业现场条件较差的环境。

(4) 密闭型 IP65 型，适用环境条件差，有水、粉尘和一定腐蚀性气体的场合。

上述四种类型变频器箱体之间的价格后者比前者要依次高出10%左右。

变频器运行时内部会产生较大的热量，从散热方面和经济性考虑，除小容量变频器外，几乎都是敞开式结构，采用风扇进行强制冷却，在粉尘、油雾多的环境下，或者棉绒多的纺织厂中的小容量变频器，可采用封闭型结构。

在选择变频器时，通常要提供订货号，各种品牌的变频器有各种系列产品，不同的变频器产品有不同的订货号，通过订货号可以了解变频器的基本信息。图 11-1 和图 11-2 分别是 MM4 系列变频器和 SINAMICS S120 驱动器订货号中所标注出的信息。

图 11-1 所示的产品信息为西门子变频器 MM440，防护等级为 IP20，无滤波器，三相 380V 输入电压，0.37kW，A 型尺寸，欧洲生产，第 1 批次。

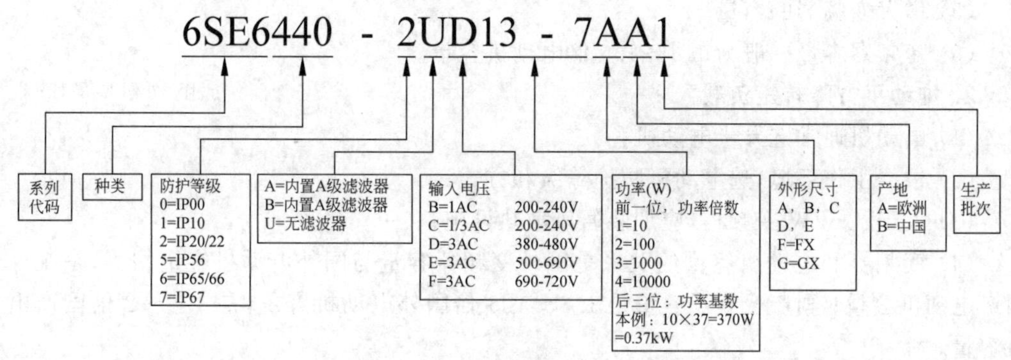

图 11-1　MM4 变频器订货号

SINAMICS S120 驱动器订货信息中的额定值与模块有关，书本型及紧凑书本型的电源模块为额定功率；装置型基本电源模块和装置型非调节型电源模块为直流母线额定电流；装置型调节型电源模块为额定输入电流。图 11-2 中的产品信息为 SINAMICS S120 书本型非调节型电源模块(SLM)，内部风冷，有 DRIVE-CLiQ 接口，进线电压 380～480V，额定功率 16kW。

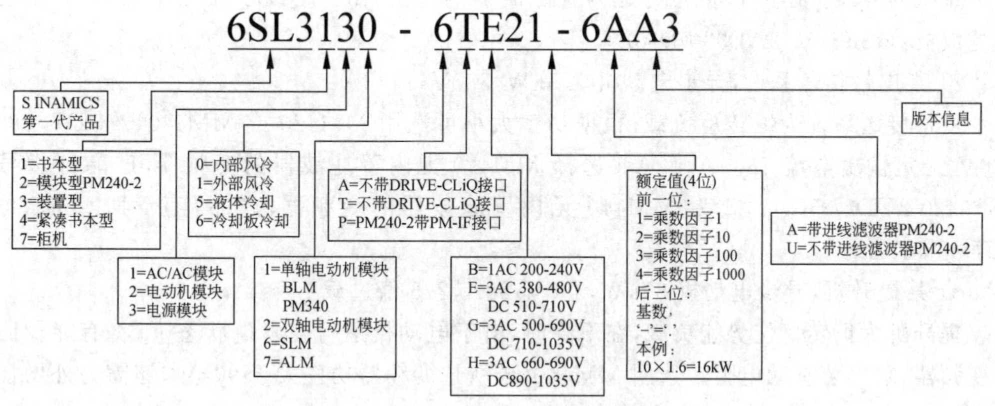

图 11-2　SINAMIC S120 驱动器订货号

在实际变频调速系统设计时，若采用标准通用异步电动机，由于变频器性能和电动机自身运行工况改变等原因，会出现电动机低速时散热能力下降、额定频率运行时温升提高等问题。所以应根据拖动不同性质的负载，选择变频器和电动机的类型和容量，具体选择原则如下。

1. 拖动恒转矩负载

(1) 电动机应选变频器专用电动机；

(2) 变频柜应加装专用冷却风扇；

(3) 增大电动机容量；

(4) 降低负载特性；

(5) 增大变频器的容量；

(6) 变频器容量一般为1.1～1.5倍电动机容量。

2. 拖动平方降转矩负载

(1) 电动机通常选异步电动机；

(2) 根据工作环境，选电动机防护等级和方式；

(3) 大于7.5kW变频柜，应加装通风散热设施；

(4) 变频器和电动机容量的关系是国外变频器容量与国外电动机容量相等，是1.2倍国产电动机容量；国产变频器容量是1.3～1.5倍国外电动机容量，是1.5～2倍国产电动机容量。

3. 拖动恒功率负载

一般在低速段时按恒转矩负载看待，超过特定速度时，按恒功率负载看待。

选型示例如下。

1) 某恒压供水系统，异步电动机30kW，380V，57A

恒压供水系统，负载类型为平方降转矩负载，可选用MM430，30kW，380～480V，额定输出电流62A；MM430具有PID控制器、多泵切换、节能模式等功能，可方便地实现恒压供水等系统的应用。产品订货号为无内置滤波器的6SE6430-2UD33-0DA0；或为带A级内置滤波器：6SE6430-2AD33-0DA0。

2) 某皮带传送系统，异步电动机7.5kW，380V，14.3A

皮带传送系统为恒转矩负载，根据功率大小可选用MM420或MM440，7.5kW，380～480V，额定输出电流18.4A/19A。选择MM420无内置滤波器的变频器，产品订货号为6SE6420-2UD27-5CA1，或为MM440无内置滤波器的变频器，产品订货号为6SE6440-2UD27-5CA1。

3) 某提升机，异步电动机37kW，380V，68A，2.5倍过载

提升机为恒转矩位势能负载，在下降时，由于电动机运行在发电状态下，将有能量回馈至变频器，须加装制动电阻。选用MM440(若所选变频器功率大于90kW，还需另外增加制动单元)。

首先计算变频器电流，因MM440最大过载能力为2倍，故变频器额定电流应大于68×

2.5/2＝85A，37kW 的 MM440 额定输出电流为 75A，故应放大一挡，即选用 45kW 的 MM440，380～480V，90A，这样就可以满足电动机过载要求，制动电阻需根据制动功率及制动周期选择。可选 MM440 无内置滤波器变频器，产品订货号为 6SE6440-2UD34-5FA1；或 MM440 带内置滤波器变频器，产品订货号为 6SE6440-2AD34-5FA1。

11.2　变频器外围设备及其选择

变频驱动既能实现无级调速，提高电力拖动系统的静态、动态性能，又能节能，在工业生产中得到了广泛应用。然而变频器所处的环境常常比较“复杂”，本身输入侧是非线性的整流电路，外接电源电网也含有谐波，还有其他设备的高次谐波等。因此，尽管选择性能指标较高的变频器，但在所构建的变频调速系统中，变频器运行效果却不令人满意。大量工程实践证明，为了防止电网和其他干扰源对变频器的影响，同时减少变频器对其他设备和电网的干扰，常需要在变频器输入侧、输出侧配置相应的滤波器、电抗器、断路器等外围设备。总的来看，变频器运行离不开某些外围设备，选用外围设备有以下目的：

(1) 提高变频器的某种性能；

(2) 对变频器和电动机进行保护；

(3) 减小变频器与其他设备之间的影响等。

变频器的外围设备如图 11-3 所示，并非所有这些外围设备都必须设置，应根据调速系统的具体情况进行选择性配置。

图 11-3 中，T 为电源变压器，QS 为空气断路器，1KM 为变频器输入侧电磁接触器，EMI 为电磁滤波器，1ACL 为输入交流电抗器，DL 为直流电抗器，R 为制动电阻，2ACL 为输出电抗器，2KM 为变频器输出侧接触器，3KM 为工频电磁接触器。下面分别说明各外围设备的作用和选用方法。电源变压器、空气断路器和电磁接触器是常规配件，电磁滤波器、电抗器和制动电阻是厂商提供的变频器专用配件。

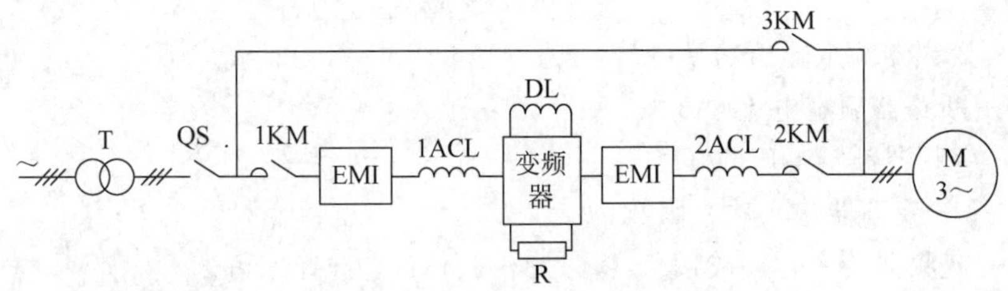

图 11-3　变频器的外围设备

1. 电源变压器 T

电源变压器 T 的作用是将电网电压变换为变频器所需的电压等级。即使电网电压是变频器所需要的等级，但为了减小变频器对电网的影响，也可以加变压器进行电气隔离。

变频器输入电流含有一定量的高次谐波，使电源侧功率因数降低，若再考虑变频器运行

效率，一般来讲，可以参考下式计算变压器容量

$$S=\frac{P_{C}}{\cos\varphi_{C}\times\eta_{C}} \tag{11-8}$$

式中，S——电源变压器容量(kVA)；

P_C——变频器输出功率(被驱动电动机的总容量)(kW)；

$\cos\varphi_C$——变频器输入功率因数，当无输入电抗器时为0.6～0.85，有输入电抗器时为0.8～0.85；

η_C——变频器效率，约为0.95。

工程上，变压器容量常按经验选取，为变频器容量的130%左右。

2. 空气断路器QS

空气断路器QS有以下两个方面的作用。

(1) 用于变频器与供电电源的通断。当变频器长期不用或维修时，将变频器电源切断，起到隔离作用。

(2) 过流保护作用。当出现过载或短路等故障时自动切断变频器与供电电源回路，以防止事故范围进一步扩大。如果需要进行接地保护，也可以采用漏电保护式开关。

在正常情况下，因为变频器本身在不断地对输出电流进行检测，并在出现因过载或短路等原因造成的大电流时能启动其保护功能，停止变频器的输出，切断电源和负载的联系，所以并不需要专门设置电源侧空气断路器。但当变频器内部发生故障时，变频器本身有时将不能自行切断输出电流，这时必须由接在线路上的断路器切断变频器与供电电源回路，以防止事故范围进一步扩大。

空气断路器QS的选择需要考虑三个因素，即额定电流、动作特性和额定断路电流。断路器额定电流大于变频器的额定电流是选择断路器的基本条件。在进行具体容量选择时，可以参考下式

$$I_{N}>\frac{P\times10^{-3}}{\sqrt{3}U\cos\varphi_{C}\eta_{C}} \tag{11-9}$$

式中，P——变频器额定输出功率(kW)；

I_N——断路器额定电流(A)；

U——变频器额定电压(V)；

$\cos\varphi_C$——变频器输入功率因数；

η_C——变频器效率。一般按$I_N\geqslant(1.3\sim1.4)I_{MN}$选择即可。

3. 电磁接触器

电磁接触器是一种用来自动接通或断开大电流电路的电器，它可以频繁地接通或断开交/直流电路，并可以实现远距离控制。

1) 输入侧接触器1KM

输入侧接触器1KM有两个作用：

(1) 可以通过按钮方便地控制变频器通电与断电，并且一旦发生供电电源断电后，自动

将变频器与供电电源脱开，以免重新供电时在外部端子控制方式下变频器的自行工作，以保护设备及人身安全；

(2) 当变频器发生故障时，通过接触器使变频器自动切断电源。

由于电磁接触器自身无保护功能，不存在误动作问题，故选择原则是主触点额定电流只需大于变频器额定输入电流，即

$$I_{KN} \geqslant I_{CN} \tag{11-10}$$

式中，I_{KN}——输入侧接触器额定电流(A)；

I_{CN}——变频器额定输入电流(A)。

2) 输出侧接触器 2KM

当变频调速系统需要有变频-工频切换功能时，输出侧接触器 2KM 可以防止变频器输出端接到工频电网上。因为一旦出现变频器输出端误接到工频电网情况，就可能会损坏变频器。对于具有内置变频-工频电源切换功能的通用变频器，应选择变频器生产厂家提供或推荐的接触器型号。由于变频器输出电流中含有较强谐波成分，电流有效值略大于工频时的有效值，所以由用户自己设计的变频-工频电源切换电路，输出侧接触器 2KM 主触点额定电流的选择应满足下式

$$I_{KN} \geqslant I_{MN} \tag{11-11}$$

3) 工频接触器 3KM

工频接触器 3KM 有两个作用：

(1) 当变频器输出 50Hz 长时间驱动电动机运行时，考虑电流有效值略大于工频时的有效值，电动机消耗功率比直接由工频电网供电大，所以设置工频接触器 3KM 用于变频到工频的切换，以工频运行起节能作用；

(2) 在有些重要的场合，不容许系统运行后断电，工频接触器 3KM 作为变频器发生故障时改为工频供电的备用手段。

工频接触器 3KM 的选择应满足电动机工频运行时直接启动，其触点电流通常可按电动机额定电流再加大一档选择。

4. 电抗器、滤波器

由三相变频器主电路的构成可见，交—直—交电压源型变频器的三相输入交流电经整流后向中间直流电路滤波电容充电，只有当电源线电压的瞬时值大于电容器两端的直流电压时，整流桥中才有充电电流。充电电流总是出现在电源电压幅值附近，呈现为不连续的冲击波状态，具有非线性，使输入电源电压波形和电流波形都发生了畸变。因此，变频器输入侧电流不是正弦波，而是在原来基波分量的基础上叠加了高次谐波。而所有高次谐波电流的功率都是无功功率，所以变频器输入侧功率因数很低，甚至可低至 0.7 以下。

对于交—直—交电压源型变频器而言，输出侧(电动机侧)无功电流将被直流电路储能器件(电容器)吸收，不会出现在变频器输入电路中。因此不会影响到变频器输入侧功率因数，并不会影响到供电系统。

变频调速系统需要考察输入侧功率因数。改善变频器功率因数的基本途径是削弱输入

电路的高次谐波电流，目前使用较多的方法是电抗器法，不用补偿电容的方法。一般要求网侧波形畸变率不能大于4%，所以变频器输入侧要加装4%压降的进线电抗器，以抑制3次、5次、7次、11次谐波。

电网配电网络中常接有功率因数补偿电容器及晶闸管整流装置等，在功率因数补偿电容投入运行或晶闸管换相时，会造成处于同一电网中的变频器输入电压波形畸变。另外，当配电变压器输出电压三相不平衡，且不平衡率大于3%时，变频器输入电流的峰值很大，使变频器输入电压和电流波形发生畸变，会造成连接变频器的导线过热，或者使变频器出现过压或过流，甚至损坏整流二极管和电解电容。

虽然变频器输出侧不会影响到变频器输入侧功率因数，但变频器输出电压和电流不是标准的正弦波，是一系列脉冲信号，会产生很强的电磁干扰。尤其是输出电流，它们将以各种方式把自己的能量传播出去，向外辐射或通过线路向外传播，产生干扰信号，影响其他电子设备的正常工作。因此，变频器生产厂家为变频器用户制造了一些专用设备，来用抑制变频器产生的电磁干扰。同时，也可用于降低其他设备启动或工作时对电网造成冲击，或电网自身出现的电压波动、浪涌电流对变频器产生的干扰。

为了减小变频器对其他设备和电网的干扰，同时防止电网和其他设备对变频器的干扰，可在变频器输入侧、输出侧配置电抗器和滤波器等抗干扰设备。

1）输入侧交流电抗器1ACL

输入电抗器又称为电源协调电抗器，串联在电源进线与变频器输入侧，既能阻止来自电网的干扰，又能减少整流单元产生的谐波电流对电网的污染。输入电抗器实际上是一个带铁芯的三相电感器。图11-4所示的是三相交流电抗器。

图11-4　三相交流电抗器

输入电抗器1ACL有以下作用。

(1) 抑制谐波电流，提高变频器电能利用效率（可将功率因数提高至0.85以上）。

(2) 由于电抗器对突变电流有一定的阻碍作用，故能限制电网电压突变和操作过电压引起的电流冲击，减少电源浪涌电流对变频器的冲击，有效地保护变频器和改善其功率因数，有效地抑制谐波电流。电源侧短暂的尖峰电压可能引起较大的冲击电流，例如，在电源侧投入改善功率因数补偿电容的过渡过程中，可能出现较高的尖峰电压。

(3) 可减小三相电源不平衡的影响。

输入电抗器容量一般按预期在电抗器每相绕组上的压降来确定，一般选择压降为网侧相电压的2%～5%。因此，选择电抗器容量时，一般可以根据下式进行计算

$$L=\frac{(2\% \sim 5\%)U_1}{2\pi f I_L} \tag{11-12}$$

式中，U_1——交流输入侧额定相电压(V)；

I_L——电抗器额定电流(A)；

f——最大频率(Hz)。

输入电抗器压降不宜取得过大，否则会影响电动机的输出转矩。一般情况下，低压变频器选取进线电压的4%(8.8V)已足够，在较大容量变频器中，(如75kW以上)可选择10V压降。

输入电抗器额定电流 I_L 的选取：

(1) 一般单相变频器配置的输入电抗器的额定电流选择为变频器额定电流；

(2) 三相变频器配置的输入电抗器额定电流为变频器额定电流的0.82倍。

输入交流电抗器不是变频器必用的外部设备，可根据实际情况考虑使用。当变频器和电源不匹配时，会使变频器输入电流的峰值显著增加，并对变频器内部电路产生不良影响。以下几种情况应考虑设置输入电抗器。

(1) 电源容量在500kVA以上，并且为变频器容量的10倍以上。

(2) 与产生大的电压畸变波发生源接在同一电源系统上，如开关式无功补偿电容装置、晶闸管相控装置或弧焊设备等。因电容器开关切换会引起无功瞬变致使网压突变、相控负载会造成的谐波和电网波形凹口，这些电压畸变将有可能使运行状态中的变频器出现过电流现象，并烧坏主电路整流二极管。

(3) 电源电压不平衡。

2) 输出侧交流电抗器2ACL

输出电抗器2ACL串联在变频器输出端和电动机之间，有助于改善变频器过电流和过电压。当变频器和电动机之间采用长电缆，或为多台电动机(10～50台)供电时，由于变频器工作频率高，连接电缆的等效电路为一个大电容，故可能引起下面的问题。

(1) 电缆对地电容给变频器额外增加了峰值电流，从而造成变频器逆变输出的容性尖峰电流过大而引起变频器保护动作。

(2) 由于高频瞬变电压，给电动机绝缘额外增加了瞬态电压峰值。

为了补偿长电缆分布电容的影响，并能抑制变频器输出的谐波，减小变频器噪声，避免电动机绝缘过早老化和电动机损坏，可以选用输出电抗器限制电动机连接电缆的容性充电电流，减小负荷电流的峰值，但不能减小电动机端子上瞬变电压的峰值。当变频器与电动机之间的连接电缆超过50m时，应配置输出电抗器。若一台变频器连接多台电动机，其配线长度应该是所有配线至电动机的长度总和。

输出电抗器的计算和选择原则同输入电抗器相似，其电抗器的电感量是以基波电流流经电抗器时的电压降不大于其额定电压的(0.5～1.5)%为宜。

3) 直流电抗器DL

直流电抗器DL的作用是削弱变频器开机瞬间电容充电形成的浪涌电流，减少输入电流高次谐波成分，可以提高功率因数，并能改善变频器输出电流波形，减低电动机噪声，限制短路电流。

由于直流电抗器体积小、结构简单，可将功率因数提高至0.90以上，故不少变频器已将其直接配置在变频器内。

如果交流电抗器和直流电抗器同时配合使用，功率因数可达 0.95 以上。一般变频器功率大于 30kW 时才考虑配置直流电抗器。

变频器线路中串入电抗器后，其输出最高电压将降低 2%～3%，这将导致电动机运行电流增大和启动转矩减小。因此，在电动机裕量较小或要求高启动转矩的情况下，还应考虑加大电动机和变频器容量。

4）电磁滤波器 EMI

电磁滤波器 EMI 在变频器输入侧和输出侧都可用。输入侧电磁滤波器的作用是降低输入侧高频谐波电流，减少谐波对变频器的影响。如果高次谐波干扰源较多，或谐波强度较大，电磁噪声太强烈，最好选用输入侧电磁滤波器。输出侧滤波器的作用是降低变频器输出谐波造成的电动机运行噪声，减少噪声对其他电器的影响。在变频器工作环境中，如果存在传感器、测量仪表等其他精密仪器，电动机运行噪声会使它们运行异常，最好在变频器输出侧选用电磁滤波器。图 11-5 所示是某品牌变频器的专用滤波器产品。

5. 制动电阻

交—直—交电压源型变频器，当中间直流回路电压 U_D 超过规定的上限值 U_{DH} 时，制动电力电子管将导通，电容储能通过制动电阻放电，将电动机再生制动回馈给直流回路的能量以热能形式释放掉，从而可以缩短大惯量负载的自由停车时间。在位势能负载下放重物时，也可以实现再生运行。制动电路工作情况如图 11-6 所示。

图 11-5　变频器专用滤波器

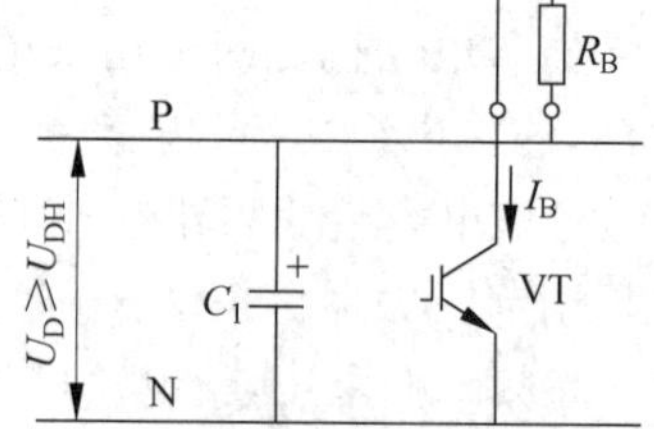

图 11-6　制动电路工作情况

制动电阻阻值及功率计算比较复杂，可以采用估算方法计算其阻值和容量。

制动电阻阻值估算表达式为

$$R_B \geqslant \frac{U_{DH}}{I_B} \tag{11-13}$$

式中，U_{DH}——中间电路制动电压上限值；

I_B——制动电流。$U_{DH} > \sqrt{2}U_L(1+10\%)$，$U_L$ 为电源线电压有效值。

制动电流一般 I_B 为电动机额定电流的一半，即 $I_B=\frac{1}{2}I_{MN}$，则式(11-13)可表示为

$$R_B \geqslant \frac{2U_{DH}}{I_{MN}} \tag{11-14}$$

制动电阻容量估算表达式为

$$P_{BO}=\frac{U_{DH}^2}{R_B} \tag{11-15}$$

考虑到不同负载情况，一般制动电阻容量可按下式选取

$$P_B=\partial_B\frac{U_{DH}^2}{R_B} \tag{11-16}$$

式中，∂_B——容量修正系数，用于减速停机时，取0.1～0.5；用于重力负载下降时，取0.8～1.0。

式(11-13)～式(11-16)中的制动电压上限值，不同品牌的低压变频器选择范围为630～800V。制动电压上限值选择基于两个标准。

(1) 制动电压上限值必须足够高，不能因为电网电压升高而使制动单元误动作。我国电网波动范围较大，在很多地方，夜间电压会超过450V，对应变频器直流电压为640V，安全的电压设定点必须在这个数值以上。如果按进口变频器标准把制动电压上限值设定在630V，可能会烧坏制动电阻。原因还在于电网电压波动范围，发达国家电网波动指标是+10%～-15%，而我国电网波动实际范围能达到+20%～-20%。

(2) 制动电压上限值应该足够低，尽量使变频器工作在额定电压附近，对设备安全运行有最大保证。选择高的制动电压上限值，虽然可以保证制动单元不会误动作，但是过高的电压对设备长期安全运行有很大影响，特别是元器件电压等级选得较低的变频器。同时，电压设定过高会使电动机磁路过饱和，控制精度下降和电动机损耗加大。根据我国电网电压情况，大部分推荐选用690～700V为制动电压上限值。

制动电阻可以用发热元件自己绕制，也可以用变频器厂商提供的外配件，图11-7所示是某品牌变频器提供的制动电阻配件。

图11-7　制动电阻

11.3　变频器的安装

11.3.1　变频器的安装环境要求

变频器是精密的电力电子装置，为了使其能正常工作，安装方面有一定要求。各变频器使用手册中对安装环境都有详细要求，一般应该满足以下几方面的要求。

1. 环境温度

变频器对周围环境温度的要求一般为-10℃～+50℃。由于变频器内部是大功率电子器件，极易受到工作温度的影响。为了保证变频器工作的安全性和可靠性，使用时应考虑留有余地，最好控制在40℃以下。如温度超过40℃时，需外部采用强制散热措施或者降额使用。图11-8所示的是MM440变频器环境温度与变频器允许输出电流之间的关系，当温度超过40℃时，每升高1℃，允许输出电流大约减少1%。如环境温度太高且温度变化大时，变频器绝缘性能会大大降低，影响变频器的寿命。

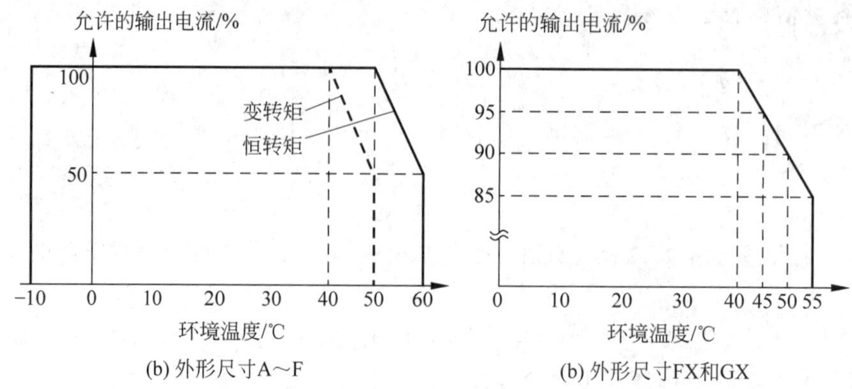

图 11-8　MM440 变频器允许输出电流与环境温度之间的关系

如果变频器安装在控制箱内，一般应安装在箱体中上部，并严格遵守产品说明书中的安装要求，绝对不允许把发热元件或易发热的元件紧靠变频器底部安装。

2. 环境湿度

变频器对周围环境空气相对湿度要求一般为 20%～90%RH，应无结露现象。温度太高且温度变化较大时，变频器内部易出现结露现象，其绝缘性能就会大打折扣，甚至可能引发短路事故。一般水处理场合的水汽比较大，如果温度变化大，这个问题就比较严重。所以根据现场工作环境，必要时需在变频柜箱中加放干燥剂和加热器。

3. 振动和冲击

变频器在运行过程中，要避免受到振动和冲击，设置场所的振动加速度应限制在 5.9m/s^2(0.6g)以内。变频器是由很多元器件通过焊接、螺丝连接等方式组装而成，当变频器或装变频器的控制柜受到机械振动或冲击时，会导致焊点、螺丝等连接器件和连接头松动或脱落，从而引起电气接触不良，甚至造成短路等严重故障。因此，除了提高变频器控制柜的机械强度、远离振动源和冲击源外，还应在控制柜外加装抗振橡皮垫片，在控制柜内的器件和安装板之间加装缓冲橡胶垫进行减振。另外，一般在设备运行一段时间后，应对控制柜进行检查和维护。

4. 电气环境

1) 防止电磁波干扰

变频器的电气主体是功率模块及其控制系统的硬件电路和软件，这些元器件和软件程序受到一定的电磁干扰时，会发生硬件电路失灵、软件程序跑飞等现象，造成运行故障。所以应根据变频器所处的电气环境，施加防止电磁干扰的措施，如输入侧电源线、输出侧电动机线、控制线最好用屏蔽线。

变频器在工作中由于要进行整流和逆变，会在其周围产生很多的干扰电磁波，这些高频电磁波对附近的仪表、仪器有一定的干扰。因此，变频器控制柜内的仪表和电子电路，应该选用金属外壳，屏蔽变频器对仪表及仪器的干扰。所有的元器件均应可靠接地，除此之外，各电气元件、仪器及仪表之间的连线应选用屏蔽控制电缆，且将屏蔽层接地。易受影响的设备和信号线，应尽量远离变频器安装。

2）防止输入侧过电压

变频器的主回路由电力电子器件构成，这些器件对过电压十分敏感，变频器输入侧过电压会造成主回路元件永久性损坏。

变频器电源输入侧往往有过电压保护，但是，如果输入侧过电压作用时间较长，仍会使变频器输入侧主电路元件损坏。因此，在实际运用中，要核实变频器输入侧电压的大小，是单相还是三相变频器，变频器使用的额定电压大小。特别是电源电压极不稳定时要有稳压设备，否则会造成严重后果。例如，有些工厂自带发电机供电，电压波动会比较大，所以对变频器输入侧过电压应有防范措施，防止输入侧出现过电压。

5. 海拔高度

图 11-9 是 MM440 变频器性能参数随安装地点海拔高度的降格情况。变频器安装在海拔高度 1000m 以下时可以输出额定功率，当海拔高度超过 1000m 时，其输出功率会下降，输出电流将减少。如海拔 1000m 以下变频器输出电流假设为 1 的话，1000～1500m 输出电流为 0.97，1500～2000m 为 0.95，2000～2500m 为 0.91，2500～3000m 为 0.88。海拔高度为 4000m 时，输出电流只有 1000m 时的 40％。

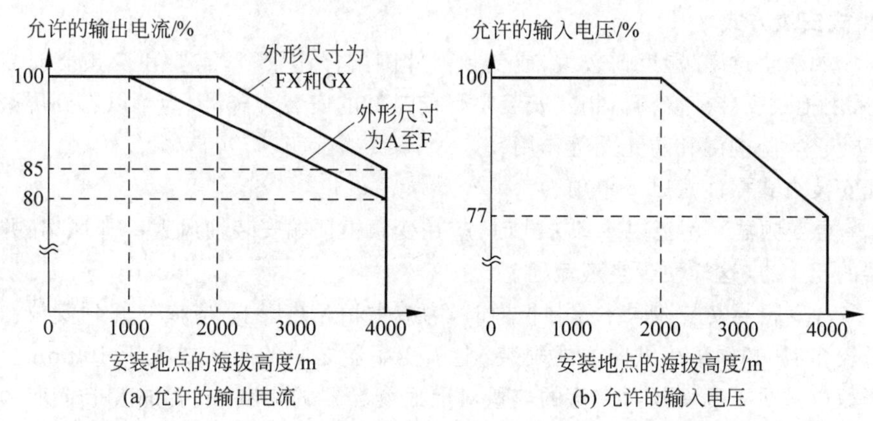

(a) 允许的输出电流　(b) 允许的输入电压

图 11-9　MM440 变频器性能参数随安装地点海拔高度的降格

6. 其他环境

变频器对其他安装环境的主要要求还包括以下几方面。

(1) 避免安装在雨水滴淋或结露的地方。

(2) 避免安装在阳光直射、多尘埃、有飘浮性的纤维及金属粉末的场所。

(3) 避免安装在油污和盐分多的场合。

(4) 远离放射性物质及可燃物。

(5) 严禁安装在有腐蚀性、爆炸性气体的场所。如果使用场合的腐蚀性气体浓度比较大，不仅会腐蚀元器件的引线和印刷电路板，还会加剧塑料器件的老化，降低绝缘性能。用于驱动防爆电动机时，由于变频器没有防爆构造，所以要将变频器设置在危险场合之外。

11.3.2 变频器的安装方式

变频器应垂直安装，并使用螺栓安装在坚固的物体上。

变频器在运行过程中有功率损耗，并转换为热能，使自身的温度升高。变频器运行中散热片的温度可能达到90℃，变频器背面的安装面板必须要用能承受较高温度的材料，要讲究安装方式和安装空间，把变频器运行时产生的热量充分地散发出去。

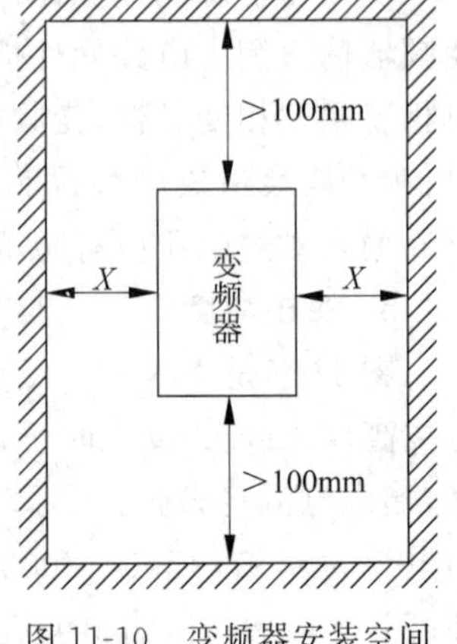

图 11-10 变频器安装空间

1. 壁挂式安装

变频器的外壳设计比较牢固，一般允许直接安装在墙壁上，称为壁挂式安装。由于热量是向上散发的，所以变频器不要安装在不耐热设备的下方。为了保证通风良好，所有变频器都必须垂直安装，不同容量的变频器与周围物体之间的距离要求不同，但一般上下须有大于100mm的间隙，如图11-10所示。而且为了防止杂物掉进变频器的出风口阻塞风道，在变频器出风口的上方最好安装挡板。

2. 柜式安装方式

当现场的灰尘过多、湿度比较大，或变频器外围配件比较多，需要和变频器安装在一起时，可以采用柜式安装。变频器柜式安装是目前最好的安装方式，因为可以起到屏蔽幅射干扰，又有防灰尘、防潮湿和防光照等作用。

柜式安装方式需注意以下事项。

(1) 单台变频器采用柜内冷却方式时，应在变频柜顶端安装抽风式冷却风扇，并尽量装在变频器的正上方，这样便于空气流通。

(2) 多台变频器安装在同一控制柜内时，为减少相互热影响，应横向并列安放。当变频器的数量较多时，必须采用纵向方式安装，上下变频器之间的距离要大于100mm。另外最好设置隔板以减少下面变频器产生的热量对上面变频器的影响，或者加大上下变频器的安放间隔，并加强控制柜的排风设施。

10.4 变频器的接线

变频器通过接线与外围设备连接，接线分为主回路接线和控制回路接线。主回路连接导线选择较为简单，由于主回路电压高、电流大，所以选择连接导线时应该遵循"线径宜粗不宜细"的原则，具体可按普通异步电动机的选择导线方法来选用。控制回路的连接导线种类较多，接线时要符合各自相应的特点。

变频器保证良好接地是提高控制系统灵敏度、抑制噪声和防止干扰的重要手段，可在很大程度上抑制内部噪声的耦合，防止外部干扰的侵入，提高系统的抗干扰能力。所有变频器都专门有接地端子，一般用符号PE、E或G标注，用户应将此端子与大地相接。从安全和降低噪声的需要出发，变频器必须接地。

变频器控制回路模拟量信号易受干扰，因此需要采用屏蔽线作模拟量接线。屏蔽线靠近变频器的屏蔽层应接公共端(COM)，而不要接PE端(接地端)，屏蔽层的另一端要悬空。一般来说，模拟量信号线的接线原则也都适用于数字量控制线，并将屏蔽层接在变频器的公共端COM上，信号线电缆最长不得超过50m。由于数字量信号线的抗干扰能力较强，故在距离不远时，允许不使用屏蔽线，但同一信号的两根线必须绞在一起。

小结

变频器是变频调速系统中核心的电气设备，其选择主要包括类型选择和容量选择两个方面。对于多数恒转矩负载，在转速精度及动态性能等方面要求一般不高，考虑到设备成本，可以选用V/f控制方式或无速度传感器矢量控制方式变频器，但是最好采用具有恒转矩控制功能的变频器。风机泵类平方降转矩负载是工业现场使用最多的设备。一般情况下，具有V/f控制方式的通用型变频器基本都能满足这类负载的要求，也可选用风机泵类专用变频器。对于恒功率负载，可以选用具有V/f控制方式的通用型变频器，对于低速要求有高转矩输出的，必须选择具有矢量控制功能的变频器。选择变频器容量的基本原则是最大负载电流不能超过变频器额定电流，通常应根据异步电动机额定电流或者实际运行中的电流最大值来选择变频器容量。

在变频调速系统中使用的标准通用异步电动机，由于变频器性能和电动机自身运行工况改变等原因，会出现电动机低速时散热能力下降、额定频率运行时温升提高等问题，应根据负载类型合理选择电动机类型和容量。

变频器的运行离不开某些外围设备，有电源变压器、空气断路器、输入侧电磁接触器、电磁滤波器、输入交流电抗器、直流电抗器、制动电阻、输出电抗器、输出侧接触器和工频电磁接触器等电气设备。电源变压器、空气断路器和电磁接触器是常规配件，电磁滤波器、电抗器和制动电阻是厂商提供的变频器专用配件。要根据调速系统的性能要求、负载性质和现场工作环境等配置外围设备，要清楚各种外围设备的作用和容量的选择原则。

为了变频器能正常工作，对其安装环境、电气环境和安装空间都有要求。变频器主回路接线时，为了安全和减少噪声，变频器的接地端子要良好接地。控制回路的模拟量信号易受干扰，要采用屏蔽线做模拟量接线，屏蔽线靠近变频器的屏蔽层应接公共端(COM)，屏蔽层的另一端要悬空；数字量信号的抗干扰能力较强，故在距离不远时，允许不使用屏蔽线。

习题

1. 进行拖动系统设计时，什么情况下考虑采用变频调速？
2. 变频器选型一般依据什么来选择？如何选择？

3. 变频器的额定参数有哪些？
4. 变频器容量的选择原则是什么？
5. 变频器的过载能力与异步电动机相比如何？
6. 变频器外围设备有哪些？各有什么作用？
7. 变频器的安装方式有哪些？安装时应注意什么？
8. 变频器安装环境有哪些主要要求？

第12章

变频调速系统设计

内容提要：变频调速设备用于拖动生产机械的运行，设计调速系统时要清楚地了解生产机械的性质、生产机械的工艺要求。本章首先分析了生产机械的三种典型负载特性和生产机械对变频拖动系统的电气基本要求。变频拖动系统的性能取决于对电动机转矩的控制效果，本章介绍异步电动机有效转矩线的概念，以及采用变频调速后对电动机有效转矩的影响。本章最后分析了设计三种典型负载的变频拖动系统时各自首要考虑和解决的问题。

变频器已广泛地在工业生产中得到应用，但生产机械种类繁多，生产工艺要求各不同，负载特性也不同，对调速系统的要求也不相同。另外，采用变频调速后，又带来了一些新问题，本章针对三种典型类型负载变频调速系统的特点与设计进行了介绍。

12.1 生产机械的负载特性

任何机械在运行过程中，都有阻碍运动的力或转矩，即阻力或阻转矩。负载转矩在大多数情况下，都显现出阻转矩性质。所谓负载机械特性，也就是负载阻转矩与转速之间的关系。在分析负载机械特性时，首先应弄清其阻转矩是怎么形成的，然后再分析当转速变化时阻转矩的变化规律。正确地把握变频驱动的机械对象负载特性，是选择电动机及变频器容量、决定其控制方式的基础。负载特性包括负载机械特性和负载功率特性。负载机械特性是负载阻转矩与负载轴上转速之间的关系（转速-转矩特性）；负载功率特性是负载所消耗的功率与负载轴上转速之间的关系（转速-功率）。机械负载种类繁多，但归纳其负载特性，主要有三大类：恒转矩负载、平方降转矩负载和恒功率负载。

12.1.1 恒转矩负载特性

恒转矩负载是指其运行时，无论其速度变化与否，负载阻转矩大小总保持恒定或基本恒定，如图12-1(a)所示的带式输送机。传送带负载转矩的大小决定于$T_L=F_L\cdot r$，F_L是滚轮与皮带之间的摩擦力；r是滚轮半径，两者都与转速无关，所以在调节转速的过程中，转矩T_L保持不变。又如，行车或吊机在吊重物时，负载转矩为$T_L=F_L\cdot r$。F_L为重物所受地球引力，r 为卷绕轮半径，不管电动机转速如何，因为 F_L 和 r 不变，所以转矩 T_L 保持不变。恒转矩负载的基本特点是：

负载转矩 $T_L=$常数

负载功率 $P_L=\frac{T_L n}{9550}(\mathrm{kW})\propto n$

恒转矩负载特性如图 12-1(b)、图 12-1(c)所示，其转矩特点是在不同转速下，负载阻转矩基本恒定，即负载转矩大小与转速无关；其功率特点是负载功率与速度成正比。

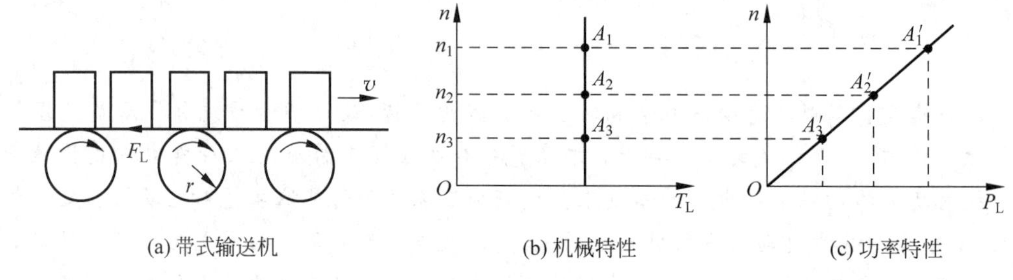

图 12-1　恒转矩负载特性

恒转矩负载包括反抗性恒转矩负载和位势能负载，带式输送机、搅拌机、挤压成形机等摩擦负载属于反抗性恒转矩负载，摩擦类负载阻转矩的作用方向与运动方向(或旋转方向)相反，运动方向改变后，负载转矩方向也将随之改变；吊车或升降机等重力负载属于位势能恒转矩负载，负载转矩方向不随着运动方向的改变而改变。

需要注意的是，这里所说的转矩大小是否变化，是相对于转速变化而言的，不能与负载轻重变化时而引起的转矩大小变化相混淆。或者说，恒转矩负载的特点是负载转矩的大小，仅仅取决于负载的轻重，而与转速大小无关。对上面提到的带式输送机来说，当传输带上的物品较多时，不论转速有多大，负载转矩都较大；而当传输带上的物品较少时，也不论转速有多大，负载转矩都较小。

由于功率与转矩、转速两者之积成正比，所以对具有恒阻转矩的机械设备而言，所需要的功率与转速成正比，转速越高，负载所需的功率越高，所以调速电动机功率应满足最高转速下的负载功率要求。

如果恒转矩负载需要在低速下稳速运行，由于负载转矩不变，电动机定子电流亦基本不变，因而会使通用的标准(非变频专用)异步电动机散热能力下降，所以应采取相应措施，如强制通风等。

12.1.2　平方降转矩负载特性

平方降转矩负载是随着叶轮转动的各种离心风机、离心泵等这类流体机械，低速运行时由于流体的流速低，负载只需很小的转矩即可旋转；随着转速上升，气体或液体的流速将加快，负载转矩和功率也越来越大，如图 12-2(a)所示。平方降转矩负载的基本特点是：

负载转矩 $T_L=k_T n^2$

$$负载功率\ P_L = \frac{T_L n}{9550} = k_P n^3$$

图 12-2(b)、图 12-2(c)是平方降转矩负载特性。负载所需要的转矩大小以转速平方成比例地增加或减少，故这样的负载被称为平方降转矩负载或二次方律负载。负载所消耗的功率与速度的三次方成正比，所以通过变频器供电驱动流体机械变速运行，与以往那种单纯依靠风门挡板或截流阀来调节流量的定速风机或定速泵相比，可以大大节省浪费在挡板、管壁上的能量，大幅度地节能降耗，所以变频技术应用在风机、泵类负载的节能效果最为显著。

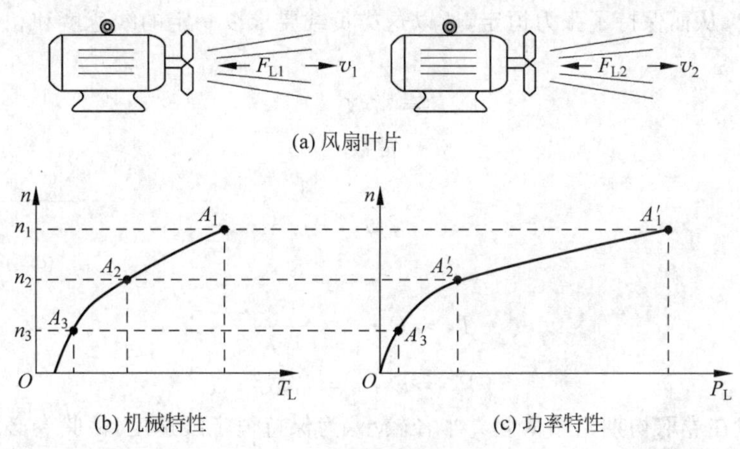

图 12-2 平方降转矩负载特性

平方降转矩负载随着转速的降低，所需的转矩以平方的比例减小，这样低频时负载电流很小，所以即使使用普通异步电动机也不会发生过热现象。但由于负载机械不同，飞轮惯量 GD^2 差别较大，对 GD^2 较大且启动速度要求较快时，应注意事先校核启动转矩是否满足要求。

由于高速时所需功率随转速三次方增长，增长速度过快，所以风机泵类负载通常不应超工频运行，以免发生过载。考虑电动机容量时，应按机械最高可能转速(一般为额定转速)下的功率来决定。

一般 V/f 控制变频器都预先设置了平方降转矩负载用的 V/f 控制特性。

实际上，平方降转矩负载即使在空载情况下，电动机轴上也会有空载损耗 P_0 和空载转矩 T_0。因此，严格来讲，其转矩和功率表达式为

负载转矩 $T_L = T_0 + k_T n^2$

负载功率 $P_L = P_0 + k_P n^3$

12.1.3 恒功率负载特性

恒功率负载是指在改变速度时，负载转矩与转速大致成反比，负载功率不变，与转速的高低无关。恒功率负载的基本特点是：

负载功率 $P_L =$ 常数

负载转矩 $$T_L = \frac{9550P_L}{n} \propto \frac{1}{n}$$

这类负载有轧钢机、造纸机、塑料薄膜生产线中的开卷机和卷曲机等机械。各种机床也属于恒功率负载,当粗加工时通常进给量大,负载转矩大,转速就低;精加工时,进给量小,负载转矩小,转速就高,表现出负载转矩与转速成反比。

如图 12-3(a)所示的塑料薄膜卷曲机械,其工作特点是:为了保证卷绕过程中被卷曲材料的物理性能一致,需要随着"薄膜卷"卷径的不断增大,卷取辊转速应逐渐减小,以保持薄膜线速度恒定,从而保持了张力恒定,所以这类负载要求以一定的线速度和相同的张力进行卷取,即

张力 $$F = 常数$$

线速度 $$v = 常数$$

转速 $$n = \frac{v}{2\pi r} \propto \frac{1}{r}$$

则

$$T_L = F \cdot r \propto \frac{1}{n}$$

$$P_L = F \cdot v = 常数$$

卷曲机械在卷取初期由于薄膜卷半径较小,为保持恒定线速度,薄膜卷必须以较高速旋转,而负载转矩却较小;但随着薄膜卷半径逐渐变大,薄膜卷转速也应随之降低,而负载转矩却相应增大。恒功率负载特性如图 12-3(b)和图 12-3(c)所示。

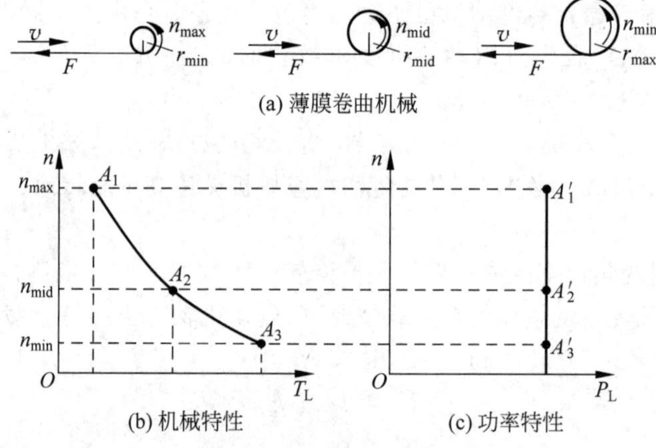

图 12-3 恒功率负载特性

恒功率负载随着速度的降低,负载转矩不断增大。但由于生产设备机械强度的限制,负载转矩不可能无限增大。所以电动机采用变频驱动恒功率负载调速时,通常是在某转速以下采用恒转矩调速方式,而在超过这个转速时才采用恒功率调速方式,应该根据负载机械特性和工艺要求合理地选择恒转矩工作范围和恒功率范围。

12.2　生产机械对调速系统电气性能指标要求

生产机械对调速系统电气性能指标要求主要有三个方面：

(1) 调速范围的要求；

(2) 对机械特性"硬度"的要求；

(3) 对升速、降速过程及动态响应的要求。

前两项要求关系到调速系统的静态指标，后一项关系到调速系统的动态指标。

1. 对调速范围的要求

对于生产机械而言，很多时候是需要调速的，广泛使用的风机和水泵设备就是如此。但风机和水泵设备原来采用不调速工作方式，主要是受限于交流电动机调速装置性价比。参见图 12-4，生产机械对电力调速系统要求的调速范围定义为

$$D=\frac{n_{\max}}{n_{\min}} \tag{12-1}$$

式中，$n_{\max}$——对调速系统最高转速要求；

$n_{\min}$——对调速系统最低转速要求。

一般情况下，$n_{\max}$ 和 $n_{\min}$ 是指拖动额定负载时的转速。绝大多数变频器输出频率可调节范围在 1Hz 至(200～400)Hz 之间，如果采用四极异步电动机，同步转速对应为 30r/min 至(6000～12 000)r/min。考虑到异步电动机额定负载时转差率为 1.5%～5%，带负载时转速会略微有些下降，但这么宽的调速范围，也能满足绝大多数负载对调速范围的要求。但带上负载后，能否在整个频率范围(调速范围)内带得动负载，是否可以长时间可靠运行是值得考虑的问题。这涉及负载机械特性与电动机变频后有效转矩线配合问题。

2. 对机械特性"硬度"的要求

若生产机械对调速系统稳态运行时精度有要求，希望当扰动发生影响负载大小时，转速变化越小越好，也就是说，调速系统机械特性越硬越好，调速系统中用静差率指标表示。参见图 12-5，静差率定义为

$$s=\frac{\Delta n}{n_1} \tag{12-2}$$

式中，Δn——负载从理想空载转速与带负载时的转速差；

n_1——理想空载转速。

在第 1 章中已经讨论了异步电动机变频调速时机械特性的情况，得出了其机械特性的稳定运行部分基本是平行的，属于硬特性，所以在大多数情况下，只需采用 V/f 控制方式，就能满足大多生产设备对机械特性硬度的要求。对精度要求较高的机械设备，则需采用转速闭环控制。

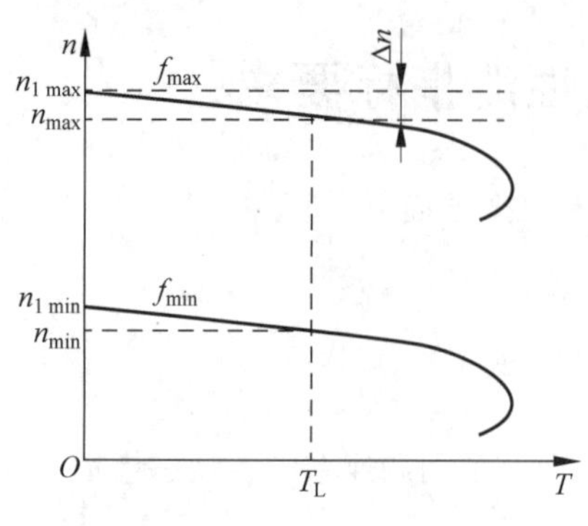

图 12-4 调速范围示意图

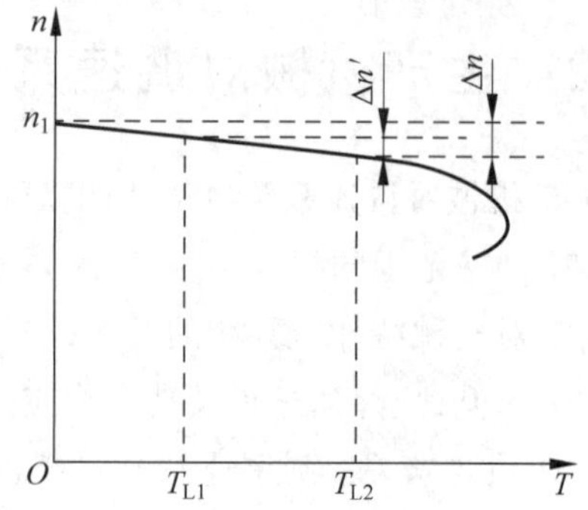

图 12-5 负载变化时转速变化

3. 对升速、降速过程及动态响应的要求

对于经常启动、制动的生产机械，为了提高生产率，要求调速系统有较快的动态响应速度。近代变频器在升速/降速时间和升速/降速方式方面都具有相当完善的功能，能够满足大多数负载的要求。但是还要考虑以下问题。

(1) 负载对启动转矩的要求，如起重机的起升机构要求有足够大的启动转矩。由于变频调速低速时，定子漏阻抗压降所占的比重较大，采用 V/f 控制方式时，启动转矩要有所下降，所以要合理利用变频器转矩提升功能，涉及转矩提升量大小、V/f 曲线的设置问题。

(2) 负载对制动过程时间有要求，涉及是否需要配置制动电阻、制动电阻大小和容量选择、中间直流电路制动电压上限值设置等问题。

(3) 大多数情况下，负载对动态响应性能的要求，变频调速开环系统能满足要求。对要求特别高的系统，可考虑采用带速度传感器的矢量控制变频调速系统。

视频讲解

12.3 变频供电时对异步电动机的影响

1. 对电流的影响

由于变频器输出电压或电流波形不是标准的正弦波，流入电动机定子中的电流含有较多高次谐波，这样与工频供电运行相比，在带动相同负载的情况下，电动机的输入电流要大些。资料表明，同为 50Hz 给电动机供电，都输出额度转矩时，变频时的电流会增大 5%～10%，电动机发热也会增大。因此，应尽量提高最低频率，这样有利于电动机散热，同时也可以提高最低频率运行时的稳定性，尤其是对无速度传感器矢量控制系统。

2. 对磁路的影响

在工频供电时，电压为电动机额定电压，电动机磁路工作点在磁化曲线的膝点附近，电动机容量可以得到充分利用，电动机能输出较大转矩带负载运行。但在 V/f 控制方式变频调速时，由于随频率的降低，磁通减小，从而使电动机输出转矩减小。为使电动机输出转矩能达到额度转矩，必须补偿足够的电压。

3. 变频供电时对电动机转矩能力的影响

当异步电动机在某一频率下供电时，电动机将以某一转速运行，如图 12-6 中的 A 点和 B 点。在这些点上，电动机能够产生安全、稳定、长期运行的最大转矩，被称为有效转矩，如图 12-6 中的 T_N 和 T_1。这些工作点被称为有效工作点。有效转矩用来表示电动机在该供电频率下带负载能力的物理量。当电动机以额定频率供电时，电动机有效转矩就等于额定转矩 T_N。如果负载转矩超过了有效转矩，电动机将处于过载状态。

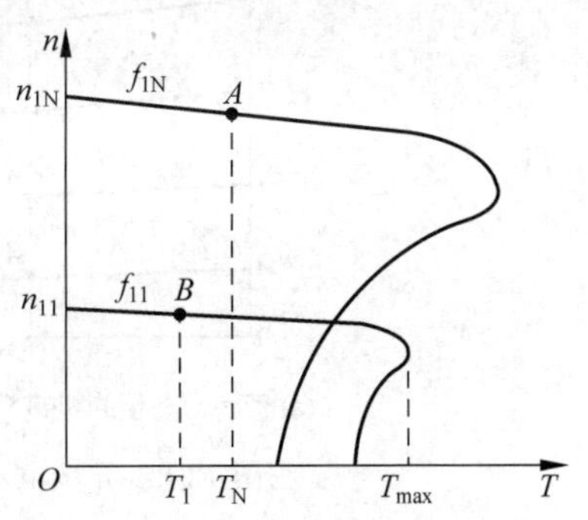

图 12-6　异步电动机有效转矩

当电动机供电频率低于额定频率时，如不进行补偿，磁场强度必然减小，图 12-6 所示的最大转矩 T_{max} 变小。在这种情况下，有效转矩也必减小。

对应于每一个供电频率，电动机都有一条机械特性曲线，也有一个有效工作点和有效转矩。把所有供电频率下电动机有效工作点连接起来，即可得到电动机在变频调速过程中的有效转矩线，如图 12-7 所示。图 12-7(a)中 A_1、A_2、A_3、A_4 点分别为不同频率下的有效工作点。将这些点连接起来，便得到有效转矩线 $T=f(n)$，如图 12-7(b)所示。

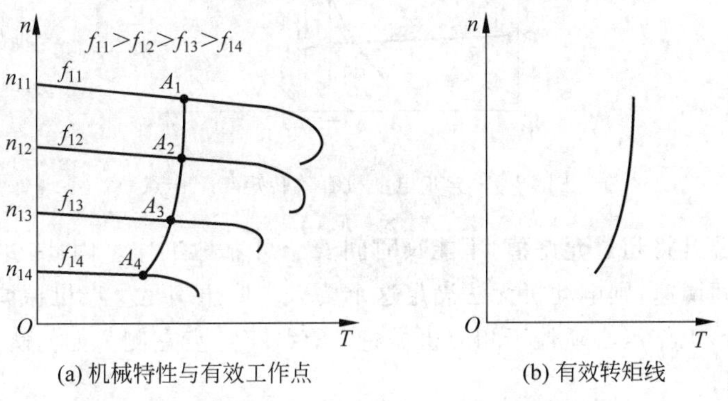

图 12-7　异步电动机额定频率以下的有效转矩线

理想情况下，变频器在 V/f 控制方式下，在额定频率以下工作时，通过适当的转矩补偿(电压补偿)，能够得到理想的恒转矩有效转矩线，如图 12-8 所示。

有效转矩线只是说明电动机允许工作能力的范围曲线，而不是异步电动机机械特性曲线。因此，不能在有效转矩线上决定电动机工作点。图 12-9 中的曲线①是负载转矩特性，曲线②是异步电动机在供电频率为 f_1 下的机械特性，曲线③是异步电动机有效转矩线。这里假设电动机拖动的是恒转矩负载，负载转矩为 T_L，其大小和速度无关。这时电动机工作点是 A_1 点，电动机有效转矩 T_1 大于负载转矩 T_L，电动机可以长时间安全可靠地工作。当电动机供电频率由 f_1 降为 f_2 时，异步电动机机械特性是图 12-9 中曲线②′。这时电动机工作点是 A_2 点，电动机有效转矩 T_2 小于负载转矩 T_L，电动机处于过载状态，如果长时

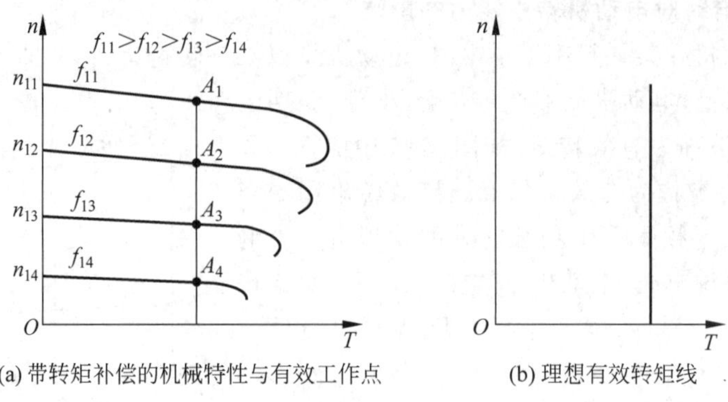

(a) 带转矩补偿的机械特性与有效工作点　　(b) 理想有效转矩线

图 12-8　异步电动机额定频率以下带转矩补偿的有效转矩线

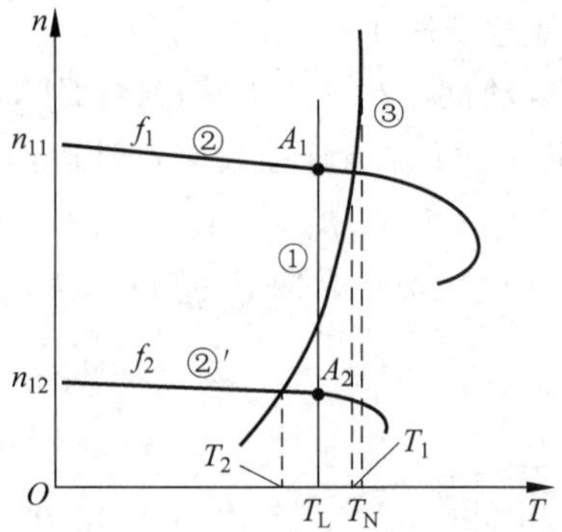

图 12-9　异步电动机有效转矩与工作点

间工作，电动机温升将超过允许值，不能长时间安全可靠地工作。因此，如果生产机械要求在 A_1 和 A_2 之间调速，则电动机无法满足这个要求。要想满足生产机械调速范围要求并能长时间正常运行，工作点必须处于相应机械特性有效工作点左侧。如何解决这个问题，将在下面的内容中讨论。

视频讲解

12.4　变频调速时异步电动机的有效转矩线

1. 电动机供电频率低于额定频率时

一般情况下，电动机散热主要靠自身风扇和内部通风。当电动机供电频率在额定频率以下时，随着供电频率的降低，转速也降低，风扇风量和内部通风情况都将变差，散热效果将下降。虽然电动机总的功率损耗有所减小，但电动机有效转矩却降低了。尤其是当供电频率较低时，下降得较快，在额定频率以下电动机变频运行时有效转矩线如图 12-10 中的曲线①所示。所以，在低频运行时，如果工作点转矩高于有效转矩，那么由于电动机散热系数变差，将导致电动机因过热而损坏。要想增加电动机低频时有效转矩，可以在外部采用强制通风，提高电动机散热条件。

在 V/f 控制方式下，如果将最低频时转矩补偿到与额定转矩相等的程度，则轻载或空载时，电动机将出现磁路饱和、励磁电流严重畸变的问题。所以，转矩补偿的程度受到限制。因此，即使采用外部强制通风，改善了电动机散热条件，有效转矩会有所提高，但低频时电动机有效转矩还是降低了，如图 12-10 中的曲线②所示。

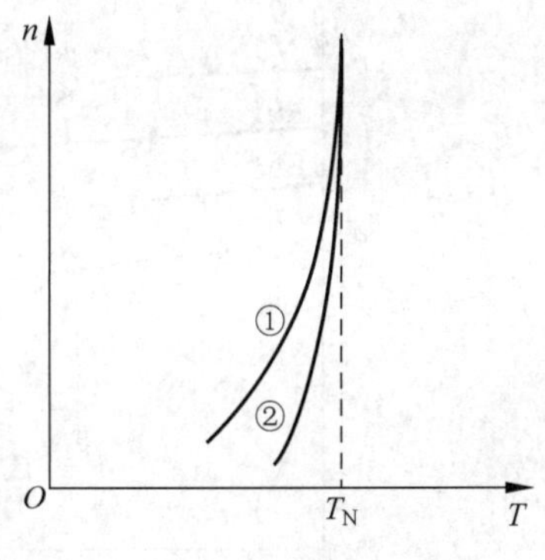

图 12-10　额定频率以下的有效转矩线

2. 电动机供电频率高于额定频率时

为了保证电动机长期可靠、安全运行，电动机供电电压不能超过其额定电压，因此，当变频器输出频率超过电动机额定频率(我国为 50Hz)时，变频器输出电压不可能和频率一起上升，而只能保持额定输出电压，即

$$U_X \equiv U_{1N}$$

式中，U_X——输出频率 f_X 超过额定频率时的输出线电压(V)；

U_{1N}——电动机额定电压(V)。

根据变频调速基本原理，当变频器输出频率 f_X 大于电动机供电额定频率 f_N 时，随着 f_X 的上升，V/f 控制之比必然下降，主磁通 Φ_1 将减小，电动机输出有效电磁转矩必然也减小。

由于电动机额定电流是由电动机允许温升确定的，因此，不管在多大频率下工作，电动机允许工作电流不应该超过额定电流，在超过额定频率运行时，可以认为是额定电流基本不变。

由上面的分析可见，超过额定频率运行时，电动机输入电压 U_1 和电流 I_1 为额定值，都基本不变，电动机功率因数 $\cos\varphi_1$ 的变化也不大，这样，异步电动机输入功率 P_1 为

$$P_1 = \sqrt{3}U_1 I_1 \cos\varphi_1 = \sqrt{3}U_{1N} I_{1N} \cos\varphi_1$$

说明当电动机供电频率 f_X 超过额定频率继续上升时，其输入功率的大小基本不变。若假设电动机效率也基本不变，则电动机输出功率 P_2 基本不变。这样，可以得出结论，即在额定频率以上电动机具有恒功率的特点。

因为电动机电磁转矩 T 与转速 n 之间的关系为

$$T \approx T_2 = 9550\,\frac{P_2}{n}$$

式中，T_2——电动机输出转矩。

电动机输出转矩随转速上升而下降，所以当电动机供电频率超过额定频率时，其输出转矩的能力是逐渐下降的，其有效转矩也是逐渐减小的。其机械特性曲线簇和有效转矩线如图 12-11(a)和图 12-11(b)中的曲线①所示。

实际上，随着电动机供电频率的上升，电动机漏电抗增加，因此其功率因数降低。而电动机过载能力受电动机温升的限制不应变化，所以电动机输出功率有所减小，因此实际输出有效转矩要比上面的恒功率情况要小，如图 12-11(b)中曲线②所示。

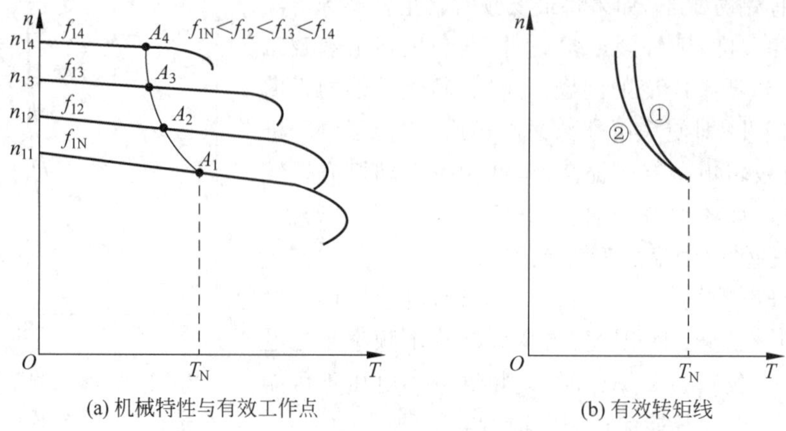

(a) 机械特性与有效工作点　　(b) 有效转矩线

图 12-11　异步电动机额定频率以上的有效转矩线

大部分生产机械在高速运转时，其负载转矩都比较小，如机床主轴，因此要求电动机过载能力并不高，所以一般情况下，可以认为在额定转速以上变频调速时，电动机是恒功率调速。

综上所述，在电动机供电频率低于额定频率时，其有效转矩随着供电频率的降低会逐渐减小；在电动机供电频率高于额定频率时，随着供电频率的增加，其有效转矩也会逐渐减小。因此当生产机械对调速范围指标有要求时，在整个变频范围内，电动机是否会出现过载情况，是否能长时间可靠运行是需要考虑的问题。下面将针对电动机拖动不同性质的负载来讨论这个问题。

12.5　恒转矩负载的变频调速

本节基于恒转矩负载的特点，从选择变频器控制方式、低频时提高转矩控制性能和提高调速范围三个方面进行分析。

12.5.1　控制方式的选择

具有恒转矩负载性质的生产机械特点是：运行时，负载转矩与其运行速度高低无关，负载阻转矩总保持恒定或基本恒定。恒转矩负载在选择变频调速系统时，除了按常规要求选择外，应根据负载要求的调速范围大小、随负荷变动的转矩变动大小和负载对机械特性硬度的要求，对变频器控制方式进行选择。

(1) 在负载调速范围要求不大的情况下，选择较为简易的 V/f 控制方式即可；当负载调速范围要求很宽时，应考虑采用带速度传感器矢量控制方式。

(2) 恒转矩负载只是在负荷一定的情况下负载阻转矩不变，但对于负荷变化时其转矩仍然随负荷变化。当负载转矩变动范围不大时，可选择较为简易的 V/f 控制方式，但对于转矩变动范围较大的负载，应考虑采用无速度传感器矢量控制方式。

(3) 如果负载对机械特性的硬度要求不高,可考虑选择较为简易的 V/f 控制方式,而在要求较高的场合,则必须采用带速度传感器矢量控制方式。

12.5.2　改变低频性能与提高电动机转矩控制性能

由变频器构成的交流调速系统普遍存在的问题是系统运行在低频区域时,其性能不够理想,主要表现在低频启动转矩小。若带恒转矩负载重载时,可能造成系统启动困难甚至无法启动。原因是:

(1) 由于变频器的非线性输出产生的高次谐波,将引起电动机转矩脉动及电动机发热,并且电动机的运行噪声也加大了;

(2) 低频稳态运行时,受电网电压波动或负载变化及变频器输出电压波形的畸变,将造成电动机抖动;

(3) 当变频器与电动机距离较远时,高次谐波对控制电路的干扰,极易引起电动机爬行。

由于上述各种现象,严重地影响了变频器构成的调速系统低频性能。

为了提高低频性能,当选择 V/f 控制方式时,通常利用其电压补偿功能,通过提高变频器输出电压来提高电动机输出转矩,以提高电动机启动性能,如图 12-12(a)所示。

当电动机低频运行时,为了提高稳态精度,如转速出现随着负载转矩增加(降低)而下降(升高)时,可利用变频器的转差补偿功能使变频器输出频率自动升高(降低),可以补偿电动机转速的变化,如图 12-12(b)所示。

采用矢量控制方式可以提高变频调速系统动态、静态性能,尤其是带速度传感器矢量控制系统,其低速时机械特性很硬,是解决电动机重载启动问题的有效方法,如图 12-12(c)所示。

对于恒转矩负载而言,为了有利于电动机的散热和提高低频下运行的稳定性,应尽量提高最低频率。

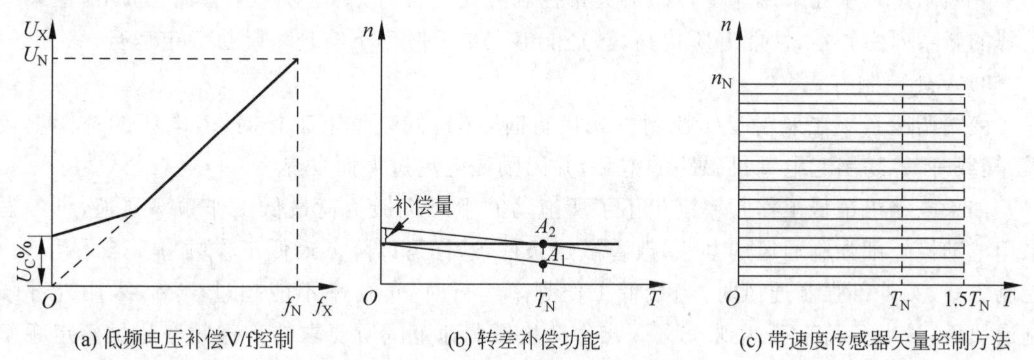

图 12-12　提高电动机低频输出转矩的方法

12.5.3　提高恒转矩负载的变频调速范围

视频讲解

电动机采用变频器供电后,其供电频率根据运行速度的要求而定,但其有效转矩在额定频率以下和额定频率以上都有所降低,并不是始终能维持在额定转矩上，所以要拖动恒转矩负载运行时，带来的问题是在生产机械所要求的调速范围内，电动机会不会出现过载情况，能不能长时间可靠安全地运行。对于恒转矩负载而言，能否满足生产机械调速范围的要求是关键问题。

1. 调速范围与负荷率的关系

恒转矩负载采用变频调速系统时，其允许的最低工作频率不仅取决于变频器本身的性能及控制方式，还与电动机所驱动的负荷大小以及电动机散热条件有关。电动机所驱动的负荷大小一般用负荷率表示，也称为负载率。

负荷率一般定义为电动机轴上的所有阻转矩(有传动机构时，负载转矩需要折算到电动机轴上，称为等效负载转矩)与电动机额定输出转矩之比，一般用百分比表示

$$\sigma = \frac{T'_{L}}{T_{2N}} \times 100\% \tag{12-3}$$

式中，σ——负荷率；

T'_{L}——电动机轴上的所有等效阻转矩；

T_{2N}——电动机输出的额定转矩。

现代变频器使用手册上都标注了其输出频率范围性能指标。由于各种变频器都提供了不同的控制方式，其能输出的最低频率也不相同。在不考虑负荷率的情况下，各种控制方式下能够稳定运行的最低工作频率大致如下。

1）带速度传感器矢量控制方式

变频调速系统在采用带速度传感器矢量控制方式运行时，不同品牌变频器的最低工作频率指标不同，多数变频器一般都可达到0.1Hz。

2）无速度传感器矢量控制方式

变频调速系统在采用速度传感器矢量控制方式运行时，工作频率不宜低于5Hz，但某些品牌的新系列变频器，性能有所提高，已经能够在更低频率下实现电动机稳定运行。

3）V/f 控制方式

变频调速系统在采用 V/f 控制方式运行时，在最低频率下工作时，若电压的补偿量较大、轻载时，容易引起电动机磁路的饱和，并因励磁电流过大而发热。

如果电动机最低工作频率满足不了所拖动的生产机械负荷最低工作频率要求，可考虑采用电动机外部强制通风的办法，改善散热条件，这样可以降低最低工作频率。若采用 V/f 控制方式、无外部强制通风时，当最低工作频率运行时，负荷率不能超过50%，采用外部强制通风后，最大负荷率可达到55%。当生产机械调速范围所要求的工作频率超过额定频率时，由上面分析可以看出，电动机有效转矩线具有恒功率的特点，即最高工作频率的大小与负荷率成反比。

综上所述，由于电动机变频调速时最低工作频率和最高工作频率都与负荷率有关，所以调速范围也就与负荷率有关。

图 12-13 所示是某变频器在外部无强制通风的状态下提供的电动机有效转矩曲线图。表 12-1 所示是其电动机在拖动恒转矩负载时，四极异步电动机允许的调速范围和负荷率之

间的关系。可见,负荷率越低,允许的调速范围越大。

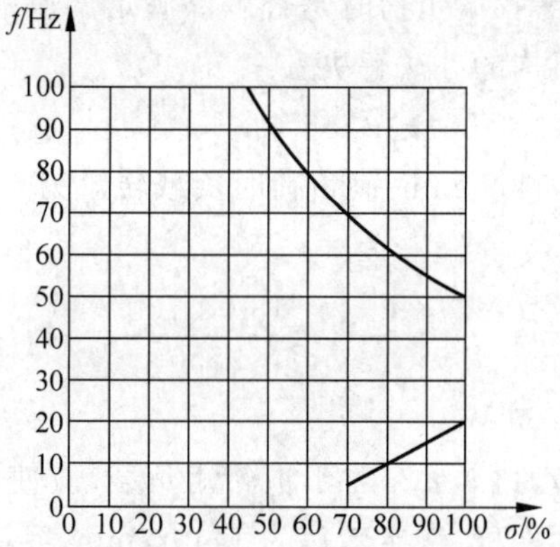

图 12-13　负荷率与工作频率关系

表 12-1　负荷率与调速范围关系

负荷率(%)	最高频率(Hz)/最高速度(r/min)	最低频率(Hz)/最低速度(r/min)	调速范围
100	50/1500	20/600	2.5
90	56/1680	15/450	3.7
80	62/1860	11/330	5.6
70	70/2100	6/180	11.6

由表 12-1 可见,当电动机轴上的负荷率为 100%时,允许的调速范围比较小,只有 2.5;即使是 70%负荷时,调速范围也只能达到 11.6,这满足不了很多生产机械的调速范围要求,在这种情况下,可通过增大传动机构传动比 λ 解决。

2. 增大传动比,扩大调速范围

根据电动机拖动理论,折算到电动机轴上等效负载转矩大小与传动比 λ 有关,传动比 λ 越大,则折算到电动机轴上的等效负载转矩越小,因此电动机负荷率也就越低,调速范围就可以增大。

因此,对于恒转矩负载,当调速范围不能满足负载要求时,可以考虑通过适当增大传动比 λ 的办法,来降低电动机轴上的负荷率,扩大调速范围,也就是增大了变频调速系统的频率调节范围。例 12-1 说明了这种解决方法的效果。

【例 12-1】 某恒转矩负载原采用直流电动机调速,根据工艺要求,负载侧最高转速为 750r/min;最低转速为 80r/min,即负载要求的调速范围 $D_L=9.375$。满负荷时负载转矩为 180N·m。

原传动机构的传动比 $\lambda=2$。

现采用变频调速进行设备改造,除更换电动机为异步电动机外,用户要求不增加额外装置,如转速检测反馈装置及强制通风风扇等,但可以在一定的范围内改变传动比。

为了选择异步电动机功率，首先，对原设备进行分析计算，确定负载的最大功率需求，作为电动机的选择依据。然后考核满负荷时是否可以满足调速范围的要求，如果不满足调速范围要求，则采用改造传动机构的办法解决。

(1) 异步电动机的选择。

根据负载侧最高转速为750r/min，满负荷时负载转矩为180N·m，可以计算出负载的最大功率为

$$P_{\text{Lmax}}=\frac{T_{\text{Lmax}}\times n_{\max}}{9550}=\frac{180\times 750}{9550}=14.14(\text{kW})$$

可以选择异步电动机容量为15kW。

又由于原传动机构的传动比 $\lambda=2$，对于恒转矩负载，应使电动机运行最高转速尽量接近电动机额定转速，所以采用四极、额定转速为1440r/min、容量为15kW的异步电动机。

(2) 计算负荷率。

根据选取的电动机额定功率和额定转速，可以计算出电动机额定输出转矩为

$$T_{2\text{N}}=9550\,\frac{P_{\text{N}}}{n}=9550\,\frac{15}{1440}=99.48(\text{N}\cdot\text{m})$$

根据负载转矩与传动比，可以得到折算到电动机轴上的等效负载转矩为

$$T'_{\text{L}}=\frac{T_{\text{L}}}{\lambda}=\frac{180}{2}=90(\text{N}\cdot\text{m})$$

根据电动机轴上的等效负载转矩与额定转矩，得到电动机负荷率为

$$\sigma=\frac{T'_{\text{L}}}{T_{2\text{N}}}\times 100\%=\frac{90}{99.48}\times 100\%=90.5\%$$

(3) 核实允许的调速范围。

根据图12-13，当负荷率为90.5%时，电动机允许工作频率范围是16～55Hz，这样调速范围为

$$D=\frac{f_{\max}}{f_{\min}}=\frac{55}{16}=3.44\ll D_{\text{L}}=9.375$$

显然，与负载所要求的调速范围差距较大，不能满足负载要求。

(4) 改变传动比，扩大调速范围。

如果负荷率调整为70%，由图12-13可见，允许工作频率范围是6～70Hz，这样调速范围为

$$D=\frac{f_{\max}}{f_{\min}}=\frac{70}{6}=11.7>D_{\text{L}}$$

所以，只要通过改变传动机构，并且负荷率不超过70%，就可以达到负载的调速范围要求。

当负荷率不超过70%时，这时，折算到电动机轴上的等效负载转矩应该满足

$$T'_{\text{L}}\leqslant\sigma\times T_{\text{N}}=70\%\times 99.48=69.64(\text{N}\cdot\text{m})$$

这样，传动比为

$$\lambda \geqslant \frac{T_{\mathrm{L}}}{T_{\mathrm{L}}'} = \frac{180}{69.64} = 2.58$$

选取 $\lambda = 2.6$。

(5) 校核。

电动机的转速范围为

$$n_{\max} = 750 \times 2.6 = 1950(\mathrm{r/min})$$

$$n_{\min} = 80 \times 2.6 = 208(\mathrm{r/min})$$

根据所选电动机为四极异步电动机,同步转速为 1500r/min,所以额定转差率 s_{N} 为

$$s_{\mathrm{N}} = \frac{n_1 - n_{\mathrm{N}}}{n_1} = \frac{1500 - 1440}{1500} = 0.04$$

由于异步电动机采用变频调速时,机械特性基本是平行的,因此在变频调速时,转差率基本可以认为与额定转差率相同,即 $s \approx s_{\mathrm{N}}$。这样,采用变频调速后,工作频率范围为

$$f_{\max} = \frac{n_{\mathrm{p}} \times n_{\max}}{60(1-s)} = \frac{2 \times 1950}{60(1-0.04)} = 67.7(\mathrm{Hz}) < 70(\mathrm{Hz})$$

$$f_{\min} = \frac{n_{\mathrm{p}} \times n_{\min}}{60(1-s)} = \frac{2 \times 208}{60(1-0.04)} = 7.2(\mathrm{Hz}) > 6(\mathrm{Hz})$$

对照图 12-13 或表 12-1 可知,对传动机构进行改造,将传动比由 2 增大到 2.6 后,工作频率完全在允许范围内。

在进行恒转矩负载变频调速系统设计时,传动比选择要合理,应该使工作点的最高频率尽量达到电动机额定频率,这样电动机容量才能充分地利用,避免出现"大马拉小车"的现象。

12.6 恒功率负载的变频调速

恒功率负载的特点是:在改变速度时,负载转矩与转速大致成反比,当负载转矩大时,转速低;当负载转矩小,转速反而高;负载功率不变,与转速的高低无关。

12.6.1 恒功率负载下的电动机容量选择问题

视频讲解

在设计拖动恒功率负载变频调速系统时,如何尽量匹配电动机有效转矩与负载转矩,从而降低调速系统容量是其关键问题。

选择电动机容量的时候,必须满足以下两点。

(1) 拖动负载运行的电动机其额定转矩必须大于负载最大阻转矩,这样才能在整个调速范围内带得动负载运行,而恒功率负载的特点是最低速时负载转矩最大,所以电动机额定转矩必须选择大于或等于最低速时负载的最大阻转矩。

(2) 其额定转速又必须满足负载运行时要求的最高转速,即额定转速大于等于负载的最高转速要求。

对于恒功率负载，若电动机采用变频调速，而频率调节范围限制在额定频率以下时，电动机本身基本属于恒转矩性质。这时所需电动机额定容量为

$$P_N = \frac{T_N \times n_N}{9550} \geqslant \frac{T_{Lmax} \times n_{Lmax}}{9550}$$

而恒功率负载运行所需功率为

$$P_L = \frac{T_{Lmax} \times n_{Lmin}}{9550}$$

上面两个功率之比为

$$\frac{P_N}{P_L} \geqslant \frac{n_{Lmax}}{n_{Lmin}} = D_L$$

D_L 为负载调速范围。上式说明，如果频率调节范围限制在额定频率以下，则变频调速系统容量是负载所需功率的 D_L 倍，非常浪费。因此，负载要求的调速范围越宽，浪费越严重。

为了进一步说明这个问题，当选择在额定频率以下调速时，将恒功率负载转矩特性和电动机有效转矩线一起绘制，如图 12-14(a)所示。图 12-14(a)中曲线①为恒功率负载转矩特性，曲线②为电动机有效转矩线。

在图 12-14(a)中，拖动恒功率负载所需的功率与 A_1EOCA_2 所包围面积成正比，而电动机容量选择与 $OCHE$ 所包围面积成正比。显然，在恒功率负载运行中，电动机输出功率与其容量差距较大，浪费非常严重。

从图 12-14(a)还可以看到，电动机有效转矩线始终大于恒功率负载转矩特性，而且随着转速的增加，电动机有效转矩比负载阻转矩大得多，说明电动机转矩特性与负载转矩特性匹配得不合适。

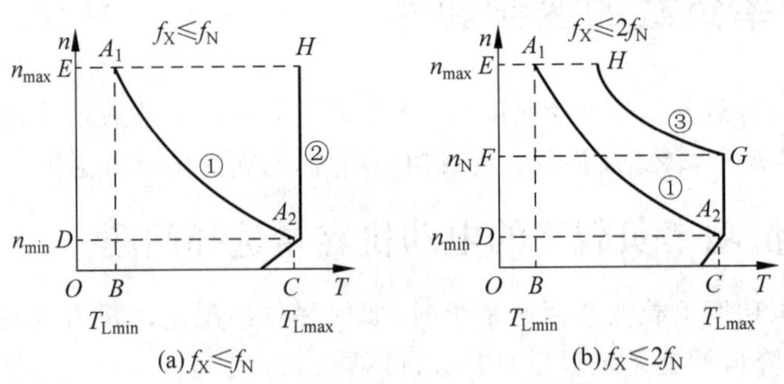

图 12-14　恒功率负载特性与电动机有效转矩线

12.6.2　降低电动机容量的方法

根据电动机转矩特性，在额定频率以上调速时，电动机有效转矩线与负载有类似的特性，也具有恒功率性质，所以应尽量利用电动机恒功率区带动恒功率负载，这样充分利用电动机额定频率以上具有恒功率特性这一特点，使电动机有效转矩线与负载转矩特性曲线尽

量匹配、吻合，以达到降低电动机容量的目的。

由于电动机转速过高会引起轴承及传动机构磨损的增加，故对于卷取机这类必须要连续调速的机械，电动机最高工作频率一般不超过额定频率的两倍。

当 $f_X \leqslant 2f_N$ 时，若系统容量选择以 $f_{max}=2f_N$ 为准，这时因为电动机额定转速只需负载最高转速的一半，因此，所需电动机容量为

$$P_N=\frac{T_N \times n_N}{9550}=\frac{T_{Lmax} \times \frac{1}{2} n_{Lmax}}{9550}$$

这样，电动机容量与恒功率负载功率之比为

$$\frac{P_N}{P_L}=\frac{\frac{1}{2} n_{Lmax}}{n_{Lmin}}=\frac{D_L}{2}$$

上式说明，这时电动机容量可减小一半。将恒功率负载转矩特性和电动机有效转矩线一起绘制，如图 12-14(b)所示。图 12-14(b)中曲线①为恒功率负载转矩特性，曲线③为电动机有效转矩线，电动机有效转矩线与负载转矩特性曲线的匹配程度要比电动机最高频率为额定频率时要好。

在图 12-14(b)中，拖动恒功率负载所需的功率仍与 A_1EOCA_2 所包围面积成正比，而电动机容量与 $OCGF$ 所包围面积成正比。显然，在恒功率负载运行中，电动机容量只有调频范围 $f_X \leqslant f_N$ 情况下的一半，电动机容量的利用率得到显著提高。下面通过例 12-2 进一步说明这个问题。

【例 12-2】 某厂的塑料薄膜卷取机改为由变频调速来实现恒张力控制，卷取机的基本数据如下：最大卷取速度为 v_{max} 为 200m/min，最大卷取张力为 F_{max} 为 300N，卷取直径 D 变化范围为 200～1200mm。图 12-15 所示是卷取机卷取直径最小和最大两种情况。

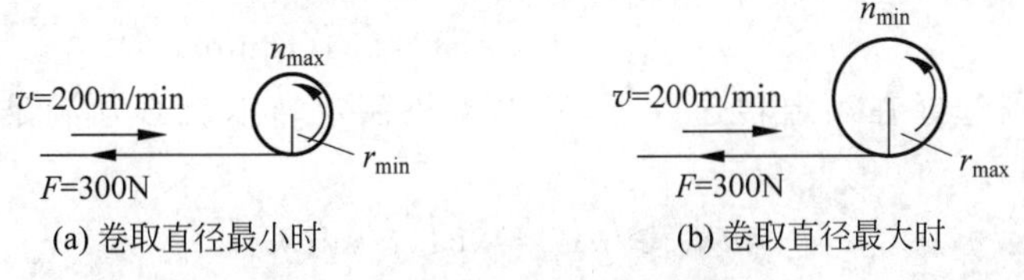

图 12-15　塑料薄膜卷曲机工作情况

由于在卷取过程中要求薄膜线速度和张力都保持恒定，因而其具有恒功率的特点，属于恒功率负载。

计算过程如下。

(1) 确定负载转矩特性。

根据卷取机最大速度和卷取直径范围，可以得到卷取机转速范围为

$$n_{Lmin} \sim n_{Lmax}=\frac{v_{max}}{\pi(D_{max} \sim D_{min})}=\frac{200}{\pi(1200 \sim 200)}=53 \sim 318(\text{r/min})$$

卷取机转矩变化范围为

$$T_{\text{Lmin}} \sim T_{\text{Lmax}} = F_{\max} \times \frac{(D_{\min} \sim D_{\max})}{2} = 300 \times \frac{(200 \sim 1200)}{2} = 30 \sim 180(\text{N} \cdot \text{m})$$

卷取机最高转速时功率为

$$P_{\text{L}} = \frac{30 \times 318}{9550} \approx 1(\text{kW})$$

卷取机最低转速时功率为

$$P_{\text{L}} = \frac{180 \times 53}{9550} \approx 1(\text{kW})$$

卷取机最高转速和最低转速时功率都是1kW，进一步证明了其恒功率的性质，其转矩特性为双曲线，如图12-16中的曲线①所示，图中T_{L}为卷取轴上的负载转矩。

由于调速时负载功率始终是1kW，说明其需要的驱动功率只有1kW。

(2) $f_{\text{X}} \leqslant f_{\text{N}}$情况下电动机容量的选择。

在配用变频调速系统电动机时，若所选电动机为六极异步电动机，进行变频调速时通过矢量控制或转差补偿可得到较硬的机械特性。为了方便起见，电动机额定转速先按同步转速计算，即$n_{\text{MN}}=1000\text{r/min}$，这也是在$f_{\text{X}} \leqslant f_{\text{N}}$情况下调速范围内的最高转速，所以电动机与负载间的传动比为

$$\lambda = \frac{n_{\text{MN}}}{n_{\text{Lmax}}} = \frac{1000}{318} = 3.14$$

取$\lambda=3$。

负载最大转矩折算到电动机轴上的等效负载转矩为

$$T'_{\text{Lmax}} = \frac{T_{\text{Lmax}}}{3} = \frac{180}{3} = 60(\text{N} \cdot \text{m})$$

当卷取机轴为最高转速时，电动机转速也为最高转速，为

$$n_{\max} = \lambda n_{\text{Lmax}} = 3 \times 318 = 954(\text{r/min})$$

若电动机调速范围选择在额定转速以下，则电动机额定转速就必须满足负载最高转速要求，即

$$n_{\text{MN}} \geqslant n_{\max} = 954(\text{r/min})$$

所以，电动机容量应满足

$$P_{\text{MN}} \geqslant \frac{60 \times 954}{9550} \approx 6(\text{kW})$$

选择$P_{\text{MN}}=7.5\text{kW}$。

可见，所选电动机容量为负载所需功率的7.5倍。这时，电动机有效转矩线如图12-16曲线②所示，在不同速度时，电动机可以输出的转矩比负载实际所需转矩大很多，电动机容量没有得到充分利用，非常浪费。

(3) $f_{\text{X}} \leqslant 2f_{\text{N}}$情况下电动机的选择。

若采用变频调速后，电动机最高频率可调节到$2f_{\text{N}}$，即电动机最高工作频率为100Hz，

这时电动机额定转速只需负载最高转速的一半即可满足速度范围要求。也可以认为,如果电动机额定转速不变,那么当电动机以额定转速运行时,负载转速只有原来速度的一半,即由原来的 320r/min 变为 160r/min。这样需要传动比为原来的 2 倍,即

$$\lambda' = 2\lambda = 6$$

负载转矩折算到电动机轴上的等效转矩也只有原来的一半,这样只需

$$T_{MN} \geqslant T'_{Lmax} = 30\text{N}\cdot\text{m}$$

所以可以选择电动机容量为

$$P_{MN} \geqslant \frac{30 \times 954}{9550} \approx 3(\text{kW})$$

取 $P_{MN} = 3.7\text{kW}$。

可见,所需电动机容量比原来减小一半。

这样卷取机负载转矩与电动机有效转矩线的关系如图 12-17 所示,曲线①为负载转矩特性,曲线②为电动机有效转矩线。

将电动机供电频率扩大到 $2f_N$,对于恒功率负载确实能达到降低电动机容量一半的效果。但金属切削机床这类机械,与卷取机的工作方式不同,卷取机属于连续调速的机械,而金属切削机床对转速的调整,是在停机时进行,在工作过程中调速范围很小。所以,对于这类负载,可考虑将传动比分为两挡,进一步降低调速系统容量。

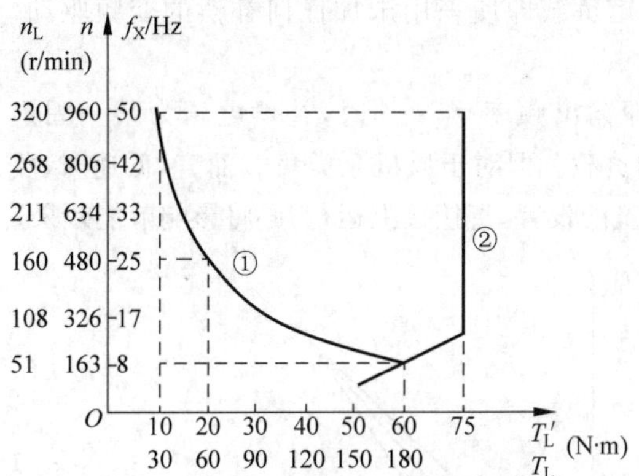

图 12-16 $f_X \leqslant f_N$ 情况下的特性曲线

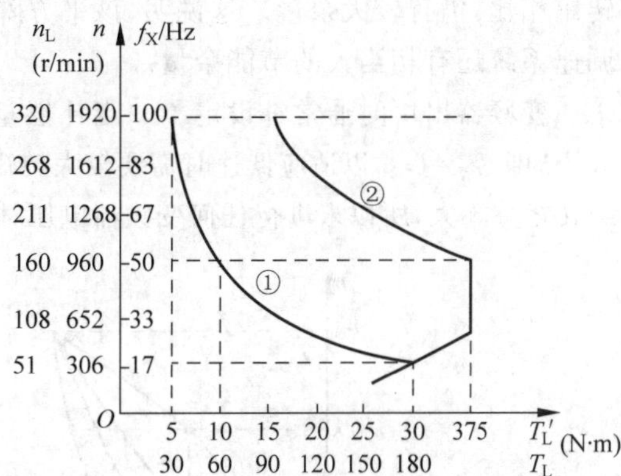

图 12-17 $f_X \leqslant 2f_N$ 情况下的特性曲线

12.7 平方降转矩负载的变频调速

平方降转矩负载所需要的转矩大小以转速平方的比例增加或减少,负载所消耗的功率基本上与速度的三次方成正比,如风量只需要最大风量的 70%时,这时实际风机所消耗功率大约只有最大风量时的 34%。所以通过变频器控制流体或气体机械的转速,与以往那种单纯依靠风门挡板或截流阀来调节流量的定速风机或定速泵相比,可以大幅度地节能降耗。

因此变频技术在风机泵类负载上的节能效果提升潜力很大。我国电力负载中风机泵类负载的用电量约占总用电量的60%～70%，因此，风机泵类的节能问题就显得尤为重要。提高风机泵类能源的利用率，也一直是国家关注的重点。

平方降转矩负载对调速系统静态性能和动态性能要求都不是很高，所以常采用V/f控制方式。

这类负载的节能效果还取决于负载转矩特性与电动机有效转矩线匹配得是否合适，只有配合好，才能实现高效率的节能。对于平方降转矩负载而言，变频调速后如何得到最佳的节能效果是关键问题。

视频讲解

12.7.1 V/f控制特性曲线的选择与节能效果

图12-18(a)所示的是采用V/f控制方式，在不同电压补偿量下电动机有效转矩线和平方降转矩负载转矩特性曲线。曲线0为平方降转矩负载机械特性曲线，其余的是不同电压补偿量下的电动机有效转矩线。曲线1是电动机在V/f控制方式下未加任何电压补偿时的有效转矩线，与图12-18(b)中的控制曲线1对应。当转速为n_{LA}($n_{LA}<n_N$)时，由曲线0可知，此时负载转矩为T_{LA}，由曲线1可知，电动机转矩为T_A。

由图12-18(a)可见，即使未加电压补偿，在低频运行时，$T_A>T_{LA}$，电动机转矩与负载转矩相比，仍有较大余量。这说明，该平方降转矩负载即使采用未加任何补偿的变频驱动，调速系统还有相当大的节能余量。

变频器出厂时通常都设定了一定补偿量，即输出频率$f_X=0$时，补偿电压为某一固定大小，即$U_X=U_C$，以适应低速时需要较大转矩的负载。但对于风机泵类负载而言，低速时，负载转矩并不大，所以未进行任何变频器电压补偿量的设置，直接接上运行，必将影响节能效果。

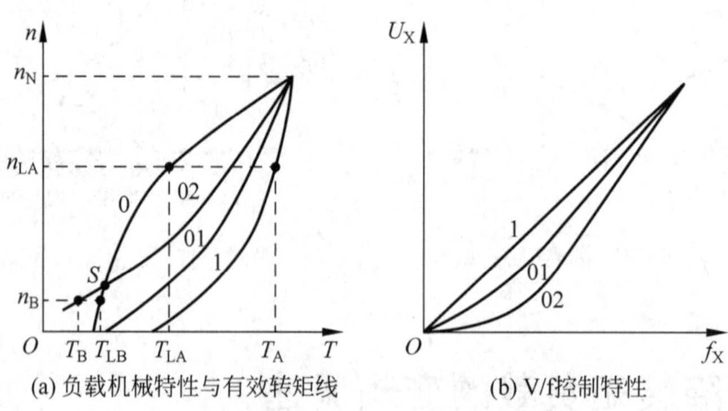

(a) 负载机械特性与有效转矩线　(b) V/f控制特性

图12-18　平方降转矩负载特性与电动机有效转矩线

有些变频器设置了若干条降低V/f之比的控制曲线，如图12-18(b)中所示的曲线01和02。与此对应的有效转矩线是图12-18(a)中的曲线01和02。这种曲线是在低速时降低了变频器输出电压U_X，因此也叫低减V/f曲线。但选择了低减V/f控制线后，可能会出现电动机难以启动的情况。如在图 12-18(a)中的曲线 0 和曲线 02 交点 S 以下转速 n_B 时，$T_B < T_{LB}$，调速系统就无法启动。要解决这个问题，可以选择比图 12-18(b)中曲线 02 更大些的 V/f 控制线，如曲线 01，也可采用适当加大启动频率的方法。

图 12-19 所示是西门子 MM430 的平方 V/f 控制曲线，P1300 选择为 2，即选择抛物线 V/f 控制方式。$U_{C,100}$ 为连续提升量的大小，由参数 P1310 设定，$U_{C,100}$ = 电动机额定电流(P0305)×定子电阻(P0350)×连续提升(P1310)。$f_{C,end}$ 为提升结束点的频率，频率达到这一点时提升量达到 50%，即 $U_{C,50} = U_{C,100}/2$。

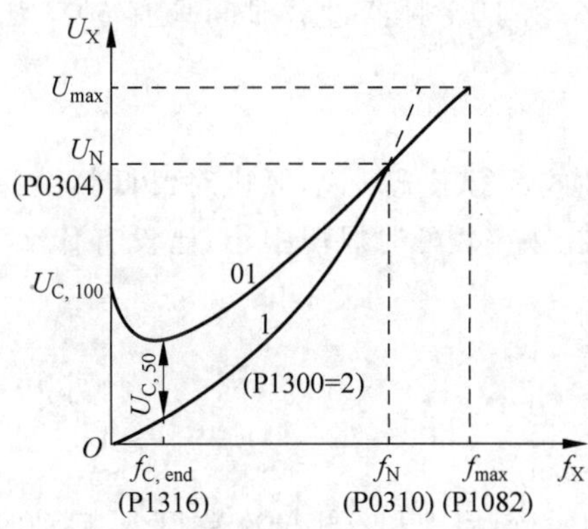

图 12-19 MM430 的抛物线 V/f 控制曲线

12.7.2 风机的变频调速

1. 变频器容量的选择

风机在某一转速下运行时，其阻转矩一般不会发生变化，只要转速不超过额定值，电动机就不会过载。一般变频器在出厂时所标注的额定容量都具有一定的裕量，所以选择变频器容量与所驱动的电动机容量相同即可。若考虑更大的裕量，也可以选择比电动机容量大一个级别的变频器，但费用也将增加。

2. 变频器控制方式的选择

风机在低速运行时，其阻转矩很小，不存在低频时带不动负载的问题。从节能的角度考虑，采用最低电压补偿的 V/f 控制方式即可。目前，许多生产厂家都生产有廉价的风机专用变频器，可以选用。在设置变频器参数时，要注意一般变频器出厂时设置了转矩补偿量，同样不适宜风机负载运行的节能。即使不补偿，电动机输出电磁转矩也足以带动负载。为了节能，风机应采用低减 V/f 曲线。

3. 变频器参数的预置

1）最高频率

对于风扇、风机、泵类平方降转矩负载，如果工作频率超过电动机额定频率，其转矩将以二次方的速率增加。又由于流体类负载在高速时需求功率增长过快，与负载转速的三次方基本成正比，所以平方降转矩负载的变频调速系统，工作的最高频率不允许超过电动机额定频率(基本频率)。尤其考虑到风机泵类负载不容易出现过载的情况,因此风机泵类专用变频器所设计的过载能力较低,为120%,60s,要比通用变频器的150%,60s的过载能力低,所以若工作的最高频率允许超过额定频率,风机泵类专用变频器更容易过载。

设工作频率 f_X 超过额定频率10%,即

$$f_X = 1.1f_N = 1.1 \times 50 = 55(\text{Hz})$$

则风机转速也上升10%,于是,负载转矩 T_{LX} 为

$$T_{LX} = (1.1)^2 T_{LN} = 1.21T_{LN} > 1.2TT_N$$

可见,负载转矩将增大21%,并且变频器过载时间只有60s,因此使变频器处于严重过载状态。

2) 最低频率

从风机负载的转矩特性或运行工况来说,风机对最低频率并没有要求。但风机工作的最低频率设置太低时,风机在频率较低时风压很小,已没有什么实际意义,故最低频率通常预置值大于或等于25Hz。

3) 升速、降速时间

风机运行的特点是:

(1) 对动态性能要求不高;

(2) 一般风机都是连续运行,启动和停机的次数很少,启动时间和停止时间稍长也不会影响正常生产;

(3) 风机的惯性较大,升速时间过短,容易产生过电流;减速时间短,容易引起过电压。

基于风机运行的特点,变频器升速/降速时间预置可以长一些,使启动时电动机电流和停止时直流电压都限制在允许范围内,防止失速现象的发生。具体时间可根据风机的容量大小而定,风机容量越大,升速/降速时间设置越长。

4) 启动方式

因为风机在低速时阻转矩很小,而在频率较高时阻转矩增加较快。反之,在停机开始时,由于惯性的原因,转速下降较慢,所以,以采用半S方式为宜。

5) 回避频率

风机在较高速运行时,由于阻转矩较大,容易在某一转速下发生机械谐振,极易造成机械故障或设备损坏。可以利用变频器回避频率设置功能,避开发生谐振的频率范围。

6) 启动前的直流制动

因为风机在停机后,其叶片常常因自然风处于反转状态。这时如果开始启动风机运行,驱动风机的电动机将处于反接制动状态,会产生很大的冲击电流。可以利用变频器的直流制动功能,设定启动前的直流制动参数,使电动机零速启动。

4. 风机变频调速系统

一般情况下,风机采用正转控制,所以线路比较简单。但考虑到变频器一旦发生故障,为了生产的继续进行,不能让风机停止工作,因此应具有变频运行切换到工频运行的控制功能。

【例 12-3】 采用 MM430 变频器实现风机的变频调速。要求能实现工频和变频的单独运行。当变频器发生故障时能自动切换到工频运行状态。

图 12-20 所示是设计的风机变频调速系统电气原理图。

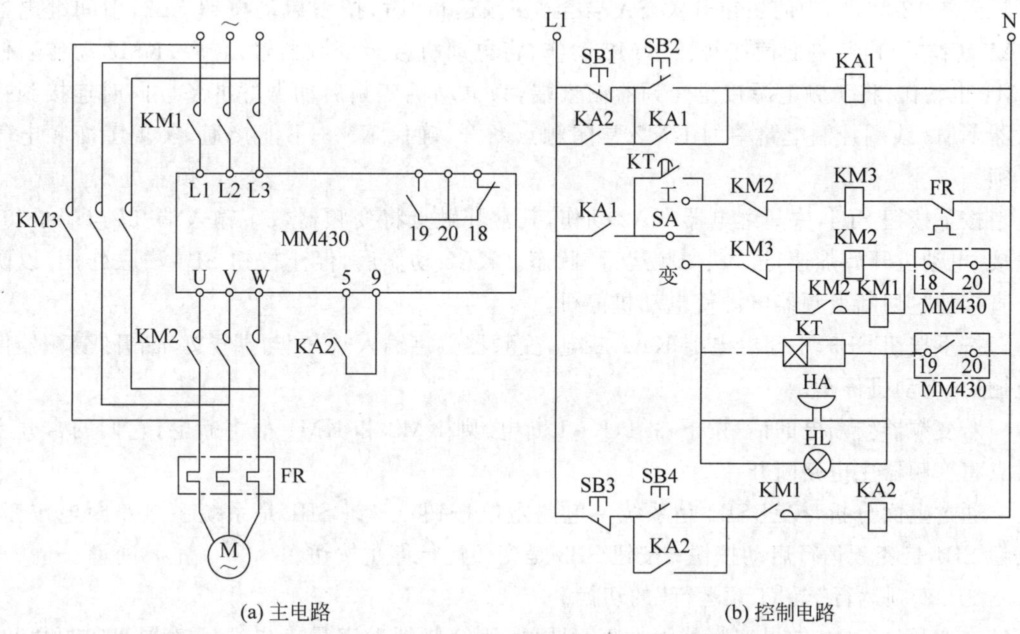

图 12-20 风机变频调速系统的电气原理图

(1) 主电路构成。

图 12-20(a)中主电路采用西门子变频器 MM430,其输入侧 L1、L2、L3 通过交流接触器 KM1 主触点接入电源,输出侧 U、V、W 经交流接触器 KM2 主触点接至电动机。交流接触器 KM3 为电动机工频供电。设置 KM2 的目的是防止电动机工频供电时,变频器输出端与电源接通,损坏变频器。接触器 KM2 和 KM3 绝对不允许同时接通,因此,KM2 和 KM3 之间必须有可靠的电气互锁。FR 为热继电器,对电动机进行过载保护。

(2) 控制电路。

图 12-20(a)中 MM430 端子“5”通过中间继电器 KA2 触点与端子“9”连接,数字量输入为 PNP 模式,作为变频运行启动和停止端。当 KA2 触点闭合时,电动机变频启动;当 KA2 触点断开时,停止电动机变频运行。为便于对风机进行“变频运行”和“工频运行”的切换,在控制电路 12-22(b)中用三位开关 SA 选择“工频运行”还是“变频运行”。

(3) 控制过程。

① 工频运行。

当图 12-20(b)中的三位开关 SA 合至“工频运行”时,按下启动按钮 SB2,中间继电器 KA1 动作并自锁,进而使接触器 KM3 动作,电动机进入工频运行状态。

当按下停止按钮 SB1,中间继电器 KA1 和接触器 KM3 均断电,电动机停止运行。

当电动机运行时，当发生过载现象时，热继电器 FR 动作，KM3 线圈失电，电动机停止运行。

② 变频运行。

当图 12-20(b)中的三位开关 SA 合至“变频运行”时，按下启动按钮 SB2，中间继电器 KA1 动作并自锁，进而使接触器 KM2 动作，将电动机接至变频器输出端。KM2 动作后使 KM1 也动作，将工频电源接至变频器输入端，为电动机变频启动做好准备。同时连接到接触器 KM3 线圈控制电路中的 KM2 常闭触点断开，确保 KM3 不能接通，实现工变频电气互锁。

按下按钮 SB4，中间继电器 KA2 动作，其常开触点将变频器数字输入端“5”与端子“9”短接，电动机开始加速，进入“变频运行”状态。KA2 动作后，停止按钮 SB1 失去作用，以防止直接通过切断变频器电源使电动机停机。

按下按钮 SB3，中间继电器 KA2 断电，变频器数字输入端“5”与端子“9”断开，变频器停止输出，电动机停车。

若变频器要断电的话，按下 SB1，KA1 断电，则 KM2 和 KM1 都将断电，它们的常开主触点将变频器主电路断开。

通过上面分析，按钮 SB2 是系统主电路上电按钮；按钮 SB1 是系统主电路断电按钮。按钮 SB4 是变频运行启动按钮；按钮 SB3 是变频运行停止按钮。

③ “变频运行”至“工频运行”的切换。

在变频运行中，如果变频器因故障而跳闸，则变频器数字量输出端子动作，“18”和“20”触点断开，接触器 KM1 和 KM2 线圈均断电，其主触点切断了变频器与电源之间的连接。“20”和“19”触点闭合，接通报警扬声器 HA 和报警灯 HL，进行声光报警。同时，时间继电器 KT 得电，其触点延时一段时间后闭合，使 KM3 动作，电动机进入工频运行状态。

(4) 变频器参数设定。

变频器快速调试和功能运行参数的设定情况见表 12-2，这里省略了电动机额定参数设定。

表 12-2　变频器参数设定

参数	出厂值	设定值	说　明
P0010	0	1	进入快速调试
P0100	0	0	功率用 kW，频率默认为 50Hz
P0003	1	1	用户访问级为标准级
P0004	0	0	无参数过滤，显示全部参数
P0700	2	2	由端子排输入(选择命令源)
P1000	2	1	频率由操作面板设定
P1080	0	25	电动机运行的最低频率(下限频率)
P1082	50	48	电动机运行的最高频率(上限频率)
P1120	10	30	斜率上升时间

续表

参数	出厂值	设定值	说　明
P1121	10	30	斜率下降时间
P3900	0	3	快速调试结束,P0010 恢复为 0
P0003	1	3	用户访问级为专家级
P0701	1	1	端子 DIN1 功能为 ON 接通正转/OFF 停车
P0725	1	1	端子 DIN 输入为高电平有效
P0731	52.3	52.3	输出继电器在变频器故障时动作
P0748	0	1	数字输出反相(即变频器故障时接通)
P2100	0	23	故障报警信号的编号为 F0023(输出故障)
P2101	0	1	变频器 F0023 故障时采用 OFF1 停车

风机设备采用变频调速技术是一种理想控制方案,具有显著的节电效果,提高了设备效率,减少了设备维护和维修费用,较好地满足了生产工艺要求,具有较高的经济效益。《中华人民共和国节约能源法》第 39 条已把它列为重点技术推广项目。

12.7.3　水泵的变频控制

恒压供水是指在供水网系中用水量发生变化时,出口压力保持不变的供水方式,这样既可以满足系统管网各个部位用户对水的需求,又不使电动机空转造成能量浪费。为了实现上述目标,需要变频器根据给定压力信号和反馈压力信号调节水泵转速,从而达到控制管网中水压恒定的目的。恒压供水变频调速控制系统的原理结构图如图 12-21 所示。

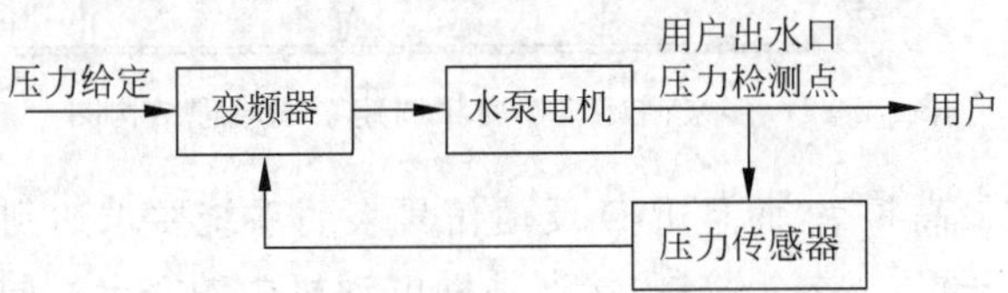

图 12-21　水泵变频调速系统原理结构图

水泵电动机是输出环节,转速由变频器控制实现变流量恒压控制。变频器接收压力给定和压力反馈信号后,经过 PID 调节输出运行频率。压力传感器检测管网出水压力,并将其转变为变频器可接收的模拟信号,参与压力调节。变频调速恒压供水控制最终是通过调节水泵的转速来实现,水泵是供水的执行单元,通过调速实现水压恒定。

西门子 MM430 变频器是风机泵类专业变频器,其拥有内置 PID 调节器,可以提高供水系统压力的控制精度,改善控制系统的动态响应。PID 调节器设定一个目标值,目标值与用户要求的压力值进行比较,通过调节 PID 参数来调节变频器的输出频率,从而调整水泵转速,改变水泵流量,使压力保持恒定。

MM430 还扩展了 PID 控制器的功能,电动机可以在以最低频率运行后,断开电动机。如果达到重新启动频率时,电动机将自动再启动。这就是节能方式控制(在无负载的情况下，可以断开电动机的运行)，为用户节约了大量能源。

为了防止水池缺水时，水泵因空转而损坏，MM430 变频器提供了缺水和断带检测功能(用于检测传动部分的机械故障，例如皮带断裂、水泵缺水运行等)。变频器无需传感器，可以通过设定转矩变化范围，来对转矩进行监控，可以识别水泵是否因缺水空转和传动部分的机械故障，从而对水泵进行全面保护。

MM430 拥有电动机的分级循环启动控制功能，用于多泵的循环切换。在 PID 控制信号作用下，最多可以控制三台辅助电动机，各台辅助电动机可以通过接触器或电动机启动器投入或退出运行，接触器或电动机启动器的接通和断开由变频器继电器输出端进行控制，如图 12-22 所示。整个系统包括一台由变频器控制的水泵，三台由接触器或电动机启动器控制的辅助水泵。用风机和管道代替水泵和水管，也可以组成类似的风机循环控制系统。

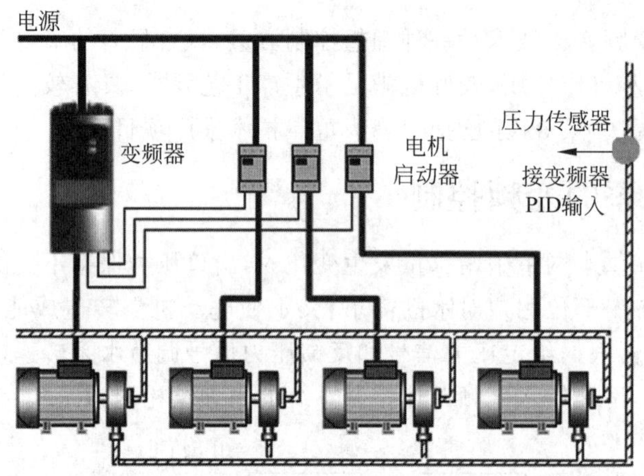

图 12-22　多泵循环切换变频调速系统原理结构图

当变频器运行在最高频率，而且 PID 反馈信号表明系统要求达到更高的速度时，变频器通过继电器输出端子(进入分级控制)接通辅助电动机中的一台。同时，为了保持被控的变量尽可能恒定不变，变频器输出频率必须沿斜坡函数曲线降低至最低频率。因此，在分级过程中，PID 控制器必须暂停工作。

当变频器运行在最低频率，而且 PID 反馈信号表明系统要求进一步降低速度时，变频器通过继电器输出端子(退出分级控制)断开辅助电动机中的一台。在这种情况下，为了保持被控的变量尽可能恒定不变，变频器输出频率必须沿斜坡函数曲线由最低频率上升至最高频率。同时，PID 控制器也必须暂停工作。

当允许电动机分级循环工作时，选择哪一台电动机进入/退出分级控制，是根据电动机的运行时间计数器 P2380 的计数值来确定。进入分级控制时，运行时间计数器计入小时数最少的电动机接通；退出分级控制时，计入小时数最多的电动机断开。如果分级控制的电动机具有不同的容量，那么，选择哪一台电动机进入和退出分级控制，首先是根据需要的电动机容量，然后，如果仍然可以选择的话，就按运行小时数来选择。

为保证供水系统的连续性，MM430 还提供了旁路切换功能，通过继电器输出端子控制两个互锁的接触器，实现变频和工频切换。

小结

本章介绍生产机械的三种典型类型负载，即恒转矩负载、恒功率负载和平方降转矩负载，分析了三种类型负载的机械特性和功率特性，为变频调速技术在生产机械中的应用奠定了基础。介绍了生产机械对调速系统电气性能主要有调速范围、静差率和升速/降速过程的动态响应要求。

异步电动机由变频器供电时，定子电流中含有较多的高次谐波，在驱动相同负载的情况下，电动机输入电流要比工频供电时大，电动机发热也会增大。当从额定频率向下调速时，电压必须同步减小，造成磁通减小，使电动机输出有效转矩减小，必须加适当的电压补偿；当从额定频率向上调速时，由于电动机所加的电压保持额度电压不能再增加，因此磁通也将减小，使电动机输出有效转矩也减小。总的来看，不论是电动机供电频率低于额定频率还是高于额定频率时，有效转矩都有所减小。对有调速范围要求的恒转矩性质生产机械来说，在整个变频范围内，电动机是否会出现过载状况，能否长时间可靠运行是设计变频调速系统需要考虑的问题。

对于恒转矩负载，如果调速范围要求不高或负载转矩变动范围不大，采用 V/f 控制方式即可，对于机械特性要求较高的应采用矢量控制方式。由于电动机低频启动时启动转矩小，当带恒转矩负载重载时，可能造成系统启动困难甚至无法启动。可以利用电压补偿功能，通过提高变频器输出电压来提高电动机输出转矩或采用矢量控制方式，以提高电动机启动性能。

对于恒功率负载，如何降低变频系统的容量是主要考虑的问题。可将电动机供电频率扩大至 $2f_N$，尽量利用电动机的恒功率区带动恒功率负载，使两者特性尽量吻合，从而降低调速系统容量。

对于风机泵类平方降负载而言，如何取得最佳的节能效果是主要考虑的问题。由于风机泵类负载低速时液体或气体流速低，负载只需很小的转矩即可旋转；随着电动机转速的上升，气体或液体流速加快，负载转矩和功率也越来越大，负载所消耗的功率与速度三次方成正比，通常选择适当的低减 V/f 控制曲线，可获得最佳的节能效果。

习题

1. 生产机械包括哪些负载类型？各有什么特点？
2. 负载特性包含什么特性？分别指哪些物理量之间的关系？
3. 异步电动机采用变频供电时，对其有哪些影响？
4. 什么是有效转矩线？异步电动机采用变频供电时，对有效转矩有什么影响？

5. 对于三种典型的负载类型，采用变频调速系统拖动时，首要考虑的是解决什么问题？

6. 某恒转矩负载数据：$T_L=140\text{N}\cdot\text{m}$，$n_{max}=700\text{r/min}$，$n_{min}=100\text{r/min}$，调速范围 $D_L=n_{max}/n_{min}=7$。原选电动机的数据：$P_N=11\text{kW}$，$n_N=1440\text{r/min}$。原有传动装置的传动比 $\lambda=2$。现技术改造，采用变频调速，用户要求不增加额外设备，但可适当改变皮带轮的直径，即在一定范围内改变传动比。变频调速范围和负荷率的关系如图 12-23 所示。

(1) 试对原设备进行计算，说明为什么采用变频调速后满足不了调速范围要求；

(2) 采用什么方法满足负载的调速范围要求。

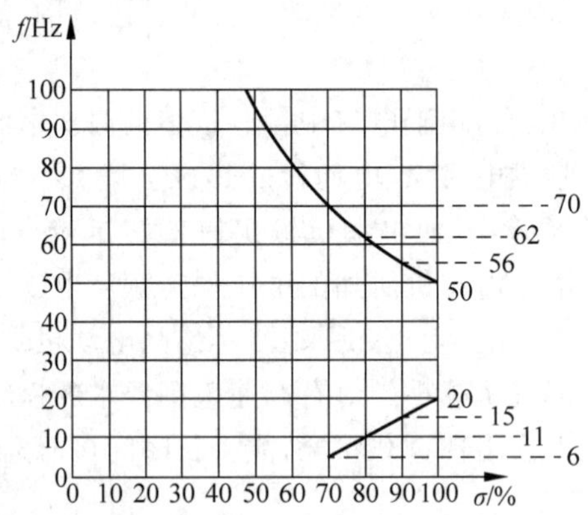

图 12-23 变频调速范围和负荷率的关系

7. 某卷曲机，负载的转速范围为 51～320r/min，电动机的额定转速为 960r/min，传动比为 3。卷曲机的特性曲线如图 12-16 所示。试计算：

(1) 负载在最高速和最低速时的功率，并判断负载的性质；

(2) 若采用 50Hz 以下变频调速，电动机容量选择需多大；

(3) 若调频范围可扩大到 100Hz，电动机容量选择需多大。

8. 对于风机泵类负载，怎样选择 V/f 控制曲线？

第 13 章 MM4 和 SINAMICS S120 驱动产品应用实例

内容提要：本章通过六个实例分析 MM4 系列变频器和 SINAMICS S120 系列驱动器在生产机械变频调速中的应用，介绍六种机械设备的控制特点，变频调速系统构成和参数的设定，分析风机泵类负载采用变频调速控制的节能原理。六个变频调速实例涉及 MM4 变频器的 PID 控制功能、多段速控制功能、参数组切换、自由功能模块和 BICO 功能的应用等问题，还有 MM430 变频器的多泵循环切换的分级控制问题；涉及 SINAMICS S120 驱动器基本定位功能的应用，主、从控制功能的应用，以及 SINAMICS S120 驱动器的冗余配置。

交流驱动器作为节能应用与速度工艺控制中越来越重要的自动化设备，得到了快速发展和广泛的应用。在机械加工、电力、纺织与化纤、建材、石油、化工、冶金、市政、造纸、食品饮料、烟草等行业以及公用工程（中央空调、供水、水处理、电梯等）中，交流驱动器都发挥了重要作用。交流驱动器主要用于交流电动机（异步电动机或同步电动机）转速的调节，是交流电动机最理想、最有前途的调速方案。交流驱动器除了具有卓越的调速性能之外，驱动风机泵类负载时还有显著的节能作用，是企业技术改造和产品更新换代的首选调速装置。

MM4 系列变频器采用模块化设计，额定功率范围为 0.12～250kW（0.16～300HP），有简单用途的基本型变频器 MM410、标准通用型变频器 MM420、风机泵类专用型变频器 MM430 和高性能矢量控制变频器 MM440，适用于多个领域，可以满足各种设备的驱动要求。MM4 系列变频器安装、调试和操作控制都特别简单。可以灵活地进行输入和输出电路的连接，使用极其灵活。如果采用产品出厂时的默认设置值，变频器在上电后就处于运行准备就绪的状态，可以立即投入使用。

SINAMICS S120 作为西门子新一代高动态性能驱动器，可以实现矢量控制和伺服控制，并将许多工艺功能集成到驱动控制中，可用于单机和多机传动，解决高性能的驱动任务，满足对动态特性和稳态精度较高的要求。SINAMICS S120 覆盖功率范围为 0.12～4500kW，且可配用多种控制单元，用于完成特定的传动任务，几乎可用于所有复杂的传动应用。SINAMICS S120 驱动器采用独立的功率单元和控制单元，可有效进行配置，满足各种不同驱动任务需要。用户可根据要控制的驱动轴数量和所需的性能等级来选择控制单元的 CF 卡，功率单元的选择则必须满足系统的能量变换要求。控制单元和功率单元之间的连接非常简单方便，采用西门子公司驱动设备专用的通信接口 DRIVE-CLiQ。

本章通过六个实例介绍西门子 MM4 系列变频器和 SINAMICS S120 驱动器在实际工程中的应用。

视频讲解

13.1 MM440 变频器在电梯上的应用

13.1.1 系统概述

电梯行业是一个特种行业，电梯是关系到人身安全的重要设备，因此，国家对电梯设计、制造、安装以及使用都有详细的国家标准。垂直升降电梯主要包括土建、机械和电气三部分。机械部分由导轨、轿厢、对重、钢丝绳以及其他辅助机械构成；电气部分由主控制板、变频器、曳引机等构成。电梯运行时，由主控制板发出信号控制变频器输出，变频器驱动曳引机带动轿厢上下运行。

垂直升降电梯是位势能拖动负载，要求拖动电动机四象限运行。控制的特点是频繁启动、制动，并且要求重载条件下能启动、换速、平稳无冲击（舒适感好）、平层精度高（定位准确）和低速力矩大，是变频器驱动电动机运行中性能要求最高的应用之一。

变频器作为电梯控制系统中的核心电气设备，对电梯安全可靠的运行非常重要。针对电梯控制系统对变频器的一些特殊要求，许多公司推出了电梯专用变频器来满足电梯驱动的特殊要求。西门子通用多功能变频器 MM440 采用绝缘栅双极型晶体管（IGBT）作为功率输出器件，具有很高的运行可靠性；采用脉冲频率可选的专用脉宽调制技术，可使曳引机在低噪声下运行；采用了高性能的矢量控制技术，并有多种控制方式可灵活选用；具有全面而完善的保护功能，为拖动系统的运行提供了可靠的保护性能，适用于不同领域。MM440 变频器可以提供 200%、3s 的过载能力，控制电动机从静止状态到平滑启动。MM440 的矢量控制和可编程的 S 曲线功能，使轿厢停止和启动过程中能平稳地运行，保证乘客的舒适感。在电梯控制系统中，采用闭环矢量控制，使其具有快速的动态响应特性和超强的过载能力，并且电梯定位准确。MM440 系列变频器的自由功能模块通过独特的 BICO 连接组成了大量资源供用户使用，从而可完成复杂的多种控制。MM440 强大而灵活的控制功能，可以完全胜任电梯控制系统的要求。由 MM440 驱动异步曳引机构成的电梯系统完全能满足国家标准 GB 7588—2003《电梯制造与安装规范》和 GB/T 10058—1997《电梯技术条件》的要求。

13.1.2 系统组成和基本原理

电梯是一个复杂的系统，目前电梯运行的控制方式通常采用两种：一种是用微机组成信号控制单元，另一种是用可编程控制器（PLC）构成控制单元，完成电梯信号的采集、运行控制和功能设定，实现电梯的自动调度和集选运行功能。从控制方式和性能上来说，这两种方式并没有太大的区别。但由于生产规模较小，自己设计和制造微机控制装置成本较高，而PLC是工业控制现场产品，运行可靠性高，程序设计方便灵活，所以大多选择第二种方式。拖动电梯升降运行的曳引机由变频器驱动。

图13-1所示的是一个S7-300 PLC、MM440变频器和曳引机组成的电气控制系统构成框图。这个系统用于控制三层楼的小型提升系统，电气主回路驱动设备采用的是一台MM440变频器，其主要技术指标见表13-1。外接制动电阻用于提高电动机的制动性能。

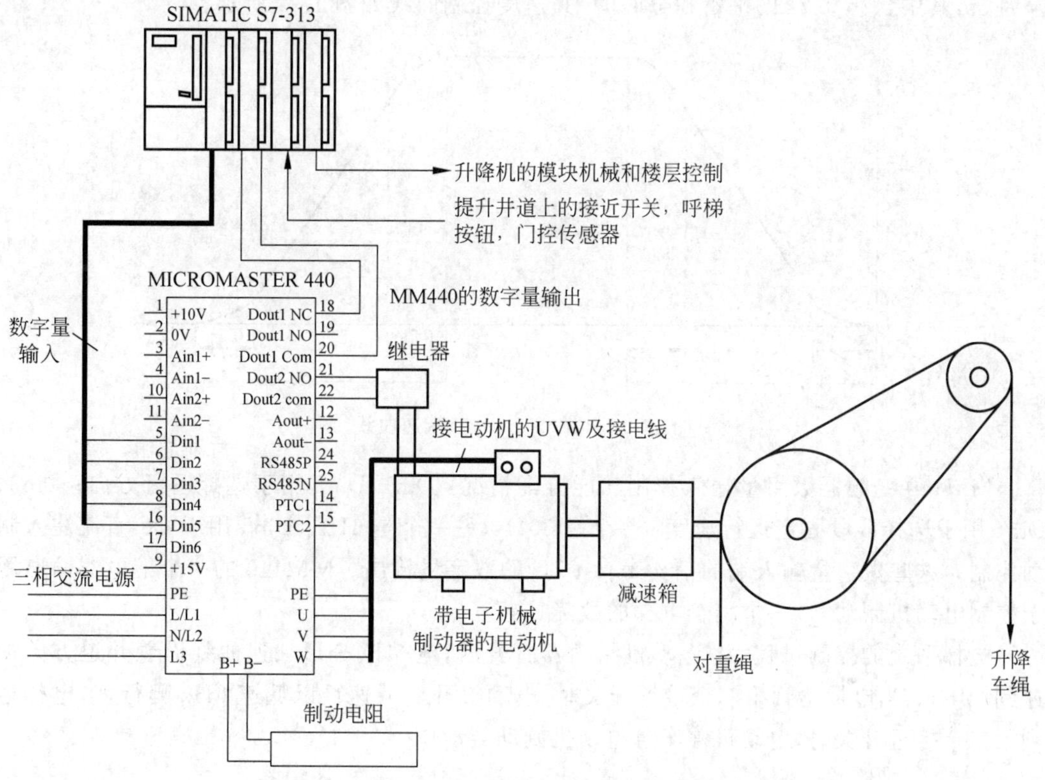

图13-1　MM440驱动的电梯控制系统电气原理框图

表13-1　MM440变频器技术指标

输入电压	三相380～480V±10%	工作温度	−10℃～50℃
输入频率	47～63Hz	保护等级	IP20
输出电压	0～380V	控制方式	V/f,FCC,SVC,VC,TVC
输出频率范围	0～650Hz	串行接口	RS 232,RS485
输出功率	7.5kW	电磁兼容性	EN55011 A级 EN55011 B级
过载倍数	2倍,3s,1.5倍,60s		

拖动电动机是一台额定功率为7.5kW，额定电压为400V的三相带制动器异步电动机。

控制回路采用SIMATIC S7-313 PLC作为控制器，用于处理接近开关信号、按钮信号以及电梯的运行控制和楼层显示等。在井道中用一些接近开关与 PLC 相连接，它们提供平层信号和减速停车控制信号。

系统控制要求如下。

曳引机带动轿厢上行和下行速度为 1m/s 速度，对应变频器输出频率为 50Hz。当轿厢接近所要到达的楼层时，平层信号由井道中的接近开关发出，变频器输出频率减小到 6Hz，用于减速停车。基于平稳性和舒适度的考虑，采用 S 形的加速/减速曲线，斜坡积分时间设定为 3s，其中含有 0.7s 的平滑积分时间，其速度控制曲线如图 13-2 所示。

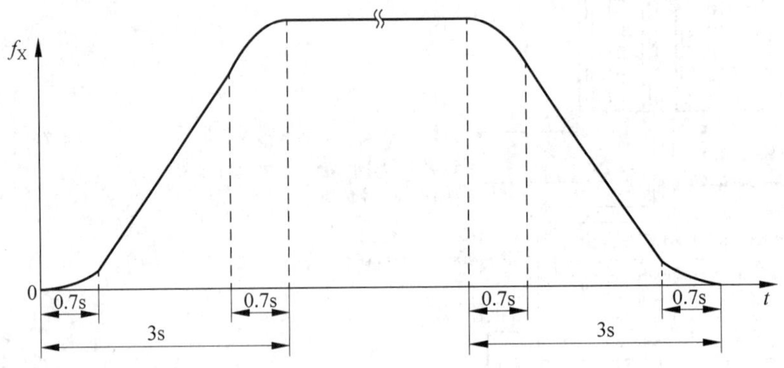

图 13-2　电梯 S 形加速、减速曲线

MM440 变频器数字量输入控制功能分配情况：Din1、Din2 用于选择运行方向；Din3、Din4 用于选择两段固定运行速度：一个是 50Hz，另一个是 6Hz；Din5 用于 DC 直流注入制动控制。这些数字量输入端的信号来自 PLC 的数字量输出。MM440 的一个继电器输出用于控制电动机制动器，一个用于电梯的故障报警。

电梯系统的控制过程为：电动机制动器打开后，电梯以 S 形加速曲线沿着井道方向加速到 50Hz；当电梯达到第一个接近开关时，电动机开始减速且以低速 6Hz 爬行，当电梯达到第二个接近开关时，电动机停车且电动机制动器动作。

13.1.3　变频器参数的设定

变频器参数的设定包括电动机基本参数、变频器控制方式、加/减速时间、变频器输入输出端子功能。参数设定步骤为：首先进行参数复位，然后进行快速调试，最后根据电梯运行特点和用户要求进行功能调试。参数复位方法见第 4 章，快速调速参数设定见表 13-2，功能参数设定见表 13-3。

表 13-2　电梯控制系统变频器快速调试参数设定

参数	设定值	说　明
P0003	2	扩展级
P0004	0	全部参数，无过滤
P0010	1	进入快速调速

续表

参数	设定值	说　明
P0100	0	功率用 kW，频率默认为 50Hz
P0300	1	电动机类型选择：1. 异步电动机；2. 同步电动机
P0304	400	电动机额定电压(V)
P0305	15.3	电动机额定电流(A)
P0307	7.5	电动机额定功率(kW)
P0308	0.82	电动机额定功率因数
P0309	0.9	电动机额定效率
P0310	50	电动机额定频率(Hz)
P0311	1455	电动机额定转速(r/min)
P0700	2	由端子排输入(选择命令源)
P1000	3	频率设定值来源为固定频率
P1080	2	电动机运行的最低频率(下限频率)
P1082	50	电动机运行的最高频率(上限频率)
P1120	3	斜率上升时间
P1121	3	斜率下降时间
P1300	20	无速度传感器矢量控制方式
P3900	3	结束快速调试

表 13-3　电梯控制系统变频器功能调试参数设定

参数	设定值	说　明
P0701	1	端子 DIN1 功能为 ON 接通正转/OFF 停车
P0702	2	端子 DIN2 功能为 ON 接通反转/OFF 停车
P0703	15	端子 DIN3 功能为选择固定频率 1
P0704	15	端子 DIN4 功能为选择固定频率 2
P0705	25	直流注入制动控制
P0003	3	专家级
P0725	1	高电平 PNP 有效
P0003	2	扩展级
P1003	50	设置固定频率 1,50Hz
P1004	6	设置固定频率 2,6Hz
P1130	0.7	斜坡平滑时间
P1131	0.7	斜坡平滑时间
P1132	0.7	斜坡平滑时间
P1133	0.7	斜坡平滑时间
P0731	52.3	变频器故障指示
P0732	52.C	电动机制动器动作
P1215	1	电动机制动器使能
P1216	0.5	在启动前最低频率时电动机制动器释放延时 0.5s
P1217	1	在停车前最低频率时电动机制动器保持延时 1s

电梯变频控制系统通过采用S曲线设定，保证电梯启动、制动过程平滑，轿厢可以快速平稳地运行，提高了乘坐舒适感。MM440的过载能力和高性能的矢量控制，使电动机能输出高的力矩，保证电梯驱动可靠、无跳闸地运行。通过调节变频器的调制频率，可以使电梯静音运行。电梯采用变频器驱动，也减少了电梯的机械维护量。

13.2 MM430变频器在恒压供水中的应用

随着人们生活水平的提高和现代工业的发展，人们对供水系统的质量和可靠性要求越来越高。利用变频调速技术实现的恒压供水系统，能够很好地满足现代供水系统的要求。由于其具有高品质的供水质量、稳定的工作性能以及显著的节能效果等优点，所以在供水行业已经得到了广泛使用。

在变频恒压供水系统出现以前，一般采用的传统供水方式有恒速泵加压供水、气压罐供水、水塔高位水箱供水、液力耦合器和电磁滑差离合器调速的供水方式和单片机变频调速供水方式等。

传统的供水方式普遍在不同程度上存在浪费水力、电力资源，效率低，可靠性差和自动化程度不高等缺点，严重影响了居民用水和工业系统中用水的质量。变频器以其显著的节能效果和稳定可靠的控制方式，在风机、水泵、空气压缩机、制冷压缩机等高能耗设备上广泛被应用，特别是在城乡工业用水的各级加压系统、居民生活用水的恒压供水系统中，变频调速水泵节能效果尤为突出。

变频恒压供水其优越性主要有：

(1) 节能显著；

(2) 在开/停机时能减小电流对电网的冲击以及供水水压对管网系统的冲击；

(3) 减小水泵、电动机自身的机械冲击。

13.2.1 恒压供水变频调速系统的节能原理

水泵是一种平方降转矩负载，对同一台水泵而言，当输送的流体密度ρ不变仅转速改变时，其性能参数的变化遵循比例定律：流量Q与转速n的一次方成正比；扬程H与转速n的二次方成正比；轴功率P则与转速n的三次方成正比，即

$$Q_1 = Q_2\left(\frac{n_1}{n_2}\right) \tag{13-1}$$

$$H_1 = H_2\left(\frac{n_1}{n_2}\right)^2 \tag{13-2}$$

$$P_1 = P_2\left(\frac{n_1}{n_2}\right)^3 \tag{13-3}$$

泵的流量是指单位时间内所排出的液体数量。通常泵的流量用体积计算。

泵的扬程是指单位重量的液体通过泵所增加的能量，以H表示。实质上就是水泵能够

扬水的高度，又叫总扬程或全扬程，单位为m。扬程主要包括三个方面：

(1) 提高水位所需的能量；

(2) 克服水在管路中的流动阻力(管阻)所需的能量；

(3) 使水流具有一定流速所需的能量。

轴功率是电动机传给水泵轴上的功率，因此称为轴功率或输入功率。

供水系统的扬程特性是以供水系统管路中阀门开度不变为前提，表明水泵在某一转速下扬程 H 与流量 Q 之间的关系曲线，如图 13-3 所示。由于在阀门开度和水泵转速都不变的情况下，流量大小主要取决于用户的用水情况，扬程特性反映了用水流量的大小对扬程的影响，即用水量越大，则供水系统的扬程将越小。水泵转速下降，其供水能力也会下降，扬程特性将下移，如图 13-4 中当转速由 n_1 变为 n_2 时，扬程特性由曲线①下降到曲线②。

管阻特性是为了在管路内得到一定的流量所需要的扬程。管阻特性与管道粗细、长短、阀门开度有关。在图 13-4 中，当转速为 n_1、阀门开度减小时，管阻特性左移，由曲线③变为④，工作点由 E 变为 F。

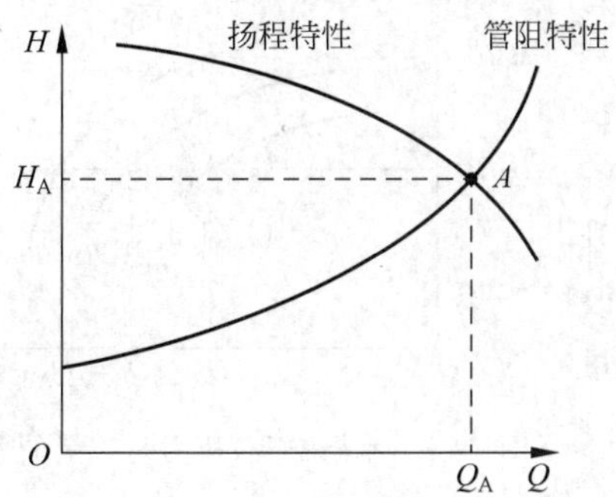

图 13-3　供水系统扬程特性与管阻特性

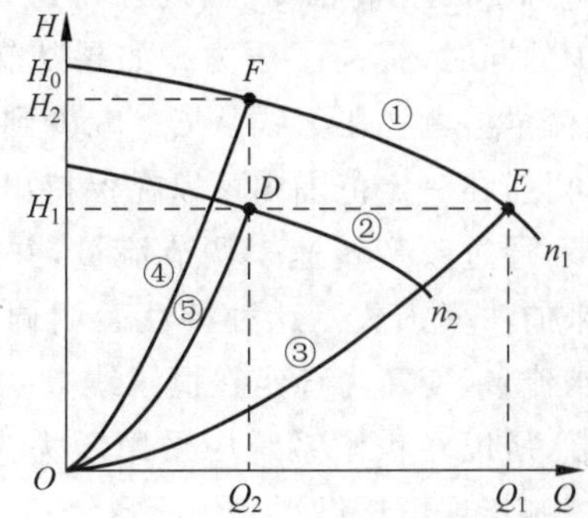

图 13-4　扬程特性与管阻特性的变化

扬程特性曲线和管阻特性曲线的交点，称为供水系统的工作点，如图 13-3 中的 A 点。在这一点，用户的用水流量和供水系统的供水流量处于平衡状态，供水系统既满足了扬程特性，也符合了管阻特性，系统稳定运行。

在供水系统中，通常以流量为控制目的，常用的控制方法有阀门控制法和转速控制法。阀门控制法通过调节阀门开度来调节流量，水泵电动机转速保持不变。其实质是通过改变水路中的阻力大小来改变流量，因此，管阻将随阀门开度的改变而改变，但扬程特性不变。由于实际用水中，需水量是变化的，若阀门开度在一段时间内保持不变，必然要造成超压或欠压现象的出现。转速控制法是通过改变水泵电动机的转速来调节流量，而阀门开度保持不变，是通过改变水的动能改变流量。因此，扬程特性将随水泵转速的改变而改变，但管阻特性不变。变频调速供水方式属于转速控制，其工作原理是根据用户用水量的变化自动地调整水泵电动机的转速，使管网压力始终保持恒定，当用水量增大时电动机加速，用水量减小时电动机减速。

在图13-4中，采用阀门控制法时，若供水量高峰水泵工作在E点，流量为Q_1，扬程为H_1，当供水量从Q_1减小到Q_2时，必须关小阀门，这时阀门的摩擦阻力变大，管阻特性曲线从③移到④，扬程特性曲线不变。则扬程从H_1上升到H_2，运行工况点从E点移到F点，此时水泵的输出功率正比于$H_2\times Q_2$。采用调速控制法时，当供水量从Q_1减小到Q_2时，改变水泵转速，由n_1降速到n_2，这时管阻特性曲线从图13-4中曲线③变成曲线⑤，扬程特性由曲线①变成曲线②，工作点从E点移到D点，此时水泵输出功率正比于$H_1\times Q_2$。由于$H_1<H_2$，所以当用阀门控制流量时，有正比于$(H_2-H_1)\times Q_2$的功率被浪费掉。当供水量需要进一步减少时，阀门开度将继续减小，阀门的摩擦阻力进一步变大，管阻特性曲线上移，运行工况点也随之上移，于是H_2增大，而被浪费的功率要随之增加。所以调速控制方式比阀门控制方式供水功率要小得多，节能效果显著。

由于水泵的扬程H和出水压力P之间是线性关系，因此可以用出水压力P近似表示扬程H。在图13-5中，EA是恒压线，n_1、n_2、n_3…是不同转速下的流量/压力特性。可见在n_1转速下，如果通过控制阀门的开度使流量从Q_A减少到Q_C时，压力将沿n_1曲线升高到D点，所以在流量减少的同时，提高了压力。如果从转速n_1降低到n_3，则流量沿着恒压力线从Q_A减少到Q_C，而压力没变。可见，在一定范围内可以在保持出水压力恒定的前提下，通过改变转速来调节流量，并且没有压力升高带来的功率损失。这种特性表明调节水泵转速改变出水流量，使压力稳定在恒压线上就能够完成流量的控制，所以在供水系统中采用压力为被控量，通过闭环控制实现恒压供水。

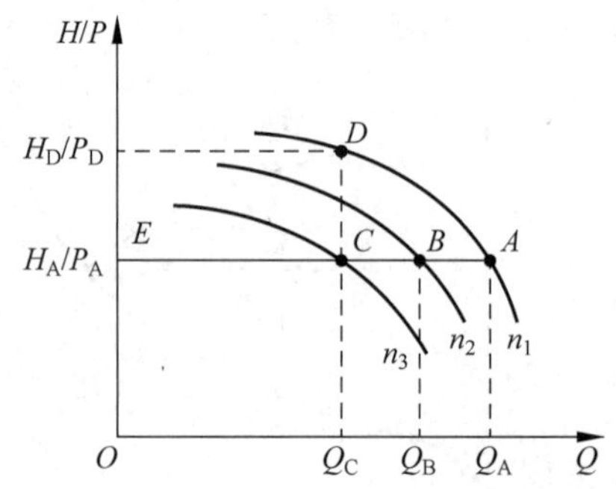

图13-5 水泵扬程/压力与流量的关系

13.2.2 恒压供水变频调速系统

恒压供水是指在供水网系中用水量发生变化时，出口压力保持不变的供水方式，这样既可以满足各个部位用户对水的需求，又不使电动机空转造成能量浪费。

西门子MM430是一款专门为风机泵类负载设计的变频器，具有大量的设定参数用于变频系统功能的设定，实现多种控制功能，能够适应各种复杂工况下的需要。通过对MM430的PID参数设定，可以在不增加任何外部设备的条件下，实现供水压力恒定，提高供水质量，同时减少能量损耗。以往的恒压供水设备，往往采用带有模拟量输入/模拟量输出的可编程控制器或PID调节器，设备成本高，调试困难。MM430系列变频器内置的PID功能，可以进行精确的PID控制，不仅节省了安装调试时间，还有效地降低了设备成本。

MM430变频器还具有分级控制功能，用于使用一台变频电动机和若干台(1～3台)辅助电动机进行闭环控制的场合，与变频器的PID功能配合使用可以很好地实现恒压供水。系统中的变频电动机由变频器控制和驱动，通过PID控制器调节变频电动机的转速，其他辅助电动机则由变频器通过继电器输出端子进行控制。图13-6所示的系统就是用MM430

的分级控制功能实现的恒压供水系统。

例如，某大楼供水系统的实际扬程 $H_A=30\text{m}$，要求供水压力保持在 0.5MPa。所采用的压力变送器量程为 0～1MPa。拟采用一拖二辅供水方式构成供水系统。

设备选择及参数如下。

(1) 1 台主泵电动机：22kW、380V，42.5A、1470r/min，由变频器控制和驱动。

(2) 1 台配用变频器：西门子 MM430，29kVA(适配电动机为 22kW)，45A。

(3) 2 台辅泵电动机：5.5kW、380V，11.6A、1440r/min，直接接工频供电。

1. 系统构成原理图

系统构成原理图如图 13-6 所示。系统中的主泵电动机由 MM430 提供变频电源，进行变频调速。两台辅泵电动机由工频电源供电，由接触器 KM1、KM2 控制工频上电，KM1、KM2 线圈通电由变频器继电器输出端子控制。

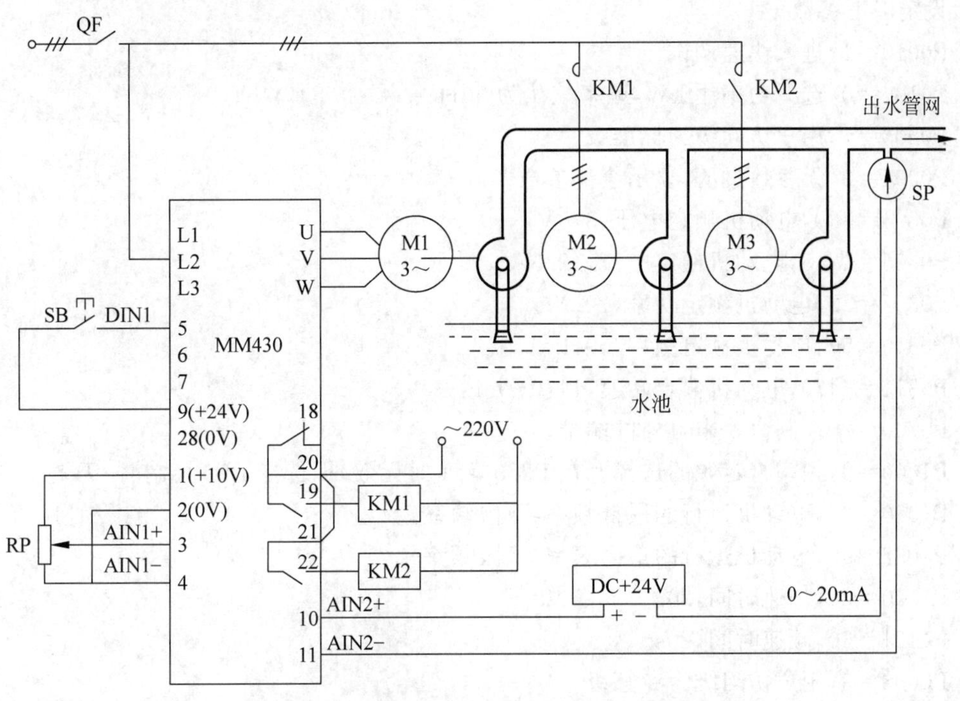

图 13-6　一拖二辅恒压供水系统的构成原理图

为了实现恒压供水，采用了闭环控制，PID 调节利用的是 MM430 内置的 PID 功能，目标信号(水的压力)大小由外置电位器 RP 给定，反馈信号来自压力传感器 SP 测出的 0～20mA 信号。

2. 系统的工作过程

系统工作时，合上空气断路器 QF，变频器电源输入侧 L1、L2、L3 上电，按下启动按钮 SB，系统开始运行。根据 RP 的设定，即可达到所需流量。

本系统选择 MM430 变频器的第二种分级控制方式。在工作过程中，当 M1 单独工作时，如果 M1 已满载，但水压仍不能满足要求，那么变频器输出继电器 1 动作，KM1 线圈得电，启动 M2。如果 M1 和 M2 都满载，那么变频器输出继电器 2 动作，KM2 线圈得电，启动 M3。如果 M1 降到最低频率，水压仍过高，那就关掉 M3，以减小水压，如果 M1 又降到最低频率，那就再关掉 M2。

3. 参数设定

1）参数复位

P0010＝30，工厂默认的设定值。

P0970＝1，进行参数复位，并自动将 P0010 恢复为 0。

2）快速调试 QC

通过快速调试设定变频电动机的基本额定参数，以及控制命令源、频率给定源和最高/最低频率、控制方式、加速/减速时间等。

设定以下参数。

P0010＝1，进入快速调试。

P0100＝0，选择功率用 kW，频率默认为 50Hz。

P0003＝1，用户访问级为标准级。

P0004＝0，无参数过滤，显示全部参数。

P0304＝380，电动机额定电压，380V。

P0305＝42.5，电动机额定电流，42.5A。

P0307＝22，电动机额定功率，22kW。

P0310＝50，电动机额定频率，50Hz。

P0311＝1470，电动机额定转速，1470r/min。

P0700＝2，控制命令来自外部端子。

P1000＝2，频率给定源的选择。在 P2200＝1 时无效，即选择 PID 控制时，无效。

P1080＝25，电动机运行的最低频率(下限频率)。

P1082＝50，电动机运行的最高频率(上限频率)。

P1120＝20，加速时间，20s。

P1121＝20，减速时间，20s。

P0003＝3，用户访问级为专家级。

P1300＝2，带抛物线特性(平方特性)的 V/f 控制。

P3900＝3，快速调试结束，P0010 恢复为 0。

3）功能调试

需要设定的功能参数比较多，为了表述清楚起见，下面以参数组的方式分别给出。

(1) 变频器组参数的设定。

在变频器组的参数中，用于对制动时回馈能量使中间直流电路的过电压、变频器内部过温和 I^2t 过载时的保护措施进行设定。

P0003＝3，用户访问级为专家级。

P0004＝2,变频器参数。

P0210＝640,优化直流电压控制器的直流供电电压,640V。

P0290＝0,变频器过载时降低输出频率,防止跳闸。

(2) 电动机控制组参数的设定。

电动机控制组参数可以对电动机的加速方式进行设置。水泵是平方降转矩负载,所以本系统控制方式选择抛物线 V/f 控制方式。图 13-7 中的曲线 1 是未加任何补偿的抛物线 V/f 控制曲线,曲线 01 是加了 10% 的转矩提升补偿量的抛物线 V/f 控制曲线,用于克服启动时管道中水的阻力。

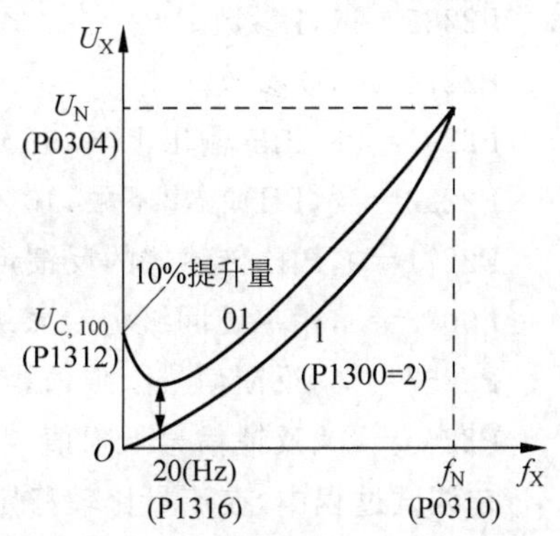

图 13-7 抛物线 V/f 控制曲线

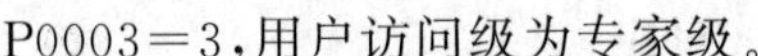
P0003＝3,用户访问级为专家级。

P0004＝13,电动机控制组参数。

P1312＝10,启动提升设定值,10%。

P1316＝20,提升结束点频率,20Hz。

(3) 命令和数字 I/O 组的参数设定。

命令和数字 I/O 参数组是对数字量输入端子的功能和开关量类型进行设定。

P0003＝2,用户访问级为扩展级。

P0004＝7,命令和数字 I/O 参数。

P0701＝1,端子 DIN1 功能为 ON 接通正转/OFF 停车。

P0003＝3,用户访问级为专家级。

P0725＝1,高电平 PNP 有效。

(4) 模拟量通道组参数的设定。

模拟量通道参数组是对模拟量信号的类型和范围进行设定。

P0003＝2,用户访问级为扩展级。

P0004＝8,模拟 I/O 组参数。

P0756.0＝0,AIN1 设置为 0～10V。

P0756.1＝2,AIN2 设置为 0～20mA。

(5) PID 组参数的设定。

由于要实现恒压供水控制,必须采用闭环控制,这里用了变频器内置的 PID 功能,因此对其相关参数要进行设定。

根据要求,供水压力保持在 0.5MPa,压力变送器量程为 0～1MPa,所以 PID 目标信号值应设置为 50%,通过调节电位器 RP 设定。

P0003＝2,用户访问级为扩展级。

P0004＝22,工艺控制组参数。

P2200＝1,使能 PID。

P2253＝755.0,目标值信号来自于 AIN1。

P2264=755.1,反馈值信号来自于 AIN2。

P2265=5,反馈滤波时间。

P2280=0.5,P 参数。

P2285=15,I 参数。

P2274=0,D 参数。

P2291=98,PID 输出上限,98%。

P2292=10,PID 输出下限,10%。

P2271=0,PID 传感器的反馈形式,负反馈。

P0003=3,用户访问级为专家级。

P2267=60,反馈信号上限值,与上限压力 0.6MPa 对应。

P2268=40,反馈信号下限值,与下限压力 0.4MPa 对应。

在调试过程中,在流量比较稳定的情况下,如果反馈信号值时而大于目标信号值,时而小于目标信号值,则说明稳定性不好,发生了震荡,应减小比例增益 P,或增大积分时间 I。

(6) 分级控制组参数的设定。

本系统采用一拖二辅的方式实现恒压供水,而 MM430 是风机泵类专用变频器,具有辅助电动机分级循环控制功能。下面对这一功能相关参数进行了设定。

P0003=3,用户访问级为专家级。

P0004=22,工艺控制组参数。

P2370=0,常规停车方式,全部立即停车。

P2371=2,辅助电动机分级控制的配置,2 台电动机,功率大小相同。

P2372=0,禁止分级循环;如果 P2372=1,启动运行时间最小的那台电动机。

P2373=20,分级控制的回线宽度。变频电动机 M1 满载,且 PID 偏差大于 P2373×r2262(经过滤波的 PID 设定值)时,启动下一辅助电动机。变频电动机 M1 最低频率,且 PID 偏差小于 P2373×r2262 时停止相应的辅助电动机。

P2374=300,启动下一电动机的延时时间,300s。

P2375=300,停止下一电动机的延时时间,300s。

P2376=25,分级控制延时超限时间,25s。当 PID 误差 P2273 的数值超过这一参数时,就进行电动机进入/退出分级控制的切换操作,不管延迟时间定时器的定时是否到期。如果偏差超过 P2376×r2262,则不延时直接启动或停止下一电动机。

P2377=30,分级控制闭锁定时器的时间,30s。一次分级操作后,延时 P2377 才能进行下一次分级操作。仅对 P2376 的分级动作有效。

P2378=85,分级控制频率,以最高频率的百分比表示。在进入(退出)分级控制期间,变频器输出频率沿斜坡函数曲线从最高频率变化到最低频率(或从最低频率变化到最高频率)时,在这一频率处进行输出继电器(DOUT)的切换。这里设定的是最高频率的 85%,即 42.5Hz。

分级动作在延时 P2374 或 P2375 后,变频电动机自动调整到 P2378 的频率,然后再启动或停止下一电动机。

分级控制加泵的控制过程如图 13-8 所示。加泵分级控制的过程：当变频器的输出频率已达到上限频率 P1082，并且 PID 的偏差 Δ_{PID} 达到分级控制的回线宽度时，经过时间延时(P2374)，如果 Δ_{PID} 仍大于分级控制的回线宽度时，变频器输出频率在 t_y 时间内，减小到分级控制频率 P2378，这时，变频器继电器输出端动作，M1 或 M2 投入工频运行，完成加泵过程。在加泵开始后，变频器输出频率始终保持在分级控制频率上，经过分级控制闭锁定时间 P2377 后，变频器输出频率才能变化。

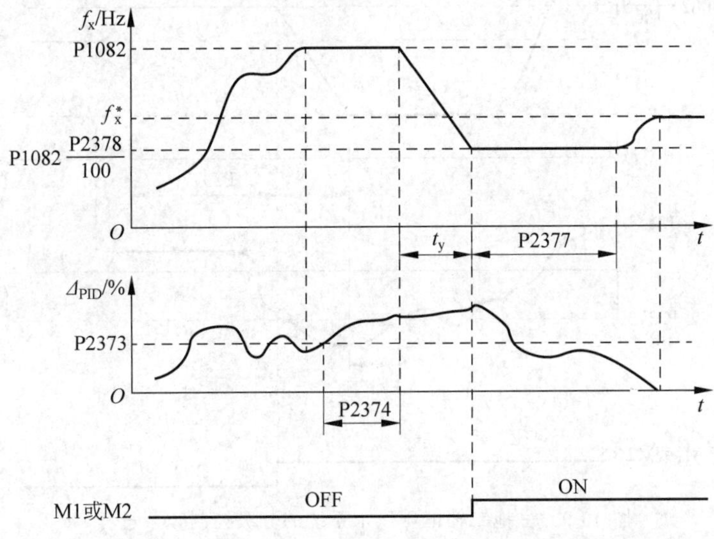

图 13-8　一拖二辅恒压供水系统的分级控制加泵过程

时间 t_y 为

$$t_y = \left(1 - \frac{P2378}{100}\right) \times P1021$$

通过上面的分析，可以总结出进入加泵分级控制的条件：

① 变频器输出频率为上限频率；

② PID 的偏差大于分级控制的回线宽度；

③ 在延时时间 P2374 内，PID 的偏差始终大于分级控制的回线宽度。

分级控制减泵的控制过程如图 13-9 所示。减泵分级控制的过程：当变频器的输出频率已达到下限频率 P1080，并且 PID 的偏差 Δ_{PID} 达到分级控制的回线宽度时，经过时间延时 P2375，如果 Δ_{PID} 仍大于分级控制的回线宽度时，变频器输出频率在 t_x 时间内，增大到分级控制频率 P2378，这时，变频器继电器输出端动作，M1 或 M2 切除工频运行，完成减泵过程。在减泵开始后，变频器输出频率始终保持在分级控制频率上，经过分级控制闭锁定时间 P2377 后，变频器输出频率才能变化。

时间 t_x 为

$$t_x = \left(\frac{P2378}{100} - \frac{P1080}{P1082}\right) \times P1020$$

通过上面的分析，可以总结出进入减泵分级控制的条件：

① 变频器输出频率为下限频率；

② PID 的偏差大于分级控制的回线宽度；

③ 在延时时间 P2375 内，PID 的偏差始终大于分级控制的回线宽度。

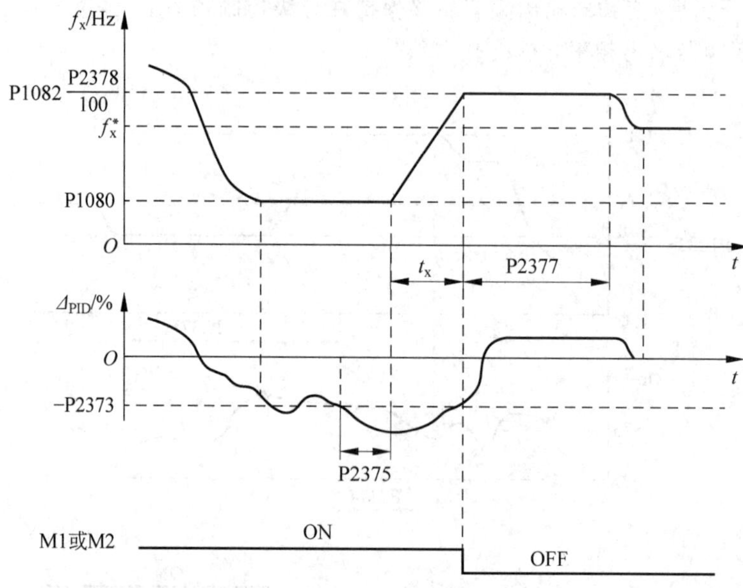

图 13-9 一拖二辅恒压供水系统的分级控制减泵过程

(7) 节能控制组参数的设定。

MM430 变频器针对风机泵类负载的特点，设置了节能控制功能。节能控制也称为睡眠与唤醒功能，在无负载的情况下，可以断开电动机的运行，是为用户节约能源而设置的功能。节能控制原理方框图如图 13-10 所示，控制过程曲线如图 13-11 所示。

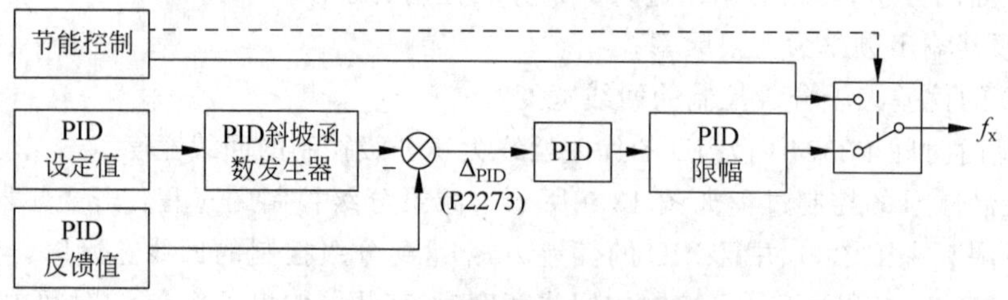

图 13-10 变频器节能控制原理方框图

本系统设置的节能控制过程：当变频器的输出频率低于 P2390 参数设置的对应频率 30Hz 时，节能定时器启动，电动机以最低频率运行，经过 10s(P2391)的延时，然后断开电动机。但 PID 控制器继续生成误差 P2273。一旦这一误差达到了重新启动电动机的设定值 32.5Hz(P2392)，变频器立即沿斜坡函数曲线再次启动电动机，并达到 PID 控制器计算出的设定值。

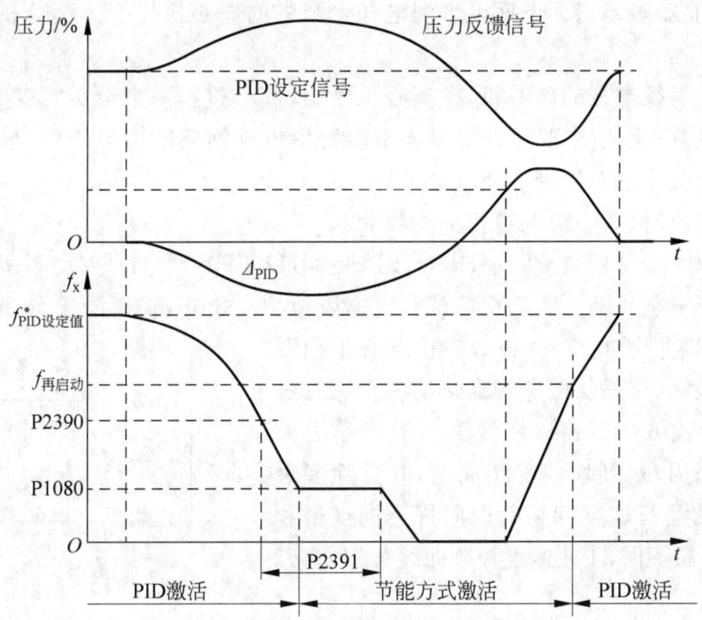

图 13-11 MM430 节能控制过程控制曲线

P0003＝3，用户访问级为专家级。

P0004＝22，工艺控制组参数。

P2390＝60，节能设定值，60％。当变频器在 PID 控制下降低到节能设定值以下时，节能定时器 P2391 启动，即 50×60％＝30Hz。

P2391＝10，节能定时，10s。当节能定时器的定时时间到时，变频器沿斜坡函数曲线减速停车，并进入节能方式运行，进入睡眠状态。

P2392＝65，节能再启动的设定值，65％。在节能方式下，PID 控制器继续生成误差 P2273，一旦这一误差达到了重新启动电动机的设定值 P2392，变频器立即沿斜坡函数曲线再次启动电动机，并达到 PID 控制器计算出的设定值，这里节能再启动设定值为 50×65％＝32.5Hz。

13.3 MM440 变频器在离心机中的应用

离心机是利用离心机转子高速旋转产生的强大离心力，分离液体与固体颗粒或液体与液体混合物中各成分的机械。主要用于将悬浮液中的固体颗粒与液体分开；或将乳浊液中两种密度不同，又互不相溶的液体分开（例如从牛奶中分离出奶油）；也可用于排除湿的固体中的液体，例如用洗衣机甩干湿衣服；特殊的超速管式分离机还可分离不同密度的气体混合物；有的沉降离心机利用不同密度或粒度的固体颗粒在液体中沉降速度不同的特点，还可对固体颗粒按密度或粒度进行分级。离心机大量应用于化工、石油、食品、制药、选矿、煤炭、水处理和船舶等部门。下面以水泥电杆生产中的离心机控制为例分析变频控制系统的构成和控制过程。

某生产水泥等径电杆的离心机，在离心工序中，离心过程一般分为慢速、中速和快速三个阶段：慢速和中速阶段主要是使混凝土混合物沿电杆钢模壁均匀分布；快速阶段是在离心力作用下使混凝土混合物密实成型。

采用变频调速时，离心机调速相关参数为：

固定三段速频率分别是 FF1＝20Hz、FF2＝30Hz、FF3＝40Hz，点动频率是 10Hz。

离心机调速工艺步骤分为三个阶段：慢速阶段 2～3min，使混凝土分布于钢模内壁四周而不塌落；中速阶段 0.5～1min，防止离心过程混凝土结构受到破坏，这是从低速到高速的一个短时过渡阶段；高速阶段 6～15min，将混凝土沿离心力方向挤向内模壁四周，达到均匀密实成型，并排除多余水分。各阶段的运行速度和运行时间视不同规格和型号的电杆而有所不同，工艺速度控制曲线如图 13-12 所示。

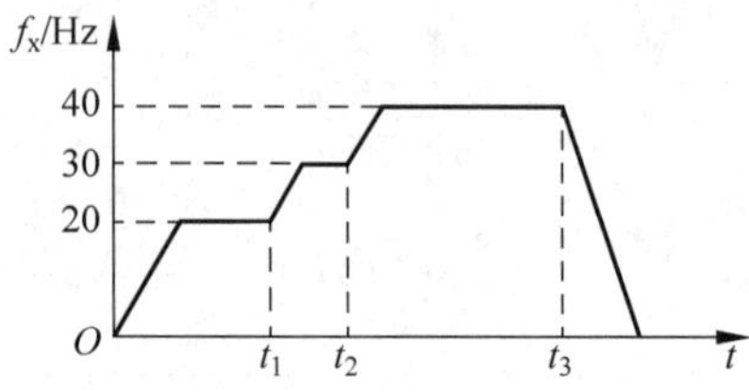

图 13-12　电杆生产工艺速度控制曲线

13.3.1　常规电器实现的电杆生产离心机变频调速系统

视频讲解

采用变频器固定频率功能，可以实现三个阶段的速度控制。图 13-13 所示的是采用常规电器实现的电杆生产离心机变频调速系统电气线路图。

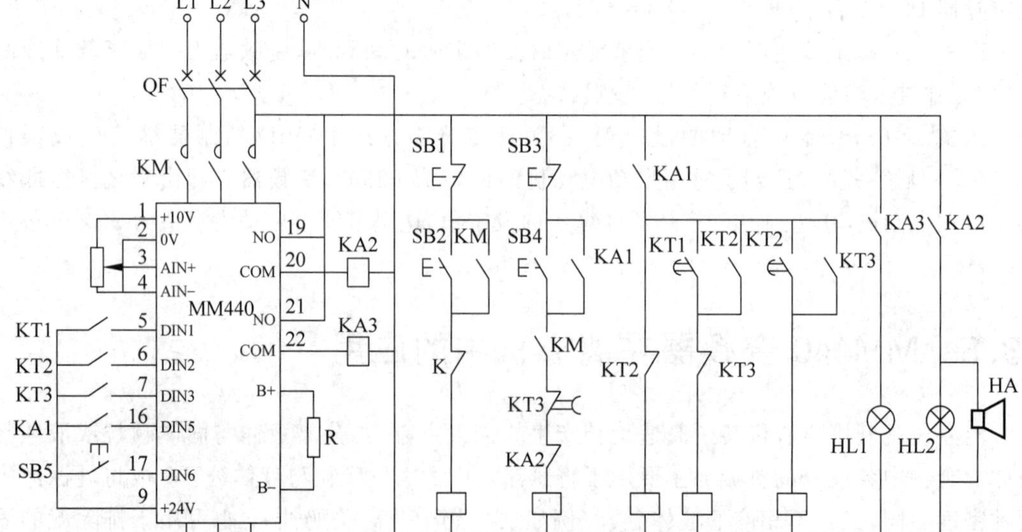

图 13-13　电杆生产离心机变频调速系统电气线路图

系统采用 MM440 变频器为异步电动机供电,其主电路采用了空气断路器 QF 和交流接触器 KM 主触点控制 MM440 的上电;控制电路中 SB2 作为变频器上电控制按钮,SB4 是变频器运行按钮,采用 3 个时间继电器 KT1、KT2、KT3 依次切换,控制电动机进入低、中、高速运行。SB3 是控制变频器停止运行按钮,SB1 是控制变频器断电按钮。SB5 是电动机点动按钮。K 是制动电阻的热敏开关,用于制动过程中的过压保护。KA1 是变频器运行继电器,KA2 是变频器故障输出继电器,KA3 是变频器运行指示继电器。

其工作过程是:合上空气断路器 QF,按下启动按钮 SB2 后,KM 得电并自锁,其主触点闭合,变频器输入侧上电,辅助触点闭合,为变频器运行继电器 KA1 线圈得电提供前提条件。按下变频器运行按钮 SB4,继电器 KA1 得电并自锁,同时为三个时间继电器得电提供前提条件。KA1 闭合后,时间继电器 KT1 得电,常开触点闭合,使变频器数字输入端 DIN1 得电,变频器输出第一段固定频率,电动机低速运行;当时间继电器 KT1 整定时间到时,其延时常开触点闭合,KT2 得电并自锁,同时断开 KT1,变频器数字输入端子 DIN2 得电,变频器输出第二段固定频率,电动机中速运行;当时间继电器 KT2 整定时间到时,其延时常开触点闭合,KT3 得电并自锁,同时断开 KT2,变频器数字输入端子 DIN3 得电,变频器输出第三段固定频率,电动机高速运行;KT3 整定时间到时,KA1 断电,变频器停止输出,电动机停止,整个工艺流程执行完毕,等待下一次运行。变频器工作中若发生故障,由 KA2 输出故障信号,报警电路工作,发出信号和声音,并使 KA1 断电,端子 DIN5 断开,使变频器停止输出,电动机停转。变频器正常工作时由 KA3 给出工作指示。

在制动时,若出现制动电阻过热,热敏开关 K 断开,使接触器 KM 线圈失电,切断变频器电源。MM440 快速调试参数设定见表 13-4,功能参数设定见表 13-5。

表 13-4 电杆生产 MM440 快速调试参数设定

参数	设定值	说　明
P0003	2	扩展级
P0004	0	全部参数,无过滤
P0010	1	进入快速调速
P0100	0	功率用 kW,频率默认为 50Hz
P0300	1	电动机类型选择(异步电动机)
P0304	380	电动机额定电压(V)
P0305	69.9	电动机额定电流(A)
P0307	37	电动机额定功率
P0308	0.87	电动机额定功率因数
P0309	0.925	电动机额定效率
P0310	50	电动机额定频率
P0311	1480	电动机额定转速(r/min)
P0700	2	外部数字端子控制
P1000	23	频率设定值来源于固定频率和模拟量叠加
P1080	0	电动机运行的最低频率(下限频率)

续表

参数	设定值	说　明
P1082	45	电动机运行的最高频率(上限频率)
P1120	5	斜率上升时间
P1121	20	斜率下降时间
P1300	20	变频器的运行方式为无速度反馈的矢量控制
P3900	3	快速调试结束,P0010恢复为0

表 13-5　电杆生产 MM440 功能参数设定

参数	设定值	说　明
P0701	15	DIN1 选择固定频率 1 运行
P0702	15	DIN2 选择固定频率 2 运行
P0703	15	DIN3 选择固定频率 3 运行
P0705	1	DIN5 控制变频器的启/停
P0706	10	DIN6 正向点动
P1001	20	固定频率 FF1,20Hz
P1002	30	固定频率 FF1,30Hz
P1003	40	固定频率 FF1,40Hz
P1058	10	正向点动频率,10Hz
P1060	5	点动斜坡上升时间
P1061	5	点动斜坡下降时间
P0731	52.3	数字量输出端子 1 故障指示
P0732	52.2	数字量输出端子 2 运行指示

视频讲解

13.3.2　利用 BICO 功能实现的电杆生产离心机变频调速系统

在图 13-13 所示的电杆生产离心机变频调速系统中,采用了较多的常规电器组成变频三段速度控制电路。利用 MM440 独特的二进制互联(BICO)功能和内部自由功能块(FFB),也可以实现时间顺序控制,并可简化调速系统控制电路,降低成本,提高控制可靠性,也使系统维护和操作更加简便。

BICO 功能是一种很灵活地把输入和输出功能联系在一起的设置方法,它也是西门子变频器特有的功能,用户可以方便地根据实际工艺需求来灵活定义端口。

利用 MM440 二进制互联 BICO 功能及内部自由功能模块 FFB 设计的离心机变频调速电气线路图如图 13-14 所示,图中按钮 SB2 是变频器上电按钮,SB3 是运行准备按钮,SB4 是开始运行按钮,SB1 是变频器断电按钮,SB5 是点动运行按钮。热敏开关 K 的作用同前。

图 13-14 与图 13-13 相比,简化了变频器控制电路和数字量端子接线,减少了常规电器,简化了系统,使系统维护、操作更加简便。图 13-15 所示为本系统 MM440 内部自由功

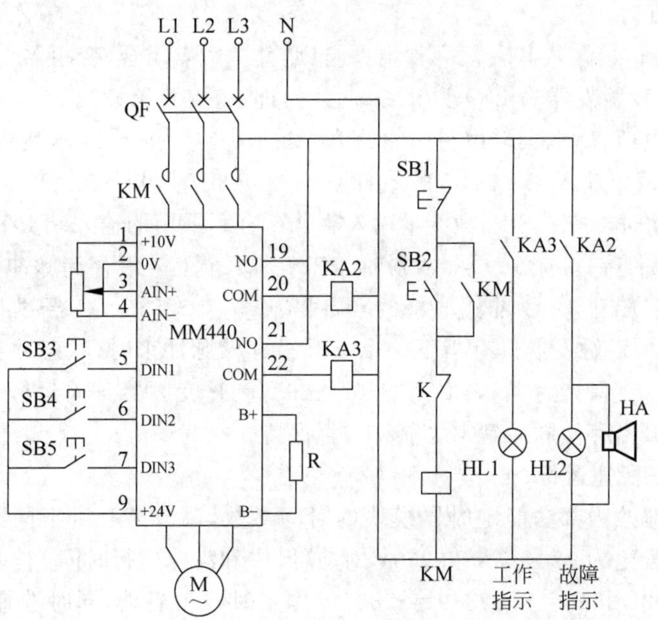

图 13-14　利用 BICO 的电杆离心机变频调速系统电气线路图

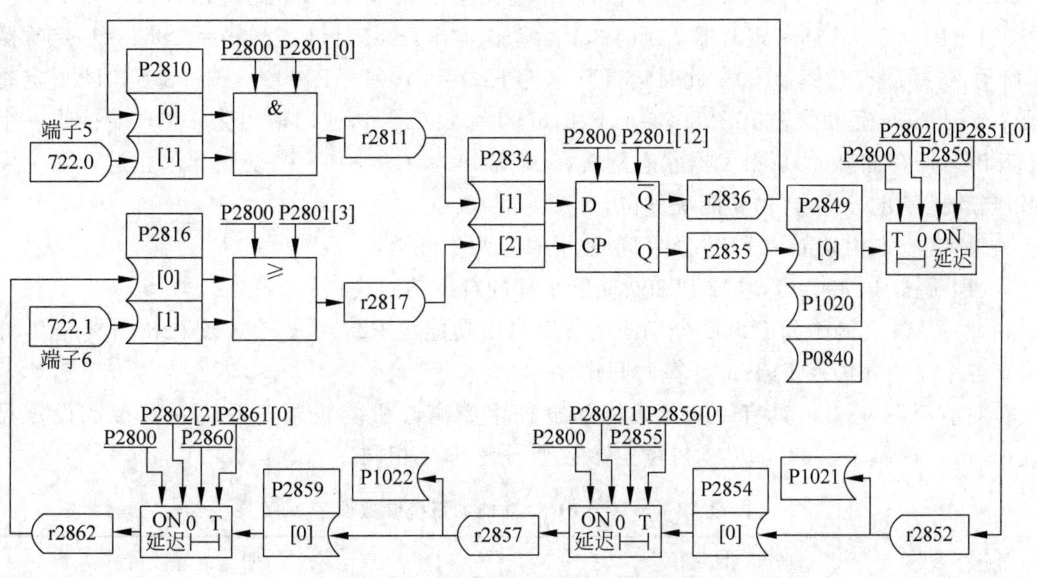

图 13-15　变频器内部自由互联关系

能模块 FFB 的三个定时器和二进制互联功能的应用，用此内部逻辑连接电路代替原有的外部继电器电路，实现离心机的三段速控制。再通过调节外部手动电位计与固定频率的配合，达到理想的转速。

系统工作过程如下。

(1) 变频器启动。

按下 SB2 按钮，接触器 KM 线圈得电并自锁，其主触点闭合，变频器上电。变频器上电前，图 13-15 中的 D 触发器输出 Q 为 0，Q 非为 1，即 r2835＝0，r2836＝1。

当变频器上电后，D 输入端由与门输出值 r2811 决定。按下 SB3，变频器数字量输入端子 5 为 1，与门的两个输入端 P2810[0]＝r2836＝1，P2810[1]＝r722.0＝1，经过与门运算，输出 r2811＝1。此时再按下 SB4，数字量输入端子 6 为 1，或门的输入端 P2816[1]＝r722.1＝1，故或门输出 r2817＝1，D 触发器触发脉冲 CP 端来了个上升沿存储脉冲，D 触发器输出端 Q 置 1，即 r2835＝1。同时 Q 非端 r2836＝0，P2810[0]＝r2836＝0，经过与门运算后，D 输入端 P2834[1]＝0，D 触发器只有当下一个上升沿存储脉冲来时，状态才会翻转，此阶段 D 触发器输出状态一直保持为 1。参数 P0840＝r2835＝1，变频器正向运行命令发出，并在 D 触发器下一个上升沿存储脉冲到来之前将一直保持。

(2) 电动机三段速运行。

本系统通过修改内部功能定时器模块的时间参数，调节离心机不同阶段的工作时间。三个定时器分别设定为 120s、30s 和 360s，对应低、中和高速运行时间。

D 触发器输出 r2835＝1，P2849＝r2835＝1，定时器 1 启动，同时选择固定频率 P1001 的值，驱动电动机运行，运行频率 FF1＝P1001＝20Hz；定时器 1 延时 120s 后动作输出，r2852＝1，P2854＝r2852＝1，定时器 2 启动，选择固定频率 P1002，此时运行频率为 FF2＝P1001＋P1002＝30Hz；定时器 2 延时 30s 后动作输出，r2857＝1，P2859＝r2857＝1，定时器 3 启动，选择固定频率 P1003，此时运行频率为 FF3＝P1001＋P1002＋P1003＝40Hz；定时器 3 延时 360s 后动作输出，r2862＝1，P2816[0]＝r2862＝1，或门输出为 1，CP 端接收一个上升沿脉冲存储脉冲，D 触发器状态翻转，Q 端输出为 0，P0840＝0，变频器停止运行命令发出，电动机停止运行，自由功能块复位。

MM440 自由功能块 FFB 分两组，使用时分两步激活：

(1) 通常 P2800＝1，参数 P2800 使能全部的自由功能块；

(2) 参数 P2801 和 P2802 分别激活各个自由功能块 P2801[x]＞0 或 P2802[x]＞0，并确定各个自由功能块 FFB 的计算时间排序。

对应于图 13-14，具有 BICO 功能的电杆生产离心机变频调速系统主要参数设定见表 13-6，一些基本参数，如电动机额定参数等与表 13-4 相同。

表 13-6　基于 BICO 功能的系统参数设定

参数	设定值	说　明
P0700	2	外部数字端子控制
P1000	23	频率设定值来源于固定频率和模拟量叠加
P1300	20	变频器的运行方式为无速度反馈的矢量控制
P0701	99	DIN1 选择二进制互联功能
P0702	99	DIN2 选择二进制互联功能
P0703	10	DIN3 正向点动

续表

参数	设定值	说　明
P1001	20	固定频率 FF1,20Hz
P1002	10	固定频率 FF2,输出 FF1+FF2
P1003	10	固定频率 FF3,输出 FF1+FF2+FF3
P1016	1	定义固定频率选择方式为直接选择
P1017	1	定义固定频率选择方式为直接选择
P1018	1	定义固定频率选择方式为直接选择
P1020	2835	定义固定频率选择位 0
P1021	2852	定义固定频率选择位 1
P1022	2857	定义固定频率选择位 2
P1058	10	正向点动频率,10Hz
P0731	52.3	数字量输出端子 1 故障指示
P0732	52.2	数字量输出端子 2 运行指示
P0748	1	数字量输出反相
P0719	0	命令和频率设定值选择激活 BICO 参数
P0840	2853	正向运行/停止命令来自 r2853
P2800	1	使能自由功能模块
P2801[0]	3	激活自由功能模块中的与门 1 计算级为 3
P2801[3]	3	激活自由功能模块中的或门 1 计算级为 3
P2801[12]	2	激活自由功能模块中的 D 触发器 1 计算级为 2
P2802[0]	1	激活自由功能模块中的定时器 1 计算级为 1
P2802[1]	1	激活自由功能模块中的定时器 2 计算级为 1
P2802[2]	1	激活自由功能模块中的定时器 3 计算级为 1
P2810[0]	2836	与门输入 1
P2810[1]	722.0	与门输入 2,来自数字量输入端子 5
P2816[0]	2862	或门输入 1
P2816[1]	722.1	或门输入 2,来自数字量输入端子 6
P2834[1]	2811	D 触发器 D 输入端来自与门输出 r2811
P2834[2]	2817	D 触发器 CP 输入端来自或门输出 r2817
P2849	2835	定时器 1 启动命令来自 r2835
P2854	2852	定时器 2 启动命令来自 r2852
P2859	2857	定时器 3 启动命令来自 r2857
P2851	0	定时器 1 延时方式为 ON 延时
P2856	0	定时器 2 延时方式为 ON 延时
P2861	0	定时器 3 延时方式为 ON 延时
P2850	120	第一段速运行时间 t_1 为 120s
P2855	30	第二段速运行时间 t_2 为 30s
P2860	360	第三段速运行时间 t_3 为 360s

其中 t_1、t_2、t_3 工艺上分别为 2～3min、0.5～1min、6～15min，可以根据不同类型等径电杆要求修改定时器时间值。

通过利用 MM440 变频器的二进制互联功能和内部自由功能模块，使变频器的控制电路变得清晰、简单，不仅节约了成本，同时便于工作人员维护，该方案具有一定的参考价值与应用价值。

视频讲解

13.4 SINAMICS S120 驱动器在拧紧机定位控制中的应用

随着汽车行业的快速发展，发动机生产线的自动化不仅能节省人力，提高工艺水平，而且可以减少人为因素对产品质量的影响，提高发动机的使用寿命，保障发动机的安全运转。螺栓连接是发动机的主要连接方式，连接质量的好坏将直接决定了发动机的整体质量。传统装配工艺大多数采用手动或气动扳手进行螺纹拧紧，存在操作不方便、效率低下、精度不高等缺点，因而高效、准确的自动拧紧机越来越受到装配工艺的青睐，在发动机自动装配中发挥着非常重要的作用。

13.4.1 拧紧机自动装配工艺

拧紧设备分为悬挂式和机床结构式，根据用户螺母(栓)装配数量及工件确定电动拧紧轴的数量和拧紧机采用立式、卧式、倾斜式或悬挂式拧紧方法。某汽车 V6 发动机的主轴承盖上共有 16 个螺栓，其手动拧紧顺序如图 13-16 所示。

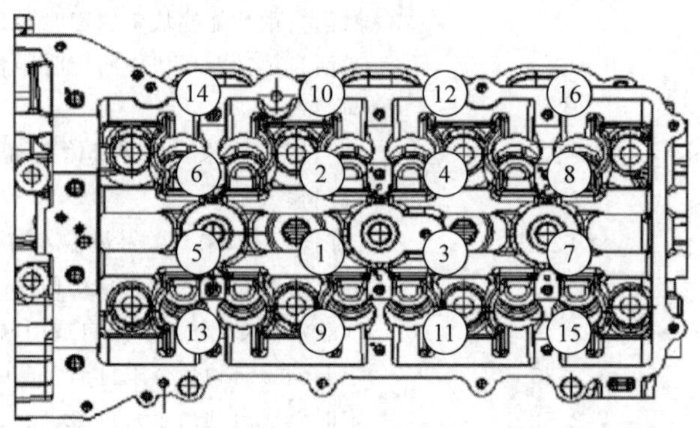

图 13-16 手动拧紧顺序示意图

根据自动装配流水线工艺要求，设计的主轴承盖螺栓拧紧机定位控制系统采用悬挂式、四个电动拧紧轴的 COOPER 拧紧机。该拧紧机一次可拧紧四个螺栓，只需四次即可完成整个主轴承盖的拧紧。将图 13-16 中 16 个编号的螺栓分为四组：2、6、10、14 号螺栓为第一组，3、7、11、15 号螺栓为第二组，4、8、12、16 号螺栓为第三组，1、5、9、13 号螺栓为第四组，4 轴电动拧紧机将按组别依次完成拧紧。将第 1 组作为拧紧机的原点位置，拧紧枪依次拧紧完成后自动回到原点位置。拧紧机的升降由气缸控制(拧紧机与螺栓之间的距离固定),拧紧枪平面移动则由 SINAMICS S120 来控制,组成伺服控制系统,通过反馈信号与输入信号的偏差来调整,使拧紧枪按设定顺序快速、准确地定位到需拧紧的螺栓位置,执行拧紧作业。

SINAMICS S120 驱动两个轴: X 轴和 Y 轴,这两个轴带动拧紧枪在平面上做二维运动,精确定位到所需拧紧的位置。采用十字交叉的路线轨迹,可以防止主轴承盖在拧紧过程中由于受力不均匀而造成的倾斜。

13.4.2　拧紧机定位控制系统的组成

图 13-17 为拧紧机定位控制系统硬件结构图。

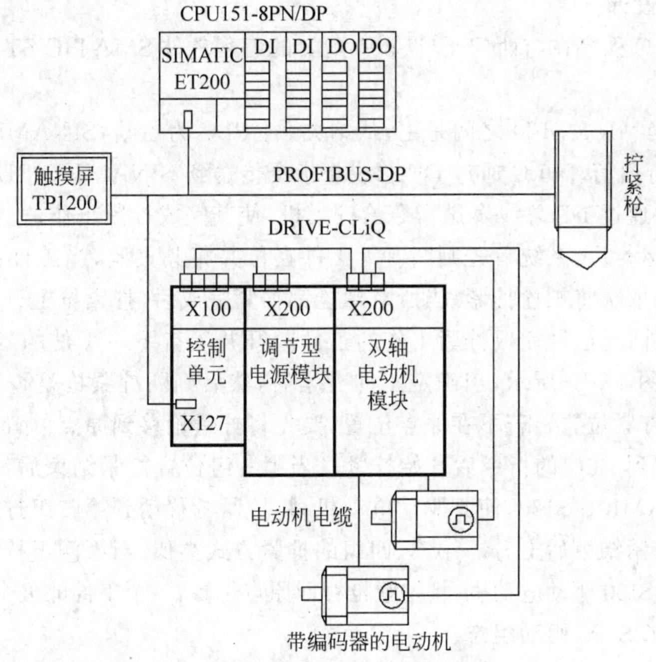

图 13-17　拧紧机定位控制系统硬件结构图

系统硬件组成及功能如下。

(1) 西门子 CPU151-8PN/DP 型 PLC,PLC 作为主控制器,通过 I/O 模块采集数据信号,对 SINAMICS S120 和拧紧机发出指令,完成拧紧工作。

(2) 触摸屏 TP1200,作为人机交互界面,主要任务是操作人员对过程监控、报警显示及过程参数管理等。

(3) 驱动系统采用 CU320 控制单元、主动型电源模块和双轴电动机模块,同时驱动 2 台带编码器电动机,实现拧紧枪的二维运动。

在系统中利用 SINAMICS S120 集成的定位功能,PLC 控制器不再需要编写定位应用程序。利用基本定位中的程序步功能实现拧紧机的自动装配工艺,并可以通过通信,从

PLC 中实时修改这些程序步中的位置设定值及速度设定值。

SINAMICS S120 与 PLC 之间通信采用 PROFIBUS-DP 方式，PLC 将 I/O 模块采集到数据，经过分析处理后向 S120 发送目标位置及速度，位置控制器把接收到的数据经过计算来确定系统当前位置，把从编码器测得的位置数据与设定值进行比较，将二者的差值进行 PID 运算，并将运算结果作为速度控制器的输入值。

13.4.3 拧紧机定位控制系统的软件设计

拧紧机定位控制系统的软件设计分为三个部分：PLC 控制程序、HMI 监控画面组态和 SINAMICS S120 驱动组态。

1. PLC 程序设计

系统中的 PLC 程序在与西门子 S7-300 配套的编程软件 SMATIC STEP7 V5.5 编程环境下进行了编写。

PLC 与 SINAMICS S120 之间是主、从站关系：PLC 为主站，SINAMICS S120 为从站，通过 DP 总线进行通信。PLC 通过 DP 总线将指令传送到 SINAMICS S120，使拧紧机移动到所需的位置，并通过 DP 总线发送指令给拧紧机，使其完成拧紧工作。

当系统开始运行后，系统首先判断有无工件在位并将其夹紧，当工件夹紧后，拧紧机开始动作，根据组别依次将螺栓拧紧，当所有螺栓都拧紧完成后，拧紧枪上升并移回原点位置，夹手松开解脱工件，让已经完成拧紧工作的工件离开并等待下一工件的到来。拧紧机具体动作的流程图如图 13-18 所示，当确定工件夹紧后，然后判断拧紧枪是否在原点位置（原点位置即为第 1 组拧紧位置），若不在原点位置，要先将拧紧枪移到原点位置，再将其下降到拧紧位置，拧紧机得到 PLC 的指令后开始拧紧。当第一组位置拧紧结束后，拧紧枪上升，PLC 发送指令到 SINAMICS S120，使其驱动电动机，将拧紧枪移动到第二组拧紧位置，拧紧枪下降并开始拧紧，拧紧结束后上升。第三、四组的拧紧方式类似，当第四组拧紧完成后，拧紧枪上升，SINAMICS S120 驱动电动机，将拧紧枪移回原点位置，一个工件的整个拧紧工作完成。

2. SINAMICS S120 驱动组态

要实现拧紧枪的定位控制，还需要对 SINAMICS S120 进行相关组态，利用 STARTER 调试软件完成 SINAMICS S120 定位功能中的点动、回零、限位、程序步、MDI 的配置，实现拧紧枪定位控制。在配置轴的时候，一定要将基本定位功能勾选出来，如图 8-2 所示。

3. HMI 监控画面组态

系统采用西门子公司 TP1200 触摸屏作为操作屏，利用 TIA Portal V13 中集成的 WinCC 平台进行了监控界面设计。图 13-19 是本系统参数设置界面，在该界面中可现实三种操作模式：寻参模式（寻找参考点/回零）、点动模式、定位模式。当程序运行到哪种模式下，其标签底色会由灰色变为蓝色，表明该模式被激活。操作人员可在界面中手动设置拧紧枪的移动位置及运动速度（以 X、Y 轴的运动表示），同时也可读取拧紧枪移动的实时位置与速度。在点动模式下，可对 X、Y 轴进行单独控制；在定位模式下，单击“寻参启动”按钮可使 X、Y 轴回到零点位置，单击“定位启动”按钮，X、Y 轴可根据设定值移动到相应位置。

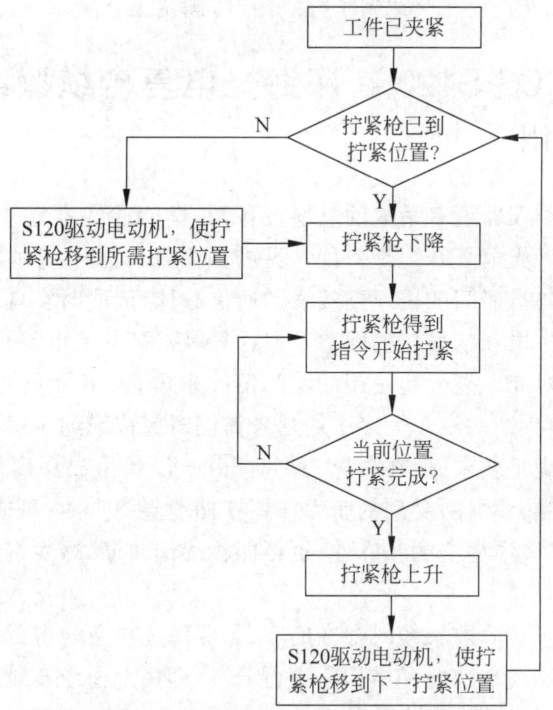

图 13-18　拧紧过程控制流程图

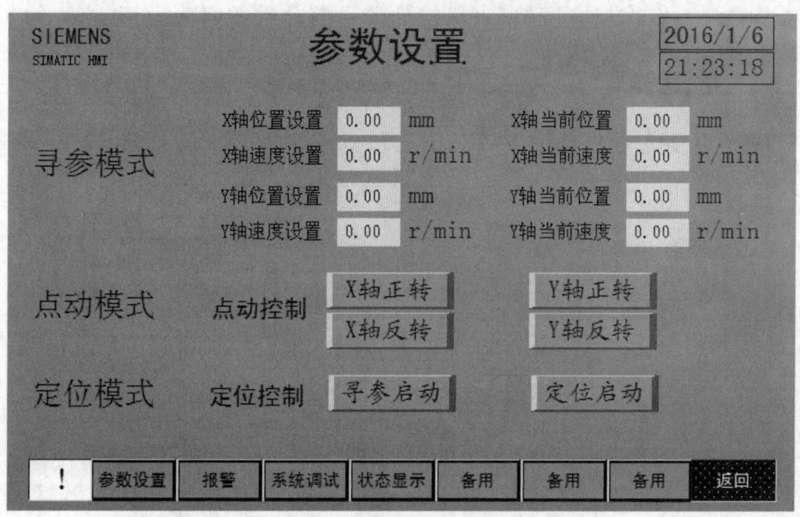

图 13-19　拧紧机监控界面

此外，系统还设计有报警、硬件诊断、状态显示等监控界面。

采用西门子 PLC 作为主控制器，SINAMICS S120 作为伺服驱动器，HMI 作为人机交互平台的自动拧紧机控制系统，可以实现拧紧枪快速、准确定位，并完成相应的拧紧工作。

通过实际运行，表明系统方案完全达到了控制精度，满足工艺要求。

13.5 SINAMICS S120 在深海光电复合缆双绞车控制系统中的应用

绞车作为海洋探测仪器设备吊放的重要设备，其性能的优劣直接决定着探测效率和能否顺利完成探测任务。光电复合缆是一种常见的国内深海船用缆绳，是潜水器、探测设备、拖体等水下作业设备与母船间的重要连接线和通信载体，能同时实现电能传输和数据传输，可以一次性解决设备供电和信号传输问题。但这种“娇贵”的光电复合缆在恶劣的海洋环境下极易损坏。从国外对光电复合缆使用的实际情况来看，大多数光电复合缆的损坏发生在收放阶段。目前，国内生产的绞车大多采用单卷筒同时完成缆绳牵引和储缆工作，在设备下放深度低的海域能够满足要求，但在深海工作时，由于设备吊放深度可达万米，导致缆绳所受到的张力可达十几吨，缆绳所受到的张力作用在储缆卷筒上时，可能使上层缆绳进入到下一层中，破坏储缆绞车缆绳缠绕的整齐性，更可能将缆绳拉断，减少缆绳的寿命，造成不可挽回的损失。

为解决单卷筒绞车在收放长缆时存在的问题，深海光电复合缆绞车可采用双绞车结构，将绞车缆绳的牵引和储缆在功能和结构上进行分离，即由牵引绞车承担提升功能，由储存绞车承担储存功能。牵引卷筒为双卷筒并列单层带槽形式，是绞车承受负载拉力的主要部分；储缆卷筒为 LEBUS 双折线绳槽形式，是缆绳存储和排列的主要部分。当缆绳所受张力变化时，需要储缆卷筒速度作相应调整，来保持储缆卷筒前端缆绳张力恒定。

13.5.1 光电复合缆双绞车机构及功能

如图 13-20 是电动光电复合缆双绞车机构示意图，包括牵引绞车和储缆绞车两部分。

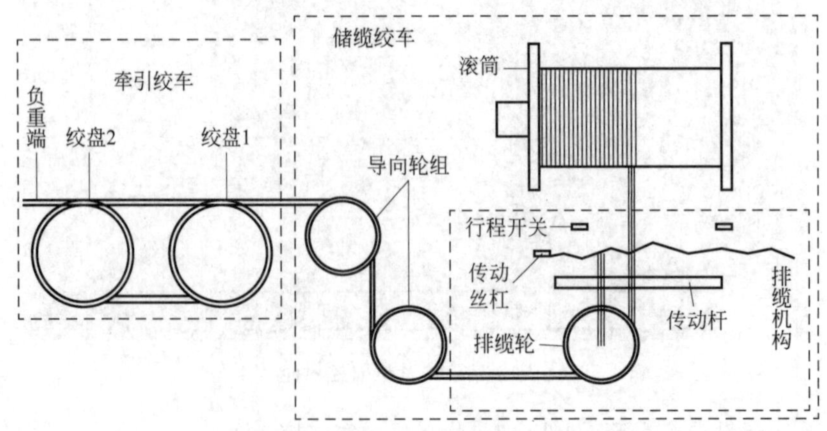

图 13-20 双绞车收放系统机构示意图

1. 储缆绞车

储缆绞车由储缆卷筒电动机及其驱动装置、储缆卷筒和排缆机构组成。排缆机构由排缆丝杠、排缆丝杠电动机、导缆轮、传感器及行程开关组成。

1）储缆卷筒

储缆绞车为单卷筒结构，采用一台异步电动机作为源动力，为了保证光电复合缆排列整齐，其卷筒表面采用 LEBUS 绳槽，具体控制要求为变转矩、恒张力控制，要求光电复合缆快速、整齐、紧密地排列在储缆卷筒上。

2）排缆机构

排缆机构包括排缆丝杠电动机、排缆丝杠、导缆轮和行程开关等。排缆丝杠的安装要平行于储缆卷筒轴线，并保持丝杠与储缆卷筒相对位置固定。导缆轮安装在排缆丝杠上，电动机驱动丝杠转动，使导缆轮在储缆卷筒长度范围内移动。储缆系统工作时，储缆卷筒每转过一圈，产生一个直径长度的横移距离，排缆丝杠就要快速转动相应的圈数使导缆轮横向移动一个对应的距离，使缆绳在储缆卷筒上紧密排列。当缆绳移动到当前层的最后一圈时，行程开关工作，控制丝杠换向，使绞车进入下一层缆绳收放状态。

2. 牵引绞车

牵引绞车由两个结构相同、顺序排列的摩擦绞盘组成，如图 13-21 所示。摩擦绞盘 1 和摩擦绞盘 2 有多个平行的环形缆槽。收放时，缆绳由摩擦绞盘 1 第 1 道缆槽水平入缆，摩擦绞盘 1 第 1 道缆槽不受力，只起引导作用；随后进入摩擦绞盘 2，在摩擦绞盘 2 第 1 道缆槽缠绕 180°，缆绳从上端进入（实线表示）、下端出（虚线表示）；再进入摩擦绞盘 1 第 2 道缠绕 180°，缆绳从下端进（虚线表示）、上端出（实线表示），依次缠绕 2 个摩擦绞盘的各缆槽；最后，缆绳从摩擦绞盘 2 的最后一道缆槽水平出缆，摩擦绞盘 2 最后一道缆槽和摩擦绞盘 1 第 1 道缆槽一样不受力，只起到引导作用。由于摩擦绞盘缆槽和缆绳的摩擦力作用，牵引绞车出缆张力远小于入缆张力，这样，牵引绞车与光电复合缆的摩擦力提供设备收放时所需的主要拉力。

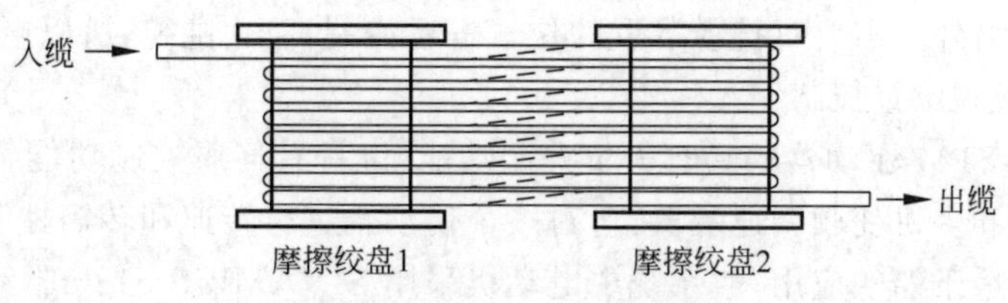

图 13-21　牵引绞车示意图

13.5.2　驱动及控制系统构成

1. 控制系统架构

控制系统包括西门子 CPU 1511-2PN PLC，SINAMICS S120 驱动器，触摸屏以及张力、压力、速度传感器等。图 13-22 为控制系统架构框图。

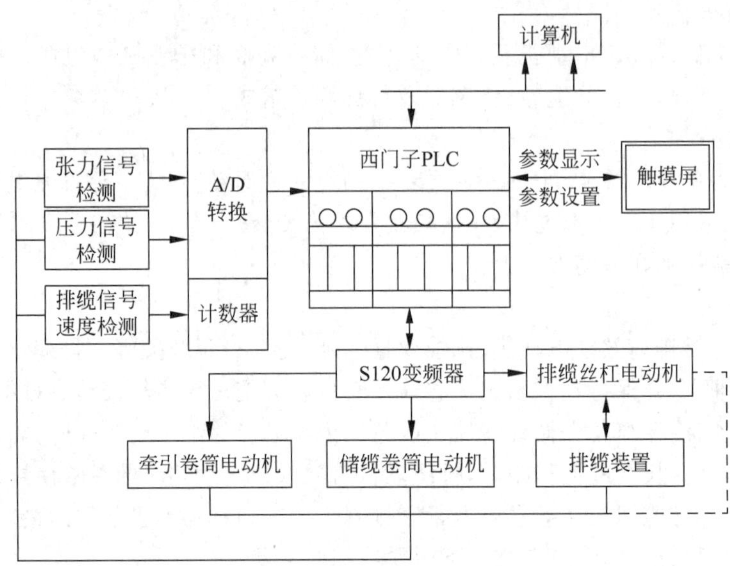

图 13-22　控制系统架构框图

PLC 接收到操作台设定的收、放缆参数后，控制 SINAMICS S120 驱动器驱动牵引绞车运转，同时排缆机构自动往复移动，将缆绳准确地排列在储缆卷筒上，通过绝对式编码器检测卷筒转速，通过销轴传感器检测张力信号，对信号进行处理，判断是否需要过载保护，同时通过触摸屏显示收/放缆信号(张力、转速)。控制过程中，也可通过触摸屏与 PLC 之间的通信，利用触摸屏按键操作绞车，发送收/放缆参数给 PLC 进行收/放缆控制。

2. 电动机驱动系统

牵引绞车的摩擦绞盘采用两个独立电动机驱动，要求对速度及力矩均衡分配，精度很高，否则就会因为摩擦绞盘不同步产生内力，损坏内部通信电缆或者加速摩擦绞盘对复合缆铠装层的磨损。储缆绞车也需要控制电动机维持设定的力矩，以保障足够的张力，从而避免摩擦绞盘打滑。另外也需要对排缆装置的位置进行控制，防止乱缆，所以电动机驱动系统涉及多轴速度、力矩和位置控制。

SINAMICS S120 驱动器既具有矢量控制功能，也具有伺服控制功能，可用于实现复杂传动应用的单机和多机变频调速装置，可对多个传动轴进行转速和转矩控制，且采用模块化设计，维护方便，适于船舶应用，故系统中电动机采用 SINAMICS S120 驱动，电动机驱动系统如图 13-23 所示。

绞车下放海洋探测仪器设备时，牵引绞车、储缆绞车的电动机均工作在发电模式。因为船舶电网不接收回馈电能，故系统选用基本型电源模块 BLM，并配备制动单元和制动电阻，实现能耗制动。

牵引绞车采用两台交流电动机拖动；储缆绞车采用一台交流电动机拖动，排缆机构采用一台伺服电动机拖动。牵引绞车和储缆绞车电动机采用矢量控制方式，排缆机构电动机采用伺服控制方式。由于 SINAMICS S120 控制单元不能矢量控制与伺服控制混合使用，

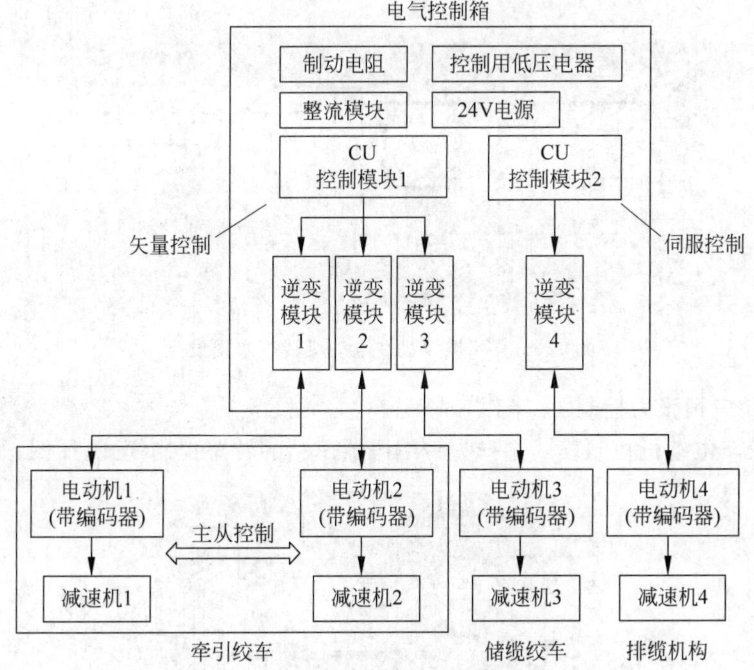

图 13-23 电动机驱动系统

故使用两台 CU320-2PN 控制单元,一台控制排缆机构电动机,一台控制三台电动机。牵引绞车 2 牵引电动机工作在主从控制模式,通过精确控制电动机转矩,保证设备在收放过程中缆绳的张力恒定。

为了保障速度控制及力矩控制精度,每个电动机均配备编码器和驱动器组成闭环控制系统。另外,在 SINAMICS S120 外围设备配置方面,考虑到船舶电网波动较大,供电部分应配置进线滤波器和电抗器。

13.5.3 控制策略设计

绞车控制有两种控制方法,速度控制和张力控制。由于绞车光电复合缆张力的传递不存在时滞,因此,张力控制是绞车的最佳控制方案。船舶在海风、海浪、海流作用下会发生六个自由度运动,导致牵引绞车负重端光电复合缆张力的变化剧烈,因此如何保持缆绳张力恒定是整个绞车控制系统的核心。

1. 牵引绞车速度同步与力矩分配控制

图 13-21 所示的牵引绞车两个摩擦绞盘之间是柔性连接方式,为了保证速度同步和力矩均衡分配,可采用速度偏差与转矩控制方式。将摩擦绞盘 2 电动机设为从机,速度设定值 $n_{从}=n_{主}+\Delta v$,偏差速度 Δv(通常为$\pm 5\%\sim 10\%$),并将从机转矩设定值设置为主机转矩反馈值,如图 13-24 所示。当牵引绞车启动后,由于速度偏差的存在,从机与主机间光缆迅速拉紧,从机速度环快速进入饱和状态,输出转矩由转矩限幅决定,从而实现了主从负荷分配

与同步。

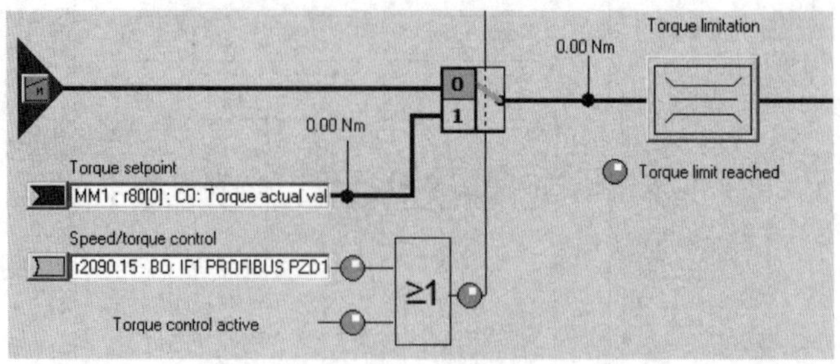

图 13-24 摩擦绞盘 2 电动机转矩限幅设定

2. 储缆绞车恒张力控制

将储缆绞车电动机控制模式选择为带编码器反馈的转矩控制模式，如图 13-25 所示。

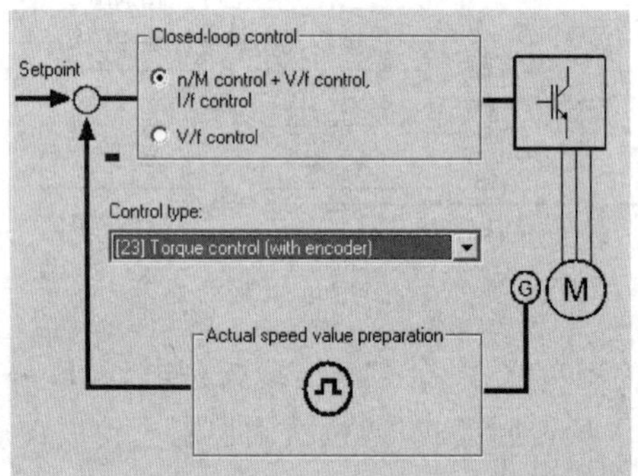

图 13-25 储缆绞车电动机控制模式设置

随着缆绳在储缆卷筒上卷绕，卷筒当前直径 d 随层数变化，要保持缆绳张力不变，可根据式(13-4)和式(13-5)计算出当前电动机需要的扭矩 T，并由 PLC 通过通信报文实时给定并连接到转矩设定点(Torque Setpoint)选项，如图 13-26 所示。

$$d = d_1 + \frac{n_t}{n_p \times i \times n_s} \times \Delta d \tag{13-4}$$

$$T = \frac{F_{set} \times d}{i} \tag{13-5}$$

式中，d_1——储缆绞车卷筒初始直径；

n_t——储缆绞车电动机编码器总脉冲数；

n_p——每转编码器脉冲数；

i——减速机传动比；

n_s——卷筒绳槽个数；

Δd——每层卷筒直径增量；

F_{set}——触摸屏上位机设定的储缆张力值。

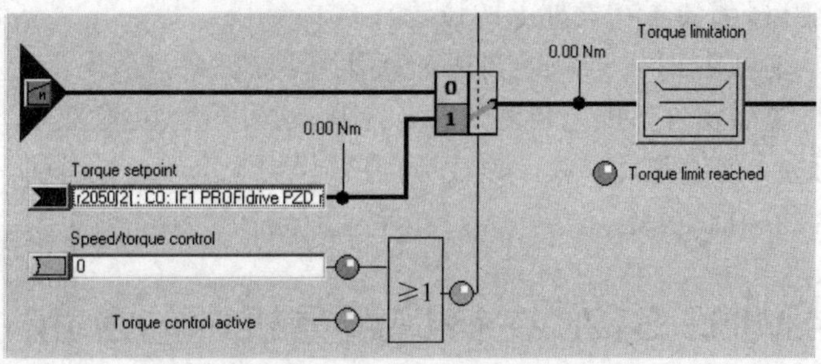

图 13-26　储缆绞车电动机的转矩设定

3. 排缆装置位置控制

储缆绞车采用的LEBUS双折线卷筒，每层缠绕缆的圈数相同，通过获取储缆绞车电动机编码器当前值，即可计算出当前光电复合缆在卷筒上的实际位置 w，如式(13-6)所示。

$$w=\begin{cases}L\times\left(\dfrac{n_t}{n_p\times n_s\times i}-\operatorname{int}\left[\dfrac{n_t}{n_p\times n_s\times i}\right]_s\right) & \operatorname{int}\left[\dfrac{n_t}{n_p\times n_s\times i}\right]\in \text{偶数}\\ L\times\left(1-\dfrac{n_t}{n_p\times n_s\times i}+\operatorname{int}\left[\dfrac{n_t}{n_p\times n_s\times i}\right]\right) & \operatorname{int}\left[\dfrac{n_t}{n_p\times n_s\times i}\right]\in \text{奇数}\end{cases} \tag{13-6}$$

式中，L——卷筒开档宽度。

通过排缆装置电动机上安装的编码器，和排缆装置丝杠的导程，可以获得排缆装置的当前实际位置 x，如式(13-7)所示。

$$x=\frac{n_t}{n_p\times n_s\times i}\times\Delta d \tag{13-7}$$

式中，Δd——丝杠导程。

将以上获取的缆绳在卷筒上实际位置 w 和排缆装置当前实际位置 x 输入PID控制器，通过调整相应PID参数，可获取比较满意的控制精度。但是传统PID控制器由于积分饱和原因无法使系统在实现响应快速性的同时满足小超调甚至无超调要求，可采用具有抗积分饱和功能，且能够对比例作用和微分作用进行加权的PID控制算法对排缆装置的位置进行控制，经过验证式(13-8)可以控制实际储缆和排缆入绳角在±1.5°以内，满足排缆要求。

$$y=K_p\left[(b\times w-x)+\frac{1}{T_i s}(w-x)+T_d s(c\times w-x)\right] \tag{13-8}$$

式中，y——PID算法控制值；

K_p——比例增益；

T_i——积分作用时间；

T_d——微分作用时间；

b——比例作用权重；

c——微分作用权重；

w——设定值(缆在储缆卷筒上的位置)；

x——过程值(排缆装置在丝杠上的位置)。

该驱动控制系统可在PLC控制下实现对牵引绞车摩擦绞盘的同步控制和力矩分配,对储缆绞车恒张力排缆以及自动排缆装置的联合控制,通过系统触摸屏可以方便地设定当前牵引绞车的收放张力、储缆张力和收放速度,可有效保护深海作业设备的光电复合缆。该系统已在实际工程中得到了应用。

13.6 SINAMICS S120在铸造起重机中的应用

铸造起重机是大型钢铁企业吊装钢水包的特种设备,用于吊运高温液态金属,若发生事故,后果不堪设想。另外,在起重机出现故障不能继续工作后,整个炼钢生产线将处于瘫痪状态,所以起重机是保证钢铁企业正常生产的重要设备,直接关系到生产安全,因此对铸造起重机安全性、可靠性、使用性能要求很高。本节以280t/80t铸造起重机电控部分的改造方案为例,介绍SINAMICS S120驱动器在起重机械领域的应用,并阐述了采用SINAMICS S120驱动技术的优越性。

13.6.1 铸造起重机电力拖动调速系统简介

280t/80t铸造起重机设置了五个运行机构:280t主起升机构、80t副起升机构、主小车运行机构、副小车运行机构及大车运行机构,均采用异步电动机拖动,各机构配置的电动机数量和参数见表13-7。

表13-7 280t/80t铸造起重机电动机参数

机构名称	额定功率/kW	额定电压/V	额定电流/A	额定转速/rpm	热敏电阻	速度传感器	数量/台
280t起升	235	690	240	990	3×PT100	HTL 1024p/r	4
80t起升	235	690	240	990	3×PT100	HTL 1024p/r	1
大车	75	690	85	990	3×PT100	HTL 1024p/r	4
主小车	22	690	20.5	990	3×PT100	HTL 1024p/r	4
副小车	45	690	48	990	3×PT100	HTL 1024p/r	1

电气改造方案采用SINAMICS S120整流回馈+公共母线+逆变方式,铸造起重机电气设备分别放置在起重机两侧主梁的电气室内。

1. 铸造起重机电气调速系统基本数据

280t/80t铸造起重机电力拖动调速系统整车动力供电采用三相交流6000V+PE线供电,每相用双组集电器供电。当其中一组出现故障时另外一组仍可维持起重机正常工作。起重机内部配置6000V/690V,2000kVA干式主变压器,并配备了相应的低压电气保护,为各机构主回路提供三相交流690V电源。

各机构电动机及逆变器配置情况如下。

(1) 280t主起升机构由四台235kW电动机拖动,每两台为一组,每组由一台560kW逆变器驱动。当其中一台电动机或逆变器出现故障时,该侧的制动器抱闸,而另一侧电动机可以单独运行,并保证能以1/2倍的额定速度长时间连续工作。

(2) 80t副起升机构由一台235kW电动机拖动,由一台315kW逆变器驱动。

(3) 主小车运行机构采用四台22kW电动机驱动,每两台为一组,每组由一台75kW逆变器驱动。四台电动机分两组控制,当其中一组发生故障时,小车运行机构仍能维持八小时正常工作。

(4) 副小车运行机构采用一台45kW电动机拖动,电动机由一台75kW逆变器驱动。

(5) 大车运行机构采用四角独立驱动,由四台75kW的电动机拖动,每两台为一组,每组由一台200kW逆变器驱动。当其中一组发生故障时,大车运行机构仍能维持八小时正常工作。在电动机与减速器之间装有盘式制动器。

2. 传动系统主结构的特点

1) 设备运行的高可靠性

根据上述描述与要求,采用SINAMICS S120柜装式作为选型基础,整流部分采用PWM类型整流器产品ALM,直流母线采用分两段方式,每一段承担全部拖动一半数量的逆变器,且两侧功率尽量平衡。正常运行时,两段母线之间连接开关处于断开状态。当一侧整流器发生故障时,经过短时停机,通过母线连接开关方便地连接到另一侧,从而保证铸造起重机这种特殊设备运行的高可靠性。ALM整流器选型大于1/2设备驱动功率要求,也正是为了在一侧整流器发生故障时,另一侧整流器能更可靠地支持整机运行。

2) 故障情况下的冗余配置

(1) 主起升、大车和小车运动机构的驱动均为四台电动机拖动,都分两组,分别由两台逆变器驱动的方式。两组分别分配在直流母线的两段上,充分考虑到故障情况下的冗余配置,以保证前述的驱动要求得以实现。四台电动机可以采用各种控制方式,由SINAMICS S120的多参数组切换功能实现,选择具有高度的灵活性。两组电动机上安装的速度传感器亦可构成双侧互为备用的控制与监视关系。调速系统主回路电气配置图如图13-27所示。

图13-27中L37是开关选件,其相当于隔离开关与接触器的组合,主要是用于解决逆变器的维修需求,在不断电的情况下,能保证将故障的逆变器从直流母线上安全地开断下来进行维修;而在维修完成后又能在直流母线不断电的情况下,将修复的装置经过预充电过程安全地投入到直流母线中去。

图13-27中的整流柜和逆变柜(MM柜)分别安装在起重机两侧(A侧和D侧)主梁的电气室内。A侧电气室内包括ALM_01整流柜、副起升电动机MM柜、小车电动机MM柜、大车电动机MM柜和主起升电动机柜;D侧电气室内包括ALM_02整流柜、主起升电动机MM柜、小车电动机MM柜、大车电动机MM柜和副小车电动机柜。

(2) 系统配置了四块控制单元CU320模块与四块带有特性扩展功能的CF卡。实际使用中可以采用下一小节中的两种方案进行冗余配置。

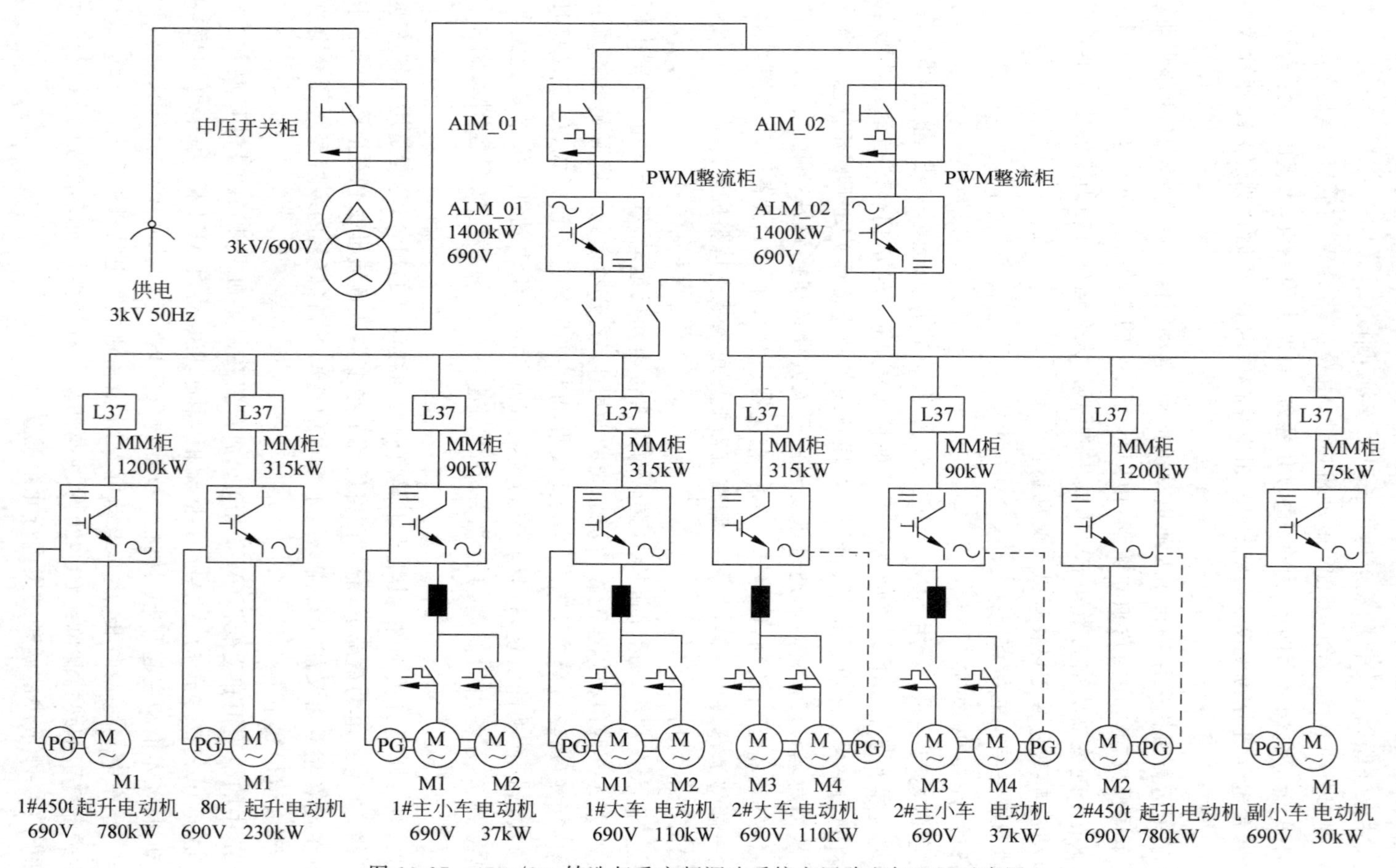

图 13-27 450t/80t 铸造起重变频调速系统主回路电气配置示意图

13.6.2　铸造起重机控制单元与通信结构的方案

由于 280t/80t 铸造起重机控制单元与通信结构设计了两种方案。

1. 方案一

方案一中四块 CU320 模块并排集中安装在 A 侧电气室的一个控制柜中，三块运行一块冷备。其中第四块模块为冷备，用于在其他三块 CU 的任一块出现故障时进行切换。它的 24V 控制电源连接好，但前端的空气开关不接通，CF 卡插槽上也不插入 CF 卡。

这种冷备方式是断电进行的，当三块 CU 中的任何一块发生故障时，只要将故障 CU320 模块上的控制插头一一对应插到备用模块上。由于 DRIVE-CLiQ 接口采用带锁定的 RJ45 插头，所以换接十分方便。再把 CF 卡也换插过来，重新上电启动，系统就可完全按照以往正常方式工作，整个过程可在 3～4min 完成。

方案一中具体 CU 控制关系如图 13-28 所示。

具体控制结构如下。

(1) CU-01 承担主起升两台逆变器的主、从控制与副起升及副小车的两台逆变器控制，共控制四个 VC 轴。

(2) CU-02 承担大车与小车各两台逆变器控制，也是四个 VC 轴。

(3) CU-03 承担两套 ALM 整流器的控制。

方案一中两块 CU 模块的负载率较高，因此 CF 软件需要定购带扩展功能型的。

三个 CU 模块各连接了一块 AOP30 操作面板，安装在柜门上，方便现场修改各个传动轴参数与观察各轴运行状态，也可以实现各轴的本地操作。

三块 CU 模块占用三个 DP 地址分别是 5 号站、6 号站和 7 号站，由于第四块 CU 作为这三块 CU 的共同冷备，因此站地址设置不应采用硬件拨码开关的方式，需将 DP 地址拨码开关均拨成 OFF 位，由组态实现软设置方式。这样在使用备份 CU 时，只需将故障 CU 的 CF 卡直接插过来插入即可。

方案一 DRIVE-CLiQ 分组充分考虑了主起升、大车与小车运行机构两套逆变器的主、从结构形态，将每个机构的控制均做到了同一块 CU 模块中，只要在组态时通过软连接即可完成两套逆变器之间的主、从控制关系，而且激活另一套参数组做主、从角色转换也非常简便。缺点则是从 CU 模块到各逆变器的 DRIVE-CLiQ 连接将跨越两个电气室，电缆的走线较长，需要考虑每条 DRIVE-CLiQ 连线不能超过 70 米的限制，并且这部分连线最好自成体系，不要与其他电缆混走。

2. 方案二

方案二中的 CU 模块不采用集中安装方式，而是根据整流柜与逆变柜的安装位置，将分布在两侧电气室中的各整流器与逆变器就近连接在各侧控制柜中的同一块 CU 模块上，每块 CU 模块控制一套 ALM 整流装置＋四套逆变装置，如图 13-29 所示。

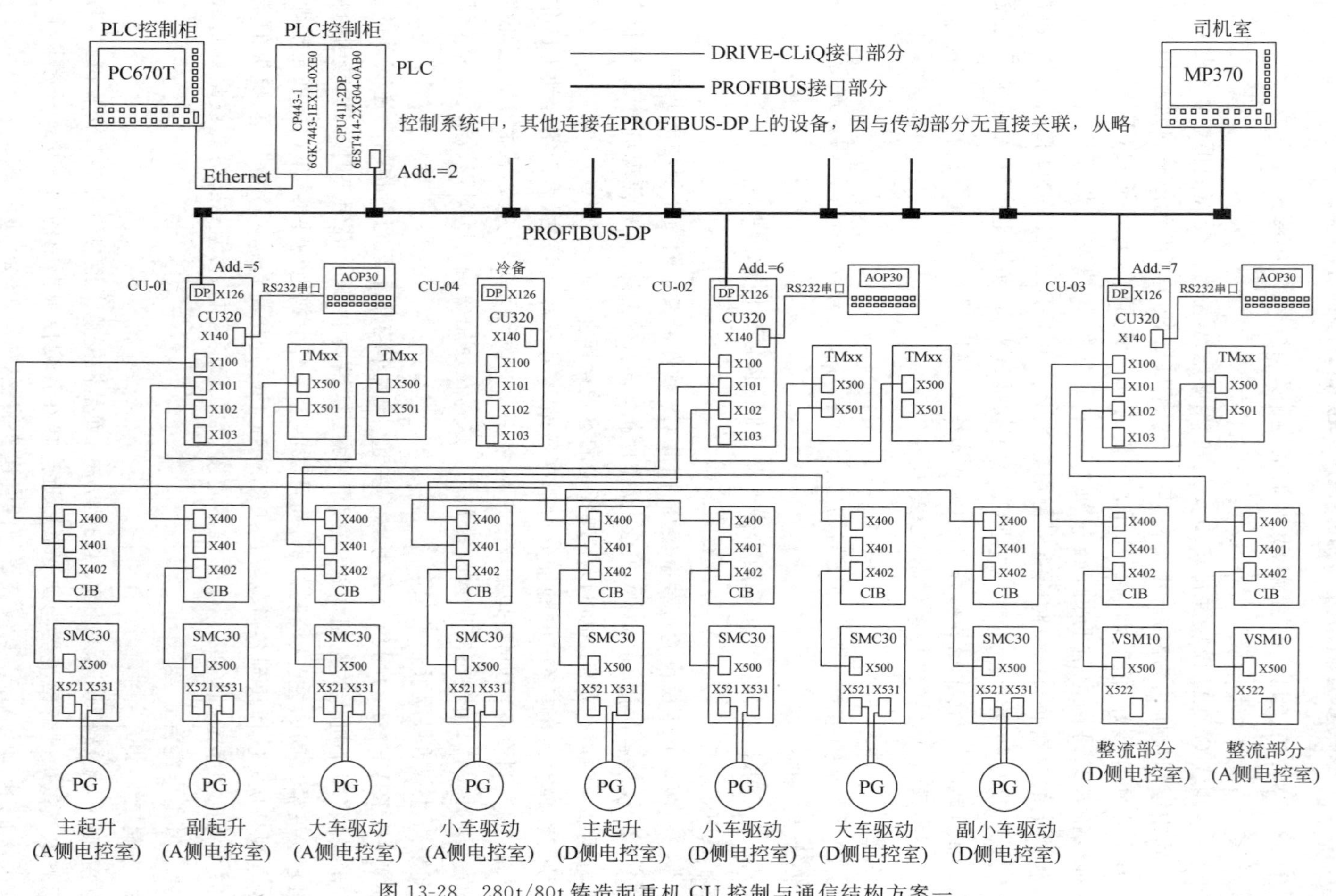

图 13-28　280t/80t 铸造起重机 CU 控制与通信结构方案一

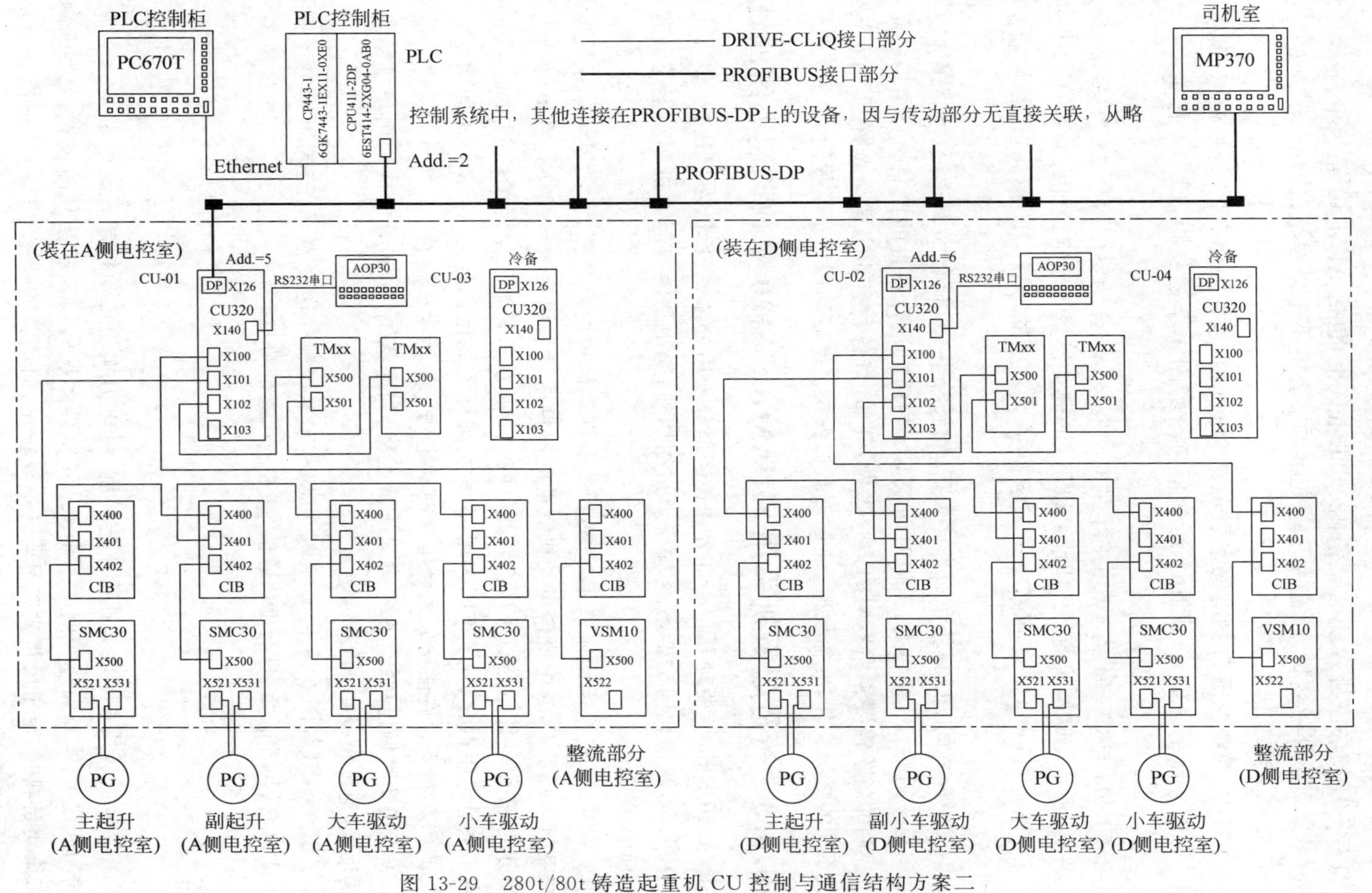

图 13-29　280t/80t 铸造起重机 CU 控制与通信结构方案二

具体CU控制结构如下。

(1) CU-01模块控制A侧电气室中安装的电气柜,包括ALM_01整流柜、一套主起升逆变柜、一套副起升逆变柜、一套大车逆变柜与一套主小车逆变柜,CU-03作为CU-01的冷备。

(2) CU-02模块控制D侧电气室中安装的电气柜,包括ALM_02整流柜、一套主起升逆变柜、一套大车逆变柜、一套小车逆变柜与一套副小车逆变柜,CU-04作为CU-02的冷备。

由于CU-03与CU-04为不带CF卡的CU模块分别作为每侧两个CU的冷备,且是一对一的冷备,所以CU模块的DP地址可以用DP开关设置为固定地址,CU-01或CU-02故障时,只需将DRIVE_CLiQ电缆一一对应换插到对应的冷备CU模块上,并换插CF卡即可。

方案二中配置的CU模块负载率比较高,如果希望CU降低负载率,也可直接将一部分设备分配到备用的CU模块上,工作时两块CU均通电运行各自的控制拓扑结构。而这种情况下控制的备份需要采用不同的方式来做,例如,将各种备份方式调试好后,在CF卡中存储成不同的参数文件,在需要时,通过重新加载并上电启动即可正常投运。

13.6.3 铸造起重机采用SINAMICS S120变频调速系统的优点

SINAMICS S120驱动器功率部分和控制部分采用分体式设计,在模块化、集成化设计方面优势明显,除简化调试步骤、缩短了调试周期外,应用到铸造起重机驱动上还具有如下三个方面的优点。

(1) 采用ALM整流回馈单元,可靠控制电网侧能量的双向流动,满足传动系统电动运行及发电制动的要求,各个机构电动机制动的能量通过公用直流母线在逆变器母线电容之间自动分配,多余的能量通过ALM返回电网。与传统采用制动电阻消耗能量的方法相比,既节省了大量电阻器、减少了空间占用,又大大降低了能耗。而且ALM整流回馈单元谐波分量在1%以内,不会在能量回馈到电网时对电网产生污染。

(2) 采用变频调速系统,各机构调速精度高、调速范围广,起升机构采用增量编码器作为速度反馈,速度波动小,低速转矩大。

(3) SINAMICS S120采用CU320控制单元来控制各逆变器,铸造起重机电气控制系统中的PLC只与CU320进行DP通信,减少DP通信节点。

小结

变频器广泛应用在节能和速度工艺控制,是电力拖动自动控制系统中重要的设备。变频器的功能很多,本章通过实例进一步说明了变频系统的构成和参数的设置。变频器应用到风机泵类负载时,由于风量或流量与转速成正比,而消耗的功率与转速的三次方成正比,所以当风量或流量减小时,风机泵类负载采用变频调速控制节能潜力很大。西门子MM4

系列变频器都有PID控制功能,可以实现风机泵类负载的闭环控制。MM430变频器是西门子公司专为风机泵类负载研制和生产的专用变频器,还具有节能功能(睡眠唤醒功能)和断带检测功能,其多泵切换的分级控制可以实现变频器一拖 X 辅控制。对于像电梯类对转矩控制有较高要求的负载,可以采用具有矢量控制方式的MM440变频器。MM4系列变频器数字量输入端子都可以实现段速功能,根据段速的数目不同,可以选择不同的变频器。MM4系列变频器的BICO功能是软连接技术的集成,可以对数字量/模拟量输入与输出信号重新进行组合和配置,大大提高了系统的灵活性,在本章的电杆变频调速离心机控制系统中得到了应用。在电杆生产中还利用西门子MM4系列变频器的内部自由功能模块,实现了三段速度的定时控制。SINAMICS S120作为西门子新一代高动态性能驱动器,既具有矢量控制功能,也具有伺服控制功能,且采用模块化设计,维护方便,可用于实现单机变频驱动和复杂的多机变频驱动,可对多个传动轴进行转速和转矩控制。SINAMICS S120驱动器已广泛应用到伺服系统中,利用其集成的定位功能,PLC控制器不再需要编写定位应用程序。当SINAMICS S120驱动系统采用ALM模块时,能够可靠地控制电网侧的能量双向流动,实现电动机电动运行和发电制动回馈运行,并且公用直流母线能够将各个机构电动机制动的能量在逆变器母线电容之间自动分配,将多余的能量通过ALM返回电网,比传统的制动电阻消耗能量的方法节省了大量电阻器、减少了空间占用,又大大降低了能耗,特别适合于起重机械驱动。

习题

1. 在电梯变频调速系统中,应采用什么控制方式?加减速曲线宜采用什么形式的曲线?
2. 为什么风机泵类负载采用变频调速后,节能效果显著?供水系统要保证流量的供给,为什么采用的是恒压供水控制?
3. MM430变频器的分级控制方式指的是什么?其节能方式指的是什么?
4. 水泵是什么类型的负载?其控制方式应该选择什么方式?为什么要设置转矩提升量?
5. 什么是MM4系列变频器的BICO功能?
6. 查阅SINAMICS S120基本定位功能应用实例,说明控制过程。
7. 查阅SINAMICS S120主从控制的应用实例,说明其控制方法。

参考文献

[1] 阮毅，陈伯时. 电力拖动自动控制系统[M]. 4版. 北京：机械工业出版社，2009.
[2] 张承慧，崔纳新，等. 交流电机变频调速及其应用[M]. 北京：机械工业出版社，2008.
[3] 王玉中. 通用变频器基础应用教程[M]. 北京：人民邮电出版社，2013.
[4] 姚锡禄. 变频器控制技术入门与应用实例[M]. 北京：中国电力出版社，2009.
[5] 张燕宾. 电动机变频调速图解[M]. 北京：中国电力出版社，2003.
[6] 孟晓芳，李策，等. 西门子系列变频器及其工程应用[M]. 北京：机械工业出版社，2010.
[7] 段刚. PLC与变频器应用技术项目教程(西门子)[M]. 北京：机械工业出版社，2010.
[8] 李正熙，杨立永. 交直流调速系统[M]. 北京：电子工业出版社，2012.
[9] 张燕宾，胡纲衡，等. 实用变频调速技术培训教程[M]. 北京：机械工业出版社，2004.
[10] 李燕，廖义奎，等. 图解变频器应用[M]. 北京：中国电力出版社，2009.
[11] 李华德，等. 交流调速控制系统[M]. 北京：电子工业出版社，2003.
[12] 周志敏，纪爱华，等. 电动机变频节电380问[M]. 北京：中国电力出版社，2011.
[13] 韩安荣. 通用变频器及其应用[M]. 北京：机械工业出版社，2000.
[14] 张选正，史步海. 变频器故障诊断与维修[M]. 北京：电子工业出版社，2008.
[15] 常荣胜. 基于BiCo技术的离心机调速系统设计[J]. 自动化应用，2011(7)：37-38，42.
[16] 张森蔚. 矢量控制技术发展方向[J]. 硅谷，2010(5)：140.
[17] 阮毅，张晓华，徐静，等. 感应电动机按定子磁场定向控制[J]. 电工技术学报，2003(2)：1-4.
[18] 阮毅. 异步电机磁场定向模型及其控制策略[J]. 电气传动，2002(3)：3-5.
[19] 廖金团. 基于S120的拧紧机定位控制系统的设计[J]. 通信电源技术，2016(3)：52-54.
[20] 蒋恒深，吴朋朋，朱小东. 基于S120的光电复合缆绞车驱动控制系统设计[J]. 机电设备，2017(6)：14-18.
[21] 梁利华，孔繁增. 电动光电复合缆绞车控制系统设计[J]. 船舶工程，2016(10)：41-45.
[22] 陈育喜，张竺英. 深海ROV脐带缆绞车设计研究[J]. 机械设计与制造，2010(4)：39-41.
[23] 崔海丰. 西门子S120驱动系统在起重机上的应用[J]. 重工与起重技术，2012(4)：23-24.
[24] 孙杰，冀孟轩. 西门子S120变频调速系统在包钢450t铸造起重机上的应用[J]. 科技创新与生产力，2018(6)：84-87.